Michael Günther | Ansgar Jüngel

Finanzderivate mit MATLAB®

Risikoanalyse
von Claudia Cottin und Sebastian Döhler

Formelsammlung Finanzmathematik, Versicherungsmathematik, Wertpapieranalyse
von Wolfgang Grundmann und Bernd Luderer

Finanzmathematik
von Albrecht Irle

Optionsbewertung und Portfolio-Optimierung
von Elke und Ralf Korn

Einführung in die Finanzmathematik
von Jürgen Tietze

www.viewegteubner.de

Michael Günther | Ansgar Jüngel

Finanzderivate mit MATLAB®

Mathematische Modellierung
und numerische Simulation

2., überarbeitete und erweiterte Auflage

STUDIUM

**VIEWEG+
TEUBNER**

Bibliografische Information der Deutschen Nationalbibliothek
Die Deutsche Nationalbibliothek verzeichnet diese Publikation in der
Deutschen Nationalbibliografie; detaillierte bibliografische Daten sind im Internet über
<http://dnb.d-nb.de> abrufbar.

Prof. Dr. Michael Günther
Bergische Universität Wuppertal
Fachbereich Mathematik
Gaußstraße 20
42119 Wuppertal
guenther@math.uni-wuppertal.de

Prof. Dr. Ansgar Jüngel
TU Wien
Institut für Analysis und Scientific Computing
Wiedner Hauptstraße 8-10
A-1040 WIEN
juengel@anum.tuwien.ac.at

1. Auflage 2003
2., überarbeitete und erweiterte Auflage 2010

Alle Rechte vorbehalten
© Vieweg+Teubner Verlag | Springer Fachmedien Wiesbaden GmbH 2010

Lektorat: Ulrike Schmickler-Hirzebruch

Vieweg+Teubner Verlag ist eine Marke von Springer Fachmedien.
Springer Fachmedien ist Teil der Fachverlagsgruppe Springer Science+Business Media.
www.viewegteubner.de

Umschlaggestaltung: KünkelLopka Medienentwicklung, Heidelberg

Gedruckt auf säurefreiem und chlorfrei gebleichtem Papier.

ISBN 978-3-8348-0879-0

Vorwort zur zweiten Auflage

Die Finanzkrise ab 2007 begann nach Ansicht vieler Marktbeobachter u.a. durch massive Kreditausfälle auf dem US-Immobilienmarkt, die zu einem Preisverfall von kreditrisikobehafteten Finanzderivaten und damit zu Liquiditätsengpässen und Refinanzierungsproblemen führten. Der spekulative Einsatz von Kreditderivaten und deren komplizierte Konstruktion hat zu einem Misstrauen gegenüber Finanzderivaten geführt. Dennoch sind Derivate sehr wichtige und nützliche Finanzinstrumente zur Bilanzsteuerung und Absicherung von Werten. Gerade die Finanzkrise lehrt, dass ein tiefes Verständnis moderner Finanzprodukte unumgänglich ist, um das Wirtschaftsgeschehen nachvollziehen und steuern zu können. Dieses Buch hat das Ziel, in die Modellierung und numerische Simulation verschiedener Finanzderivate einzuführen, und damit einen kleinen Beitrag zu diesem Verständnis zu leisten.

In der vorliegenden zweiten Auflage haben wir den Entwicklungen auf den Finanzmärkten Rechnung getragen und neues Material hinzugefügt. Insbesondere skizzieren wir die Bewertung von Energiederivaten, die im Zuge der Liberalisierung der Energiemärkte entwickelt wurden. Wir modellieren und bewerten spezielle Kreditderivate, nämlich *Collateralized Debt Obligations* (CDOs), deren riskanter Umgang die Finanzkrise mit verursacht zu haben scheint, sowie *Quantity Adjusting Options* (Quantos), die in globalisierten Märkten von großer Bedeutung sind. Den Abschnitt über Volatilitätsmodelle haben wir durch positivitätserhaltende numerische Verfahren und mehrdimensionale stochastische Volatilitätsmodelle erweitert. Ferner haben wir die Literatur und die MATLAB-Befehle auf den neuesten Stand gebracht sowie uns bekannte Tippfehler korrigiert.

Wir danken Frau Dr. van Emmerich (RWE) sowie den Herren Dr. Kahl (Commerzbank) und Dr. Tappe (EON) für wertvolle Hinweise und anregende Diskussionen. Das vorliegende Buch wurde inspiriert und beeinflusst durch den algorithmisch orientierten Ansatz von Rüdiger Seydel, insbesondere durch sein Buch *Einführung in die numerische Berechnung von Finanzderivaten* [200], dessen englische Ausgabe [201] nunmehr in vierter Auflage erschienen ist. Dieses Lehrbuch erschloss den Leserinnen und Lesern erstmals das faszinierende Gebiet des *Computational Finance* aus dem Blickwinkel der Numerischen Mathematik.

Michael Günther
Ansgar Jüngel   Mai 2010

Vorwort zu ersten Auflage

Finanzderivate sind in den letzten Jahren zu einem unentbehrlichen Werkzeug in der Finanzwelt zur Kontrolle und Absicherung von Risiken geworden. Das herausfordernde Problem ist die „faire" Bewertung der Finanzinstrumente, die auf modernen mathematischen Methoden basiert. Die Grundlage für die Bewertung einfacher Modelle ist die Black-Scholes-Gleichung, die eine geschlossene Lösungsformel besitzt. Für komplexere Modelle existieren jedoch keine geschlossenen Formeln mehr, und die Modellgleichungen müssen numerisch gelöst werden. Beide Problemstellungen, die *mathematische Modellierung* und die *numerische Simulation* von Finanzderivaten, werden in diesem Buch ausführlich behandelt. Dabei verfolgen wir das Ziel, einen Bogen von der Modellierung über die Analyse bis zur Simulation realistischer Finanzprodukte zu schlagen. Wir beschränken uns überwiegend auf zeitkontinuierliche (also nicht zeitdiskrete) Modelle, welche durch stochastische bzw. partielle Differentialgleichungen beschrieben werden können.

Dies erfordert Kenntnisse aus sehr unterschiedlichen Bereichen, nämlich aus der stochastischen Analysis, der numerischen Mathematik und der Programmierung. Zum Verständnis dieses Buches sind jedoch *keinerlei* Vorkenntnisse außer einschlägiges mathematisches Vorwissen (Analysis, Lineare Algebra und Grundkenntnisse in Numerik) notwendig. Insofern ist das Buch auch zum Selbststudium geeignet. Theoretische Hilfsmittel aus der stochastischen Analysis und vertiefende Themen aus der Numerik werden dort eingeführt, wo sie gebraucht werden. Um den Blick nicht zu sehr durch technische Details zu verdecken, haben wir einen formalen Zugang für die stochastischen Hilfsmittel gewählt. Andererseits gehen wir im Gegensatz zur existierenden Literatur im Bereich *Computational Finance* tiefer auf ausgewählte Themen über exotische Optionen und die vorgestellten numerischen Algorithmen ein und beweisen, sofern elementar durchführbar, die numerische Konvergenz der Approximationen.

Wir haben uns bei den Programmierbeispielen für die mittlerweile weit verbreitete Programmierumgebung MATLAB[1] entschieden, da diese über eine intuitive Syntax verfügt und zahlreiche Funktionen bereitstellt sowie durch wenig Programmieraufwand rasch zu Ergebnissen führt. Erklärungen der MATLAB-Befehle sind in die einzelnen Kapitel integriert. Zusätzlich führen wir am Ende des Buches in die Syntax von MATLAB ein.

Für die Bewertung von Finanzderivaten können grob drei Klassen von Methoden unterschieden werden: Binomialmethoden, Monte-Carlo-Simulationen sowie

---

[1] MATLAB® ist ein eingetragenes Warenzeichen von The MathWorks, Inc.

Verfahren zur Lösung partieller Differentialgleichungen und freier Randwertprobleme. Wir erläutern diese Techniken ausführlich und geben die MATLAB-Programme für deren algorithmische Umsetzung an. Finanzprodukte wie amerikanische und asiatische Optionen sowie Power- und Basket-Optionen, deren Preise im allgemeinen nicht explizit berechnet werden können, werden numerisch bewertet. Außerdem leiten wir die berühmte Black-Scholes-Formel auf zwei verschiedenen Wegen her und gehen auf neuere Entwicklungen wie die Bewertung von Zins- und Wetterderivaten ausführlich ein.

Das Buch richtet sich an Studierende der Mathematik und Finanzmathematik sowie an Studierende der Wirtschaftswissenschaften und der Physik mit Interesse an Finanzmathematik ab dem vierten Semester. Der Inhalt der Kapitel 1 bis 7 entspricht ungefähr einer vierstündigen Vorlesung mit zusätzlichen Übungen. Das weiterführende Kapitel 8 kann in einem anschließenden Seminar verwendet werden. Auch Personen aus der Praxis (Investment Banking, Risikomanagement) können das Buch mit Gewinn lesen, sofern sie mehr über die mathematische Modellbildung und über numerische Algorithmen erfahren möchten.

Wir danken Frau Dipl.-Math. Schaub und Frau Dipl.-Math. Stoll, den Herren Cand.-Math. Dökümcü, Kahl und Pitsch, Herrn Dipl.-Math. tech. Düring, Herrn Dipl.-Math. Pulch und Herrn Prof. Dr. Hanke-Bourgeois für hilfreiche Korrekturvorschläge. Für wertvolle Hinweise sind wir den Herren Dr. Roßberg (ABN AMRO London) und Dr. Stoll (EnBw Karlsruhe) zu Dank verpflichtet. Herrn Prof. Simeon möchten wir herzlich für seine Unterstützung und Beratung beim Abfassen von Kapitel 9.1 (Grundlagen von MATLAB) danken. Schließlich danken wir Frau Schmickler-Hirzebruch vom Vieweg-Verlag für die angenehme und unkomplizierte Betreuung bei diesem Projekt.

Michael Günther
Ansgar Jüngel   Oktober 2003

Inhaltsverzeichnis

Verzeichnis der MATLAB-Programme

1 Einleitung

Finanzderivate sind Produkte, mit denen finanzielle Transaktionen abgesichert werden können. Bereits im Jahre 1630 wurden in den Niederlanden Optionen auf Tulpen ausgegeben. Mit Hilfe dieser Derivate wollten sich Tulpenhändler gegen schwankende Preise absichern. Den Tulpenmarkt begleiteten wilde Spekulationsgeschäfte, die 1637 nach einem Crash von der Regierung beendet wurden. Auch in den darauffolgenden Jahrhunderten gab es Vorläufer der heutigen Finanzderivate. Allerdings setzte erst 1973 mit der Eröffnung des Chicago Board Option Exchange ein standardisierter und amtlich geregelter Derivatehandel ein. Die Deutsche Terminbörse wurde dann 1990 in Frankfurt eröffnet. Seit den 70er Jahren erleben Derivate wegen ihrer Flexibilität eine rasante Entwicklung und sind heute aus der Finanzwelt nicht mehr wegzudenken.

Beim Handel mit Finanzderivaten stellt sich die Frage, welches der „faire" Preis eines solchen Produkts ist. Bereits im Jahre 1900 schlug Bachelier in seiner Dissertation ein Modell zur Bestimmung theoretischer Werte von bestimmten Derivaten (Optionen) vor [14]. Sein Modell hat allerdings den Nachteil, dass die Preise negativ werden können. Den entscheidenden Durchbruch gelang 1973 Fischer Black und Myron Scholes sowie unabhängig davon Robert Merton, die die sogenannte Black-Scholes-Formel durch Lösung einer partiellen Differentialgleichung herleiteten. Diese Entdeckung wurde im Jahre 1997 durch den Nobelpreis für Wirtschaftswissenschaften an Scholes und Merton gewürdigt (Black verstarb bereits 1995).

Wir beginnen mit einer ersten Einordnung von Finanzderivaten. Grundsätzlich lassen sich Kapitalmärkte in zwei Klassen einteilen:

- *Kassahandel*: Handel von Wertpapieren, die nach Vertragsabschluss sofort geliefert werden;

- *Terminmarkt*: Handel von Verträgen über Käufe und Verkäufe von Gütern, die zu einem zukünftigen Zeitpunkt erfolgen sollen oder können;

Termingeschäfte können sich wiederum auf den Handel von

- Rohstoffen wie Metalle, Erdöl oder Lebensmittel beziehen oder auf

- am Kassamarkt gehandelte Wertpapiere und Währungen.

Man spricht hierbei auch von Finanzderivaten auf *Basiswerte*.

Was sind Finanzderivate genau? Allgemein ist ein Finanzderivat ein Vertrag, dessen Wert am Fälligkeits- oder Verfallstag T (*expiry date*) durch einen Wert (oder die Werte) eines Basiswertes (*underlying asset*) zur Zeit T oder bis zur Zeit T eindeutig bestimmt wird. Es gibt – grob gesagt – drei Klassen von Finanzderivaten:

- *Optionen:* Optionen geben dem Käufer (oder der Käuferin) das Recht (aber nicht die Verpflichtung), eine bestimmte Transaktion am oder bis zum Verfallstag zu einem bestimmten Preis, dem Ausübungspreis (*exercise price* oder *strike*), zu tätigen.

- *Forwards* und *Futures:* Ein Forward-Vertrag ist eine Vereinbarung zwischen zwei Personen oder Institutionen, einen Basiswert untereinander am Verfallstag zu einem bestimmten Preis zu kaufen oder zu verkaufen. Der Unterschied zur Option ist, dass der Basiswert geliefert und bezahlt werden *muss*. Ein Future ist im wesentlichen ein standardisierter Forward. Futures können allerdings gehandelt werden; ihr Wert wird täglich berechnet und von den Vertragsparteien ausgeglichen.

- *Swaps:* Ein Swap ist eine Vereinbarung zwischen zwei Personen, zu festgelegten Zeitpunkten gewisse finanzielle Transaktionen zu tätigen, die durch eine vorgegebene Formel bestimmt werden. Beispiele sind Zinsswaps (*Interest rate swaps*), die Vereinbarungen zwischen zwei Personen darstellen, Zinszahlungen für einen bestimmten Betrag innerhalb eines bestimmten Zeitraumes zu leisten, und *Credit default swaps* (CDS), bei denen eine Person (die Sicherungsgeberin) eine Gebühr dafür erhält, dass sie dem Vertragspartner (dem Sicherungsgeber) eine Ausgleichszahlung zahlt, falls ein im Vertrag festgelegter Kredit ausfällt.

Finanzderivate unterscheiden sich also im wesentlichen durch

- den zugehörigen Basiswert,

- die zu liefernde Menge an Basiswerten,

- die vereinbarte Laufzeit bis zum Verfallstag,

- die Festlegung des Ausübungspreises,

- die Ausgestaltung des Vertrages als Recht (Option) oder Pflicht (Forward), die Basiswerte zu kaufen oder zu verkaufen.

Im folgenden werden wir uns im wesentlichen auf Optionen konzentrieren. Die einfachsten (und grundlegendsten) Optionen sind die sogenannten *Plain-vanilla*-Optionen: Bei einer *Kaufoption* (*Call*) bzw. einer *Verkaufsoption* (*Put*) handelt es sich um einen Vertrag, der dem Käufer (oder der Käuferin; *holder*) der Option das Recht einräumt, eine festgelegte Menge eines zugrunde liegenden Basiswertes zum Ausübungspreis vom Verkäufer (oder von der Verkäuferin; *writer*) der Option zu kaufen bzw. an ihn (oder an sie) zu verkaufen; in der Praxis wird der Verkäufer auch oft *Stillhalter* genannt. Kann dieses Recht nur zum Ende der Vertragslaufzeit ausgeübt werden, so spricht man von einer *europäischen Option*. Die Option wird *amerikanisch* genannt, wenn die Option auch während der Vertragslaufzeit ausgeübt werden kann. Die formale Definition lautet wie folgt.

Definition 1.1 *Eine* europäische Call-Option (europäische Put-Option) *ist ein Vertrag mit den folgenden Bedingungen: Zu einem bestimmten Zeitpunkt T hat der Käufer der Option das Recht, aber nicht die Verpflichtung, einen Basiswert zum Ausübungspreis K vom Verkäufer der Option zu erwerben (oder an den Verkäufer zu verkaufen).*

Da die Option ein Recht verbrieft, hat sie einen gewissen Wert, den Optionspreis. Wir bezeichnen den Wert einer Call-Option zur Zeit t mit $C_t = C(t)$, den einer Put-Option mit P_t. Die Bestimmung dieser Werte ist eines der Ziele dieses Buches.

Sei im folgenden $S_t = S(t)$ der Kurs des Basiswertes zur Zeit t. Ohne Berücksichtigung von Transaktionskosten lassen sich für eine Call-Option zwei Fälle unterscheiden:

- Der Kurs S_t des Basiswertes ist zum Zeitpunkt $t = T$ höher als der Ausübungspreis K. Wir lösen die Option ein, kaufen den Basiswert zum Preis K und verkaufen ihn sofort am Markt zum Preis S_T. Wir realisieren einen Gewinn von $S_T - K$.

- Der Kurs S_t des Basiswertes ist zum Zeitpunkt $t = T$ kleiner als oder gleich K. In diesem Fall ist die Ausübung des Optionsrechts uninteressant; die Option verfällt.

Insgesamt ergibt sich für den europäischen Call zum Verfallstag der Wert bzw. die *Auszahlungsfunktion* (*payoff*)

$$C_T = \max\{0, S_T - K\} =: (S_T - K)^+. \tag{1.1}$$

Liegt bei einem europäischen Put der Kurs S_T des Basiswertes unter dem Ausübungspreis K, können wir den Basiswert am Markt zum Preis S_T erstehen, ihn durch Ausübung des Optionsrechts zum Preis K verkaufen und realisieren einen Gewinn von $K - S_T$. Falls S_T größer als oder gleich K ist, verfällt die Option. Die Auszahlungsfunktion lautet daher

$$P_T = (K - S_T)^+. \tag{1.2}$$

Der Käufer eines Calls setzt also auf steigende Kurse, der Verkäufer auf fallende Kurse. Bei einem Put ist das genau umgekehrt. Die Auszahlungsfunktionen (1.1) und (1.2) lassen sich durch sogenannte Auszahlungsdiagramme (Payoff-Diagramme) beschreiben (Abb. 1.1).

In der Praxis wird häufig der Basiswert nicht geliefert, sondern gleich die Differenz $S_T - K$ (für Calls) oder $K - S_T$ (für Puts) ausgezahlt; dies nennt man *Barausgleich* (*cash settlement*).

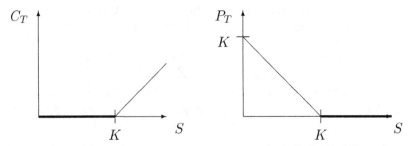

Abbildung 1.1 Auszahlungsdiagramme eines europäischen Calls (links) und eines europäischen Puts (rechts).

Welchen Zweck haben Optionen? Sie können eingesetzt werden, um

- von Kursschwankungen eines Basiswertes zu profitieren (Spekulation) oder

- Bestände von Basiswerten gegen Kursschwankungen abzusichern und Risiken zu minimieren (*Hedging*).

Wir illustrieren beide Einsatzmöglichkeiten anhand eines Beispiels.

Beispiel 1.2 Ein Unternehmen A möchte in sechs Monaten am Markt eine Beteiligung eines anderen Unternehmens B in Form von 20 000 Aktien erwerben. Zur Zeit $t = 0$ sei der Wert der Aktie von B $S_0 = 90$. Das Unternehmen A möchte in sechs Monaten nicht mehr als 90 (Geldeinheiten) pro Aktie bezahlen und erwirbt 200 Call-Optionen mit der Spezifikation

$$K = 90, \quad T = 6 \text{ Monate}, \quad C_0 = 500.$$

Jede Option gibt A das Recht, 100 Aktien der Firma B zum Preis von 90 zu erwerben. (Das sogenannte *Bezugsverhältnis* lautet in diesem Fall 100.)

Liegt zur Zeit $T = 6$ Monate der Aktienkurs über 90, wird A von dem Optionsrecht Gebrauch machen und wie geplant 1.8 Mio. für die Beteiligung ausgeben (sowie $200 \cdot 500 = 100\,000$ für die Optionsprämien). Gilt allerdings $S_T < 90$, wird A die Aktien preiswerter am Markt kaufen. Das Unternehmen A wird in jedem Fall nicht mehr als 1.8 Mio. (sowie die Optionsprämien) bezahlen. Es hat den Kauf gegen Kursschwankungen abgesichert.

Andererseits könnte A die Optionen auch spekulativ einsetzen. Steigt nämlich der Aktienkurs von B, z.B. um etwa 8% auf $S_T = 97$, realisiert A nach sechs Monaten einen Gewinn von $7 \times 200 \times 100 - 100\,000 = 40\,000$. Bei einem Einsatz von 100 000 entspricht dies einer Rendite von 40%. Fällt der Kurs jedoch unter

90, verfallen die Optionen und A realisiert einen Totalverlust von 100%! Diese Vorgehensweise bietet sehr gute Gewinnmöglichkeiten, ist aber zugleich hochspekulativ. □

Der Wert einer Option V (Call oder Put) hängt von der Zeit t und vom Kurs S_t des Basiswerts ab. Wir fassen V als Funktion von t und *allen möglichen Realisierungen* des Basiswertkurses S auf, d.h. $V = V(S,t)$. Zur Zeit t wird genau ein Kurs S_t realisiert, aber die Funktion V ist für *alle* Kurse definiert. Für europäische Optionen gilt zum Zeitpunkt $t = T$:

$$V(S,T) = \begin{cases} (S-K)^+ & : \text{Call} \\ (K-S)^+ & : \text{Put.} \end{cases} \tag{1.3}$$

Wie lautet der „faire" Preis $V(S,0)$ der Option zum Zeitpunkt $t = 0$, zu dem die Emittentin die Option an den Anleger verkaufen sollte? Dazu betrachten wir folgendes Beispiel.

Beispiel 1.3 Betrachte einen Finanzmarkt, in dem drei verschiedene Anlagemöglichkeiten bestehen: Bond, Aktien und Call-Optionen mit Ausübungspreis $K = 100$ und Verfallstag T. Unter einem *Bond* mit Kurswert B_t verstehen wir hier eine risikofreie Anlage, bei der ein Geldbetrag eingezahlt und nach einem festgelegten Zeitraum der Betrag samt den vorher vereinbarten Zinsen ausgezahlt wird. Zur Zeit $t = 0$ gelte für die Anlagen $B_0 = 100$, $S_0 = 100$ und $C_0 = 10$. Wir nehmen ferner an, dass zum Zeitpunkt T der Finanzmarkt nur zwei Zustände besitze: „hoch" und „niedrig" mit

$$\text{„hoch":} \qquad B_T = 110, \; S_T = 120,$$
$$\text{„niedrig":} \qquad B_T = 110, \; S_T = 80.$$

Eine pfiffige Anlegerin stellt sich das folgende Portfolio zusammen. (Unter einem *Portfolio* verstehen wir die Summe von Finanzanlagen wie Aktien, Optionen, Geldanlagen und dergleichen.) Die Anlegerin kauft $\frac{2}{5}$ Anteile eines Bonds und 1 Call-Option und verkauft $\frac{1}{2}$ Aktie. Das Portfolio hat zur Zeit $t = 0$ den Wert

$$\pi_0 = \frac{2}{5} \cdot 100 + 1 \cdot 10 - \frac{1}{2} \cdot 100 = 0,$$

d.h., das Portfolio kostet anfangs nichts. Zum Zeitpunkt $t = T$ gilt:

$$\text{„hoch":} \qquad \pi_T = \frac{2}{5} \cdot 110 + 1 \cdot 20 - \frac{1}{2} \cdot 120 = 4,$$
$$\text{„niedrig":} \qquad \pi_T = \frac{2}{5} \cdot 110 + 1 \cdot 0 - \frac{1}{2} \cdot 80 = 4.$$

Da das Portfolio zur Zeit $t = T$ immer den Wert von 4 hat, könnte die Anlegerin es zur Zeit $t = 0$ verkaufen und einen sofortigen, risikofreien Gewinn erzielen. Dies nennt man *Arbitrage*.

Der Grund für die obige Arbitrage-Möglichkeit liegt darin, dass die Prämie für die Call-Option zu niedrig ist. Welche Prämie schließt Arbitrage aus? Dazu müssen wir annehmen, dass eine Anlage in einem Bond, eine Aktie oder eine Option die gleichen Gewinnchancen bietet, d.h., es gibt Zahlen c_1, $c_2 > 0$, so dass das Portfolio, bestehend aus c_1 Anteilen des Bonds und c_2 Anteilen der Aktie, denselben Wert wie die Call-Option hat. Zur Zeit $t = T$ gilt also

$$c_1 \cdot B_T + c_2 \cdot S_T = C(S_T, T),$$

und der faire Preis $p = C(S_0, 0)$ lautet

$$p = c_1 \cdot B_0 + c_2 \cdot S_0.$$

In unserem Beispiel gilt zur Zeit $t = T$:

$$\text{„hoch“:} \quad c_1 \cdot 110 + c_2 \cdot 120 = 20,$$
$$\text{„niedrig“:} \quad c_1 \cdot 110 + c_2 \cdot 80 = 0.$$

Die Lösung dieses Gleichungssystems ist $c_1 = -\frac{4}{11}$, $c_2 = \frac{1}{2}$. Damit lautet die faire Optionsprämie

$$p = -\frac{4}{11} \cdot 100 + \frac{1}{2} \cdot 100 = \frac{300}{22} \approx 13.64.$$

Wir haben die Option mit Hilfe von Bonds und Aktien nachgebildet (oder dupliziert). Daher nennt man die obige Vorgehensweise auch *Duplikationsstrategie*. $\square$

Eine fundamentale Voraussetzung in der Theorie der Finanzmärkte ist die Nichtexistenz eines sofortigen, risikolosen Gewinns bzw. die Nichtexistenz von *Arbitrage*. Legen wir Geld risikofrei bei einer Bank an, so ist der Gewinn risikofrei, aber nicht sofortig (Zinsen gibt es erst nach einem endlichen Zeitraum). Kaufen wir Optionen, so ist ein sofortiger Gewinn denkbar (etwa bei amerikanischen Optionen, wenn sich der Kurs des Basiswertes unmittelbar nach dem Optionskauf positiv verändert), aber nicht risikofrei. Arbitrage-Freiheit bedeutet, dass es keine dominierenden Anlagen gibt, die einen höheren Profit als alle anderen Anlagestrategien ergeben. Anderenfalls würden alle Anleger nur die profitablere Strategie wählen. Reale Märkte sind nicht stets arbitragefrei. Dennoch ist diese Annahme näherungsweise erfüllt und erlaubt weitreichende Schlussfolgerungen bei der Bewertung von Optionen. Ein gut funktionierender Finanzmarkt wird Arbitrage schnell erkennen und deswegen dauerhafte Arbitrage-Möglichkeiten kaum zulassen.

Unter der Annahme der Arbitrage-Freiheit haben Black und Scholes gezeigt [26] (siehe auch [158]), dass der Preis einer europäischen Option $V(S, t)$ der folgenden partiellen Differentialgleichung genügt:

$$\frac{\partial V}{\partial t} + \frac{1}{2}\sigma^2 S^2 \frac{\partial^2 V}{\partial S^2} + rS\frac{\partial V}{\partial S} - rV = 0, \quad 0 < S < \infty, \ 0 < t < T. \qquad (1.4)$$

Hierbei sind $\partial V/\partial t$ und $\partial V/\partial S$ die ersten partiellen Ableitungen von $V(S,t)$ nach t bzw. S und $\partial^2 V/\partial S^2$ die zweite partielle Ableitung von V nach S. Mathematisch gesehen handelt es sich um eine *parabolische* Differentialgleichung (siehe Abschnitt 4.2 für eine präzise Definition). Diese sogenannte *Black-Scholes-Gleichung* werden wir in Kapitel 4 herleiten und lösen. Der Parameter $r > 0$ ist der risikolose Zinssatz und $\sigma > 0$ die Volatilität. Die *Volatilität* ist hierbei ein Maß für die Größe der Schwankungen des Basiswerts. (Beide Größen definieren wir in Abschnitt 4.2 genauer.) Zur Zeit $t = T$ ist der Wert $V(S,t)$ bekannt; es ist gerade der Erlös (1.3):

$$V(S,T) = \begin{cases} (S-K)^+ & : \text{Call} \\ (K-S)^+ & : \text{Put.} \end{cases} \qquad (1.5)$$

Die Differentialgleichung (1.4) wird also rückwärts in der Zeit gelöst: Die Werte $V(S,t)$ zum Zeitpunkt $t = T$ sind bekannt, die Werte $V(S,0)$ (oder allgemeiner: die Werte $V(S,t)$ für $t < T$) sind gesucht.

Europäische Optionen können nur *genau* am Verfallstag ausgeübt werden. Kann man eine Option auch *vor* dem Verfallstag ausüben, so haben wir sie *amerikanisch* genannt. Die formale Definition ist wie folgt.

Definition 1.4 *Eine amerikanische Call-Option (bzw. Put-Option) ist ein Vertrag mit den folgenden Bedingungen: Der Käufer der Option hat das Recht, einen Basiswert zum Ausübungspreis bis spätestens zum Verfallstag vom Verkäufer der Option zu erwerben (bzw. an den Verkäufer zu verkaufen).*

Der Wert amerikanischer Call- oder Put-Optionen zum Zeitpunkt $t = T$ ist wie bei europäischen Optionen durch (1.5) gegeben. Da die Ausübungsmöglichkeiten bei amerikanischen Optionen reichhaltiger als bei europäischen Optionen sind, sollte der Wert amerikanischer Optionen bei gleicher Ausstattung mindestens so hoch wie der einer europäischen Option sein. Amerikanische Optionen sind mathematisch sehr interessant, weil nicht nur deren Wert bestimmt werden muss, sondern auch der bestmögliche Ausübungszeitpunkt.

In diesem Buch stellen wir einige numerische Techniken bereit, mit denen der „faire" Preis europäischer und amerikanischer sowie weiterer Optionen berechnet werden kann. Grob gesprochen können wir diese Techniken in die folgenden Klassen einteilen:

- Binomialmethoden (Kapitel 3),

- Monte-Carlo-Methoden (Kapitel 5),

- Verfahren zur Lösung parabolischer Differentialgleichungen (Kapitel 6) und freier Randwertprobleme (Kapitel 7).

In Kapitel 2 stellen wir weitere Optionstypen vor, und Kapitel 4 beschäftigt sich mit der Herleitung der Black-Scholes-Gleichung (1.4). Einige weiterführende Themen werden in Kapitel 8 erläutert, und Kapitel 9 enthält eine Einführung in die Programmierumgebung MATLAB.

2 Grundlagen

In der Einleitung haben wir bereits einige Typen von Optionen erwähnt: europäische und amerikanische Plain-vanilla-Optionen. In Abschnitt 2.1 stellen wir weitere Optionstypen vor. Außerdem leiten wir in Abschnitt 2.2 obere und untere Schranken für die Optionspreise europäischer und amerikanischer Optionen aus dem No-Arbitrage-Prinzip her.

2.1 Optionstypen

Wir erläutern zuerst einige Begriffe, die in der Finanzwelt gebräuchlich sind. Ist zu einem Zeitpunkt t der Basiswert S deutlich kleiner (größer) als der Ausübungspreis K, so ist der europäische Call *aus dem Geld* (*im Geld*) und der europäische Put *im Geld* (*aus dem Geld*). Liegt S in der „Nähe" von K, so heißt der Call oder Put *am Geld*. Die entsprechenden englischen Begriffe sind *out of the money*, *in the money* und *at the money*. Unter einem *long call* (*long put*) verstehen wir den Kauf einer Call-Option (Put-Option). Den Verkauf einer Call-Option (Put-Option) bezeichnen wir mit *short call* (*short put*).

Call- bzw. Put-Optionen spiegeln die Erwartung wider, dass der Kurs des Basiswerts steigt bzw. fällt. Mit Optionskombinationen können auch andere, komplexe Kurserwartungen modelliert werden. Dazu präsentieren wir einige Beispiele.

Beispiel 2.1 (Straddle) Kaufe einen Put und einen Call, jeweils mit Verfallstag T und Ausübungspreis K. Die beiden Optionen bilden ein Portfolio mit dem Wert $\pi = P + C$. Uns interessiert der Wert des Portfolios zum Verfallstag. Wegen (1.5) ist (siehe Abbildung 2.1 links):

$$\pi_T = P_T + C_T = (K - S_T)^+ + (S_T - K)^+ = \begin{cases} S_T - K & : & S_T > K \\ K - S_T & : & S_T \le K. \end{cases}$$

Der Kauf eines *straddles* lohnt also, wenn sich der Kurs des Basiswerts signifikant von K unterscheidet, etwa wenn der Kurs deutlich steigt oder fällt. □

Beispiel 2.2 (Strangle) Kaufe einen Call mit Verfallstag T und Ausübungspreis K_2 und kaufe einen Put mit Verfallstag T und Ausübungspreis $K_1 < K_2$. Der Wert des Portfolios $\pi = P + C$ zur Zeit T lautet (siehe Abbildung 2.1 rechts)

$$\pi_T = (K_1 - S)^+ + (S - K_2)^+.$$

Käufer eines *strangles* erwarten sehr große Kursschwankungen. Ein *strangle* ist preiswerter als ein *straddle*, da die Gewinnchancen kleiner sind. □

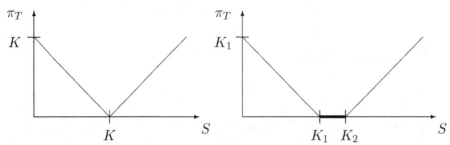

Abbildung 2.1 Auszahlungsdiagramm eines *straddles* (links) bzw. *strangles* (rechts).

Beispiel 2.3 (Butterfly spread) Kaufe einen Call C_1 mit Ausübungspreis K_1 und einen Put P_1 mit Ausübungspreis K_2 sowie verkaufe einen Call C_2 und einen Put P_2, jeweils mit Ausübungspreis K. Alle vier Optionen haben den Verfallstag T. Mit den obigen Begriffen können wir auch kürzer formulieren:

long call K_1, long put K_2, short call K, short put K.

Der Wert des Portfolios zur Zeit T lautet (siehe Abbildung 2.2):

$$\pi_T = C_1 + P_1 - C_2 - P_2 = (S - K_1)^+ + (K_2 - S)^+ - (S - K)^+ - (K - S)^+.$$

Verkaufen wir Optionen, gehen deren Werte negativ ins Portfolio ein, da sie eine Verpflichtung darstellen. Der Käufer eines *butterfly spread* erwartet stagnierende Kurse um den Wert K bzw. nur geringe Kursschwankungen. □

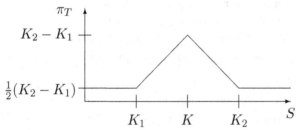

Abbildung 2.2 Auszahlungsdiagramm eines *butterfly spread* für $K_2 > K_1$ und $K = \frac{1}{2}(K_1 + K_2)$.

Optionen, die nicht der Auszahlungsfunktion (1.5) genügen, heißen *exotische Optionen*. Eine exotische Option kann vom europäischen oder amerikanischen Typ sein, je nachdem, ob sie genau am oder auch vor dem Verfallstag ausgeübt werden kann. Aus der Vielzahl dieser Optionen erwähnen wir nur einige Beispiele (für eine größere Auswahl siehe [164, 228]). Wir können exotische Optionen in die folgenden Klassen einteilen: *pfadabhängig* oder *pfadunabhängig* (d.h., die Auszahlung hängt oder hängt nicht von dem Kurs des Basiswerts *vor* dem Verfallstag ab) bzw. *single-asset* oder *multi-asset* (d.h. eine Option auf *einen* oder *mehrere* Basiswerte).

Einige pfadunabhängige Single-asset-Optionen sind:

- *Binäre Optionen:* Diese Option wird wertlos, wenn der Kurs des Basiswerts zum Verfallstag eine festgelegte Schranke K über- oder unterschreitet. Im Gegensatz zu europäischen Optionen ist die Höhe des Auszahlungsbetrags B unabhängig vom Kurs des Basiswerts. Die Auszahlungsfunktion eines binären Calls lautet:

$$C_T = \begin{cases} B & : S_T > K \\ 0 & : S_T \leq K. \end{cases}$$

- *Compound-Optionen:* Mit dem Kauf einer Compound-Option erwirbt man das Recht, zum Verfallstag eine andere Option mit Verfallstag $T' > T$ zum Ausübungspreis K zu kaufen bzw. zu verkaufen. Ein Beispiel ist eine *Put-on-call*-Option mit Auszahlungsfunktion

$$P_T = (K - C_T)^+.$$

- *Chooser-Optionen:* Bei diesen Optionen kann man zum Verfallstag wählen, ob man einen europäischen Call C oder einen europäischen Put P mit Verfallstag $T' > T$ erhalten möchte. Diese Optionen haben z.B. die Auszahlungsfunktion

$$V_T = \max\{C_T, P_T\}.$$

Die Preise der vorgestellten pfadunabhängigen Optionen können im Rahmen der Black-Scholes-Theorie explizit berechnet werden (siehe z.B. [132, 225]). Einige pfadabhängige Single-asset-Optionen sind die folgenden:

- *Barrier-Optionen:* Dies ist eine Option, die wertlos (oder wertvoll) wird, wenn der Kurs des Basiswerts eine vorher festgelegte Schranke vor dem Verfallstag über- bzw. unterschreitet. Ein Beispiel ist der *Down-and-out call*; diese Option wird wertlos, wenn der Basiswert innerhalb der Laufzeit der Option eine vorgegebene Schranke B unterschreitet. Die Auszahlungsfunktion lautet:

$$C_T = (S - K)^+ \mathbb{I}_{\{\min S \geq B\}},$$

wobei $\mathbb{I}_{\{\min S \geq B\}} = 1$, wenn $\min\{S_t : 0 \leq t \leq T\} \geq B$, und $\mathbb{I}_{\{\min S \geq B\}} = 0$, wenn $\min\{S_t : 0 \leq t \leq T\} < B$.

- *Asiatische Optionen:* Bei asiatischen Optionen hängt die Auszahlung von einem Durchschnittswert des Basiswertkurses ab. Beim *European average rate call* beispielsweise ist die Auszahlungsfunktion gegeben durch

$$C_T = \left(\frac{1}{T} \int_0^T S_\tau d\tau - K \right)^+.$$

Asiatische Optionen dieser Bauart schützen den Verkäufer der Option vor Manipulationen des Kurses des Basiswertes kurz vor dem Verfallstag, da diese durch die Durchschnittsbildung herausgemittelt werden.

- *Lookback-Optionen:* Bei Lookback-Optionen hängt die Auszahlungsfunktion vom Minimum oder Maximum des Kurses des Basiswerts, bezogen auf einen Zeitraum $[0, T]$ mit Verfallstag T, ab. Ein Beispiel ist der *European lookback strike call* mit Auszahlungsfunktion

$$C_T = \left(S_T - \min_{0 \leq t \leq T} S_t \right)^+,$$

der die Möglichkeit realisiert, dass ein Basiswert zum Minimalpreis gekauft werden kann. Lookback-Optionen sind daher relativ teuer.

Den vorgestellten Optionen liegt ein einziger Basiswert S zugrunde. Optionen, deren Wert von mehreren Basiswerten $S_1 \ldots, S_n$ abhängt, heißen *Multi-asset-Optionen*. Beispiele sind *Rainbow-Optionen* (Beispiel einer Auszahlungsfunktion: $V = \max\{S_1, \ldots, S_n\}$) oder *Basket-Optionen* (Beispiel einer Auszahlungsfunktion: $V = (\sum_i \alpha_i S_i - K)^+)$. Der Phantasie sind keine Grenzen gesetzt!

2.2 Arbitrage

Aus der bloßen Annahme der Arbitrage-Freiheit können allerlei Konsequenzen über die Höhe der Optionspreise gezogen werden. Genauer gesagt leiten wir in diesem Abschnitt obere und untere Schranken für die Preise europäischer und amerikanischer Optionen her. Dazu betrachten wir einen Finanzmarkt mit den folgenden Voraussetzungen:

- Es gibt keine Arbitrage-Möglichkeiten.

- Es werden keine Dividendenzahlungen auf den Basiswert geleistet.

- Der risikofreie Zinssatz für Geldanlagen und Kredite ist derselbe und beträgt $r > 0$ bei kontinuierlicher Verzinsung.

- Der Markt ist liquide und Handel ist zu jeder Zeit möglich.

Was bedeutet „bei kontinuierlicher Verzinsung"? Wir legen zur Zeit $t = 0$ den Betrag K_0 an. Dieser Betrag werde nach der Zeit $\triangle t$ mit dem Zinssatz r verzinst und zusammen mit den Zinsen neu angelegt. Nach n Zinszahlungen (bzw. nach der Zeit $T = n\triangle t$) wird der Betrag

$$K_n = K_0(1 + r\triangle t)^n = K_0(1 + rT/n)^n$$

ausgezahlt. Im Grenzwert $n \to \infty$ erhalten wir die *kontinuierliche Verzinsung*

$$K = K_0 e^{rT}.$$

Umgekehrt müssen wir den Betrag Ke^{-rT} jetzt anlegen, um nach der Zeit T den Betrag K zurückzuerhalten. Dies nennt man *Diskontierung*.

Betrachte zuerst das folgende Portfolio: Kaufe einen Basiswert S und einen europäischen Put P mit Ausübungspreis K und Verfallstag T und verkaufe einen europäischen Call C mit Ausübungspreis K und Verfallstag T. Das Portfolio, bestehend aus diesen Anlagen, hat den Wert

$$\pi = S + P - C.$$

Der Wert von π zur Zeit T ist

$$\pi_T = S_T + (K - S_T)^+ - (S_T - K)^+ = K.$$

Wie groß ist der Wert von π zur Zeit t? Legen wir zur Zeit t den Betrag $Ke^{-r(T-t)}$ risikofrei an, erhalten wir zur Zeit T auch den Betrag K zurück. Wir behaupten, dass $\pi_t = Ke^{-r(T-t)}$.

Angenommen, es wäre $\pi_t < Ke^{-r(T-t)}$. Kaufe dann das Portfolio, leihe den Betrag $Ke^{-r(T-t)}$ aus (oder verkaufe entsprechende Bonds) und lege den Betrag $Ke^{-r(T-t)} - \pi_t > 0$ beiseite. Zur Zeit T liefert das Portfolio den Betrag K, den wir der Bank für den Kredit geben. Dies bedeutet, dass wir zur Zeit t einen sofortigen, risikofreien Gewinn $Ke^{-r(T-t)} - \pi_t > 0$ erzielt haben – Widerspruch!

Angenommen, es wäre $\pi_t > Ke^{-r(T-t)}$. Verkaufe das Portfolio (d.h. verkaufe einen Basiswert und einen Put und kaufe einen Call), lege $Ke^{-r(T-t)}$ risikofrei bei der Bank an und lege die Differenz $\pi_t - Ke^{-r(T-t)} > 0$ beiseite. Erhalte dann zur Zeit T den Betrag K von der Bank zurück und kaufe damit das Portfolio zum Preis von $\pi_T = K$. Wir haben einen sofortigen, risikofreien Gewinn erzielt – Widerspruch!

Wir haben bewiesen:

Proposition 2.4 (Put-Call-Parität) *Unter den obigen Voraussetzungen an den Finanzmarkt gilt für alle $0 \leq t \leq T$:*

$$S_t + P_t - C_t = Ke^{-r(T-t)}.$$

Hierbei sind P_t und C_t Abkürzungen für $P(S_t, t)$ und $C(S_t, t)$. Wir nennen die obige Argumentation *Arbitrage-Preistechnik*. Mittels dieser Technik können wir obere und untere Schranken für europäische und amerikanische Optionen herleiten. Für die folgenden Resultate setzen wir die obigen Finanzmarkt-Annahmen voraus.

Proposition 2.5 *Für europäische Optionen gelten zur Zeit $0 \leq t \leq T$ folgende Schranken:*

(1) $\left(S_t - Ke^{-r(T-t)}\right)^+ \leq C_t \leq S_t,$

(2) $\left(Ke^{-r(T-t)} - S_t\right)^+ \leq P_t \leq Ke^{-r(T-t)}$.

Beweis. (1) Die Schranke $C_t \geq 0$ ist offensichtlich; anderenfalls ergäbe der „Kauf" einer solchen Option einen sofortigen Gewinn, ohne zur Zeit T eine Verpflichtung eingehen zu müssen. Ferner gilt $C_t \leq S_t$; anderenfalls verkaufe einen Call und kaufe einen Basiswert. Zur Zeit T muss der Basiswert eventuell verkauft werden. Zur Zeit t gilt nach Annahme $C_t - S_t > 0$, d.h., wir realisieren einen sofortigen, risikofreien Gewinn – Widerspruch.

Wir behaupten nun $C_t \geq S_t - Ke^{-r(T-t)}$ für alle Zeiten t. Angenommen, es gilt das Gegenteil, d.h., es gibt ein t, so dass $C_t < S_t - Ke^{-r(T-t)}$. Betrachte dann das folgende Portfolio zur Zeit t:

Verkaufe Basiswert S, kaufe Call C, lege $Ke^{-r(T-t)}$ an.

Wir erhalten die Arbitrage-Tabelle 2.1. Der Wert des Portfolios zur Zeit T ist nichtnegativ, und zur Zeit t realisieren wir einen sofortigen Gewinn $S_t - C_t - Ke^{-r(T-t)} > 0$ – Widerspruch.

Portfolio	Geldfluss	Portfoliowert zur Zeit t	Portfoliowert zur Zeit T	
			$S_T \leq K$	$S_T > K$
Verkaufe S_t	S_t	$-S_t$	$-S_T$	$-S_T$
Kaufe C_t	$-C_t$	C_t	0	$S_T - K$
Lege $Ke^{-r(T-t)}$ an	$-Ke^{-r(T-t)}$	$Ke^{-r(T-t)}$	K	K
Summe	$S_t - C_t$ $-Ke^{-r(T-t)} > 0$	$C_t - S_t$ $+Ke^{-r(T-t)} < 0$	$K - S_T \geq 0$	0

Tabelle 2.1 Arbitrage-Tabelle für den Beweis von Proposition 2.5.

(2) Die Schranken für Put-Optionen folgen aus denen für Call-Optionen und der Put-Call-Parität (Übungsaufgabe). □

Bemerkung 2.6 Proposition 2.5 (1) ist auch für amerikanische Calls gültig, da die Arbitrage zur Zeit t möglich war. □

Genauer gilt das folgende Resultat.

Proposition 2.7 *Für amerikanische Optionen C_A, P_A gelten zur Zeit $0 \leq t \leq T$ folgende Schranken:*

(1) $C_A(S_t, t) = C_E(S_t, t)$,

(2) $Ke^{-r(T-t)} \leq S_t + P_A(S_t, t) - C_A(S_t, t) \leq K$,

(3) $\left(Ke^{-r(T-t)} - S_t\right)^+ \leq P_A(S_t, t) \leq K$,

wobei C_E den Wert einer europäischen Call-Option bedeute.

Bemerkung 2.8 Beachte, dass die Relation (1) *nur* für Basiswerte gilt, auf die keine Dividende gezahlt wird. Die Beziehung (2) kann als Put-Call-Parität für amerikanische Optionen interpretiert werden. □

Beweis. (1) Angenommen, wir üben die amerikanische Call-Option zur Zeit $t < T$ frühzeitig aus. Dann erhalten wir den Betrag $S_t - K$, wobei $S_t > K$ (anderenfalls würden wir die Option nicht ausüben). Aus den Propositionen 2.5 (1) und 2.6 folgt aber, dass für den Wert der Option gilt:

$$C_A(S_t, t) \geq \left(S_t - Ke^{-r(T-t)}\right)^+ = S_t - Ke^{-r(T-t)} > S_t - K.$$

Es ist also sinnvoller, die Option zu verkaufen als auszuüben. Die frühzeitige Ausübung ist folglich nicht optimal. Übt man die Option genau zur Zeit T aus, erhält man die Ausstattung einer europäischen Option.

(2) Die größere Flexibilität amerikanischer Put-Optionen impliziert $P_A \geq P_E$ für alle $0 \leq t \leq T$, wobei P_E den Wert einer europäischen Put-Option bezeichne. Aus der Put-Call-Parität und (1) folgt

$$C_A - P_A \leq C_E - P_E = S_t - Ke^{-r(T-t)}$$

für $0 \leq t \leq T$, also die untere Schranke in (2). Um die obere Schranke zu zeigen, benutzen wir wieder ein Arbitrage-Argument. Angenommen, es gibt ein $0 \leq t \leq T$ mit $S_t - K > C_A(S_t, t) - P_A(S_t, t)$. Sei $T^* \leq T$ der Ausübungszeitpunkt der amerikanischen Put-Option und betrachte die Arbitrage-Tabelle 2.2. Wir haben ein Portfolio konstruiert, das Arbitrage ermöglicht – Widerspruch.

Portfolio	Geldfluss	Portfoliowert zur Zeit t	Portfoliowert zur Zeit T^*	
			$S_{T^*} \leq K$	$S_{T^*} > K$
Verkaufe Put	$P_A(t)$	$-P_A(t)$	$-(K - S_{T^*})$	0
Kaufe Call	$-C_A(t)$	$C_A(t)$	≥ 0	$\geq S_{T^*} - K$
Verkaufe Basiswert	S_t	$-S_t$	$-S_{T^*}$	$-S_{T^*}$
Lege K an	$-K$	K	$Ke^{r(T^*-t)}$	$Ke^{r(T^*-t)}$
Summe	$P_A - C_A$ $+ S - K > 0$	$-P_A + C_A$ $- S + K < 0$	$\geq Ke^{r(T^*-t)} - K$ ≥ 0	$\geq Ke^{r(T^*-t)} - K$ ≥ 0

Tabelle 2.2 Arbitrage-Tabelle für den Beweis von Proposition 2.7. Der Wert des Calls ist wegen $C_A(t) \geq (S_t - Ke^{-r(T-t)})^+$ zur Zeit $t = T^*$ größer als oder gleich null (wenn $S_{T^*} \leq K$) bzw. größer als oder gleich $S_{T^*} - K$ (wenn $S_{T^*} > K$).

(3) Die Ungleichungskette (2) ist äquivalent zu

$$Ke^{-r(T-t)} - S_t + C_A \leq P_A \leq K - S_t + C_A.$$

Nun ist nach Proposition 2.5 (1) einerseits

$$
\begin{aligned}
P_A &\geq Ke^{-r(T-t)} - S_t + C_A \\
&= Ke^{-r(T-t)} - S_t + C_E \\
&\geq Ke^{-r(T-t)} - S_t + (S_t - Ke^{-r(T-t)})^+ \\
&= (Ke^{-r(T-t)} - S_t)^+
\end{aligned}
$$

und andererseits

$$
P_A \leq K - S_t + C_A = K - S_t + C_E \leq K - S_t + S_t = K.
$$

Dies beweist die Ungleichungskette (3).   □

Bemerkung 2.9 Wir können die untere Schranke für amerikanische Put-Optionen aus Proposition 2.7 (3) verschärfen. Es gilt für $0 \leq t \leq T$:

$$
P_A(S_t, t) \geq (K - S_t)^+.
$$

Im Falle $K \leq S_t$ ist diese Ungleichung trivial. Sei also $K > S_t$. Würde nun $P_A(S_t, t) < (K - S_t)^+$ für ein t gelten, so führt der Kauf der Put-Option und die gleichzeitige Ausübung der Option auf einen sofortigen, risikofreien Gewinn $K - S_t - P_A(S_t, t) > 0$ – Widerspruch.   □

Die Abschätzungen aus den Propositionen 2.5 und 2.7 sowie Bemerkung 2.9 sind in Abbildung 2.3 illustriert.

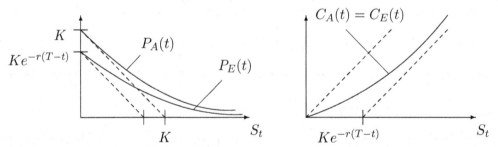

Abbildung 2.3 Qualitativer Kurvenverlauf der Preise europäischer und amerikanischer Optionen.

Übungsaufgaben

1. Das Portfolio, bestehend aus einem *long call* mit Ausübungspreis K_1 und einem *short put* mit Ausübungspreis $K_2 < K_1$ (mit gleichem Verfallstag), heißt *collar*. Zeichnen Sie das Auszahlungsdiagramm.

2. Zeigen Sie, dass ein *butterfly spread* aus einem *long strangle* und einem *short straddle* konstruiert werden kann.

3. Zeichnen Sie die Auszahlungsdiagramme der folgenden Portfolios:

    (a) ein *long call* und zwei *long puts*, jeweils mit gleichem Verfallstag und gleichem Ausübungspreis (diese Kombination wird *strip* genannt);

    (b) ein *long put* und zwei *long calls*, jeweils mit gleichem Verfallstag und gleichem Ausübungspreis (diese Kombination wird *strap* genannt).

4. Angenommen, eine Aktie kostet 75 und eine europäische Call-Option kostet 9 mehr als eine europäische Put-Option auf diese Aktie. Die Optionen haben eine Laufzeit von einem Jahr und einen Ausübungspreis von 70. Wie hoch ist der derzeitige Zinssatz?

5. Eine Aktie koste 50. Eine europäische Call-Option bzw. Put-Option mit einem Jahr Laufzeit und Ausübungspreis $K = 50$ koste 5 bzw. 4. Ein risikofreier Bond zahlt bei einer Anlage von 45 nach einem Jahr 50 aus. Welches Prinzip wird hier verletzt und warum?

6. Betrachte die beiden folgenden europäischen Call-Optionen auf denselben Basiswert

$$C_1 = 5.2, \quad K_1 = 47.7, \quad T = 1 \text{ Jahr},$$
$$C_1 = 12.4, \quad K_1 = 40, \quad T = 1 \text{ Jahr}.$$

Der risikolose Zinssatz betrage $r = 10\%$. Konstruieren Sie eine Arbitragemöglichkeit.

7. Ziel dieser Aufgabe ist es, die Konstruktion eines Zertifikats auf eine Aktie des Unternehmens A zu verstehen. Das Zertifikat, das von der Bank B emittiert werde, sei folgendermaßen definiert. Der Käufer des Zertifikats hat das Recht, von der Bank B am Ende der Laufzeit $T = 8$ Monate entweder die Aktie A oder einen vorher festgelegten Geldbetrag zu beziehen. Schließt die Aktie am Verfallstag direkt am oder unter dem Betrag von 58.70, so wird die Aktie geliefert, anderenfalls erhält der Käufer den Geldbetrag ausgezahlt. Zum Zeitpunkt der Emission $t = 0$ notierte die Aktie bei 55.50, während das Zertifikat zu einem Preis von 51.35 angeboten wurde, also mit einem Abschlag von etwa 7.5%.

    (a) Stellen Sie ein Portfolio aus Aktien und Optionen zusammen, das dem Zertifikat entspricht. Präzisieren Sie die Kennwerte K, V und T der entsprechenden Optionen.

    (b) Zeichnen Sie das Auszahlungsdiagramm des Zertifikats.

    (c) Wie groß ist die maximal mögliche jährliche Rendite des Zertifikats?

(d) Zur Zeit $t = 2$ Monate wird das Zertifikat zu einem Preis von 55.20 gehandelt. Der Kurs der Aktie A lautet 61.10. Lohnt es sich voraussichtlich, das Zertifikat zum Zeitpunkt $t = 2$ Monate zu kaufen?

Dieses Finanzprodukt wurde übrigens Anfang der Jahrtausendwende von einer Schweizer Bank auf den Markt gebracht.

8. Beweisen Sie Proposition 2.5 (2).

9. Zeigen Sie folgende Aussagen:

(a) Seien $C(K_1)$ bzw. $C(K_2)$ die Preise zweier Call-Optionen zum Kurs des Basiswerts S und zur Zeit t mit Ausübungspreisen K_1 bzw. K_2 und Verfallstag T (auf denselben Basiswert). Es gelte $K_2 \geq K_1$. Dann folgt für alle $0 \leq t \leq T$:

$$0 \leq C(K_1) - C(K_2) \leq (K_2 - K_1)e^{-r(T-t)}.$$

(b) Seien $C(T_1)$ bzw. $C(T_2)$ die Preise zweier Call-Optionen mit Verfallstagen T_1 bzw. T_2 und mit Ausübungspreis K (auf denselben Basiswert). Gilt $T_2 \geq T_1$, so folgt für alle $0 \leq t \leq T$:

$$C(T_2) \geq C(T_1).$$

10. Sei $C(S, t; K)$ der Wert einer europäischen Call-Option in Abhängigkeit des Basiswerts S, der Zeit t und des Ausübungspreises K. Zeigen Sie, dass die Abbildung $K \mapsto C(S, t; K)$ konvex ist, d.h., für alle K_1, $K_2 > 0$ und $0 \leq \alpha \leq 1$ gilt

$$C(S, t; \alpha K_1 + (1 - \alpha)K_2) \leq \alpha C(S, t; K_1) + (1 - \alpha)C(S, t; K_2).$$

3   Die Binomialmethode

In diesem Kapitel greifen wir Beispiel 1.3 aus der Einleitung auf und stellen eine zeitdiskrete Methode zur Bestimmung von Optionsprämien vor, die Approximation durch *Binomialbäume* (Abschnitt 3.1). Für die Binomialmethode benötigen wir einige grundlegende Begriffe aus der Wahrscheinlichkeitstheorie und die Definition der *Brownschen Bewegung*, die wir teilweise nur formal einführen (Abschnitt 3.2). Im Grenzwert verschwindender Zeitdiskretisierungsparameter leiten wir in Abschnitt 3.3 aus den Binomialbäumen die *Black-Scholes-Formel* her. Schließlich erläutern wir in Abschnitt 3.4 den Algorithmus des *Binomialverfahrens* und dessen Implementierung in MATLAB.

3.1   Binomialbäume

Wir betrachten zunächst, wie in Beispiel 1.3, einen sehr einfachen Finanzmarkt, in dem mit einem Bond, einer Aktie oder einer (europäischen) Call-Option nur zu den Zeitpunkten $t = 0$ und $t = \triangle t$ gehandelt werden kann. Später werden wir diesen Fall auf $n > 2$ diskrete Zeitpunkte verallgemeinern.

3.1.1   Ein-Perioden-Modell

Für das Ein-Perioden-Modell mit den $n = 2$ Zeitpunkten $t = 0$ und $t = \triangle t$ machen wir die folgenden Annahmen (siehe Abbildung 3.1):

- Der Bond B_t habe zur Zeit $t = 0$ den Wert $B_0 = 1$. Der risikofreie Zinssatz betrage $r > 0$ sowohl für Guthaben als auch für Kredite, und es werde kontinuierlich verzinst, so dass $B_{\triangle t} = e^{r\triangle t}$.

- Die Aktie habe zur Zeit $t = 0$ den Wert $S_0 = S$. Zur Zeit $t = \triangle t$ gebe es zwei Möglichkeiten: Der Kurs der Aktie betrage $S_{\triangle t} = u \cdot S$ (*up*-Zustand) mit Wahrscheinlichkeit $q > 0$ bzw. $S_{\triangle t} = d \cdot S$ (*down*-Zustand) mit Wahrscheinlichkeit $1 - q > 0$, wobei $u > d > 0$.

- Die Call-Option habe den Ausübungspreis K und die Verfallszeit $\triangle t$.

- Der Finanzmarkt sei arbitragefrei und erlaube *Aktienleerverkäufe* (*short selling*), d.h. den Verkauf von Aktien, die man noch nicht besitzt, aber später liefert. Für den Kauf oder Verkauf von Wertpapieren fallen keine Transaktionskosten an. Es erfolgen keine Dividendenzahlungen.

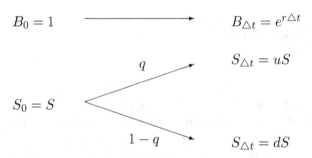

Abbildung 3.1   Ein einfaches Ein-Perioden-Finanzmarktmodell.

Die vierte Voraussetzung impliziert $d \leq e^{r\triangle t} \leq u$. Gälte nämlich $e^{r\triangle t} > u$, so könnte der Kauf von Bonds durch Aktienleerverkäufe finanziert und Arbitrage erzielt werden. Im Falle $e^{r\triangle t} < d$ bestünde eine Arbitrage-Möglichkeit durch den Kauf von Aktien, der durch Kredite finanziert wird.

Zur Zeit $\triangle t$ beträgt der Wert $C_{\triangle t}$ der Call-Option entweder $C_u := (uS-K)^+$ oder $C_d := (dS - K)^+$. Wir wollen den Wert C_0 der Call-Option zur Zeit $t = 0$ bestimmen. Dazu verwenden wir die Duplikationsstrategie, die wir bereits in Beispiel 1.3 erwähnten. Wir duplizieren die Call-Option dadurch, dass wir c_1 Anteile des Bonds und c_2 Anteile der Aktie kaufen bzw. verkaufen. Wir suchen also ein zur Call-Option äquivalentes Portfolio, so dass gilt:

$$c_1 \cdot B_t + c_2 \cdot S_t = C_t, \quad t = 0, \triangle t.$$

Die unbekannten Größen c_1 und c_2 können wir aus dieser Gleichung für $t = \triangle t$ bestimmen:

$$\begin{aligned} c_1 e^{r\triangle t} + c_2 uS &= C_u, \\ c_1 e^{r\triangle t} + c_2 dS &= C_d. \end{aligned}$$

Die Lösung dieses Gleichungssystems ergibt

$$c_1 = \frac{uC_d - dC_u}{(u - d)e^{r\triangle t}}, \quad c_2 = \frac{C_u - C_d}{(u - d)S}.$$

Aus $d < u$ folgt $c_1 \leq 0$ und $c_2 \geq 0$, d.h., es muss zum Aktienkauf stets ein Kredit aufgenommen werden. Nun können wir die Optionsprämie C_0 bestimmen:

$$C_0 = c_1 \cdot 1 + c_2 \cdot S = e^{-r\triangle t}(pC_u + (1 - p)C_d) \quad \text{mit } p = \frac{e^{r\triangle t} - d}{u - d}. \tag{3.1}$$

Aus der Ungleichungskette $d \leq e^{r\triangle t} \leq u$ folgt $0 \leq p \leq 1$.

Die Optionsprämie C_0 kann als der *diskontierte*, d.h. abgezinste *Erwartungswert* bezüglich der Wahrscheinlichkeit p interpretiert werden. Definieren wir nämlich den Erwartungswert einer Zufallsfunktion X, die nur die beiden Zustände $X = X_u$ und $X = X_d$ mit Wahrscheinlichkeit p bzw. $1-p$ annehmen kann, durch

$$\mathrm{E}_p(X) := pX_u + (1-p)X_d,$$

so lautet die Formel (3.1) einfach

$$C_0 = e^{-r\triangle t}\mathrm{E}_p((S_{\triangle t} - K)^+). \tag{3.2}$$

(In Abschnitt 3.2 geben wir eine allgemeinere Definition des Erwartungswertes.)

Der Optionspreis hängt nicht von der Wahrscheinlichkeit q ab; dies ist verständlich, da wir *alle* Pfade in dem Binomialbaum betrachten. Wegen der Relation

$$\mathrm{E}_p(S_{\triangle t}) = puS + (1-p)dS = \frac{e^{r\triangle t} - d}{u - d}uS + \frac{u - e^{r\triangle t}}{u - d}dS = e^{r\triangle t}S$$

können wir p als die *risikoneutrale Wahrscheinlichkeit* interpretieren, da der erwartete Kurs des Basiswerts mit der Wahrscheinlichkeit p des *up*-Zustandes gleich dem Erlös aus dem risikofreien Bond ist.

3.1.2   n-Perioden-Modell

Wir verallgemeinern nun die obige Idee, indem wir einen n-Perioden-Finanzmarkt betrachten. In Abbildung 3.2 ist ein Binomialbaum dargestellt, der zur Zeit $t = 0$ startet. In jeder Periode der Länge $\triangle t$ kann sich der Aktienkurs mit der Wahrscheinlichkeit q um den Faktor u und mit der Wahrscheinlichkeit $1 - q$ um den Faktor d verändern. Ein solches Preismodell wird auch Cox-Ross-Rubinstein-Modell genannt [51]. Seien also $n \in \mathbb{N}$ und $T = n\triangle t$ die Verfallszeit. Dann ist

$$S_k^n := u^k d^{n-k} S$$

der Wert der Aktie zur Zeit T bei k *up*-Zuständen und $n - k$ *down*-Zuständen.

Wir betrachten zunächst den Fall $n = 2$. Dann berechnet sich der Optionspreis zur Zeit $t = 0$ analog zum Ein-Perioden-Modell aus

$$C_0 = e^{-r\triangle t}(pC_u + (1-p)C_d),$$

wobei C_u und C_d gegeben sind durch

$$C_u = e^{-r\triangle t}(pC_{uu} + (1-p)C_{ud}), \quad C_d = e^{-r\triangle t}(pC_{ud} + (1-p)C_{dd})$$

und C_{uu}, C_{ud} und C_{dd} in Abbildung 3.3 definiert sind. Daher ergibt sich im Zwei-Perioden-Modell

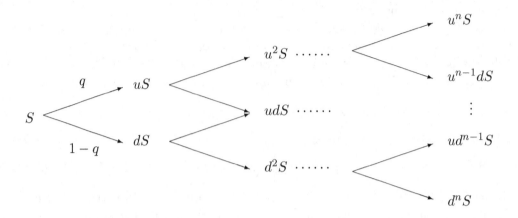

Abbildung 3.2 Ein Binomialbaum mit n Perioden.

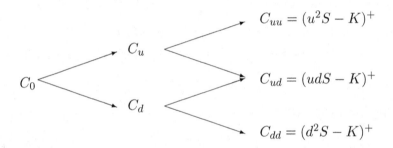

Abbildung 3.3 Wert der Option im Zwei-Perioden-Modell.

$$C_0 = e^{-2r\triangle t} \left(p^2 C_{uu} + 2p(1-p)C_{ud} + (1-p)^2 C_{dd} \right).$$

Damit können wir die Verallgemeinerung auf n Perioden erraten:

$$C_0 = e^{-rn\triangle t} \sum_{k=0}^{n} \frac{n!}{k!(n-k)!} p^k (1-p)^{n-k} (S_k^n - K)^+. \tag{3.3}$$

Diese Formel können wir auf zweierlei Arten interpretieren. Definieren wir den Binomialkoeffizienten

$$\binom{n}{k} := \frac{n!}{k!(n-k)!}$$

und den Erwartungswert einer Zufallsfunktion X, die mit Wahrscheinlichkeit

$$\binom{n}{k} p^k (1-p)^{n-k}$$

den Wert $X = X_k$ $(k = 0, \ldots, n)$ annehmen kann, durch

$$E_p(X) = \sum_{k=0}^{n} \binom{n}{k} p^k (1-p)^{n-k} X_k, \tag{3.4}$$

so erhalten wir die Beziehung

$$C_0 = e^{-rT} E_p((S_\cdot^n - K)^+).$$

Der Wert

$$\binom{n}{k} p^k (1-p)^{n-k}$$

ist die Wahrscheinlichkeit, dass der Aktienkurs zur Zeit $T = n\triangle t$ den Wert $u^k d^{n-k} S$ besitzt (siehe Beispiel 3.2 (2)).

Wir können die Formel (3.3) auch anders interpretieren. Mit $m = \min\{0 \le k \le n : u^k d^{n-k} S - K \ge 0\}$ können wir (3.3) schreiben als

$$\begin{aligned}
C_0 &= S \sum_{k=m}^{n} \binom{n}{k} \left(pue^{-r\triangle t}\right)^k \left((1-p)de^{-r\triangle t}\right)^{n-k} \\
&\quad - Ke^{-rT} \sum_{k=m}^{n} \binom{n}{k} p^k (1-p)^{n-k}.
\end{aligned}$$

Sei $p' = pue^{-r\triangle t}$. Dann folgt aus der Definition von p die Beziehung $pu+(1-p)d = e^{r\triangle t}$ oder $1 - p' = (1-p)de^{-r\triangle t}$, und daher

$$\begin{aligned}
C_0 &= S \sum_{k=m}^{n} \binom{n}{k} (p')^k (1-p')^{n-k} - Ke^{-rT} \sum_{k=m}^{n} \binom{n}{k} p^k (1-p)^{n-k} \\
&= S\Phi(m,p') - Ke^{-rT}\Phi(m,p), \tag{3.5}
\end{aligned}$$

wobei

$$\Phi(m,p) = \sum_{k=m}^{n} \binom{n}{k} p^k (1-p)^{n-k}.$$

Die Beziehung (3.5) nennen wir die *diskrete Black-Scholes-Formel*, mit der wir in Abschnitt 3.3 weiterarbeiten.

3.2 Brownsche Bewegung und ein Aktienkursmodell

Im letzten Abschnitt haben wir Begriffe wie *Erwartungswert* und *Wahrscheinlichkeit* benutzt. Diese wollen wir in diesem Abschnitt definieren. Außerdem führen wir einige Begriffe aus der Theorie stochastischer Prozesse ein.

3.2.1   Stochastische Grundbegriffe

Wir beginnen mit einigen Grundlagen (siehe auch [19, 74, 180]). Im Folgenden sei mit $\mathcal{P}(\Omega)$ die Potenzmenge einer Menge Ω bezeichnet.

Definition 3.1 (1) *Eine Menge* $\mathcal{F} \subset \mathcal{P}(\Omega)$ *heißt* σ-Algebra *genau dann, wenn*

(i) $\Omega \in \mathcal{F}$,

(ii) *für alle* $A \in \mathcal{F}$ *folgt* $\Omega \setminus A \in \mathcal{F}$ *und*

(iii) *für alle* $A_n \in \mathcal{F}$, $n \in \mathbb{N}$, *folgt* $\cup_{n=1}^{\infty} A_n \in \mathcal{F}$.

(2) *Sei* $\mathcal{F} \subset \mathcal{P}(\Omega)$ *eine* σ-*Algebra. Wir nennen eine Funktion* P$: \mathcal{F} \to [0,1]$ *ein* Wahrscheinlichkeitsmaß *genau dann, wenn*

(i) $P(\Omega) = 1$,

(ii) *für alle paarweise disjunkten Mengen* $A_n \in \mathcal{F}$, $n \in \mathbb{N}$, *gilt:*

$$P\left(\bigcup_{n=1}^{\infty} A_n \right) = \sum_{n=1}^{\infty} P(A_n).$$

Beispiel 3.2 (1) Sei $\Omega = \{1, \dots, n\}$. Dann sind die Potenzmenge $\mathcal{P}(\Omega)$ selbst und $\mathcal{F} = \{\emptyset, \Omega\}$ σ-Algebren. Die Funktion $P: \mathcal{P}(\Omega) \to [0,1]$, definiert durch $P(A) = \#A/n$, wobei $\#A$ die Anzahl der Elemente von A bezeichne, ist ein Wahrscheinlichkeitsmaß. Wir nennen $P(A)$ die *Wahrscheinlichkeit*, dass das Ereignis A eintritt.

(2) Seien $\Omega = \{0, 1, \dots, n\}$, $\mathcal{F} = \mathcal{P}(\Omega)$ und $p = \frac{1}{2}$. Ein Element aus Ω beschreibe die Anzahl der *up*-Zustände im Binomialbaum (siehe Abbildung 3.2). Die Wahrscheinlichkeit $P(k)$, dass der Endknoten S_n^k erreicht wird, ist gleich der Anzahl der möglichen Pfade vom Wurzelknoten $S_0 = S$ zu diesem Endknoten, gegeben durch

$$\frac{n!}{k!(n-k)!} = \binom{n}{k},$$

dividiert durch die Anzahl 2^n aller möglichen Pfade, also

$$P(k) = \binom{n}{k} \frac{1}{2^n} = \binom{n}{k} p^k (1-p)^{n-k}. \qquad \square$$

Definition 3.3 (1) *Ein* Wahrscheinlichkeitsraum *ist ein Tripel* $(\Omega, \mathcal{F}, P)$, *bestehend aus einer Menge* Ω, *einer* σ-*Algebra* $\mathcal{F}$ *und einem Wahrscheinlichkeitsmaß* P.

(2) *Eine Funktion* $X: \Omega \to \mathbb{R}$ *auf einem Wahrscheinlichkeitsraum* $(\Omega, \mathcal{F}, P)$ *heißt* Zufallsvariable *genau dann, wenn für alle Borelmengen* $B \in \mathcal{B}(\mathbb{R})$ *gilt:* $X^{-1}(B) \in \mathcal{F}$.

Die Menge $\mathcal{B}(\mathbb{R})$ aller *Borelmengen* ist die kleinste σ-Algebra, die alle offenen Mengen von $\mathbb{R}$ enthält. Beachte, dass die Bedingung $X^{-1}(B) \in \mathcal{F}$ für Zufallsvariablen analog ist zu der Definition für stetige Funktionen $X\colon \Omega \to \mathbb{R}$, nämlich $X^{-1}(B) \in \mathcal{T}$ für alle $B \in \mathcal{T}$, wobei $\mathcal{T}$ die Menge aller offenen Mengen von Ω ist.

Definition 3.4 *Sei* $(\Omega, \mathcal{F}, \mathrm{P})$ *ein Wahrscheinlichkeitsraum. Die Zufallsvariablen* $X_1, \ldots, X_n$ *heißen* (stochastisch) *unabhängig, wenn für alle* $A_i \in \mathcal{B}(\mathbb{R})$, $i = 1, \ldots, n$, *gilt:*

$$\mathrm{P}(\{X_1 \in A_1\} \cap \ldots \cap \{X_n \in A_n\}) = \mathrm{P}(\{X_1 \in A_1\}) \cdot \ldots \cdot \mathrm{P}(\{X_n \in A_n\}).$$

Hierbei bezeichnen wir mit $\{X_i \in A_i\}$ die Menge $\{\omega \in \Omega : X_i(\omega) \in A_i\}$.

Beispiel 3.5 Ein (idealer) Würfel werde zweimal hintereinander geworfen. Sei X_i, $i = 1, 2$, die jeweilige Augenzahl beim Wurf, d.h. $X_i \colon \Omega \to \{1, \ldots, 6\}$ und $\mathrm{P}(X_i = k) = \frac{1}{6}$. Dann sind X_1 und X_2 wegen

$$\mathrm{P}(X_1 = j,\, X_2 = k) = \frac{1}{36} = \mathrm{P}(X_1 = j) \cdot \mathrm{P}(X_2 = k)$$

für alle $j, k = 1, \ldots, 6$ unabhängig. $\qquad\square$

Wir definieren nun das Integral bezüglich eines Wahrscheinlichkeitsmaßes. Wir nennen eine Funktion $f\colon \Omega \to \mathbb{R}$ *einfach*, wenn sie die Darstellung

$$f = \sum_{i=1}^{n} c_i \mathbb{I}_{A_i} \quad \text{mit } c_i \in \mathbb{R},\ A_i \in \mathcal{F}$$

und charakteristischen Funktionen $\mathbb{I}_{A_i}$ (d.h. $\mathbb{I}_{A_i}(x) = 1$, wenn $x \in A_i$, und $\mathbb{I}_{A_i}(x) = 0$ sonst) besitzt. Das Integral über einfache Funktionen ist definiert durch

$$\int_{\Omega} f\, dP := \sum_{i=1}^{n} c_i \mathrm{P}(A_i).$$

Definition 3.6 *Seien* $(\Omega, \mathcal{F}, \mathrm{P})$ *ein Wahrscheinlichkeitsraum und* X *eine Zufallsvariable.*

(1) *Das* Integral *über* X *(falls es existiert) ist definiert durch*

$$\int_{\Omega} X\, dP = \int_{\Omega} X(\omega)\, dP(\omega) := \sup_{f \le X \text{ einfach}} \int_{\Omega} f\, dP.$$

(2) *Der* Erwartungswert $\mathrm{E}(X)$ *und die* Varianz $\mathrm{Var}(X)$ *sind definiert durch*

$$\mathrm{E}(X) := \int_{\Omega} X\, dP, \quad \mathrm{Var}(X) := \mathrm{E}[(X - \mathrm{E}(X))^2] = \mathrm{E}(X^2) - (\mathrm{E}(X))^2,$$

falls die entsprechenden Integrale existieren. Die Standardabweichung *ist gegeben durch* $\sigma := \sqrt{\mathrm{Var}(X)}$.

(3) *Die* Kovarianz *zweier Zufallsvariable X und Y ist definiert durch*

$$\text{Cov}(X, Y) := \text{E}[(X - \text{E}(X))(Y - \text{E}(Y))] = \text{E}(XY) - \text{E}(X)\text{E}(Y),$$

falls $\text{E}(X)$, $\text{E}(XY)$ und $\text{E}(Y)$ existieren.

Streng genommen haben wir das Integral nur für Zufallsvariable $X \geq 0$ definiert. Ist X beliebig, so setzen wir

$$\int_\Omega X dP := \int_\Omega \max\{X, 0\} dP - \int_\Omega \max\{-X, 0\} dP,$$

sofern die Integrale existieren. Für unabhängige Zufallsvariablen X und Y gilt $\text{E}(XY) = \text{E}(X)\text{E}(Y)$ und insbesondere $\text{Cov}(X, Y) = 0$ (Übungsaufgabe). Daher kann die Kovarianz als ein Maß für die Abhängigkeit von X und Y betrachtet werden. Allerdings kann von $\text{Cov}(X, Y) = 0$ nicht auf Unabhängigkeit geschlossen werden. Eine weitere Konsequenz aus der Unabhängigkeit von X und Y ist die Additivität der Varianzen:

$$
\begin{aligned}
\text{Var}(X + Y) &= \text{E}(X^2) + 2\text{E}(XY) + \text{E}(Y^2) - (\text{E}(X) + \text{E}(Y))^2 \\
&= \text{Var}(X) + \text{Var}(Y).
\end{aligned}
\tag{3.6}
$$

Unter bestimmten Voraussetzungen können der Erwartungswert und die Varianz mittels eines Riemann-Integrals berechnet werden. Dafür benötigen wir die folgende Definition.

Definition 3.7 *Sei $X \colon \Omega \to \mathbb{R}$ eine Zufallsvariable auf einem Wahrscheinlichkeitsraum $(\Omega, \mathcal{F}, \text{P})$.*

(1) *Die* Verteilungsfunktion *F von X ist definiert durch*

$$F(x) = \text{P}(X \leq x) = \text{P}(\{\omega \in \Omega : X(\omega) \leq x\}).$$

(2) *Falls eine Funktion $f : \mathbb{R} \to \mathbb{R}$ existiert mit*

$$F(x) = \int_{-\infty}^{x} f(s) ds,$$

dann heißt f Dichtefunktion *bzw.* Wahrscheinlichkeitsdichte *von X. Ist f stetig, so folgt $F' = f$.*

Satz 3.8 *Der Erwartungswert und die Varianz einer Zufallsvariablen $X : \Omega \to \mathbb{R}$, die eine Dichtefunktion f besitzt, sind gegeben durch*

$$
\begin{aligned}
\text{E}(X) &= \int_{\mathbb{R}} x f(x) dx, \\
\text{Var}(X) &= \text{E}(X^2) - \text{E}(X)^2 = \int_{\mathbb{R}} (x - \text{E}(X))^2 f(x) dx,
\end{aligned}
$$

falls die entsprechenden Integrale existieren.

Beweisskizze. Wir benutzen die beiden folgenden Resultate: Nach dem Transformationssatz gilt für (reguläre) Funktionen $g : \mathbb{R} \to \mathbb{R}$ mit $y = X(\omega)$

$$\int_\Omega (g \circ X) dP = \int_{X^{-1}(\mathbb{R})} g(X(\omega)) dP(\omega) = \int_{\mathbb{R}} g(y) dP(X^{-1}(y)) = \int_{\mathbb{R}} g \, d(P \circ X^{-1}).$$

(3.7)

Außerdem folgt *formal* für reguläre Funktionen f

$$
\begin{aligned}
\frac{d(P \circ X^{-1})}{dx} &= \lim_{h \to 0} \frac{1}{h} (P \circ X^{-1})((x, x+h)) = \lim_{h \to 0} \frac{1}{h} P(x \le X \le x + h) \\
&= \lim_{h \to 0} \frac{1}{h} (F(x+h) - F(x)) = \lim_{h \to 0} \frac{1}{h} \int_x^{x+h} f(s) ds = f(x).
\end{aligned}
$$

Damit erhalten wir für $g(x) = \mathrm{id}(x) = x$

$$\mathrm{E}(X) = \int_\Omega \mathrm{id} \circ X dP = \int_{\mathbb{R}} \mathrm{id} \, d(P \circ X^{-1}) = \int_{\mathbb{R}} x f(x) dx.$$

Der zweite Teil des Satzes folgt aus (3.7), denn mit $g(x) = x^2$ gilt

$$E(X^2) = \int_\Omega (g \circ X) dP = \int_{\mathbb{R}} g(x) f(x) dx = \int_{\mathbb{R}} x^2 f(x) dx,$$

und die Behauptung folgt. $\qquad \square$

Beispiel 3.9 (1) Seien $\Omega = \mathbb{R}$, $\mu \in \mathbb{R}$ und $\sigma > 0$. Eine Zufallsvariable X mit der Dichtefunktion

$$f(x) = \frac{1}{\sqrt{2\pi\sigma^2}} \exp\left(-\frac{(x-\mu)^2}{2\sigma^2}\right), \quad x \in \mathbb{R},$$

heißt *normalverteilt* bzw. $N(\mu, \sigma^2)$-verteilt. Der Erwartungswert und die Varianz lauten $\mathrm{E}(X) = \mu$ und $\mathrm{Var}(X) = \sigma^2$. Eine $N(0,1)$-verteilte Zufallsvariable nennen wir *standardnormalverteilt*. Für die Verteilungsfunktion F einer standardnormalverteilten Zufallsvariable schreiben wir auch

$$\Phi(x) = \frac{1}{\sqrt{2\pi}} \int_{-\infty}^x e^{-s^2/2} ds.$$

(2) Seien $\Omega = \mathbb{R}$, $\mu \in \mathbb{R}$ und $\sigma > 0$. Eine Zufallsvariable X, deren Logarithmus normalverteilt ist, d.h. $\ln X$ ist normalverteilt, heißt *lognormalverteilt* bzw. $\Lambda(\mu, \sigma^2)$-verteilt. Die entsprechende Dichtefunktion lautet

$$f(x) = \begin{cases} \frac{1}{x\sqrt{2\pi\sigma^2}} \exp\left(-\frac{(\ln x - \mu)^2}{2\sigma^2}\right) & : x > 0 \\ 0 & : \text{sonst}, \end{cases}$$

und der Erwartungswert sowie die Varianz berechnen sich zu

$$\mathrm{E}(X) = e^{\mu + \sigma^2/2}, \quad \mathrm{Var}(X) = e^{2\mu + \sigma^2}(e^{\sigma^2} - 1)$$

(siehe Übungsaufgaben).

(3) Betrachte den Kurs einer Aktie in einem zeitdiskreten Finanzmarkt wie in Abschnitt 3.1, d.h., der Aktienkurs kann um einen konstanten Faktor mit Wahrscheinlichkeit $q \in (0,1)$ steigen (*up*) und mit Wahrscheinlichkeit $1-q$ fallen (*down*). Die Zufallsvariable X beschreibe die Anzahl der *up*-Zustände in einem n-Perioden-Finanzmarkt. Dann ist der Wertebereich von X die Menge $\{0, 1, \ldots, n\}$, und die Wahrscheinlichkeit, dass der Aktienkurs k-mal steigt, beträgt

$$\mathrm{P}(X = k) = \binom{n}{k} q^k (1-q)^{n-k}$$

(siehe Beispiel 3.2). Wir sagen, dass X *binomialverteilt* oder $B(n,q)$-verteilt ist. Der Aktienkurs lautet dann (mit den Notationen aus Abschnitt 3.1) $S_X^n = u^X d^{n-X} S$. Die Funktion

$$F(m) = \mathrm{P}(X \leq m) = \sum_{k=0}^{m} \mathrm{P}(X = k) = \sum_{k=0}^{m} \binom{n}{k} q^k (1-q)^{n-k}$$

ist die Verteilungsfunktion. Ersetzen wir in der Definition der Verteilungsfunktion das Integral durch eine Summe, erkennen wir, dass die Dichtefunktion gerade $f(k) = \mathrm{P}(X = k)$ ist. Damit sind der Erwartungswert und die Varianz von X gegeben durch (Übungsaufgabe)

$$\mathrm{E}(X) = \sum_{k=0}^{n} k f(k) = nq, \quad \mathrm{Var}(X) = \sum_{k=0}^{n} (k - \mathrm{E}(X))^2 f(k) = nq(1-q).$$

Insbesondere können wir die diskrete Formel (3.5) zur Berechnung der Optionsprämie C_0 schreiben als

$$C_0 = S\mathrm{P}(X_{p'} \geq m) - Ke^{-rT}\mathrm{P}(X_p \geq m),$$

wobei $X_{p'}$ bzw. X_p $B(n, p')$- bzw. $B(n, p)$-verteilte Zufallsvariablen sind.

(4) Seien $\Omega = \mathbb{R}$ und $\lambda > 0$. Eine Zufallsvariable X mit der Dichtefunktion

$$f(x) = \begin{cases} \lambda e^{-\lambda x} & : x \geq 0 \\ 0 & : x < 0 \end{cases}$$

heißt *exponentialverteilt*. Der Erwartungswert und die Varianz von X sind

$$\mathrm{E}(X) = \frac{1}{\lambda}, \quad \mathrm{Var}(X) = \frac{1}{\lambda^2}.$$

Die Exponentialverteilung wird oft für die Modellierung der Lebensdauer von Bauteilen oder von Warteschlangen bzw. Kreditausfällen verwendet (siehe Abschnitt 8.4). $\qquad\qquad\qquad\qquad\qquad\qquad\qquad\qquad\qquad\qquad\qquad\qquad\qquad\quad$ $\square$

3.2.2 Stochastische Prozesse und Brownsche Bewegung

Der zeitkontinuierliche Aktienkurs S_t ist eine Zufallsvariable, d.h., wir sollten genauer $S(\omega, t)$ schreiben, wobei ω ein Element des zugrundeliegenden Wahrscheinlichkeitsraumes ist. Meistens lässt man allerdings das Argument ω weg. Die Funktion $\omega \mapsto S(\omega, t)$ ist eine Zufallsvariable für festes t; wir haben noch zu klären, welche Regularität die Funktion $t \mapsto S(\omega, t)$ für festes ω besitzen soll. Dies führt auf den Begriff des *stochastischen Prozesses*.

Definition 3.10 *Ein* (stetiger) *stochastischer Prozess* X_t, $t \in [0, \infty)$, *ist eine Familie von Zufallsvariablen* $X \colon \Omega \times [0, \infty) \to \mathbb{R}$, *wobei* $t \mapsto X(\omega, t)$ *stetig ist für alle* $\omega \in \Omega$. *Wir schreiben* $X_t = X(t) = X(\cdot, t)$, *d.h.,* X_t *ist eine Zufallsvariable.*

Ein stochastischer Prozess ist also eine funktionenwertige Zufallsvariable. Ein besonderer stochastischer Prozess ist durch die *Brownsche Bewegung* gegeben. Sei hierzu Z_k eine Folge von unabhängigen Zufallsvariablen, die mit Wahrscheinlichkeit $\frac{1}{2}$ den Wert $+\sqrt{\triangle t}$ und mit Wahrscheinlichkeit $\frac{1}{2}$ den Wert $-\sqrt{\triangle t}$ annehmen, und sei $X_t^{(n)} = \sum_{k=1}^n Z_k$, wobei $n \triangle t = t$. Dann ist $\mathrm{E}(Z_k) = 0$, $\mathrm{Var}(Z_k) = \triangle t$ und wegen (3.6)

$$\mathrm{E}(X_t^{(n)}) = 0, \quad \mathrm{Var}(X_t^{(n)}) = \mathrm{E}((X_t^{(n)})^2) = n\,\mathrm{E}(Z_1^2) = n\,\mathrm{Var}(Z_1) = n\triangle t = t.$$

Man kann zeigen, dass $X_t^{(n)}$ für $n \to \infty$ (und $\triangle t \to 0$, so dass $n \triangle t = t$) in einem gewissen Sinne konvergiert. Den Grenzwert nennen wir die *Brownsche Bewegung* W_t.

Satz 3.11 (Wiener) *Es gibt einen stetigen stochastischen Prozess* W_t *mit den Eigenschaften*

(1) $W_0 = 0$ *(P-)fast sicher, d.h.* $\mathrm{P}(\{\omega \in \Omega : W_0(\omega) = 0\}) = 1$.

(2) *für alle* $0 \le s \le t$ *gilt:* $W_t - W_s$ *ist* $N(0, t - s)$-*verteilt und*

(3) *für alle* $0 \le r < u < s < t$ *gilt:* $W_t - W_s$ *und* $W_u - W_r$ *sind unabhängig.*

Der stochastische Prozess W_t aus Satz 3.11 wird *Wiener-Prozess* oder *Brownsche Bewegung* genannt. Aus Satz 3.11 (2) folgt, dass W_t $N(0, t)$-verteilt ist und dass gilt:

$$\mathrm{E}((W_t - W_s)^2) = t - s. \tag{3.8}$$

Der Beweis von Satz 3.11 ist aufwändig; siehe zum Beispiel [145].

3.2.3 Ein Aktienkursmodell

Mit Hilfe des Wiener-Prozesses können wir ein Modell für die Entwicklung von Aktienkursen angeben. Eine erste Idee ist die Überlegung, dass der Aktienkurs zur Zeit t die Summe aus dem Aktienkurs S_0 zur Zeit $t = 0$, einer Prämie $a \cdot t$ und einer zufälligen Entwicklung ist:

$$S_t = S_0 + a \cdot t + \text{„Zufall“}.$$

Dieser Ansatz hat jedoch den entscheidenen Nachteil, dass der Aktienkurs negativ werden kann, wenn der „Zufall“ zu groß und negativ wird. Daher verwenden wir eine andere Idee. Betrachte dazu einen Bond B_t mit risikofreiem Zinssatz $r \geq 0$. Dann gilt $B_t = B_0 e^{rt}$ (siehe den Anfang von Kapitel 2) oder

$$\ln B_t = \ln B_0 + r \cdot t.$$

Dies legt den folgenden Ansatz für den Aktienkurs S_t nahe:

$$\ln S_t = \ln S_0 + b \cdot t + \text{„Zufall“}.$$

Da in einem arbitragefreien Markt die Anlage in eine Aktie die gleiche Rendite wie ein Bond bringen soll, schreiben wir bt anstatt rt. Der obige Ansatz kann durch Abbildung 3.4 des *Dow Jones Index* motiviert werden. Der Index verändert sich zeitlich aufgrund des *Driftterms* $b \cdot t$, modifiziert durch zufällige Schwankungen.

Für den „Zufall“ nehmen wir an, dass er ohne Tendenz ist, d.h. E(„Zufall“) = 0, und dass er von der Zeit t abhängt. Eine Möglichkeit ist die Annahme, dass der „Zufall“ $N(0, \sigma^2 t)$-verteilt ist. Dies wird durch den Ansatz

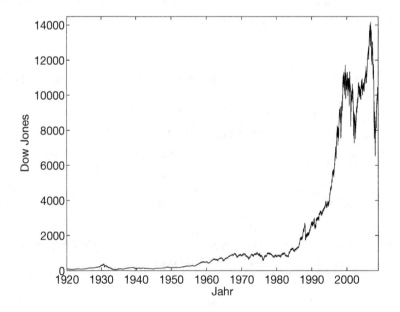

Abbildung 3.4 Chart des *Dow Jones Index* von Januar 1920 bis November 2009.

$$\ln S_t = \ln S_0 + bt + \sigma W_t$$

erfüllt, denn $\mathrm{Var}(\sigma W_t) = \sigma^2 t$. Üblicherweise definiert man $\mu = b + \frac{1}{2}\sigma^2$; dies impliziert

$$\ln S_t = \ln S_0 + \left(\mu - \frac{1}{2}\sigma^2\right)t + \sigma W_t. \qquad (3.9)$$

Der Aktienkurs ist dann gegeben durch

$$S_t = S_0 \exp\left(\mu t + \sigma W_t - \frac{1}{2}\sigma^2 t\right). \qquad (3.10)$$

Man nennt S_t eine *geometrische Brownsche Bewegung*; S_t ist lognormalverteilt, d.h., $\ln(S_t/S_0)$ ist $N((\mu - \sigma^2/2)t, \sigma^2 t)$-verteilt. Auf die obige Beziehung kommen wir in Abschnitt 4.2 zurück. Für den Erwartungswert und die Varianz von S_t gilt das folgende Resultat.

Lemma 3.12 *Sei S_t eine geometrische Brownsche Bewegung. Dann gilt:*

$$\mathrm{E}(S_t) = S_0 e^{\mu t}, \qquad (3.11)$$
$$\mathrm{Var}(S_t) = S_0^2 e^{2\mu t}(e^{\sigma^2 t} - 1). \qquad (3.12)$$

Beweis. Das Lemma folgt aus Beispiel 3.9 (2); wir geben dennoch einen direkten Beweis. Da W_t $N(0, t)$-verteilt ist, erhalten wir

$$\mathrm{E}(e^{\sigma W_t}) = \frac{1}{\sqrt{2\pi t}}\int_{\mathbb{R}} e^{\sigma x} e^{-x^2/2t} dx = \frac{1}{\sqrt{2\pi t}} e^{\sigma^2 t/2} \int_{\mathbb{R}} e^{-(x-\sigma t)^2/2t} dx = e^{\sigma^2 t/2},$$

also

$$\mathrm{E}(S_t) = S_0 e^{\mu t - \sigma^2 t/2} \mathrm{E}(e^{\sigma W_t}) = S_0 e^{\mu t}$$

und

$$\begin{aligned}
\mathrm{Var}(S_t) &= \mathrm{E}(S_t^2) - \mathrm{E}(S_t)^2 = S_0^2 e^{(2\mu - \sigma^2)t} \mathrm{E}(e^{2\sigma W_t}) - S_0^2 e^{2\mu t} \\
&= S_0^2 e^{2\mu t}(e^{\sigma^2 t} - 1). \qquad \square
\end{aligned}$$

Der Aktienkurs ist gemäß (3.10) ein Produkt aus dem mittleren Kurs $S_0 e^{\mu t}$ und einer zufälligen Schwankung $\exp(\sigma W_t - \frac{1}{2}\sigma^2 t)$ um diesen mittleren Kurs. Die Formeln (3.11) und (3.12) benötigen wir für das Binomialverfahren in Abschnitt 3.4. Vorher wollen wir uns mit dem Grenzfall $n \to \infty$ bei konstantem Endzeitpunkt T beschäftigen. Die sich ergebende *Black-Scholes-Formel* wird sich in Kapitel 4 als exakter Wert für den fairen Optionspreis in einem zeitkontinu-ierlichen Finanzmarktmodell erweisen.

3.3   Vom Binomialbaum zur Black-Scholes-Formel

In Abschnitt 3.1 und Beispiel 3.9 haben wir den Preis einer europäischen Call-Option zur Zeit $t = 0$ aus einem n-Perioden-Binomialbaum hergeleitet (siehe (3.5)):

$$C_0 = S\mathrm{P}(X_{p'} \geq m) - Ke^{-rT}\mathrm{P}(X_p \geq m), \qquad (3.13)$$

wobei $X_{p'}$ und X_p $B(n, p')$- bzw. $B(n, p)$-verteilte Zufallsvariablen sind, $m = \min\{0 \leq k \leq n : u^k d^{n-k} S - K \geq 0\}$ und

$$p = \frac{e^{r\triangle t} - d}{u - d}, \quad p' = pue^{-r\triangle t}.$$

In diesem Abschnitt leiten wir eine Formel für C_0 im Grenzwert $n \to \infty$ bei festem Endzeitpunkt T her. Dafür machen wir die folgenden Annahmen. Nach n Perioden sei der Zeitpunkt T erreicht, d.h. $T = n\triangle t$. Außerdem setzen wir $u > 1$ und $ud = 1$ voraus und definieren eine Zahl $\sigma > 0$ durch

$$u = \exp(\sigma\sqrt{\triangle t}).$$

Für den Grenzwert $n \to \infty$ bzw. $\triangle t \to 0$ benötigen wir die folgende Version des *Zentralen Grenzwertsatzes* [19, 74].

Satz 3.13 *Sei Y_n, $n \in \mathbb{N}$, eine Folge $B(n, p)$-verteilter Zufallsvariablen auf einem Wahrscheinlichkeitsraum. Dann gilt*

$$\lim_{n\to\infty} \mathrm{P}\left(\frac{Y_n - np}{\sqrt{np(1-p)}} \leq x\right) = \Phi(x) = \frac{1}{\sqrt{2\pi}} \int_{-\infty}^{x} e^{-s^2/2} ds.$$

Wir beweisen, dass im zeitkontinuierlichen Limes $\triangle t \to 0$ der diskrete Optionspreis (3.13) gegen einen Grenzwert konvergiert.

Satz 3.14 *Es gelte $T = n\triangle t$, $u = \exp(\sigma\sqrt{\triangle t})$ und $d = \exp(-\sigma\sqrt{\triangle t})$. Dann folgt*

$$\lim_{\triangle t\to 0} C_0 = S\Phi(d_1) - Ke^{-rT}\Phi(d_2), \qquad (3.14)$$

wobei der Grenzwert $\triangle t \to 0$ so sei, dass $n \to \infty$ sowie $T = n\triangle t$ gelten, und

$$d_{1/2} = \frac{\ln(S/K) + (r \pm \sigma^2/2)T}{\sigma\sqrt{T}}.$$

Die Gleichung (3.14) nennen wir die *zeitkontinuierliche Black-Scholes-Formel* (vgl. [3, 183]).

Beweis. Es genügt zu zeigen, dass

$$\lim_{\triangle t \to 0} \mathrm{P}(X_{p'} \geq m) = \Phi(d_1), \quad \lim_{\triangle t \to 0} \mathrm{P}(X_p \geq m) = \Phi(d_2).$$

Wir beweisen nur den zweiten Grenzwert; der Beweis der ersten Beziehung ist ähnlich. Wir zeigen zuerst, dass

$$\lim_{\triangle t \to 0} np(1-p)\left(\ln\frac{u}{d}\right)^2 = \sigma^2 T, \tag{3.15}$$

$$\lim_{\triangle t \to 0} n\left(p\ln\frac{u}{d} + \ln d\right) = \left(r - \frac{\sigma^2}{2}\right)T. \tag{3.16}$$

Da sowohl u als auch d von $\triangle t$ abhängen, ist auch p eine Funktion von $\triangle t$. Eine Taylor-Entwicklung in

$$\begin{aligned}
p &= \frac{e^{r\triangle t} - e^{-\sigma\sqrt{\triangle t}}}{e^{\sigma\sqrt{\triangle t}} - e^{-\sigma\sqrt{\triangle t}}} \\
&= \frac{(1+r\triangle t) - (1 - \sigma\sqrt{\triangle t} + \sigma^2\triangle t/2) + \mathcal{O}((\triangle t)^{3/2})}{(1 + \sigma\sqrt{\triangle t} + \sigma^2\triangle t/2) - (1 - \sigma\sqrt{\triangle t} + \sigma^2\triangle t/2) + \mathcal{O}((\triangle t)^{3/2})} \\
&= \frac{\sigma + (r - \sigma^2/2)\sqrt{\triangle t} + \mathcal{O}(\triangle t)}{2\sigma + \mathcal{O}(\triangle t)} \quad \text{für } \triangle t \to 0
\end{aligned}$$

ergibt

$$\lim_{\triangle t \to 0} p = \frac{1}{2}, \quad \lim_{\triangle t \to 0} \frac{2p-1}{\sqrt{\triangle t}} = \frac{r}{\sigma} - \frac{\sigma}{2}.$$

Aus diesen Grenzwerten schließen wir (3.15) und (3.16), denn

$$\begin{aligned}
\lim_{\triangle t \to 0} np(1-p)\left(\ln\frac{u}{d}\right)^2 &= \lim_{\triangle t \to 0} \frac{T}{\triangle t}p(1-p)(2\sigma\sqrt{\triangle t})^2 \\
&= \lim_{\triangle t \to 0} 4p(1-p)\sigma^2 T = \sigma^2 T, \\
\lim_{\triangle t \to 0} n\left(p\ln\frac{u}{d} + \ln d\right) &= \lim_{\triangle t \to 0} \frac{T}{\sqrt{\triangle t}}(2p-1)\sigma = \left(r - \frac{\sigma^2}{2}\right)T.
\end{aligned}$$

Um den Zentralen Grenzwertsatz anwenden zu können, formulieren wir die Wahrscheinlichkeit für X_p um:

$$\mathrm{P}(X_p \geq m) = 1 - \mathrm{P}(X_p < m) = 1 - \mathrm{P}\left(\frac{X_p - np}{\sqrt{np(1-p)}} < \frac{m - np}{\sqrt{np(1-p)}}\right).$$

Nach Definition von m gilt

$$m\ln u + (n-m)\ln d \geq \ln\frac{K}{S} \quad\Longleftrightarrow\quad m \geq -\frac{\ln(S/K) + n\ln d}{\ln(u/d)},$$

und es existiert eine Zahl $0 \leq \alpha < 1$, so dass

$$m = -\frac{\ln(S/K) + n\ln d}{\ln(u/d)} + \alpha.$$

Damit ergibt sich

$$P(X_p \geq m)$$
$$= 1 - P\left(\frac{X_p - np}{\sqrt{np(1-p)}} < \frac{-\ln(S/K) - n(p\ln(u/d) + \ln d) + \alpha\ln(u/d)}{\ln(u/d)\sqrt{np(1-p)}}\right).$$

Wegen (3.15), (3.16) und $\alpha\ln(u/d) = 2\alpha\sigma\sqrt{\triangle t}$ erhalten wir im Grenzwert $\triangle t \to 0$

$$P(X_p \geq m) \to 1 - \Phi\left(\frac{-\ln(S/K) - (r - \sigma^2/2)T}{\sigma\sqrt{T}}\right),$$

woraus wegen $1 - \Phi(-x) = \Phi(x)$

$$P(X_p \geq m) \to \Phi\left(\frac{\ln(S/K) + (r - \sigma^2/2)T}{\sigma\sqrt{T}}\right) = \Phi(d_2)$$

und damit die Behauptung folgt. $\qquad\qquad\qquad\qquad\qquad\qquad\qquad\qquad\square$

Daneben stimmt im Grenzwert das Aktienkursmodell des n-Perioden-Modells mit dem Aktienkursmodell der geometrischen Brownschen Bewegung überein, wie das folgende Lemma zeigt.

Lemma 3.15 *Das Aktienkursmodell $S_{t,n}$ des n-Perioden-Modells ($t = n\triangle t$ fest) konvergiert gegen das Aktienkursmodell der geometrischen Brownschen Bewegung in Verteilung.*

Beweis. Der Aktienkurs $S_{t,n}$ im n-Periodenmodell kann für $k = 0, 1, \ldots, n$ die Werte $S_n^k := u^k d^{n-k} S_0$ annehmen. Analog zum vorigen Beweis erhalten wir als kleinste natürliche Zahl m mit $S_n^m \geq x$

$$m = \frac{\ln(x/S_0) - n\ln d}{\ln(u/d)} + \alpha$$

mit $0 \leq \alpha < 1$. Hierbei haben wir vorausgesetzt, dass n groß genug gewählt ist, um $S_n^m > x$ erfüllen zu können. Damit erhalten wir

$$P(S_{t,n} \leq x) = P\left(\frac{S_n - np}{\sqrt{np(1-p)}} < \frac{\ln(x/S_0) + n(p\ln(u/d) + \ln d) + \alpha\ln(u/d)}{\ln(u/d)\sqrt{np(1-p)}}\right),$$

und daraus mit Satz 3.13 sowie den Grenzwerten (3.15) und (3.16)

$$\lim_{n \to \infty} P(S_{t,n} \le x) = \Phi \left(\frac{\ln(x/S_0) + (r - \sigma^2/2)t}{\sigma\sqrt{t}} \right).$$

Dass die rechte Seite mit der Verteilungsfunktion der Lognormalverteilung übereinstimmt (siehe Beispiel 3.9), macht man sich durch eine geeignete Variablensubstitution klar:

$$\Phi \left(\frac{\ln(x/S_0) + (r - \sigma^2/2)t}{\sigma\sqrt{t}} \right)$$
$$= \int_0^x \frac{1}{S\sigma\sqrt{2\pi t}} \exp \left(-\frac{\left(\ln(S/S_0) + (r - \sigma^2/2)\,t \right)^2}{2\sigma^2 t} \right) dS.$$

Damit ist $\ln(S/S_0)$, die logarithmisierte Rendite, $N((r - \sigma^2/2)t, \sigma^2 t)$-verteilt. $\square$

3.4 Binomialverfahren

Wir sind jetzt in der Lage, einen ersten numerischen Algorithmus vorzustellen, um den Preis einer europäischen oder amerikanischen Option approximativ zu bestimmen.

Wir zerlegen das Zeitintervall $[0, T]$ in N Zeitschritte der Länge $\triangle t = T/N$ und suchen Approximationen S_i von $S(t_i)$ zu den Zeitpunkten $t_i = i \cdot \triangle t$, $i = 0, \ldots, N$. Wir machen die folgenden Annahmen:

- Der Kurs S_i beträgt nach Ablauf der Zeit $\triangle t$ entweder $S_{i+1} = uS_i$ (*up*) mit Wahrscheinlichkeit $p \in (0, 1)$ oder $S_{i+1} = dS_i$ (*down*) mit Wahrscheinlichkeit $1 - p$.

- Die erwartete Rendite im Zeitraum $\triangle t$ entspricht dem risikolosen Zinssatz, d.h., wir setzen $\mu = r$ in (3.11) und (3.12):

$$\mathrm{E}(S(t_{i+1})) = S(t_i)e^{r\triangle t}, \quad \mathrm{Var}(S(t_{i+1})) = S(t_i)^2 e^{2r\triangle t}(e^{\sigma^2 \triangle t} - 1). \quad (3.17)$$

Für den Optionspreis $V(t_i)$ gelte analog

$$\mathrm{E}(V(t_{i+1})) = V(t_i)e^{r\triangle t}. \quad (3.18)$$

- Für den Kauf oder Verkauf von Wertpapieren fallen keine Transaktionskosten an, und es erfolgen keine Dividendenzahlungen.

Die Parameter u, d und p bestimmen wir, indem wir die Erwartungswerte und Varianzen des zeitkontinuierlichen Modells und des zeitdiskreten Modells gleichsetzen. Für das zeitdiskrete Modell gilt:

$$\begin{aligned}
\mathrm{E}(S_{i+1}) &= p \cdot uS_i + (1-p) \cdot dS_i, \\
\mathrm{Var}(S_{i+1}) &= \mathrm{E}(S_{i+1}^2) - (\mathrm{E}(S_{i+1}))^2 \\
&= p(uS_i)^2 + (1-p)(dS_i)^2 - (puS_i + (1-p)dS_i)^2.
\end{aligned}$$

Ersetzen wir in (3.17) $S(t_i)$ durch S_i und verwenden wir die obigen Beziehungen, so erhalten wir

$$\begin{aligned}
S_i e^{r\triangle t} &= puS_i + (1-p)dS_i, \\
S_i^2 e^{2r\triangle t}(e^{\sigma^2 \triangle t} - 1) &= p(uS_i)^2 + (1-p)(dS_i)^2 - (puS_i + (1-p)dS_i)^2.
\end{aligned}$$

Die erste Gleichung ist äquivalent zu

$$e^{r\triangle t} = pu + (1-p)d. \tag{3.19}$$

Setzen wir dies in die zweite Gleichung ein, ergibt sich

$$e^{2r\triangle t}(e^{\sigma^2 \triangle t} - 1) = pu^2 + (1-p)d^2 - (e^{r\triangle t})^2$$

oder, nach Subtraktion von $e^{2r\triangle t}$,

$$e^{(2r+\sigma^2)\triangle t} = pu^2 + (1-p)d^2. \tag{3.20}$$

Mit (3.19) und (3.20) haben wir zwei Gleichungen für die drei Unbekannten u, d und p, so dass wir eine dritte Gleichung benötigen, um eindeutige Lösbarkeit zu bewährleisten. Es ist plausibel, dass wir den ursprünglichen Basiswert S_i erhalten, wenn der Kurs in einem Zeitschritt einmal steigt und einmal fällt oder umgekehrt: $S_i = d(uS_i) = u(dS_i)$. Dies impliziert die dritte Gleichung

$$u \cdot d = 1. \tag{3.21}$$

Die Unbekannten u, d und p können nun aus (3.19), (3.20) und (3.21) bestimmt werden. Übrigens ist auch die Wahl $p = \frac{1}{2}$ anstelle von (3.21) möglich (siehe [132, 225] und Bemerkung 3.16 (3)). Die Lösung des nichtlinearen Gleichungssystems (3.19)-(3.21) lautet (Übungsaufgabe)

$$\begin{aligned}
u &= s + \sqrt{s^2 - 1}, \\
d &= s - \sqrt{s^2 - 1}, \\
p &= \frac{e^{r\triangle t} - d}{u - d},
\end{aligned}$$

wobei

$$s = \frac{1}{2}\left(e^{-r\triangle t} + e^{(r+\sigma^2)\triangle t}\right).$$

3.4.1 Der Algorithmus

Die Binomialmethode erfolgt nun in drei Schritten. Sei S_0 der Aktienkurs zur Zeit $t = 0$ und seien $S_{ji} = u^j d^{i-j} S_0$ für $i = 0, \ldots, N$ und $j = 0, \ldots, i$ die möglichen Aktienkurse zur Zeit t_i.

  1. Schritt: *Initialisierung des Binomialbaumes.* Berechne (im Falle europäischer oder amerikanischer Optionen) für $j = 0, \ldots, N$:

$$S_{jN} = u^j d^{N-j} S_0.$$

  2. Schritt: *Berechnung der Optionswerte V.* Für $t = T$ ist $V(S,t)$ durch die Endbedingung bekannt. Berechne also für alle $j = 0, \ldots, N$:

$$V_{jN} = \left\{ \begin{array}{ll} (S_{jN} - K)^+ & : \text{Call} \\ (K - S_{jN})^+ & : \text{Put.} \end{array} \right.$$

  Für den dritten Schritt der Berechnung der Optionspreise V_{ji} ist eine Vorüberlegung nötig. Wir können (3.19) mit Hilfe der Definition von S_{ji} schreiben als

$$S_{ji} e^{r \triangle t} = pu S_{ji} + (1-p)d S_{ji} = p S_{j+1,i+1} + (1-p) S_{j,i+1}.$$

Ersetzen wir in (3.18) den zeitkontinuierlichen Optionspreis durch den zeitdiskreten, also $V_i e^{r \triangle t} = \mathrm{E}(V_{i+1})$, so folgt wie für den Aktienkurs die Gleichung (siehe auch (3.1) und (3.2))

$$V_{ji} e^{r \triangle t} = p V_{j+1,i+1} + (1-p) V_{j,i+1}.$$

  3. Schritt: *Rückwärtsiteration.* Für alle $i = N-1, \ldots, 0$ und $j = 0, \ldots, i$ bestimme im Falle europäischer Optionen

$$V_{ji} = e^{-r \triangle t} (p V_{j+1,i+1} + (1-p) V_{j,i+1})$$

und im Falle amerikanischer Optionen

$$\begin{aligned} \widetilde{V}_{ji} &= e^{-r \triangle t} (p V_{j+1,i+1} + (1-p) V_{j,i+1}), \\ V_{ji} &= \left\{ \begin{array}{ll} \max\{(S_{ji} - K)^+, \widetilde{V}_{ji}\} & : \text{Call} \\ \max\{(K - S_{ji})^+, \widetilde{V}_{ji}\} & : \text{Put.} \end{array} \right. \end{aligned}$$

Der Wert V_{00} ist eine Approximation der Optionsprämie $V(S_0, 0)$.

Bemerkung 3.16 (1) In Abschnitt 3.1 haben wir begründet, dass die Arbitrage-Freiheit des Marktes die Ungleichungskette $d \leq e^{r \triangle t} \leq u$ impliziert. Diese Ungleichungskette ist hier erfüllt, falls $\sigma \geq 0$, denn

$$\beta - \sqrt{\beta^2 - 1} \leq e^{r \triangle t} \leq \beta + \sqrt{\beta^2 - 1}$$

ist äquivalent zu

$$|e^{r\triangle t} - \beta| \leq \sqrt{\beta^2 - 1}$$

oder

$$\beta \geq \frac{1}{2}(e^{r\triangle t} + e^{-r\triangle t}),$$

und die letzte Ungleichung ist wahr für alle $r \geq 0$, $\sigma \geq 0$ und $\triangle t > 0$.

(2) Entwickelt man $u = \beta + \sqrt{\beta^2 - 1}$ in der Form

$$u = e^{\sigma\sqrt{\triangle t}} + \mathcal{O}((\triangle t)^{3/2}) \quad \text{für } \triangle t \to 0$$

(Übungsaufgabe), so erhält man ein approximatives Binomialverfahren durch Wahl der Parameter

$$u = e^{\sigma\sqrt{\triangle t}}, \quad d = e^{-\sigma\sqrt{\triangle t}}, \quad p = \frac{e^{r\triangle t} - d}{u - d}.$$

Die Eigenschaft $d \leq e^{r\triangle t} \leq u$ ist genau dann erfüllt, wenn $\triangle t \leq (\sigma/r)^2$, d.h., der Zeitschritt darf nicht zu groß gewählt werden. Dieses Binomialverfahren ist beispielsweise in der *Financial Toolbox* von MATLAB mit dem Befehl `binprice` implementiert, basierend auf der Arbeit [51] (siehe Abschnitt 9.2).

(3) Eine alternative Binomialmethode erhalten wir durch Lösung der Gleichungen (3.19), (3.20) und $p = \frac{1}{2}$. Dies liefert (Übungsaufgabe)

$$d = e^{r\triangle t}\left(1 - \sqrt{e^{\sigma^2\triangle t} - 1}\right),$$

$$u = e^{r\triangle t}\left(1 + \sqrt{e^{\sigma^2\triangle t} - 1}\right),$$

$$p = \frac{1}{2}.$$

Auch in diesem Fall können die Parameter r, σ und $\triangle t$ nicht beliebig gewählt werden, da sonst $d < 0$ möglich ist. Dies wird verhindert, wenn wir den Zeitschritt $\triangle t$ klein genug wählen, nämlich $\triangle t \leq \ln 2/\sigma^2$.

(4) Die in diesem Kapitel und in (3) beschriebene Binomialmethode basiert darauf, die Erwartungswerte und die Varianzen des zeitkontinuierlichen Modells und des zeitdiskreten Modells gleichzusetzen und entweder die zusätzliche Gleichung $ud = 1$ oder $p = \frac{1}{2}$ vorauszusetzen, um die Parameter u, d und p zu berechnen. Eine dritte Variante der Binomialmethode erhält man, indem man nicht nur die Erwartungswerte und die Varianzen gleichsetzt, sondern auch die *dritten Momente*. Unter einem n-ten Moment verstehen wir den Ausdruck $\text{E}((S_i)^n)$. Dies führt auf die Gleichungen (3.19), (3.20) und

$$p(uS_i)^3 + (1-p)(dS_i)^3 = S_i^3 e^{3r\triangle t} e^{3\sigma^2\triangle t}.$$

Die Lösung lautet (siehe Abschnitt 5.1.4 in [135]):

$$d = \frac{Q}{2}e^{r\triangle t}\left(Q+1-\sqrt{Q^2+2Q-3}\right),$$

$$u = \frac{Q}{2}e^{r\triangle t}\left(Q+1+\sqrt{Q^2+2Q-3}\right),$$

$$p = \frac{e^{r\triangle t}-d}{u-d},$$

wobei $Q = e^{\sigma^2\triangle t}$. In diesem Fall gilt $d > 0$ und $p > 0$ für *alle* r, σ und $\triangle t > 0$. Dieses Binomialmodell ist in [218] verwendet worden.

(5) In dem Falle, dass Dividendenzahlungen auf den Basiswert geleistet werden (etwa zur Zeit $t_i < T$), fällt der Kurs aus Arbitragegründen sprunghaft um den Ausschüttungsbetrag. Dies kann modelliert werden, indem die Werte von S im Binomialbaum zur Zeit t_i entsprechend vermindert werden (siehe [107]).

(6) Die Binomialmethode kann zur *Trinomialmethode* erweitert werden, indem zu jedem Zeitpunkt t_i drei Änderungsmöglichkeiten für den Kurs des Basiswertes mit Wahrscheinlichkeiten p, q und r mit $p + q + r = 1$ zugelassen werden. Für Details verweisen wir auf Abschnitt 5.2.1 in [135].

(7) In den Arbeiten [7, 36, 142] sind weiterführende Fragestellungen zur Binomialmethode zu finden.

3.4.2 Implementierung in MATLAB

Die Binomialmethode zur Berechnung der Prämie einer europäischen Put-Option auf eine Aktie mit aktuellem Kurs $S_0 = 5$ implementieren wir nun als MATLAB-Programm. Wir wählen die Parameter

$$K = 6, \quad r = 0.04, \quad \sigma = 0.3, \quad T = 1.$$

Leserinnen und Lesern, die mit MATLAB keinerlei Erfahrung haben, empfehlen wir zunächst einen Blick in die kleine MATLAB-Einführung in Kapitel 9 am Ende dieses Buches.

Eine direkte Implementierung der drei Schritte der Binomialmethode liegt im MATLAB-Programm 3.1 vor. Da in MATLAB alle Indizes für Vektoren und Matrizen bei 1 und nicht bei 0 anfangen, müssen die Schleifen von 1 bis $N + 1$ anstatt wie im letzten Abschnitt von 0 bis N laufen. Die Matrix S_{ji} wird also durch S(j+1,i+1) beschrieben und V_{ji} durch V(j+1,i+1) mit $i, j = 0, 1, \ldots, N$.

N	100	200	400	800	1600
Rechenzeit in sec.	0.03	0.2	3.7	33	260
$V(5,0)$	1.093311	1.094808	1.094192	1.094516	1.094355

Tabelle 3.1 Rechenzeiten und Optionspreise für $S = 5$ des MATLAB-Programm 3.1 in Abhängigkeit von der Periode N. Die Rechenzeit (bestimmt mit einem Pentium-4-Prozessor mit 1 GHz) kann mit Hilfe der Befehle tic und toc in der Form tic; binbaum1; toc bestimmt werden.

MATLAB-Programm 3.1 Das MATLAB-Programm binbaum1.m berechnet den fairen Preis einer europäischen Put-Option gemäß der in Abschnitt 3.4.1 beschriebenen Binomialmethode. MATLAB-Programme sind Dateien mit der Endung „.m"; die enthaltenen Befehle werden sequentiell durch den MATLAB-*Interpreter* übersetzt und ausgeführt. Kommentare werden durch das Zeichen „%" am Zeilenanfang gekennzeichnet. Die formatierte Ausgabe fprintf erlaubt die Ausgabe von Zeichenketten und Variableninhalten (siehe Kapitel 9).

```
% Eingabeparameter
K = 6; S0 = 5; r = 0.04; sigma = 0.3; T = 1; N = 100;

% Berechnung der Verfahrensparameter
dt = T/(N+1);
beta = 0.5*(exp(-r*dt) + exp((r+sigma^2)*dt));
u = beta + sqrt(beta^2-1);
d = 1/u;
p = (exp(r*dt)-d)/(u-d);

% 1. Schritt
for j = 1:N+1
    S(j,N+1) = S0*u^(j-1)*d^(N-j+1);
end

% 2. Schritt
for j = 1:N+1
    V(j,N+1) = max(K-S(j,N+1),0);
end

% 3. Schritt
e = exp(-r*dt);
for i = N:-1:1
    for j = 1:i
        V(j,i) = e*(p*V(j+1,i+1) + (1-p)*V(j,i+1));
    end
end

% Ausgabe
fprintf('V(%f,0) = %f\n', S0, V(1,1))
```

In Tabelle 3.1 sind die Ergebnisse und Rechenzeiten in Abhängigkeit von der Periode N (und damit verschiedenen Zeitschrittweiten $\triangle t = T/N$) dargestellt. Für größere Perioden dauert die Berechnung des Optionspreises unerträglich lang. Dies liegt an der Implementierung mit for-Schleifen. Da MATLAB Matrizen als zentrale Datenstruktur verwendet, ist es ratsamer, anstatt der Schleifen möglichst viele Matrixoperationen durch *Vektorisierung des Algorithmus* zu benutzen. Dies führt zu erheblich kürzeren Rechenzeiten. Im Folgenden führen wir die Vektorisierung für alle drei Schritte des Binomialverfahrens durch.

1. Schritt: *Vektorisierung der* for-*Schleife.* Sehen wir uns zunächst die erste Schleife in der MATLAB-Implementierung an:

```
for j = 1:N+1
    S(j,N+1) = S0*u^(j-1)*d^(N-j+1);
end
```

Diese berechnet in einem Vektor S, genauer in der letzten Spalte einer Matrix der Dimension $(N + 1) \times (N + 1)$, die Aktienpreise zum Endzeitpunkt. In Vektorschreibweise lautet diese Vorschrift (mit dem Aktienpreis S_0 zum Zeitpunkt $t = 0$)

$$
S := \begin{pmatrix} S_{1,N+1} \\ S_{2,N+1} \\ S_{3,N+1} \\ \vdots \\ S_{N+1,N+1} \end{pmatrix} = S_0 \cdot \begin{pmatrix} 1 \cdot d^N \\ u \cdot d^{N-1} \\ u^2 \cdot d^{N-2} \\ \vdots \\ u^N \cdot 1 \end{pmatrix}.
$$

Diesen Vektor können wir als elementweise Multiplikation von zwei Vektoren mit den Einträgen $1, u, \ldots, u^N$ bzw. $d^N, d^{N-1}, \ldots, 1$ schreiben oder auch als Produkt zweier Matrizen:

$$
S = S_0 \cdot \begin{pmatrix} 1 & & & 0 \\ & u & & \\ & & \ddots & \\ 0 & & & u^N \end{pmatrix} \cdot \begin{pmatrix} d^N & & & 0 \\ & d^{N-1} & & \\ & & \ddots & \\ 0 & & & 1 \end{pmatrix}. \tag{3.22}
$$

Das Produkt (und damit die erste Schleife unseres Programms) können wir in MATLAB wie folgt umsetzen:

```
S = S0*(u.^([0:N])'.*d.^([N:-1:0])');
```

Wie ist diese Zeile zu verstehen? Der Ausdruck [0:N] erzeugt einen Zeilenvektor mit den Einträgen von 0 bis N mit dem Abstand 1. (Allgemein ergibt [j:h:k] einen Vektor mit den Elementen $j, j + h, j + 2h, \ldots, j + ih$, und $j + ih$ ist die größte Zahl kleiner als oder gleich k.) Der Transponierungsoperator „'" führt diesen Zeilen- in einen Spaltenvektor über. Der Punkt vor dem Operator „^" gibt an, dass dieser elementweise anzuwenden ist. Die Verwendung des Punktoperators „." nennen wir *Vektorisierung*. Folglich ergibt u.^([0:N])' einen Spaltenvektor mit den Elementen $(1, u, u^2, \ldots, u^N) = (u^{j-1})_{j=1,\ldots,N+1}$. Analog erzeugt d.^([N:-1:0])' einen Spaltenvektor mit den Einträgen $(d^N, \ldots, d, 1) =$

$(d^{N+1-j})_{j=1,\ldots,N+1}$. Die eckigen Klammern in u.^([0:N])' und d.^([N:-1:0])' können übrigens auch weggelassen werden. Der elementweise Multiplikationsoperator „.*" bildet dann aus diesen beiden Vektoren durch elementweise Multiplikation einen Spaltenvektor mit den Einträgen $u^{j-1} \cdot d^{N+1-j}$, $j = 1, \ldots, N+1$.

2. Schritt: *Vektorisierung von Operatoren.* Die Schleife

```
for j = 1:N+1
    V(j,N+1) = max(K-S(j,N+1),0);
end
```

des zweiten Schrittes zur Berechnung des Optionswertes zum Verfallszeitpunkt lautet in Vektorschreibweise

$$
V := \begin{pmatrix} V_{1,N+1} \\ V_{2,N+1} \\ V_{3,N+1} \\ \vdots \\ V_{N+1,N+1} \end{pmatrix} = \begin{pmatrix} \max(K - S_{1,N+1},0) \\ \max(K - S_{2,N+1},0) \\ \max(K - S_{3,N+1},0) \\ \vdots \\ \max(K - S_{N+1,N+1},0) \end{pmatrix}.
$$

Dieser Schritt lässt sich sofort als Matrixoperation (genauer: als Vektoroperation) schreiben:

```
V = max(K-S,0);
```

Hierbei ist das Maximum zweier Matrizen $A = (a_{ij})_{i,j=1,\ldots,n}$ und $B = (b_{ij})_{i,j=1,\ldots,n}$ als die Matrix

$$
\max(A, B) := (\max(a_{ij}, b_{ij}))_{i,j=1,\ldots,n}
$$

definiert. Ist bei Matrixoperationen einer der Komponenten ein Skalar s, so wird dieser zu einer Matrix mit den konstanten Einträgen s ergänzt, d.h., für eine Matrix $A = (a_{ij})_{ij}$ und einen Skalar s gilt etwa $A + s := (a_{ij} + s)_{ij}$ sowie $\max(A, s) := (\max(a_{ij}, s))_{ij}$.

3. Schritt: *Vektorisierung mittels des Indexoperators.* Auch der dritte Schritt unserer MATLAB-Implementierung

```
e = exp(-r*dt);
for i = N:-1:1
    for j = 1:i
        V(j,i) = e*(p*V(j+1,i+1) + (1-p)*V(j,i+1));
    end
end
```

kann stark vereinfacht werden. Zunächst können wir den gemeinsamen Faktor e
bei der Berechnung von V(j,i) aus der Schleife herausziehen und als Faktor am
Ende berücksichtigen. Außerdem können wir die Abkürzung $q = 1 - p$ einführen,
um die Subtraktionen in der Schleife einzusparen. In der i-ten Schleife wird somit
eine Vektoraddition von zwei Spaltenvektoren der Dimension i durchgeführt:

$$
\begin{pmatrix} V_{1,i} \\ V_{2,i} \\ \vdots \\ V_{i,i} \end{pmatrix} = p \cdot \begin{pmatrix} V_{2,i+1} \\ V_{3,i+1} \\ \vdots \\ V_{i+1,i+1} \end{pmatrix} + q \cdot \begin{pmatrix} V_{1,i+1} \\ V_{2,i+1} \\ \vdots \\ V_{i,i+1} \end{pmatrix}, \quad i = N, \ldots, 1. \tag{3.23}
$$

Da wir nur an dem Wert $V_{1,1}$, dem fairen Optionspreis zum Zeitpunkt $t = 0$,
interessiert sind, können wir diese Schleife in MATLAB implementieren als

```
q = 1-p;
for i = N:-1:1
     V = p*V(2:i+1) + q*V(1:i);
end
V = V*exp(-r*T);
```

Hierbei haben wir den Indexoperator „:" verwendet, um auf einfache Weise Untermatrizen (hier: Untervektoren als Spezialfall) zu bilden. So bezeichnet
V(2:i+1) denjenigen Vektor, der die Komponenten Nummer $2, 3, \ldots, i + 1$ von V
enthält:

$$
\texttt{V(2:i+1)} = \begin{pmatrix} V_2 \\ V_3 \\ \vdots \\ V_{i+1} \end{pmatrix}.
$$

Der Vektor V auf der linken Seite der Zuweisung V = p*V(2:i+1) + q*V(1:i)
ist also ein Vektor mit i Elementen. Entsprechend der Gleichung (3.23) wird der
Vektor V bei jedem Durchlaufen der Schleife um eine Dimension verjüngt; am
Ende liegt er nur noch als Skalar vor, der die Approximation $V_{1,1}$ für den fairen
Preis enthält.

Dieser zweite Ansatz zur Berechnung einer Approximation des fairen Optionspreises mittels der Binomialmethode ist im MATLAB-Programm 3.2 implementiert. Man beachte, dass wir durch Vektorisierung und geschickte Speicherung
ganz ohne die Verwendung von Matrizen ausgekommen sind!

Tabelle 3.2 gibt die Werte von $V(5,0)$ für verschiedene Perioden N bzw. verschiedene Zeitschrittweiten $\Delta t = T/N$ an, die mit binbaum2.m für den gewählten
Parametersatz $K = 6$, $r = 0.04$, $\sigma = 0.3$ und $T = 1$ gewonnen wurden. Aus Satz
3.14 wissen wir, dass die Optionsprämie aus der Binomialmethode gegen den
mit der Black-Scholes-Formel (3.14) berechneten Preis konvergiert. Wir sehen,
dass die Binomialmethode erst für recht große N „genaue" Resultate liefert. Für

kleine N wächst die Rechenzeit linear mit N, für größere Werte von N dagegen quadratisch; dies liegt an dem überlinearen Anteil von $\mathcal{O}(N^2)$ Gleitpunktoperationen im dritten Schritt. Die Implementierung ist also recht langsam: Bereits für $N = 10\,000$ werden mehrere Sekunden Rechenzeit (mit einem Pentium-4-Prozessor mit 1 GHz) benötigt. Allerdings ist diese Implementierung wesentlich schneller als die MATLAB-Implementierung `binbaum1.m`, die schon für $N = 1600$ mehrere Minuten Rechenzeit benötigt, im Gegensatz zu deutlich weniger als einer Sekunde bei `binbaum2.m`. Dagegen kann der exakte Wert, gegeben durch die Black-Scholes-Formel in Satz 3.14, in wenigen Millisekunden berechnet werden. Die Binomialmethode hat allerdings den Vorteil, dass sie leicht zu implementieren ist und amerikanische Optionen einfach berechnet werden können.

N	10	100	1000	10 000
Rechenzeit in sec.	< 0.01	0.01	0.05	5.1
$V(5,0)$	1.085019	1.093311	1.094480	1.094365
relativer Fehler	$8.5 \cdot 10^{-3}$	$9.5 \cdot 10^{-4}$	$1.2 \cdot 10^{-4}$	$1.1 \cdot 10^{-5}$

Tabelle 3.2 Rechenzeiten, Optionspreise und relativer Fehler im Vergleich zum Black-Scholes-Preis $V_{\mathrm{BS}} = 1.094353$ des MATLAB-Programms `binbaum2.m` in Abhängigkeit von der Periode N.

MATLAB-Programm 3.2 Das vektorisierte MATLAB-Programm `binbaum2.m` berechnet den fairen Preis einer europäischen Put-Option mit der Binomialmethode. Das Programm wird mit `binbaum2(S,K,r,sigma,T,N)` aufgerufen.

```
function V = binbaum2(S0,K,r,sigma,T,N)

% Berechnung der Verfahrensparameter
dt = T/N;
beta = 0.5*(exp(-r*dt) + exp((r+sigma^2)*dt));
u = beta + sqrt(beta^2-1);
d = 1/u;
p = (exp(r*dt)-d)/(u-d);

% 1. Schritt
S = S0*(u.^(0:N)'.*d.^(N:-1:0)');

% 2. Schritt
V = max(K-S,0);

% 3. Schritt
q = 1-p;
for i = N:-1:1
    V = p*V(2:i+1)+q*V(1:i);
end

% Ergebnis
V = exp(-r*T)*V;
```

Bemerkung 3.17 Eine alternative Methode zur Berechnung des exakten Werts einer europäischen Option ist die Verwendung der diskreten Black-Scholes-Formel (3.5). Verschiedene MATLAB-Implementierungen hierzu werden in [102] diskutiert. Es ist möglich, den Rechenaufwand von $\mathcal{O}(N^2)$ Operationen (für das MATLAB-Programm 3.2) auf $\mathcal{O}(N)$ Operationen zu reduzieren – damit kommt man den Rechenzeiten bei der Auswertung der zeitkontinuierlichen Black-Scholes-Formel aus Satz 3.14 schon sehr nahe.   □

Übungsaufgaben

1. Seien X und Y zwei unabhängige Zufallsvariable, deren Erwartungswerte existieren. Zeigen Sie, dass gilt: $E(XY) = E(X)E(Y)$.

2. Sei $X : \Omega \to \mathbb{R}$ eine Zufallsvariable mit stetiger Dichtefunktion f. Zeigen Sie:

   (a) Für alle endlichen Vereinigungen von Intervallen A gilt:

   $$P(X \in A) = \int_A f(x)dx.$$

   (b) Für alle $x \in \mathbb{R}$ gilt: $P(X = x) = 0$.

3. Bestimmen Sie den Erwartungswert und die Varianz der $B(n,q)$-verteilten Zufallsvariable X aus Beispiel 3.9 (2).

4. Eine Zufallsvariable $X : \Omega \to \mathbb{N}_0$ heißt *Poisson-verteilt* mit Parameter $\lambda > 0$, wenn $P(X = k) = e^{-\lambda}\lambda^k/k!$. Zeigen Sie, dass der Erwartungswert und die Varianz $E(X) = \lambda$ bzw. $\text{Var}(X) = \lambda$ lauten.

5. Sei X_j eine Folge von $B(n, p_j)$-verteilten Zufallsvariablen, so dass $jp_j \to \lambda > 0$ für $j \to \infty$. Beweisen Sie, dass $X = \lim_{j \to \infty} X_j$ Poisson-verteilt mit Parameter λ ist.

6. Sei X eine $\Lambda(\mu, \sigma^2)$-verteilte (d.h. lognormalverteilte) Zufallsvariable. Zeigen Sie:
   $$E(X) = e^{\mu+\sigma^2/2}, \quad \text{Var}(X) = e^{2\mu+\sigma^2}(e^{\sigma^2} - 1).$$

7. Zeigen Sie:

   (a) Wenn X $\Lambda(\mu, \sigma^2)$-verteilt ist, dann ist $\ln X$ $N(\mu, \sigma^2)$-verteilt.

   (b) Ist umgekehrt Y $N(\mu, \sigma^2)$-verteilt, dann ist e^Y $\Lambda(\mu, \sigma^2)$-verteilt.

8. Beweisen Sie, dass die Ableitung des Wiener-Prozesses W_t im folgenden Sinne mit Wahrscheinlichkeit null in einem endlichen Intervall enthalten ist:

$$\lim_{h \to 0} \mathrm{P} \left(a \leq \frac{1}{h}(W_{t+h} - W_t) \leq b \right) = 0,$$

wobei a, $b \in \mathbb{R}$.

9. Betrachten Sie ein binomiales Baummodell für den Aktienpreis S_n, wobei $n \in \{0, 1, 2, 3\}$. Sei $S_0 = 100$, und der Aktienkurs falle oder steige zu jedem Handelszeitpunkt um 10%. Der risikofreie Zinssatz betrage 5%. Ziel ist die Bewertung einer europäischen Put-Option mit Ausübungspreis $K = 110$ und Verfallszeit $T = 3$.

    (a) Bestimmen Sie die risikoneutrale Wahrscheinlichkeit p.

    (b) Bestimmen Sie den Preis P_0 der europäischen Put-Option.

    (c) Geben Sie das duplizierende Portfolio an.

10. Betrachten Sie das *alternative* Binomialmodell aus Bemerkung 3.16 (3), d.h., der Erwartungswert und die Varianz von diskretem und kontinuierlichem Modell seien gleich und als dritte Bedingung sei $p = 1/2$ gefordert. Leiten Sie die Faktoren

$$d = e^{r\triangle t} \left(1 - \sqrt{e^{\sigma^2 \triangle t} - 1} \right) \quad \text{und} \quad u = e^{r\triangle t} \left(1 + \sqrt{e^{\sigma^2 \triangle t} - 1} \right)$$

her. Zeigen Sie, dass die Arbitrage-Freiheit stets gewährleistet ist.

11. Zeigen Sie, dass

$$u = \beta + \sqrt{\beta^2 - 1}, \quad d = \beta - \sqrt{\beta^2 - 1}, \quad p = \frac{e^{r\triangle t} - d}{u - d}$$

mit $\beta = \frac{1}{2}(e^{-r\triangle t} + e^{(r+\sigma^2)\triangle t})$ eine Lösung ist des nichtlinearen Systems

$$\begin{aligned}
e^{r\triangle t} &= pu + (1-p)d, \\
e^{2r\triangle t + \sigma^2 \triangle t} &= pu^2 + (1-p)d^2, \\
ud &= 1.
\end{aligned}$$

12. Zeigen Sie die folgende asymptotische Entwicklung für $u = \beta + \sqrt{\beta^2 - 1}$, wobei $\beta = \frac{1}{2}(e^{-r\triangle t} + e^{(r+\sigma^2)\triangle t})$:

$$u = e^{\sigma \sqrt{\triangle t}} + \mathcal{O}((\triangle t)^{3/2}) \quad (\triangle t \to 0).$$

13. Schreiben Sie eine MATLAB-Funktion, die zu einem gegebenen Vektor den Mittelwert und die Standardabweichung zurückgibt.

14. Implementieren Sie in MATLAB die in Bemerkung 3.16 (3) vorgestellte *alternative* Binomialmethode. Bewerten Sie numerisch die folgenden Derivate:

    (a) Eine europäische Put-Option mit $K = 100$, $S_0 = 103$, $r = 0.04$, $\sigma = 0.3$, $T = 1$.

    (b) Eine europäische Call-Option mit $K = 100$, $S_0 = 95$, $r = 0.1$, $\sigma = 0.2$, $T = 1$.

    (c) Bestimmen Sie in beiden Fällen die Anzahl der Zeitschritte, für die der relative Fehler (in Vergleich zum Black-Scholes-Preis) weniger als 0.01% beträgt.

15. Implementieren Sie in MATLAB die in Bemerkung 3.16 (4) vorgestellte Binomialmethode und vergleichen Sie die numerischen Ergebnisse für verschiedene Werte von $\triangle t$ mit den anderen beiden Varianten der Binomialmethode.

16. Modifizieren Sie das in Abschnitt 3.4.2 vorgestellte MATLAB-Programm `binbaum1.m` so, dass auch amerikanische Put-Optionen bewertet werden können. Führen Sie auch hierfür eine Beschleunigung der Rechenzeiten durch Vektorisierung des Algorithmus herbei.

17. Modifizieren Sie das MATLAB-Programm `binbaum2.m` so, dass europäische Optionen mit beliebigen Auszahlungsfunktionen simuliert werden können. Die Auszahlungsfunktion sei als Unterprogramm der Form

```
function y = payoff(S)
y = ...
```

definiert und liefere die entsprechende Auszahlung für den Aktienpreis S.

18. Implementieren Sie in MATLAB die in Bemerkung 3.17 erwähnte Approximation der Black-Scholes-Formel für europäische Optionen über eine Binomialentwicklung und vergleichen Sie für verschiedene N die numerischen Ergebnisse mit den verschiedenen Varianten der Binomialmethode. Ist dieser Ansatz prinzipiell auch auf amerikanische Optionen übertragbar?

4 Die Black-Scholes-Gleichung

In diesem Kapitel leiten wir die Black-Scholes-Gleichung her. Dafür benötigen wir den Begriff der stochastischen Differentialgleichung von Itô, den wir in Abschnitt 4.1 einführen. Abschnitt 4.2 befasst sich dann mit der Herleitung der Black-Scholes-Gleichung und deren Lösung, den sogenannten Black-Scholes-Formeln. Auf die effiziente numerische Auswertung dieser Formeln gehen wir in Abschnitt 4.3 ein. In Abschnitt 4.4 definieren wir dynamische Kennzahlen und erörtern, wie die Volatilität bestimmt werden kann. Erweiterungen der Black-Scholes-Gleichung stellen wir schließlich in Abschnitt 4.5 vor.

4.1 Stochastische Differentialgleichungen von Itô

Bevor wir die Definition einer stochastischen Differentialgleichung angeben können, benötigen wir die Definition eines Integrals bezüglich der Brownschen Bewegung von der Form

$$\int_0^t X_s(\omega)dW_s(\omega). \tag{4.1}$$

Für die Definition der Brwonschen Bewegung W_t siehe Abschnitt 3.2.2. Als erste Idee könnte man eine Definition der Art

$$\int_0^t X_s(\omega)dW_s(\omega) = \int_0^t X_s(\omega)\frac{dW_s}{ds}(\omega)ds$$

versuchen und das Integral auf der rechten Seite als ein Riemann- oder Lebesgue-Integral auffassen. Man kann allerdings beweisen, dass für (fast alle) $\omega \in \Omega$ die Abbildung $t \mapsto W_t(\omega)$ nirgends differenzierbar ist (siehe Satz 10.28 in [188]). Schlimmer noch: Die Abbildungen $t \mapsto W_t(\omega)$ haben (für fast alle ω) auf dem Intervall $t \in [0,1]$ eine unendliche Variation (siehe Seite 326 in [188]), d.h.

$$\lim_{n\to\infty} \sum_{k=1}^{2^n} |W_{k/2^n}(\omega) - W_{(k-1)/2^n}(\omega)| = \infty.$$

Das Integral (4.1) wird daher anders definiert, und zwar als Fortsetzung von Integralen mit einfachen Integranden. Genauer gesagt wird das Integral zuerst für sogenannte *einfache stochastische Prozesse* definiert (das sind Prozesse X_t, die stückweise konstant bezüglich t sind). Dies definiert ein Funktional auf der Menge aller einfachen stochastischen Prozesse. Das Integral für allgemeine stochastische Prozesse wird dann erklärt als Fortsetzung dieses Funktionals. Anstelle einer genauen Definition, für die allerlei technische Hilfsmittel benötigt werden, definieren wir das Integral mittels der folgenden einfachen Formel.

Definition 4.1 *Das* Itô-Integral *mit Integrator* W_t *ist gegeben durch*

$$\int_0^t X_s dW_s := \lim_{n\to\infty} \sum_{k=0}^{n-1} X_{t_k}(W_{t_{k+1}} - W_{t_k}),$$

wobei X_s *ein stochastischer Prozess und* $0 = t_0 < t_1 < \cdots < t_n = t$ *Partitionen von* $[0, t]$ *mit* $\max\{|t_{i+1} - t_i| : i = 0, \ldots, n - 1\} \to 0$ $(n \to \infty)$ *seien.*

Eine genaue Definition des Itô-Integrals, das wieder ein stochastischer Prozess ist, ist aufwändig, da insbesondere die Regularität des stochastischen Prozesses X_t präzisiert werden muss (die Stetigkeit von $t \mapsto X_t$ genügt nicht). Wir verweisen auf §§3.1-3.2 in [125] und §3.1 in [167]. Auch im Folgenden arbeiten wir mit den stochastischen Objekten lediglich *formal*, d.h., wir präzisieren die notwendigen Voraussetzungen (Messbarkeit der Zufallsvariablen etc.) nicht. Hierfür verweisen wir auf die Literatur, z.B. [132, 167, 176, 178].

Bemerkung 4.2 Übrigens ist auch durch

$$\int_0^t X_s \circ dW_s := \lim_{n\to\infty} \sum_{k=0}^{n-1} X_{\frac{1}{2}(t_k+t_{k+1})}(W_{t_{k+1}} - W_{t_k})$$

ein Integral definiert; man nennt es das *Stratonovich-Integral*. Für manche Anwendungen ist dieser Integralbegriff angemessener (siehe Bemerkung 4.9). □

Beispiel 4.3 Als Illustration des Itô-Integrals berechnen wir

$$\int_0^t W_s dW_s.$$

Wäre die Abbildung $t \mapsto W_t$ differenzierbar, könnte man wegen $W_0 = 0$

$$\int_0^t W_s dW_s = \int_0^t \frac{d}{ds} \frac{W_s^2}{2} ds = \frac{1}{2} W_t^2$$

schreiben. Dies ist jedoch falsch. Dazu rechnen wir

$$\frac{1}{2}\sum_{k=0}^{n-1}(W_{t_{k+1}} - W_{t_k})^2 = \frac{1}{2}\sum_{k=1}^{n} W_{t_k}^2 - \sum_{k=0}^{n-1} W_{t_k} W_{t_{k+1}} + \frac{1}{2}\sum_{k=0}^{n-1} W_{t_k}^2$$

$$= \frac{1}{2}W_t^2 - \sum_{k=0}^{n-1} W_{t_k}(W_{t_{k+1}} - W_{t_k}).$$

Aus Satz 3.11 von Wiener folgt, dass $E[(W_{t_{k+1}} - W_{t_k})^2] = t_{k+1} - t_k$. Damit erhalten wir aus

$$\sum_{k=0}^{n-1} W_{t_k}(W_{t_{k+1}} - W_{t_k}) = \frac{1}{2}W_t^2 - \frac{1}{2}\sum_{k=0}^{n-1}(W_{t_{k+1}} - W_{t_k})^2$$

im Grenzwert $n \to \infty$

$$\int_0^t W_s dW_s = \frac{1}{2}W_t^2 - \frac{t}{2}. \tag{4.2}$$

Im Vergleich zur naiven Herangehensweise erhalten wir einen Korrekturterm $-t/2$. $\square$

Wir kommen nun zur Definition einer speziellen stochastischen Differential-gleichung.

Definition 4.4 *Eine* stochastische Differentialgleichung von Itô *ist gegeben durch*

$$dX_t = a(X_t, t)dt + b(X_t, t)dW_t, \tag{4.3}$$

wobei X_t ein stochastischer Prozess, W_t der Wiener-Prozess und a und b geeignete (d.h. hinreichend reguläre) Funktionen seien. Die Gleichung (4.3) ist die symbolische Schreibweise für die Integralgleichung

$$X_t = X_0 + \int_0^t a(X_s, s)ds + \int_0^t b(X_s, s)dW_s. \tag{4.4}$$

Erfüllt ein stochastischer Prozess die Gleichung (4.4), so heißt er Itô-Prozess. *Der Term $a(X_s, s)ds$ in (4.3) wird* Driftterm *genannt, $b(X_s, s)dW_s$ heißt* Diffusionsterm.

Wir diskutieren hier nicht die Lösbarkeit stochastischer Differentialgleichungen, d.h. unter welchen Bedingungen Lösungen existieren, wie diese Lösungen definiert und ob sie eindeutig sind, sondern verweisen auf die Literatur [12, 167, 198].

Beispiel 4.5 (1) Seien $a = 0$ und $b = 1$ in (4.3). Dann folgt

$$X_t = X_0 + \int_0^t dW_s = X_0 + W_t - W_0 = X_0 + W_t,$$

d.h., ein Wiener-Prozess ist ein spezieller Itô-Prozess.

(2) Seien $a(X, t) = rX$ mit $r \in \mathbb{R}$ und $b(X, t) = 0$. Dann ist die Gleichung

$$X_t = X_0 + r\int_0^t X_s ds \quad \text{oder} \quad dX_t = rX_t dt, \tag{4.5}$$

also $dX/dt = rX$ mit $X(0) = X_0$ zu lösen. Dies ist eine gewöhnliche Differentialgleichung mit der eindeutigen Lösung

$$X(t) = X_0 e^{rt}, \quad t \geq 0.$$

Wir können (4.5) als (stochastische) Differentialgleichung für einen Bond X_t mit risikofreier Zinsrate r interpretieren. $\square$

Fundamental für die Herleitung der Black-Scholes-Gleichung ist das Lemma von Itô. Dieses zeigt, dass für einen Itô-Prozess X_t und eine reguläre Funktion f auch $f(X_t, t)$ ein Itô-Prozess ist.

Lemma 4.6 (Itô) *Seien X_t ein Itô-Prozess und $f \in C^2(\mathbb{R} \times [0, \infty))$. Dann ist der stochastische Prozess $f_t = f(X_t, t)$ ein Itô-Prozess (4.4), und es gilt:*

$$df = \left(\frac{\partial f}{\partial t} + a \frac{\partial f}{\partial x} + \frac{1}{2} b^2 \frac{\partial^2 f}{\partial x^2} \right) dt + b \frac{\partial f}{\partial x} dW. \tag{4.6}$$

Beweisskizze. Aus (3.8) folgt

$$\mathrm{E}((\triangle W_t)^2) := \mathrm{E}((W_{t+\triangle t} - W_t)^2) = \triangle t.$$

Im „Grenzwert" $\triangle t \to dt$ können wir *formal* schreiben

$$dW^2 = dt. \tag{4.7}$$

Wir geben nun einen *formalen* Beweis von Lemma 4.6, basierend auf der Charakterisierung (4.7) und unter Vernachlässigung von Termen höherer Ordnung, d.h., wir approximieren bis zur Ordnung dt und vernachlässigen Terme der Ordnung $dt^{3/2}$ und dt^2. (Der vollständige Beweis von Lemma 4.6 ist in [12, 132, 167] zu finden.)

Wir entwickeln f mit der Taylor-Formel:

$$
\begin{aligned}
&f(X_{t+\triangle t}, t + \triangle t) - f(X_t, t) \\
={}& \frac{\partial f}{\partial t}(X_t, t)\triangle t + \frac{\partial f}{\partial x}(X_t, t)(X_{t+\triangle t} - X_t) + \frac{1}{2}\frac{\partial^2 f}{\partial t^2}(X_t, t)(\triangle t)^2 \\
&+ \frac{1}{2}\frac{\partial^2 f}{\partial x^2}(X_t, t)(X_{t+\triangle t} - X_t)^2 + \frac{\partial^2 f}{\partial x \partial t}(X_t, t)\triangle t(X_{t+\triangle t} - X_t) \\
&+ \mathcal{O}((\triangle t)^2) + \mathcal{O}((\triangle t)(X_{t+\triangle t} - X_t)^2) + \mathcal{O}((X_{t+\triangle t} - X_t)^3),
\end{aligned}
$$

wobei $F(\triangle t) = \mathcal{O}(G(\triangle t))$ bedeutet, dass $|F(\triangle t)/G(\triangle t)| \leq$ const. für $\triangle t \to 0$ ist. Wir schreiben $\triangle X = X_{t+\triangle t} - X_t$ und $\triangle f = f(X_{t+\triangle t}, t + \triangle t) - f(X_t, t)$. Ersetzen wir $\triangle f$, $\triangle X$ und $\triangle t$ durch df, dX und dt, so erhalten wir

$$df = \frac{\partial f}{\partial t}dt + \frac{\partial f}{\partial x}dX + \frac{1}{2}\frac{\partial^2 f}{\partial x^2}dX^2 + \mathcal{O}(dt^2) + \mathcal{O}(dt\,dX) + \mathcal{O}(dX^3). \tag{4.8}$$

Da X_t ein Itô-Prozess ist, gilt

$$dX^2 = (adt + bdW)^2 = a^2dt^2 + 2ab\,dt\,dW + b^2dW^2.$$

Aus (4.7) folgt

$$dX^2 = b^2dt + \mathcal{O}(dt^{3/2}).$$

Setzen wir diesen Ausdruck in (4.8) ein, erhalten wir

$$
\begin{aligned}
df &= \frac{\partial f}{\partial t}dt + \frac{\partial f}{\partial x}(adt + bdW) + \frac{1}{2}b^2\frac{\partial^2 f}{\partial x^2}dt + \mathcal{O}(dt^{3/2}) \\
&= \left(\frac{\partial f}{\partial t} + a\frac{\partial f}{\partial x} + \frac{1}{2}b^2\frac{\partial^2 f}{\partial x^2}\right)dt + b\frac{\partial f}{\partial x}dW + \mathcal{O}(dt^{3/2}).
\end{aligned}
$$

Vernachlässigen wir die Ausdrücke der Größenordnung $\mathcal{O}(dt^{3/2})$, erhalten wir (4.6). □

Beispiel 4.7 Wir berechnen noch einmal das Integral

$$
\int_0^t W_s dW_s
$$

mit Hilfe der Itô-Formel. Mit $f(x) = x^2$, $a = 0$ und $b = 1$ folgt aus Lemma 4.6 von Itô

$$
d(W_t^2) = dt + 2W_t\, dW_t
$$

oder in Integralform

$$
W_t^2 = W_0^2 + \int_0^t ds + 2\int_0^t W_s\, dW_s.
$$

Wegen $W_0 = 0$ folgt die Formel (4.2). □

Beispiel 4.8 Die exakte Lösung der stochastischen Differentialgleichung

$$
dX_t = \mu X_t dt + \sigma X_t dW_t
$$

ist gegeben durch die geometrische Brownsche Bewegung (siehe (3.10))

$$
X_t = X_0 \exp\left((\mu - \tfrac{1}{2}\sigma^2)t + \sigma W_t\right), \tag{4.9}
$$

denn das Lemma von Itô, angewandt auf die Funktion

$$
X_t = f(Y_t, t) = X_0 \exp\left((\mu - \tfrac{1}{2}\sigma^2)t + \sigma Y_t\right)
$$

mit $Y_t = W_t$ und $a = 0$, $b = 1$, ergibt

$$
\begin{aligned}
dX_t &= \left(\mu - \frac{1}{2}\sigma^2\right)X_t dt + \frac{1}{2}\sigma^2 X_t dt + \sigma X_t dW_t \\
&= \mu X_t dt + \sigma X_t dW_t
\end{aligned}
$$

und damit die Behauptung. □

Bemerkung 4.9 Das Stratonovich-Integral aus Bemerkung 4.2 hat den Vorteil, dass die Kettenregel wie im deterministischen Fall gilt. Sei dazu X_t eine Lösung der *stochastischen Differentialgleichung von Stratonovich*:

$$dX_t = a(X_t, t)dt + b(X_t, t) \circ dW_t,$$

definiert durch die Integraldarstellung

$$X_t = X_0 + \int_0^t a(X_s, s)ds + \int_0^t b(X_s, s) \circ dW_s.$$

Ist $f(x, t)$ eine reguläre Funktion, so löst $f_t = f(X_t, t)$ die stochastische Differentialgleichung von Stratonovich (siehe Abschnitt 4.9 in [128])

$$df_t = \left(\frac{\partial f}{\partial t} + a(X, t)\frac{\partial f}{\partial x} \right) dt + b(X, t)\frac{\partial f}{\partial x} \circ dW_t,$$

die man *formal* erhält, wenn man

$$df = \frac{\partial f}{\partial t}dt + \frac{\partial f}{\partial x}dX$$

schreibt und die Differentialgleichung für X_t einsetzt.

Für Finanzanwendungen wird jedoch eher das Itô-Integral verwendet, da zu Beginn des Zeitraums $[t_k, t_{k+1}]$ der Aktienkurs nur zur Zeit t_k und nicht zu zukünftigen Zeiten bekannt ist. Mathematisch wird dies dadurch ausgedrückt, dass die Funktion X_s in der Definition des Integrals im Intervall $[t_k, t_{k+1}]$ durch den linken Intervallpunkt t_k approximiert wird (und nicht durch den Mittelwert $\frac{1}{2}(t_k + t_{k+1})$ wie im Stratonovich-Integral). $\qquad \square$

4.2 Black-Scholes-Formeln

Mit den Vorbereitungen aus dem vorigen Abschnitt können wir die formale Herleitung der Black-Scholes-Gleichung skizzieren. Sei der Kurs eines Basiswerts durch eine Zufallsvariable S_t, $t \geq 0$, beschrieben, sei W_t der Wiener-Prozess und $V = V(S_t, t)$ der Wert einer Option. Unsere Hauptvoraussetzung ist, dass S_t durch eine geometrische Brownsche Bewegung beschrieben wird, d.h. (siehe (3.9) oder (4.9))

$$\ln S_t = \ln S_0 + \left(\mu - \frac{1}{2}\sigma^2 \right) t + \sigma W_t$$

mit gegebenem Drift $\mu \in \mathbb{R}$ und gegebener Volatilität $\sigma \geq 0$. Da wir die obige Gleichung schreiben können als

$$d(\ln S_t) = \left(\mu - \frac{1}{2}\sigma^2\right) dt + \sigma dW_t,$$

ist $\ln S_t$ ein Itô-Prozess. Aus Lemma 4.6 von Itô für $f(x) = \exp(x)$, $a = \mu - \sigma^2/2$ und $b = \sigma$ folgt dann wegen

$$\frac{\partial f}{\partial x}(\ln S_t) = S_t, \quad \frac{\partial^2 f}{\partial x^2}(\ln S_t) = S_t$$

die stochastische Differentialgleichung

$$\begin{aligned}
dS_t &= d(\exp(\ln S_t)) = \left(\mu - \frac{1}{2}\sigma^2\right) S_t dt + \frac{1}{2}\sigma^2 S_t dt + \sigma S_t dW_t \\
&= \mu S_t dt + \sigma S_t dW_t
\end{aligned}$$

oder

$$\frac{dS_t}{S_t} = \mu dt + \sigma dW_t. \tag{4.10}$$

Beachte, dass eine naive Herangehensweise die Formel

$$\begin{aligned}
dS_t &= d(\exp(\ln S_t)) = \exp(\ln S_t) d(\ln S_t) = S_t d(\ln S_t) \\
&= \left(\mu - \frac{1}{2}\sigma^2\right) S_t dt + \sigma S_t dW_t
\end{aligned}$$

nahelegen würde. Der hier gemachte Fehler wird durch das Lemma von Itô korrigiert.

Die Gleichung (4.10) kann heuristisch folgendermaßen interpretiert werden. Sei S der Kurs des Basiswerts zur Zeit t und $S + dS$ der Kurs zur Zeit $t + dt$. Die relative Änderung des Kurses dS/S ist durch einen deterministischen Anteil $\mu\, dt$ und durch einen zufälligen Anteil $\sigma\, dW$ gegeben. Der Term dW modelliert die Zufälligkeit der Kurswerte. Wir nehmen an, dass die zufälligen Schwankungen durch die Brownsche Bewegung W modelliert werden können.

4.2.1 Modellvoraussetzungen

Wir machen folgende vereinfachende Modellannahmen an den Finanzmarkt:

- Der Kurs des Basiswerts S_t genügt der stochastischen Differentialgleichung

$$dS_t = \mu S_t dt + \sigma S_t dW_t \tag{4.11}$$

  mit konstanten Parametern $\mu \in \mathbb{R}$ und $\sigma \geq 0$.

- Für Geldeinlagen und Kredite wird derselbe und gegebene konstante risikolose Zinssatz $r \geq 0$ verwendet. Der entsprechende Bond erfüllt die Gleichung

$$dB_t = r B_t dt. \tag{4.12}$$

- Es werden keine Dividendenzahlungen auf den Basiswert geleistet.

- Der Markt ist arbitragefrei, liquide und *friktionslos* (d.h., es gibt keine Transaktionskosten, Steuern, Geld-Brief-Spannen usw.).

- Der Basiswert kann kontinuierlich (d.h. nicht nur zu diskreten Zeitpunkten) gehandelt werden und ist beliebig teilbar (d.h., auch Bruchteile können gehandelt werden). Leerverkäufe (*short selling*) sind erlaubt (d.h., wir dürfen verkaufen, was wir zum Zeitpunkt des Verkaufs (noch) nicht besitzen).

- Alle betrachteten stochastischen Prozesse sind stetig (die Modellierung eines Börsencrashs ist somit nicht möglich).

Sei $V(S_t, t)$ der Wert einer Option zum Zeitpunkt t. Wir betrachten das folgende Portfolio, bestehend aus $c_1(t)$ Anteilen eines Bonds, $c_2(t)$ Anteilen des Basiswertes und einer verkauften Option (vgl. Abschnitt 3.1):

$$Y_t = c_1(t)B_t + c_2(t)S_t - V(S_t, t).$$

Aus dem Erlös des Optionsverkaufs können ggf. die Bond- und Basiswertanteile finanziert werden (daher das Minuszeichen vor $V(S_t, t)$). Wir benötigen nun die folgende Definition.

Definition 4.10 *Wir nennen ein Portfolio*

$$Y_t = \sum_{i=1}^{n} c_i(t)S_i(t) =: c(t) \cdot S(t),$$

bestehend aus den Anlagen S_i (Bonds, Aktien, Optionen) mit Anteilen c_i, selbstfinanzierend, wenn Umschichtungen im Portfolio auschließlich aus Käufen oder Verkäufen von Portfoliowerten finanziert werden, d.h., wenn zu jeder Zeit t gilt

$$Y_t = c(t) \cdot S(t) = c(t - \triangle t) \cdot S(t)$$

für alle hinreichend kleinen $\triangle t > 0$.

Wir behaupten, dass für die Änderung eines selbstfinanzierenden Portfolios

$$dY_t = \sum_{i=1}^{n} c_i(t)dS_i(t) =: c(t) \cdot dS_t \tag{4.13}$$

folgt. Schreiben wir nämlich $\triangle X(t) = X_{t+\triangle t} - X_t$, so ergibt die obige Definition 4.10 für ein selbstfinanzierendes Portfolio

$$
\begin{aligned}
\triangle Y(t) &= Y_{t+\triangle t} - Y_t \\
&= c(t)S(t + \triangle t) - c(t)S(t) \\
&= c(t) \cdot \triangle S(t),
\end{aligned}
$$

und im „Grenzwert" $\triangle t \to dt$ erhalten wir $dY_t = c(t) \cdot dS_t$, also (4.13).

Unser Portfolio Y_t erfülle die beiden folgenden Voraussetzungen.

Annahme 1: Das Portfolio Y_t ist risikolos, d.h., es unterliegt keinen zufälligen Schwankungen. Ein risikoloses Portfolio kann wegen der Arbitrage-Freiheit des Marktes nur so viel erwirtschaften wie eine risikolose Anlage; die Portfolio-Änderung lautet daher

$$dY_t = rY_t dt. \tag{4.14}$$

Annahme 2: Das Portfolio Y_t ist selbstfinanzierend. Nach (4.13) gilt also

$$dY_t = c_1(t)dB_t + c_2(t)dS_t - dV(S_t, t). \tag{4.15}$$

4.2.2   Herleitung der Black-Scholes-Gleichung

Mit diesen Vorbereitungen können wir die Black-Scholes-Gleichung herleiten. Nach Lemma 4.6 von Itô erfüllt V die stochastische Differentialgleichung

$$dV = \left(\frac{\partial V}{\partial t} + \mu S \frac{\partial V}{\partial S} + \frac{1}{2}\sigma^2 S^2 \frac{\partial^2 V}{\partial S^2} \right) dt + \sigma S \frac{\partial V}{\partial S} dW. \tag{4.16}$$

Setzen wir die stochastischen Differentialgleichungen (4.11), (4.12) und (4.16) für S, B bzw. V in (4.15) ein, erhalten wir

$$
\begin{aligned}
dY &= \left[c_1 rB + c_2 \mu S - \left(\frac{\partial V}{\partial t} + \mu S \frac{\partial V}{\partial S} + \frac{1}{2}\sigma^2 S^2 \frac{\partial^2 V}{\partial S^2} \right) \right] dt \\
&\quad + \left(c_2 \sigma S - \sigma S \frac{\partial V}{\partial S} \right) dW.
\end{aligned}
\tag{4.17}
$$

Die Annahme 1 eines Portfolios ohne zufällige Schwankungen führt auf die Forderung

$$c_2(t) = \frac{\partial V}{\partial S}(S_t, t),$$

denn mit dieser Wahl verschwindet der Koeffizient vor dW. Setzen wir (4.17) und (4.14) gleich, so folgt wegen der Wahl von c_2:

$$
\begin{aligned}
r\left(c_1 B + \frac{\partial V}{\partial S}S - V \right) dt &= \left(c_1 rB + c_2 \mu S - \frac{\partial V}{\partial t} - \mu S \frac{\partial V}{\partial S} - \frac{1}{2}\sigma^2 S^2 \frac{\partial^2 V}{\partial S^2} \right) dt \\
&= \left(c_1 rB - \frac{\partial V}{\partial t} - \frac{1}{2}\sigma^2 S^2 \frac{\partial^2 V}{\partial S^2} \right) dt.
\end{aligned}
$$

Setzen wir die Koeffizienten gleich, ergibt sich für die Funktion $V(S, t)$:

$$\frac{\partial V}{\partial t} + \frac{1}{2}\sigma^2 S^2 \frac{\partial^2 V}{\partial S^2} + rS \frac{\partial V}{\partial S} - rV = 0. \tag{4.18}$$

Dies ist die *Black-Scholes-Gleichung*.

Es ist üblich, die partiellen Ableitungen als Indizes zu schreiben:

$$V_t = \frac{\partial V}{\partial t}, \quad V_S = \frac{\partial V}{\partial S}, \quad V_{SS} = \frac{\partial^2 V}{\partial S^2}.$$

Die Ableitung $V_t = \partial V/\partial t$ sollte nicht mit dem Wert $V_t = V(t)$ eines stochastischen Prozesses verwechselt werden. Wir bezeichnen mit $V(S,t)$ eine deterministische Funktion und mit $V(S_t, t)$ eine Zufallsvariable.

Die Black-Scholes-Gleichung ist eine *parabolische* Differentialgleichung. Allgemein heißt eine Differentialgleichung in den Variablen (x,t)

$$au_{tt} + 2bu_{xt} + cu_{xx} + du_t + eu_x + fu = g$$

mit von x und t abhängigen Funktionen a, b, c, d, e, f und g *parabolisch* genau dann, wenn die Gleichung $b(x,t)^2 - a(x,t)c(x,t) = 0$ für alle x, t erfüllt ist. Für die Gleichung (4.18) gilt $a = 0$ und $b = 0$; folglich ist sie parabolisch. Parabolische Differentialgleichungen haben die Eigenschaft, dass sie die Lösung *regularisieren*, d.h., die Lösung $u(x,t)$ ist regulär für $t < T$, auch wenn der Endwert $u(x,T)$ nicht regulär ist. Dies ist von Bedeutung, weil der Wert einer Plain-vanilla-Option zur Zeit $t = T$ nicht differenzierbar ist.

Bemerkung 4.11 (1) In der obigen Herleitung der Black-Scholes-Gleichung konnte der Driftterm $c_2 \mu S\, dt$ durch die Wahl von c_2 vollständig eliminiert werden. Damit hängt das Black-Scholes-Modell *nicht* von der Driftrate μ ab. Dies ist sehr vorteilhaft, da die Bestimmung des Parameters μ nicht einfach ist. Allerdings enthält (4.18) noch die Volatilität σ, die nur aus Marktdaten bestimmt werden kann (siehe Abschnitt 4.4). Der verbleibende Parameter, die Zinsrate r, ist dagegen relativ einfach zu erhalten.

(2) Die Bond- und Basiswertanteile für ein Portfolio mit $Y_t = 0$ lauten gemäß dem obigen Beweis:

$$c_2(t) = \frac{\partial V}{\partial S}, \quad c_1(t) = \frac{1}{B_t}\left(V(S_t, t) - S_t \frac{\partial V}{\partial S} \right).$$

In Proposition 4.18 zeigen wir, dass der Preis V einer europäischen Call-Option eine strikt konvexe Funktion in S ist. Für wertlose Basiswerte $S = 0$ ist auch die entsprechende Call-Option wertlos: $V(0,t) = 0$ (siehe (4.20)). Dann folgt für beliebiges S aus der Taylor-Approximation (mit einem Zwischenwert $\xi \in [0,S]$)

$$
\begin{aligned}
0 = V(0,t) \;&=\; V(S,t) - V_S(S,t)S + \frac{1}{2}V_{SS}(\xi,t)S^2 \\
&>\; V(S,t) - V_S(S,t)S,
\end{aligned}
$$

d.h., der Bondanteil $c_1(t)$ ist in dieser Situation negativ. $\qquad \square$

Jedes Derivat, dessen Preis nur vom gegenwärtigen Kurs S und von der Zeit t abhängt und das zur Zeit $t = 0$ bezahlt werden muss, erfüllt unter den obigen Voraussetzungen die Black-Scholes-Gleichung (4.18) oder eine ihrer Varianten. Insbesondere gilt sie für europäische Optionen. Amerikanische und exotische Optionen werden in den nachfolgenden Kapiteln modelliert.

Die Differentialgleichung (4.18) ist zu lösen in der Menge $(S, t) \in (0, \infty) \times (0, T)$. Wir benötigen Rand- und Endbedingungen, um eindeutige Lösbarkeit zu gewährleisten. Als Endbedingung zur Zeit T (dem Verfallstag) wählen wir

$$V(S, T) = \Lambda(S), \quad S \in [0, \infty), \tag{4.19}$$

wobei $\Lambda(S) = (S - K)^+$ für europäische Calls und $\Lambda(S) = (K - S)^+$ für europäische Puts gilt (siehe (1.5)). Da S im Intervall $[0, \infty)$ liegt, schreiben wir Randbedingungen an $S = 0$ und für $S \to \infty$ vor.

Betrachte zuerst einen Call $V = C$. Das Recht, einen wertlosen Basiswert zu kaufen, ist selbst wertlos, d.h. $C(0, t) = 0$. Ist dagegen der Kurs des Basiswerts sehr hoch, so ist es nahezu sicher, dass die Call-Option ausgeübt wird, und der Wert des Calls ist näherungsweise $S - Ke^{-r(T-t)}$. Für sehr großes S kann der Ausübungspreis K vernachlässigt werden, und es folgt $C(S, t) \sim S$ für $S \to \infty$. Diese Schreibweise bedeutet, dass $C(S, t)/S \to 1$ für $S \to \infty$ und für jedes $t \in [0, T]$ gilt.

Betrachte nun eine Put-Option $V = P$. Ist der Basiswert sehr groß, wird die Option aller Voraussicht nach nicht ausgeübt, d.h. $P(S, t) \to 0$ für $S \to \infty$. Für $S = 0$ verwenden wir die Put-Call-Parität (Proposition 2.4):

$$P(0, t) = \left(C(S, t) + Ke^{-r(T-t)} - S \right) \Big|_{S=0} = Ke^{-r(T-t)}.$$

Wir fassen zusammen:

$$\text{europäischer Call:} \quad V(0, t) = 0, \quad V(S, t) \sim S \ (S \to \infty), \tag{4.20}$$

$$\text{europäischer Put:} \quad V(0, t) = Ke^{-r(T-t)}, \quad V(S, t) \to 0 \ (S \to \infty). \tag{4.21}$$

Der Wert einer europäischen Call-Option (bzw. Put-Option) $V(S, t)$ ist gegeben durch die Lösung der partiellen Differentialgleichung (4.18) mit der Endbedingung (4.19), wobei $\Lambda(S) = (S - K)^+$ (bzw. $\Lambda(S) = (K - S)^+$), und den Randbedingungen (4.20) (bzw. (4.21)).

4.2.3 Lösung der Black-Scholes-Gleichung

Interessanterweise kann die Black-Scholes-Gleichung mit den obigen End- und Randbedingungen explizit gelöst werden. Wir betrachten zuerst eine europäische Call-Option.

Satz 4.12 (Black-Scholes-Formel für Call-Optionen) *Die Black-Scholes-Gleichung (4.18) mit den Randbedingungen (4.20) und der Endbedingung (4.19), wobei $\Lambda(S) = (S - K)^+$, besitzt die Lösung*

$$V(S, t) = S\Phi(d_1) - Ke^{-r(T-t)}\Phi(d_2), \quad S > 0, \; 0 \le t < T, \qquad (4.22)$$

mit der Verteilungsfunktion der Standardnormalverteilung (siehe Beispiel 3.9)

$$\Phi(x) = \frac{1}{\sqrt{2\pi}} \int_{-\infty}^{x} e^{-s^2/2} ds, \quad x \in \mathbb{R}, \qquad (4.23)$$

und

$$d_{1/2} = \frac{\ln(S/K) + (r \pm \sigma^2/2)(T - t)}{\sigma\sqrt{T - t}}. \qquad (4.24)$$

Beachte, dass die Lösung (4.22) mit $t = 0$ gleich dem Call-Preis aus dem Binomialmodell im Grenzwert $\triangle t \to 0$ ist (siehe Satz 3.14).

Beweis. Eine Möglichkeit, den Satz zu beweisen, ist es, die Lösung (4.22) direkt in die Differentialgleichung einzusetzen. Die Lösung kann aber auch aus der Differentialgleichung hergeleitet werden. Wir wählen den zweiten Weg, da er Techniken benutzt, die verwendet werden können, um Black-Scholes-Gleichungen für andere Optionstypen zu lösen (siehe die nachfolgenden Abschnitte).

1. Schritt: Wir transformieren die Differentialgleichung (4.18) auf eine reine Diffusionsgleichung, nämlich die Wärmeleitungsgleichung

$$u_\tau = u_{xx}.$$

Hierzu eliminieren wir zuerst die nichtkonstanten Koeffizienten S^2 und S vor den Termen V_S und V_{SS} durch eine Variablentransformation. Wir setzen

$$x = \ln(S/K), \quad \tau = \tfrac{1}{2}\sigma^2(T - t), \quad v(x, \tau) = V(S, t)/K. \qquad (4.25)$$

Wegen $S > 0$, $0 \le t \le T$ und $V(S, t) \ge 0$ gilt $x \in \mathbb{R}$, $0 \le \tau \le T_0 := \sigma^2 T/2$ und $v(x, \tau) \ge 0$. Aus der Kettenregel folgt

$$V_t = Kv_t = Kv_\tau \frac{d\tau}{dt} = -\frac{1}{2}\sigma^2 Kv_\tau,$$

$$V_S = Kv_x \frac{dx}{dS} = \frac{K}{S} v_x,$$

$$V_{SS} = \frac{\partial}{\partial S}\left(\frac{K}{S} v_x\right) = -\frac{K}{S^2} v_x + \frac{K}{S} v_{xx} \frac{1}{S} = \frac{K}{S^2}(-v_x + v_{xx}),$$

so dass sich aus der Gleichung (4.18)

$$-\frac{\sigma^2}{2} Kv_\tau + \frac{\sigma^2}{2} S^2 \frac{K}{S^2}(-v_x + v_{xx}) + rS \frac{K}{S} v_x - rKv = 0$$

ergibt, also

$$v_\tau - v_{xx} + (1 - k)v_x + kv = 0, \quad x \in \mathbb{R}, \ \tau \in (0, T_0], \qquad (4.26)$$

wobei $k = 2r/\sigma^2$ und $T_0 = \sigma^2 T/2$. Wegen $(S - K)^+ = K(e^x - 1)^+$ lautet die Anfangsbedingung:

$$v(x, 0) = (e^x - 1)^+, \quad x \in \mathbb{R}.$$

Als nächstes eliminieren wir die v_x- und v-Terme. Dazu machen wir den Ansatz

$$v(x, \tau) = e^{\alpha x + \beta \tau} u(x, \tau)$$

mit zu bestimmenden freien Parametern $\alpha, \beta \in \mathbb{R}$. Wir erhalten aus (4.26) nach Division von $e^{\alpha x + \beta \tau}$:

$$\beta u + u_\tau - \alpha^2 u - 2\alpha u_x - u_{xx} + (1 - k)(\alpha u + u_x) + ku = 0.$$

Die u- und u_x-Terme können eliminiert werden, indem wir α und β so wählen, dass

$$\begin{aligned} \beta - \alpha^2 + (1 - k)\alpha + k &= 0, \\ -2\alpha + (1 - k) &= 0. \end{aligned}$$

Die Lösung lautet

$$\alpha = -\frac{1}{2}(k - 1), \quad \beta = -\frac{1}{4}(k + 1)^2.$$

Die Funktion u, definiert durch

$$u(x, \tau) = \exp\left(\frac{1}{2}(k - 1)x + \frac{1}{4}(k + 1)^2\tau\right) v(x, \tau), \qquad (4.27)$$

löst also die Gleichung

$$u_\tau - u_{xx} = 0, \qquad x \in \mathbb{R}, \ \tau \in (0, T_0], \qquad (4.28)$$

mit der Anfangsbedingung

$$\begin{aligned} u(x, 0) &= u_0(x) := e^{(k-1)x/2}(e^x - 1)^+ \\ &= \left(e^{(k+1)x/2} - e^{(k-1)x/2}\right)^+, \qquad x \in \mathbb{R}. \qquad (4.29) \end{aligned}$$

2. Schritt: Wir lösen das Problem (4.28)-(4.29) analytisch. Die Lösung lautet (Übungsaufgabe):

$$u(x, \tau) = \frac{1}{\sqrt{4\pi\tau}} \int_{-\infty}^{\infty} u_0(s)e^{-(x-s)^2/4\tau} \, ds.$$

Das Integral kann vereinfacht werden. Mit der Variablentransformation $y = (s - x)/\sqrt{2\tau}$ und (4.29) folgt

$$
\begin{aligned}
u(x,\tau) &= \frac{1}{\sqrt{2\pi}} \int_{-\infty}^{\infty} u_0(\sqrt{2\tau}y + x)e^{-y^2/2}dy \qquad (4.30) \\
&= \frac{1}{\sqrt{2\pi}} \int_{-x/\sqrt{2\tau}}^{\infty} \exp\left(\frac{1}{2}(k+1)(x+y\sqrt{2\tau})\right) e^{-y^2/2}dy \\
&\quad - \frac{1}{\sqrt{2\pi}} \int_{-x/\sqrt{2\tau}}^{\infty} \exp\left(\frac{1}{2}(k-1)(x+y\sqrt{2\tau})\right) e^{-y^2/2}dy.
\end{aligned}
$$

Eine Rechnung zeigt, dass (Übungsaufgabe)

$$
\begin{aligned}
&\frac{1}{\sqrt{2\pi}} \int_{-x/\sqrt{2\tau}}^{\infty} \exp\left(\frac{1}{2}(k \pm 1)(x+y\sqrt{2\tau})\right) e^{-y^2/2}dy \\
&= \exp\left(\frac{1}{2}(k \pm 1)x + \frac{1}{4}(k \pm 1)^2\tau\right) \Phi(d_{1/2})
\end{aligned}
$$

mit Φ bzw. $d_{1/2}$ wie in (4.23) bzw. (4.24). Damit ergibt sich

$$
\begin{aligned}
u(x,\tau) &= \exp\left(\frac{1}{2}(k+1)x + \frac{1}{4}(k+1)^2\tau\right) \Phi(d_1) \\
&\quad - \exp\left(\frac{1}{2}(k-1)x + \frac{1}{4}(k-1)^2\tau\right) \Phi(d_2).
\end{aligned}
$$

3. Schritt: Wir transformieren zurück in die ursprünglichen Variablen. Dazu setzen wir die Definitionen (4.25) und (4.27) in die obige Lösung ein:

$$
\begin{aligned}
V(S,t) &= Kv(x,\tau) = K\exp\left(-\frac{1}{2}(k-1)x - \frac{1}{4}(k+1)^2\tau\right) u(x,\tau) \\
&= K\exp(x)\Phi(d_1) - K\exp\left(-\frac{1}{4}(k+1)^2\tau + \frac{1}{4}(k-1)^2\tau\right) \Phi(d_2) \\
&= S\Phi(d_1) - Ke^{-r(T-t)}\Phi(d_2).
\end{aligned}
$$

4. Schritt: Schließlich überprüfen wir die Rand- und Endbedingungen. Beachte, dass wir für die Lösung der Differentialgleichung (4.18) nicht explizit Gebrauch von den Randbedingungen (4.20) gemacht haben. Sie sind jedoch erfüllt, da für $S \to 0$ gilt: $d_{1/2} \to -\infty$, also $\Phi(d_{1/2}) \to 0$ und damit

$$
V(S,t) = S\Phi(d_1) - Ke^{-r(T-t)}\Phi(d_2) \to 0 \quad \text{für } S \to 0.
$$

Außerdem folgt $\Phi(d_1) \to 1$ und $\Phi(d_2)/S \to 0$ für $S \to \infty$, also

$$
\frac{V(S,t)}{S} = \Phi(d_1) - Ke^{-r(T-t)}\frac{\Phi(d_2)}{S} \to 1 \quad \text{für } S \to \infty.
$$

Die Endbedingung $V(S, T) = (S - K)^+$ ist nach Konstruktion erfüllt, allerdings im Sinne eines Grenzwertes $t \to T$, da der Nenner von $d_{1/2}$ für $t \to T$ singulär wird. Aus

$$\frac{\ln(S/K)}{\sigma\sqrt{T-t}} \to \begin{cases} +\infty & : \quad S > K \\ 0 & : \quad S = K \\ -\infty & : \quad S < K \end{cases} \qquad \text{für } t \to T$$

folgt

$$\Phi(d_{1/2}) \to \begin{cases} 1 & : \quad S > K \\ \frac{1}{2} & : \quad S = K \\ 0 & : \quad S < K \end{cases} \qquad \text{für } t \to T$$

und daher

$$V(S, t) \to \left\{ \begin{array}{ccc} S - K & : & S > K \\ 0 & : & S \leq K \end{array} \right\} = (S - K)^+ \quad \text{für } t \to T.$$

Damit ist Satz 4.12 vollständig bewiesen. $\qquad\qquad\qquad\qquad\qquad\qquad$ □

Bemerkung 4.13 Die Formel (4.30) erlaubt es, den Optionspreis als diskontierten Erwartungswert

$$V(S_t, t) = e^{-r(T-t)} \mathrm{E}(V(S_T, T)) = e^{-r(T-t)} \mathrm{E}(\Lambda(S_T)) \qquad (4.31)$$

zu interpretieren. Um dies zu sehen, führen wir die Rücktransformation bereits an der Stelle (4.30) durch. Dann folgt nach einiger Rechnung mit der Transformation $S' = \exp(\sqrt{2\tau}y)S$:

$$\begin{aligned} V(S, t) &= \frac{K}{\sqrt{2\pi}} e^{-(k-1)x/2 - (k+1)^2\tau/4} \int_{\mathbb{R}} u_0(\sqrt{2\tau}y + x) e^{-y^2/2} dy \\ &= \frac{1}{\sqrt{2\pi}} \int_{\mathbb{R}} e^{-(k+1)^2\tau/4 + (k-1)\sqrt{2\tau}y/2 - y^2/2} (e^{\sqrt{2\tau}y}S - K)^+ dy \\ &= e^{-r(T-t)} \mathrm{E}(\Lambda(S)), \end{aligned}$$

wobei

$$\mathrm{E}(\Lambda(S)) = \int_0^\infty f(S'; S, t) \Lambda(S') dS'$$

der Erwartungswert von $\Lambda(S)$ bezüglich der Dichtefunktion

$$f(S'; S, t) = \frac{1}{S'\sigma\sqrt{2\pi(T-t)}} \exp\left(-\frac{\left(\ln(S'/S) - (r - \sigma^2/2)(T-t)\right)^2}{2\sigma^2(T-t)}\right)$$

der Lognormalverteilung für $S = S_t$ ist (siehe Beispiel 3.9). Damit haben wir zwei verschiedene Darstellungsformen des Optionspreises gefunden: einmal als Lösung der partiellen Differentialgleichung (4.18), zum anderen als Erwartungswert (4.31). Der Zusammenhang zwischen diesen beiden Darstellungen wird im *Feynman-Kac-Formalismus* präzisiert (siehe etwa Exkurs 6 in [132]). $\qquad$ □

Die Black-Scholes-Formel für europäische Put-Optionen folgt aus der Put-Call-Parität (Proposition 2.4) und Satz 4.12.

Satz 4.14 (Black-Scholes-Formel für Put-Optionen) *Die Black-Scholes-Gleichung (4.18) mit den Randbedingungen (4.21) und der Endbedingung (4.19), wobei $\Lambda(S) = (K - S)^+$, besitzt die Lösung*

$$V(S,t) = Ke^{-r(T-t)}\Phi(-d_2) - S\Phi(-d_1), \quad S > 0, \ 0 \le t < T, \qquad (4.32)$$

mit Φ bzw. $d_{1/2}$ wie in (4.23) bzw. (4.24).

Beweis. Mit der Put-Call-Parität (Proposition 2.4), der Notation $V = P$, Satz 4.12 und $\Phi(d) + \Phi(-d) = 1$ für alle $d \in \mathbb{R}$ ergibt sich

$$
\begin{aligned}
P(S,t) &= C(S,t) - S + Ke^{-r(T-t)} \\
&= S(\Phi(d_1) - 1) - Ke^{-r(T-t)}(\Phi(d_2) - 1) \\
&= Ke^{-r(T-t)}\Phi(-d_2) - S\Phi(-d_1)
\end{aligned}
$$

und damit die Formel für eine Put-Option. $\square$

Die Optionsprämien für eine europäische Call- bzw. Put-Option für verschiedene Zeiten sind in Abbildung 4.1 illustriert (vgl. mit Abbildung 2.3). Wie haben wir die Optionspreise berechnet? Die numerische Auswertung der Black-Scholes-Formeln erfordert ja die Berechnung der Werte der Verteilungsfunktion $\Phi(x)$. Wegen $\Phi(0) = 1/2$ und

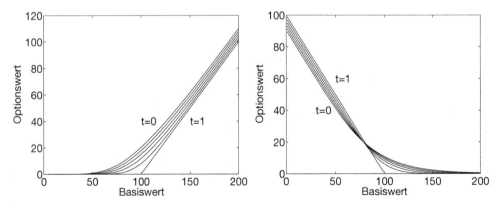

Abbildung 4.1 Werte einer europäischen Call-Option (links) bzw. einer Put-Option (rechts) in Abhängigkeit des Basiswertes S und der Zeit $t = 0, 0.2, 0.4, 0.6, 0.8, 1$. Die Parameter sind $K = 100$, $T = 1$, $r = 0.1$, $\sigma = 0.4$.

$$\Phi(x) = \frac{1}{2} + \frac{1}{\sqrt{2\pi}} \int_0^x e^{-s^2/2} ds = \frac{1}{2} + \frac{1}{\sqrt{\pi}} \int_0^{x/\sqrt{2}} e^{-t^2} dt$$

$$= \frac{1}{2}\left(1 + \frac{2}{\sqrt{\pi}} \int_0^{x/\sqrt{2}} e^{-t^2} dt\right)$$

ist dies äquivalent zur Aufgabe, das *Gaußsche Fehlerintegral*

$$\operatorname{erf}(z) := \frac{2}{\sqrt{\pi}} \int_0^z \exp(-t^2) dt$$

zu berechnen. Dieses Integral ist in MATLAB als Funktion `erf` implementiert. Den Quellcode von `erf` (bzw. der M-Datei `erf.m`) erhält man durch den Aufruf `type erf` und mit `help erf` eine Kurzhilfe. In den MATLAB-Programmen 4.1 und 4.2 sind die Black-Scholes-Formeln (4.22) und (4.32) implementiert. Die Abbildung 4.1 (links) für die Call-Option wurde mit den MATLAB-Befehlen

```
S = [1:200]; K = 100; T = 1; r = 0.1; sigma = 0.4; hold on
for t = 0:0.2:1
    C = call(S,t,K,r,sigma,T);
    plot(C)
end
```

erstellt (analog für die Put-Option). Der Befehl `hold on` bewirkt, dass die berechneten Kurven in derselben Grafik gezeichnet werden.

Doch wie ist die numerische Auswertung der Fehlerfunktion realisiert? Diese Frage beantworten wir im nächsten Abschnitt.

MATLAB-Programm 4.1 Das Programm `call.m` berechnet die Prämie einer europäischen Call-Option gemäß der Black-Scholes-Formel (4.22). Beachte, dass wir die Funktion vektorisiert haben, indem wir in der letzten Zeile `S.*n1` anstatt `S*n1` geschrieben haben. Dies erlaubt es, das Programm mit einem vektorwertigen Argument S aufzurufen, um den Optionspreis simultan für mehrere Kurse des Basiswerts zu erhalten.

```
function result = call(S,t,K,r,sigma,T)

d1 = (log(S/K) + (r+0.5*sigma^2)*(T-t))/(sigma*sqrt(T-t));
d2 = d1 - sigma*sqrt(T-t);
n1 = 0.5*(1 + erf(d1/sqrt(2)));
n2 = 0.5*(1 + erf(d2/sqrt(2)));
result = S.*n1 - K*exp(-r*(T-t))*n2;
```

MATLAB-Programm 4.2 Das Programm `put.m` berechnet die Prämie einer europäischen Put-Option gemäß der Black-Scholes-Formel (4.32). Auch diese Funktion ist bezüglich des Arguments `S` vektorisiert.

```
function result = put(S,t,K,r,sigma,T)

d1 = (log(S/K) + (r+0.5*sigma^2)*(T-t))/(sigma*sqrt(T-t));
d2 = d1 - sigma*sqrt(T-t);
n1 = 0.5*(1 + erf(-d1/sqrt(2)));
n2 = 0.5*(1 + erf(-d2/sqrt(2)));
result = K*exp(-r*(T-t))*n2 - S.*n1;
```

4.3 Numerische Auswertung der Black-Scholes-Formeln

Zur Berechnung der Black-Scholes-Formeln (4.22) und (4.32) braucht die Fehlerfunktion

$$\operatorname{erf}(x) := \frac{2}{\sqrt{\pi}} \int_0^x \exp(-t^2)dt \qquad (4.33)$$

nicht hochgenau approximiert zu werden; der Optionspreis muss ja häufig nur auf einen Cent genau bestimmt werden. Gibt es Alternativen zur Auswertung mittels der MATLAB-Funktion `erf`, die recht aufwändig (da hochgenau) und deshalb in der Auswertung recht langsam ist? Im Folgenden diskutieren wir zwei Approximationen, die zwar nur eine geringe Genauigkeit liefern (etwa auf vier Stellen), dafür aber effizient und leicht implementierbar sind: rationale Bestapproximationen und auf tabellierte Werte basierende Interpolationsalgorithmen.

4.3.1 Rationale Bestapproximation und nichtlineare Ausgleichsrechnung

Hier wird die Idee verwendet, das asymptotische Verhalten der Fehlerfunktion in $x \to \infty$, nämlich

$$\lim_{x \to \infty} \operatorname{erf}(x) = 1,$$
$$\lim_{x \to \infty} \frac{1 - \operatorname{erf}(x)}{\operatorname{erf}'(x)} = \lim_{x \to \infty} \int_x^\infty e^{x^2 - t^2} dt = 0,$$

in den Ansatz für die Approximation einzubauen. Wir suchen eine Funktion erf^*, so dass $(1 - \operatorname{erf}^*(x))/\operatorname{erf}'(x)$ ein Polynom in der Variablen $\eta = 1/(1 + px)$ mit zu bestimmendem $p \geq 0$ ist, mit der Eigenschaft, dass dieser Quotient für $x \to \infty$ (oder $\eta \to 0$) verschwindet:

$$\frac{1 - \operatorname{erf}^*(x)}{\operatorname{erf}'(x)} = a_1\eta + a_2\eta^2 + a_3\eta^3 + \cdots.$$

Beachte, dass die Ableitung von erf explizit berechenbar ist, nämlich $\mathrm{erf}'(x) = (2/\sqrt{\pi})\exp(-x^2)$. Wir approximieren bis zur dritten Potenz in η und machen den Ansatz

$$\mathrm{erf}^*(x) = 1 - (a_1\eta + a_2\eta^2 + a_3\eta^3)\mathrm{erf}'(x) \quad \mathrm{mit} \quad \eta = \frac{1}{1+px}. \tag{4.34}$$

Die freien Parameter p, a_1, a_2, und a_3 sind so zu wählen, dass der maximale Fehler für vorgegebenes $\varepsilon > 0$ minimiert wird:

$$E_\infty := \sup_{0 < x < \infty} |\mathrm{erf}^*(x) - \mathrm{erf}(x)| \leq \varepsilon. \tag{4.35}$$

Ein historischer Lösungsvorschlag, der die Koeffizienten der Approximationsformel iterativ durch händische „Best-Fits" verbessert, findet sich in dem Buch [98] von Hastings aus dem Jahr 1955:

(1) Wähle Stützstellen $x_0 < x_1 < x_2 < x_3$ und löse damit das (wegen p) nichtlineare Gleichungssystem

$$\mathrm{erf}^*(x_i) - \mathrm{erf}(x_i) = 0, \quad i = 0, 1, 2, 3.$$

Die Lösungen sind die Parameter p, a_1, a_2 und a_3.

(2) Plotte die Fehlerkurve $y(x) := |\mathrm{erf}^*(x) - \mathrm{erf}(x)|$ zu den berechneten Parametern p, a_1, a_2 und a_3 und bestimme die Stellen z_i mit Fehlermaxima $y(z_i)$.

(3) Verteile die Fehler $y(z_i)$ gewichtet auf vier der Extrema, etwa an den Stellen z_0, z_1, z_2 und z_3, und erhalte die neuen Fehler y_0, y_1, y_2 und y_3 (siehe [98]).

(4) Löse das nichtlineare Gleichungssystem:

$$\mathrm{erf}^*(z_i) - \mathrm{erf}(z_i) = y_i, \quad i = 0, 1, 2, 3.$$

Das ergibt neue Werte p, a_1, a_2 und a_3, und wir können zu Punkt (2) zurückkehren, um iterativ unsere Formel zu verbessern.

Nach Hastings ergeben sich damit die folgenden Werte:

$$\begin{aligned} p &= 0.47047, \\ a_1 &= 0.3088723233811960, \\ a_2 &= -0.08605310845200509, \\ a_3 &= 0.6634219859238490. \end{aligned} \tag{4.36}$$

Wir wollen – in einem noch näher zu definierenden Sinne – optimale Koeffizienten des Polynoms in (4.34) auf eine andere Weise bestimmen und dabei auf elementaren Numerik-Kenntnissen aufbauen. Zuerst eliminieren wir einen der Freiheitsgrade dadurch, dass wir $\operatorname{erf}^*(0) = 0$ fordern, d.h., die Approximationsformel soll im Ursprung als Symmetriepunkt exakt sein. Damit ist einer der Koeffizienten durch die anderen festgelegt, etwa $a_3 := \sqrt{\pi}/2 - a_1 - a_2$. Wegen der Symmetrie von erf genügt es, die Funktion in $(0, \infty)$ zu approximieren.

Eine Minimierung bezüglich der Supremumsnorm (4.35) hat den Nachteil, dass die Maximumsnorm nicht differenzierbar ist und wir somit auf ableitungsfreie Minimierungsalgorithmen angewiesen sind. Ein Ausweg ist die Minimierung in der L^2-Norm

$$E_2 := \int_0^\infty |\operatorname{erf}^*(x) - \operatorname{erf}(x)|^2 dx \to \min!$$

Die diskrete Version lautet, das Funktional

$$g(y) := \frac{1}{n}\|F(y)\|_2^2, \quad F(y) := \begin{pmatrix} \operatorname{erf}^*(x_1) - \operatorname{erf}(x_1) \\ \vdots \\ \operatorname{erf}^*(x_n) - \operatorname{erf}(x_n) \end{pmatrix} \tag{4.37}$$

in den Parametern $y := (p, a_1, a_2)^\top$ bei vorgegebenem, genügend feinem Gitter $0 = x_1 < x_2 < \ldots < x_n < \infty$ zu minimieren. Das Symbol $\|\cdot\|_2$ bezeichnet die euklidische Norm, die man auch als diskrete L^2-Norm interpretieren kann. Aufgrund der asymptotischen Eigenschaften der Fehlerfunktion ist $x_n = 4$ für eine Genauigkeit von vier oder fünf Stellen bereits ausreichend. Damit sind wir auf eine Aufgabe der nichtlinearen Ausgleichsrechnung gestossen!

Eine Möglichkeit, das Ausgleichsproblem (4.37) zu lösen, ist durch das Gauß-Newton-Verfahren gegeben, das wir als Spezialfall des allgemeinen Newton-Verfahrens für nichtlineare Gleichungssysteme auffassen können. Wie funktioniert dieses Verfahren? Die Bedingung für die Existenz eines lokalen Minimums $\hat{y}$ von g ist gegeben durch

$$g'(\hat{y}) = 0 \quad \text{und} \quad g''(\hat{y}) \text{ ist positiv definit.}$$

Wegen $g'(y) = (2/n)F'(y)^\top F(y)$ ist somit das nichtlineare Gleichungssystem

$$G(y) := F'(y)^\top F(y) = 0$$

zu lösen. Die allgemeine Newton-Iteration lautet

$$y^{(k+1)} = y^{(k)} - G'(y^{(k)})^{-1}G(y^{(k)})$$

oder

$$G'(y^{(k)})(y^{(k+1)} - y^{(k)}) = -G(y^{(k)})$$

mit der (in einer Umgebung von $\hat{y}$ als positiv definit angenommenen) Jacobi-Matrix

$$G'(y) = F'(y)^\top F'(y) + F''(y)^\top F(y).$$

Gehen wir von dem Fall *kompatibler Daten* aus, die mit den „Messungen" $x_1, \ldots,$ x_n übereinstimmen, so gilt $F(\hat{y}) = 0$ und somit $G'(\hat{y}) = F'(\hat{y})^\top F'(\hat{y})$. Daher ist es naheliegend, auch im Fall von annähernd kompatiblen Daten die Auswertung des Tensors $F''(y)$ zu vermeiden, und die Jacobi-Matrix $G'(y)$ in der Newton-Iteration durch $F'(y)^\top F'(y)$ zu ersetzen. Wir erhalten also die Iterationsvorschrift

$$F'(y^{(k)})^\top F'(y^{(k)})(y^{(k+1)} - y^{(k)}) = -F'(y^{(k)})^\top F(y^{(k)}). \tag{4.38}$$

Im Allgemeinen muss man diesen Ansatz noch modifizieren, um Stabilität zu gewährleisten und globale Konvergenz zu sichern. Stichworte sind hierbei Schrittweitensteuerung (λ-Strategie) und optimale Wahl von Testfunktionen für das Abbruchkriterium; siehe [58].

Bemerkung 4.15 Die Gleichung (4.38) stellt die Normalgleichung zu dem linearen Ausgleichsproblem

$$\|F'(y^{(k)})(y^{(k+1)} - y^{(k)}) + F(y^{(k)})\|_2 \to \min! \tag{4.39}$$

dar. Die numerische Lösung eines *nichtlinearen* Ausgleichsproblems haben wir damit zurückgeführt auf die numerische Lösung einer Folge von *linearen* Ausgleichsproblemen.

Eine alternative Herleitung von (4.39) aus dem ursprünglichen Minimierungsproblem erfolgt durch Taylor-Entwicklung und Abbrechen nach dem linearen Term, also ähnlich wie beim Newton-Verfahren. Deswegen nennt man (4.39) auch das *Gauß-Newton-Verfahren* für das nichtlineare Ausgleichsproblem $\|F(y)\|_2 \to$ min! [97]. □

Eine einfache Implementierung der Gauß-Newton-Iteration (4.38) für unser Problem (4.37) ist im MATLAB-Programm 4.3 gegeben. Der Aufruf von least-square ergibt die folgenden Werte

$$\begin{aligned}
p &= 0.4724657979664002, \\
a_1 &= 0.3049956959247515, \\
a_2 &= -0.06955014801557358, \\
a_3 &= 0.6507813775435800,
\end{aligned} \tag{4.40}$$

die optimal im Sinne der (diskreten) L^2-Norm sind.

In Abbildung 4.2 sind die Fehler der beiden Versionen der rationalen Bestapproximation geplottet. Hierfür haben wir die Funktionen erf1 und erf2 definiert, wobei die erste den Koeffizientensatz (4.36) nach Hastings

MATLAB-Programm 4.3 Die Funktion `leastsquare.m` berechnet die optimalen Koeffizienten p, a_1, a_2, a_3 der rationalen Bestapproximation (4.34) bezüglich der diskreten L^2-Norm. Das zugehörige Gitter wird im Vektor `ggrid` erzeugt und mittels `global` als globale Variable definiert, damit alle Unterprogramme darauf zugreifen können. Die Auswertung der Jacobi-Matrix F' erfolgt im Unterprogramm `dF.m`, die Auswertung von F für die rechte Seite in `F.m`. Als einfaches Abbruchkriterium für die Iteration dient die Norm des Zuwachses `ynew`. Die Zahl `eps` ist in MATLAB vordefiniert und beträgt etwa $2.2204 \cdot 10^{-16}$.

```
function y = leastsquare
global ggrid
ggrid = 0:0.001:4;
y = ones(3,1)/(sqrt(3)); ynew = ones(3,1);
while (norm(ynew) > 10*eps)
    jac = dF(y);
    A = jac'*jac;
    error = F(y) - erf(ggrid);
    b = -jac'*error';
    ynew = A\b;
    y = y + ynew;
end
y(4) = sqrt(pi)/2 - y(2) - y(3);

function result = dF(y)
global ggrid
a3 = sqrt(pi)/2 - y(2) - y(3);
eta = 1./(1+y(1)*abs(ggrid));
deriv = 1.128379*exp(-abs(ggrid).^2);
result(1,:) = deriv.*(y(2) + 2*y(3)*eta + 3*a3*eta.^2).*ggrid ...
    ./(1+y(1)*ggrid).^2;
result(2,:) = deriv.*eta.*(-1+eta.^2);
result(3,:) = deriv.*eta.^2.*(-1+eta);
result = result';

function result = F(y)
global ggrid
a3 = sqrt(pi)/2 - y(2) - y(3);
eta = 1./(1+y(1)*abs(ggrid));
result = sign(ggrid).*(1 - (((a3*eta + y(2)).*eta + y(1)).*eta) ...
    *1.128379.*exp(-abs(ggrid).^2));
```

```
function result = erf1(x)
eta = 1./(1+0.47047*abs(x));
result = sign(x).*(1 - (((0.663421*eta - 0.0860531).*eta ...
    + 0.308872).*eta)*1.128379.*exp(-abs(x).^2));
```

und die zweite die Koeffizienten (4.40) verwendet:

```
function result = erf2(x)
global y
eta = 1./(1+y(1)*abs(x));
result = sign(x).*(1 - (((y(4)*eta + y(3)).*eta ...
    + y(2)).*eta)*1.128379.*exp(-abs(x).^2));
```

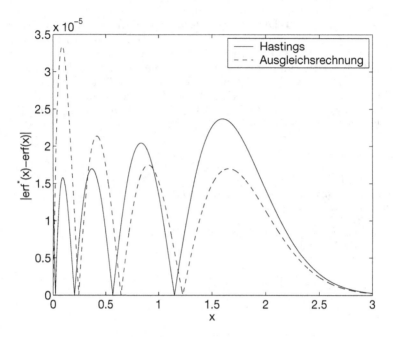

Abbildung 4.2 Differenzen $|\mathrm{erf}^*(x) - \mathrm{erf}(x)|$ für $0 \leq x \leq 3$ für Koeffizientensätze nach Hastings und mittels nichtlinearer Ausgleichsrechnung.

Während der Koeffizientensatz nach Hastings günstigere Fehlereigenschaften in der Supremumsnorm besitzt (ein maximaler Fehler E_∞ von $2.37 \cdot 10^{-5}$ gegenüber $3.34 \cdot 10^{-5}$ beim zweiten Koeffizientensatz), ist der über den Ansatz der nichtlinearen Ausgleichsrechnung berechnete Koeffizientensatz bezüglich der diskreten L^2-Norm optimaler (ein diskreter L^2-Fehler E_2 von $1.73 \cdot 10^{-7}$ gegenüber $1.95 \cdot 10^{-7}$ beim ersten Koeffizientensatz), d.h., der Fehler wird etwas gleichmäßiger verteilt. Beide Versionen der rationalen Bestapproximation liefern damit ein auf vier Nachkommastellen exaktes Ergebnis.

Der Vorteil der Approximationen `erf1` bzw. `erf2` ist, dass die Berechnung der Werte `erf1(x)` bzw. `erf2(x)` schneller ist als die von MATLAB implementierte Funktion `erf`. Der Preis, der dafür zu bezahlen ist, ist die geringere Genauigkeit, die jedoch für unsere Anwendung ausreichend ist.

4.3.2 Kubische Hermite-Interpolation

Die Idee des zweiten Ansatzes ist es, eine Approximation erf^{**} durch Interpolation von Tabellenwerten an wenigen Stützstellen zu bestimmen, an denen hochgenaue Werte der Fehlerfunktion bekannt seien.

Zuerst bemerken wir, dass die Auswertung von erf^{**} über die Interpolation der Tabellenwerte nur für Werte x in einem endlichen Intervall $(0, x_{\max})$ zu erfolgen braucht. Denn geben wir eine Fehlerschranke ε für den maximal zugelassenen Approximationsfehler vor, so können wir ein x_{max} definieren mit der Eigenschaft, dass $\text{erf}(x) \geq 1 - \varepsilon$ für alle $x \geq x_{max}$ gilt. (Dies ist möglich, da erf monoton wachsend ist.) Aufgrund der Symmetrie können wir damit die Approximation für $x \in \mathbb{R} \setminus (0, x_{max})$ definieren als

$$\text{erf}^{**}(x) := \begin{cases} -1 & : x \in (-\infty, -x_{max}] \\ 0 & : x = 0 \\ 1 & : x \in [x_{max}, \infty). \end{cases}$$

Außerdem genügt es, nur positive Argumente zu verwenden, da aus Symmetriegründen $\text{erf}^{**}(x) = -\text{erf}^{**}(-x)$ gilt. Es bleibt folglich die Definition der Approximation $\text{erf}^{**}(x)$ für Werte $x \in (0, x_{max})$ zu klären. Da an jedem Stützpunkt x_i auch die Ableitung $\text{erf}'(x_i) = (2/\sqrt{\pi}) \exp(-x_i^2)$ leicht verfügbar ist, bietet sich als Interpolationsalgorithmus die kubische Hermite-Interpolation an. Hierzu berechnen wir erf und dessen Ableitung an den Stützstellen $0 = x_0 < x_1 < \cdots < x_n = x_{max}$:

$$e_1 := \text{erf}(x_1), \ldots, e_n := \text{erf}(x_n), \quad e_1' := \text{erf}'(x_1), \ldots, e_n' := \text{erf}'(x_n). \quad (4.41)$$

Die Werte für $x_0 = 0$ ergeben sich sofort als $e_0 = 0$, $e_0' = 2/\sqrt{\pi}$.

Wie funktioniert die kubische Hermite-Interpolation? Die Stützstellen sind hier doppelt, so dass neben dem Funktionswert e_i auch die Ableitung e_i' an jeder Stützstelle vorgeschrieben ist. In jedem Intervall $[x_i, x_{i+1}]$, $i = 0, 1, \ldots, n-1$, fordert man für die interpolierende Funktion p

$$p(x_i) = e_i, \quad p(x_{i+1}) = e_{i+1}, \quad p'(x_i) = e_i', \quad p'(x_{i+1}) = e_{i+1}'.$$

Diese vier Forderungen können mit einem stückweise kubischen Ansatz, d.h. einem Polynom vom Grad 3, erfüllt werden. Das Interpolationspolynom $p(x)$ kann durch

$$p(x) := p_i(x) = e_i \Phi_1(t) + e_{i+1} \Phi_2(t) + e_i' h_i \Phi_3(t) + e_{i+1}' h_i \Phi_4(t) \quad (4.42)$$

mit $x_i \leq x \leq x_{i+1}$, $t = (x - x_i)/h_i$, $i = 0, \ldots, n-1$, den Schrittweiten $h_i := x_{i+1} - x_i > 0$ und den Basisfunktionen

$$\begin{aligned} \Phi_1(t) &= 1 - 3t^2 + 2t^3, \quad \Phi_2(t) = 3t^2 - 2t^3, \\ \Phi_3(t) &= t - 2t^2 + t^3, \quad \Phi_4(t) = -t^2 + t^3 \end{aligned} \quad (4.43)$$

dargestellt werden. Für eine schnelle Auswertung von p (mit einer minimalen Anzahl von drei Multiplikationen, drei Additionen und einer Subtraktion) an der Stelle $x \in (x_i, x_{i+1})$ bietet sich allerdings das Hornerschema an:

$$\text{erf}^{**}(x) := p_i(x) = \{[a_{3,i} \cdot (x - x_i) + a_{2,i}] \cdot (x - x_i) + a_{1,i}\} \cdot (x - x_i) + a_{0,i}$$

mit den Koeffizienten

$$
\begin{aligned}
a_{0,i} &= e_i, \\
a_{1,i} &= e_i', \\
a_{2,i} &= \frac{3(e_{i+1}-e_i)}{h_i^2} - \frac{2e_i'+e_{i+1}'}{h_i}, \\
a_{3,i} &= \frac{2(e_i-e_{i+1})}{h_i^3} + \frac{e_i'+e_{i+1}'}{h_i^2}
\end{aligned}
\tag{4.44}
$$

für $i = 0, \ldots, n - 1$. Insgesamt erhalten wir einen stetig differenzierbaren Interpolanten p in $[x_0, x_n]$.

Es ist noch offen, wie die Stützstellen gewählt werden müssen, um die Genauigkeitsforderung einzuhalten. Hierzu können wir den Fehlerschätzer für die Hermite-Interpolation benutzen, der als Spezialfall aus der Fehlerformel der Polynominterpolation (für konfluente, d.h. zusammenfallende Stützstellen) folgt:

$$
\sup_{x_i < x < x_{i+1}} |\mathrm{erf}^{**}(x) - \mathrm{erf}(x)| \leq \left(\frac{h_i}{2}\right)^4 \sup_{x_i < x < x_{i+1}} \frac{\mathrm{erf}^{(4)}(x)}{4!},
$$

wobei $\mathrm{erf}^{(4)}$ die vierte Ableitung von erf bezeichne (vgl. Satz 37.4 in [97]). Wie groß kann $\mathrm{erf}^{(4)}(x)$ werden? Hierzu setzen wir voraus, dass das Intervall $[0, x_{\max}]$ durch äquidistante Stützstellen abgedeckt sei. Ableitungen können wir mit dem MATLAB-Befehl diff approximieren, wobei diff(x) den Vektor

```
[x(2)-x(1), x(3)-x(2), ..., x(n)-x(n-1)]
```

zurückgibt. Ist nämlich x ein Vektor äquidistanter Stützstellen mit Abstand h, so wird die erste Ableitung von erf durch diff(erf(x))/h approximiert. Für die vierte Ableitung erhalten wir

```
h = 0.001; x = -3:h:3;
erf4 = diff(diff(diff(diff(erf(x)))))/h^4;
d = max(erf4/24)
```

und damit

$$
d := \sup_{-\infty < x < \infty} \frac{\mathrm{erf}^{(4)}(x)}{4!} \leq 0.1837.
$$

Fordern wir $\sup |\mathrm{erf}(x) - \mathrm{erf}^{**}(x)| \leq \varepsilon$, muss für die Schrittweite die Bedingung $h \leq 2(\varepsilon/d)^{1/4}$ erfüllt sein. Für $\varepsilon = 5 \cdot 10^{-5}$ erhalten wir $h \leq 0.26$.

Das MATLAB-Programm 4.4 erfhermite.m liefert nun die Approximation erf^{**}, basierend auf den Stützstellen $x = (x_0, x_1, \ldots, x_n)^\top$ und den Koeffizienten

$$
A = \begin{pmatrix}
a_{0,0} & a_{0,1} & a_{0,2} & a_{0,3} \\
a_{1,0} & a_{1,1} & a_{1,2} & a_{1,3} \\
\vdots & \vdots & \vdots & \vdots \\
a_{n,0} & a_{n,1} & a_{n,2} & a_{n,3},
\end{pmatrix}
$$

MATLAB-Programm 4.4 Das Programm `erfhermite.m` berechnet für alle Werte des Vektors `xeval` eine Approximation erf**, basierend auf der kubischen Hermite-Interpolation. Die Stützstellen sowie die Koeffizienten der stückweise definierten kubischen Hermite-Polynome werden a priori einmal berechnet und in einem Vektor `x` und einer Matrix `A` übergeben (siehe (4.41) und (4.44)).

```matlab
function result = erfhermite(xeval,x,A)

% erf^**(x) approx 1 bzw. -1 für abs(x) > xbreak
xbreak = x(length(x));

% Berechnung der Indizes von xeval für die fünf Fälle
index1 = find(xeval <= -xbreak);
index2 = find(-xbreak < xeval & xeval < 0);
index3 = find(xeval == 0);
index4 = find(0 < xeval & xeval < xbreak);
index5 = find(xbreak <= xeval);

if ~isempty(index1)
    result(index1) = -1;
end

if ~isempty(index2)
    for j = index2
        [y,i] = sort(-xeval(j) > x);
        id(j) = i(1);
    end
    piv = id(index2);
    x0 = x(piv-1);
    g = A(piv-1,:);
    % Hornerschema
    t = -xeval(index2)-x0;
    result(index2) = -((((g(:,4)'.*t + g(:,3)').*t + g(:,2)').*t + g(:,1)'));
end

if ~isempty(index3)
    result(index3) = 0;
end

if ~isempty(index4)
    for j = index4
        [y,i] = sort(xeval(j) > x);
        id(j) = i(1);
    end
    piv = id(index4);
    x0 = x(piv-1);
    g = A(piv-1,:);
    % Hornerschema
    t = xeval(index4)-x0;
    result(index4) = (((g(:,4)'.*t + g(:,3)').*t + g(:,2)').*t + g(:,1)';
end

if ~isempty(index5)
    result(index5) = 1;
end
```

der stückweise definierten kubischen Polynome. Die Matrixelemente $a_{i,j}$ werden aus (4.41) und (4.44) berechnet. Damit `erfhermite.m` auch für einen beliebigen Vektor `xeval` ausgewertet werden kann, müssen wir die Kompontenten von `xeval` gemäß den fünf Fällen $x \in (-\infty, x_{max}], (x_{max}, 0), \{0\}, (0, x_{max}), [x_{max}, -\infty)$ sortieren. Dies geschieht mit dem MATLAB-Befehl `find`; `find(z)` liefert die Indizes des Vektors `z` zurück, die ungleich null sind. Beispielsweise enthält `index = find(xeval < -xmax)` die Indizes aller Komponenten von `xeval`, deren Auswertung über den ersten Fall geschieht. Natürlich wird ein Fall nur dann abgearbeitet, falls `index` nicht leer ist; das kann mittels `~isempty(index)` überprüft werden („~" ist der Verneinungsoperator). Für die Komponenten von x, deren Absolutwert in $(0, x_{max})$ liegt, erfolgt die Berechnung von erf** mit der kubischen Hermite-Interpolation. Hier besteht die Schwierigkeit darin, für jede Komponente den jeweiligen Index i zu finden, so dass diese in $[x_i, x_{i+1}]$ liegt. Dies kann mit Hilfe des Sortierungsbefehls `sort` geschehen; `[y,i] = sort(z)` sortiert die Elemente des Vektors `z` in aufsteigender Ordnung zu einem Vektor `y`, wobei der Indexvektor `i` durch `y(i) = z` definiert ist. Mittels `[y,i] = sort(z > x)` erhalten wir also in $x_{i(1)}$ den rechten Nachbarn von `z`, und das entsprechende Intervall zur Interpolation von `z` ist durch $[x_{i(1)-1}, x_{i(1)})$ gegeben.

Der Fehler von erf** für eine minimale Wahl von Stützstellen ist in Abbildung 4.3 zu sehen. An den Stützstellen ist die Approximation exakt, und die

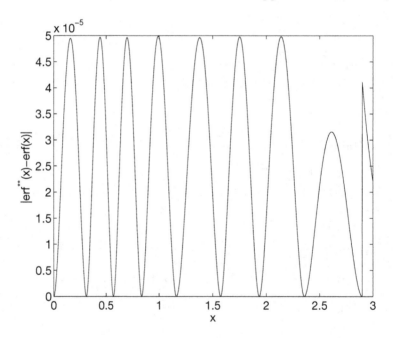

Abbildung 4.3 Approximation von erf mittels kubischer Hermite-Interpolation mit den acht Stützstellen $(x_1, \ldots, x_8) = (0.312, 0.571, 0.836, 1.163, 1.574, 1.934, 2.355, 2.9)$ für $0 \le x \le 3$. Die Genauigkeitsforderung $|\text{erf}^{**}(x) - \text{erf}(x)| < 5 \cdot 10^{-5}$ wird eingehalten.

Differenz $|\mathrm{erf}^{**}(x) - \mathrm{erf}(x)|$ verschwindet an diesen Stellen. Während auch hier eine skalare Approximation von $\mathrm{erf}(x)$ mittels `erfhermite` schneller ist als die MATLAB-Funktion `erf`, so ist die vektorisierte Version deutlich langsamer. Das ist der Preis, den man für die nötigen Sortieralgorithmen im MATLAB-Programm 4.4 zahlen muss.

Bemerkung 4.16 Als Alternative zur kubischen Hermite-Interpolation bietet sich auch die kubische Spline-Interpolation mit vollständigen Randbedingungen an, d.h., der Interpolant s ist stückweise kubisch, global zweimal stetig differenzierbar, erfüllt die Interpolationsbedingungen $s(x_i) = e_i$, $i = 0, 1, \ldots, n$, und zusätzlich am Rand $s'(x_0) = e_0'$, $s'(x_n) = e_n'$. Da der kubische Hermite-Ansatz die Information der verfügbaren Ableitungen auch im Inneren ausnutzen kann, ist er für eine Approximation von erf besser geeignet. Der kubische Spline-Ansatz benötigt in der Regel mehr Stützstellen, um eine vorgegebene Genauigkeit einzuhalten, bzw. führt zu einem größeren maximalen Fehler bei gleicher Stützstellenwahl (siehe Übungsaufgaben). Dennoch ist der Spline-Interpolant in einem anderen Sinne bestmöglich: Er stellt den Interpolanten mit minimaler Krümmung dar, d.h., er minimiert das Funktional

$$\int_{x_0}^{x_n} |s''(x)|^2 dx$$

unter allen konkurrierenden Interpolanten – aber an dieser Eigenschaft sind wir ja nicht interessiert. $\square$

4.4 Kennzahlen und Volatilität

Um Optionsscheine untereinander vergleichen zu können, werden *statische* und *dynamische Kennzahlen* verwendet. Statische Kennzahlen ermöglichen eine qualitative Beurteilung der Preise ähnlicher Optionsscheine zu einem bestimmten Zeitpunkt. Ihre Aussagekraft ist begrenzt, so dass wir sie hier nicht diskutieren (siehe Übungsaufgaben und [107]).

4.4.1 Dynamische Kennzahlen

Dynamische Kennzahlen erlauben eine zeitpunktbezogene Abschätzung von Preisentwicklungen von Optionen. Im Englischen werden sie *Greeks* genannt, da sie mit griechischen Buchstaben bezeichnet werden.

Definition 4.17 *Sei V eine Call- oder Put-Option. Definiere die folgenden dynamischen Kennzahlen*

$$
\begin{aligned}
\text{Delta:} \qquad\qquad \Delta &= \frac{\partial V}{\partial S}; \\[2mm]
\text{Gamma:} \qquad\qquad \Gamma &= \frac{\partial^2 V}{\partial S^2}; \\[2mm]
\text{Vega } \textit{oder } \text{Kappa:} \quad \kappa &= \frac{\partial V}{\partial \sigma}; \\[2mm]
\text{Theta:} \qquad\qquad \theta &= \frac{\partial V}{\partial t}; \\[2mm]
\text{Rho:} \qquad\qquad \rho &= \frac{\partial V}{\partial r}.
\end{aligned}
$$

Ist der Optionspreis durch die Black-Scholes-Formeln (4.22) bzw. (4.32) gegeben, können wir die partiellen Ableitungen in Definition 4.17 explizit ausrechnen. Diese dynamischen Kennzahlen geben an, wie sensitiv der Optionspreis vom jeweiligen Parameter abhängt. In der Numerik spricht man hier auch von *Konditionszahlen*; ist die Lösung nicht sehr sensitiv gegenüber kleinen Änderungen der Eingangsdaten (Parameter), so heißt das Problem *gut konditioniert*, andernfalls *schlecht konditioniert*.

Proposition 4.18 *Sei der Preis einer europäischen Call-Option durch (4.22) gegeben. Dann gilt:*

$$
\begin{aligned}
\Delta &= \Phi(d_1) > 0, \\
\Gamma &= \Phi'(d_1)/S\sigma\sqrt{T-t}, \\
\kappa &= S\sqrt{T-t}\,\Phi'(d_1), \\
\theta &= -S\sigma\Phi'(d_1)/2\sqrt{T-t} - rKe^{-r(T-t)}\Phi(d_2), \\
\rho &= (T-t)Ke^{-r(T-t)}\Phi(d_2)
\end{aligned}
$$

wobei $\Phi'(x) = \exp(-x^2/2)/\sqrt{2\pi}$.

Beweis. Übungsaufgabe. (Zeige zuerst, dass $S\Phi'(d_1) = Ke^{-r(T-t)}\Phi'(d_2)$.) □

Korollar 4.19 *Zwischen den Kennzahlen* Δ, Γ *und* θ *besteht der folgende Zusammenhang:*

$$
\theta + \frac{1}{2}\sigma^2 S^2 \Gamma + rS\Delta - rV = 0.
$$

Beweis. Folgt aus der Black-Scholes-Gleichung (4.18) und Definition 4.17. □

Die dynamischen Kennzahlen einer europäischen Call-Option sind in Abbildung 4.4 für verschiedene Zeiten illustriert. Es zeigt sich, dass (zumindest in diesem Beispiel) die Optionspreisbestimmung ein recht gut konditioniertes Problem darstellt. Die Abbildung wurde mit dem MATLAB-Programm 4.5 erzeugt. Mit dem Befehl `subplot(n,m,k)` wird Platz für $n \times m$ Grafiken geschaffen und die Grafik Nr. k (zeilenweise nummeriert) angesprochen; nachfolgende Befehle beziehen sich dann auf diese Grafik.

MATLAB-Programm 4.5 Programm `greeks.m` zur Darstellung der dynamischen Kennzahlen einer europäischen Call-Option. Der Vektor `style` besteht aus drei Zeichen, die zur Unterscheidung der drei Kurven im Befehl `plot` verwendet werden. Der Befehl `hold on` bewirkt, dass die berechneten Kurven in derselben Grafik gezeichnet werden.

```
K = 100; r = 0.1; sigma = 0.4; T = 1;
S = 1:0.5:200; t = 0;
style = ':-.';

for j = 1:3
    t = 0.4*(j-1);
    d1 = (log(S/K) + (r+0.5*sigma^2)*(T-t))/(sigma*sqrt(T-t));
    d2 = d1 - sigma*sqrt(T-t);
    Phi1 = 0.5*(1 + erf(d1/sqrt(2)));
    Phi2 = 0.5*(1 + erf(d2/sqrt(2)));
    phi = exp(-d1.^2/2)/sqrt(2*pi);

    % Delta
    subplot(3,2,1), plot(S,Phi1,style(j)), hold on
    % Gamma
    subplot(3,2,2), plot(S,phi./(S*sigma*sqrt(T-t)),style(j)), hold on
    % Vega
    subplot(3,2,3), plot(S,S*sqrt(T-t).*phi,style(j)), hold on
    % Theta
    subplot(3,2,4), plot(S,-S*sigma.*phi./(2*sqrt(T-t)) ...
        - r*K*exp(-r*(T-t))*Phi2,style(j)), hold on
    % Rho
    subplot(3,2,5), plot(S,(T-t)*K*exp(-r*(T-t))*Phi2,style(j)), hold on
end
```

Zur Bestimmung der Optionsprämie eines Calls muss die Volatilität σ bekannt sein. Nun gibt σ die durchschnittlichen Kursschwankungen des Basiswerts an, die natürlich nur für die Vergangenheit vorliegen. In der Black-Scholes-Gleichung müssen jedoch die Werte der Volatilität für zukünftige Zeiten $t \geq 0$ eingesetzt werden. Um präzise Werte für die Optionspreise zu erhalten, ist eine möglichst gute Schätzung der Volatilität notwendig. Wir stellen zwei einfache Ansätze vor.

4.4.2 Historische und implizite Volatilität

Die historische Volatilität σ_{hist} ist durch die Basiswertkurse aus der Vergangenheit gegeben. Mathematisch gesehen ist σ_{hist} die annualisierte Standardabweichung der logarithmischen Kursänderungen. Seien die Kurse S_i eines Basiswerts am Tag t_i gegeben und definiere

$$y_i = \ln S_{i+1} - \ln S_i, \quad i = 1,\ldots,n-1, \qquad \bar{y} = \frac{1}{n-1}\sum_{i=1}^{n-1} y_i.$$

Die *historische Volatilität* ist dann definiert durch

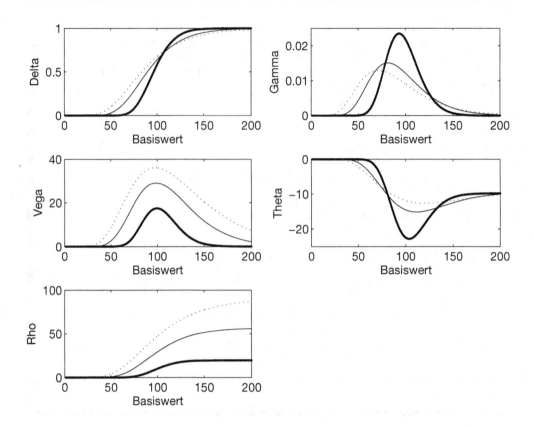

Abbildung 4.4 Dynamische Kennzahlen für $t = 0$ (punktierte Linie), $t = 0.4$ (durchgezogene Linie) und $t = 0.8$ (dicke Linie), jeweils mit $K = 100$, $T = 1$, $r = 0.1$, $\sigma = 0.4$.

$$\sigma_{\text{hist}} = \sqrt{N} \left(\frac{1}{n-2} \sum_{i=1}^{n-1} (y_i - \bar{y})^2 \right)^{1/2},$$

wobei N die durchschnittliche Anzahl der Börsentage in einem Jahr ist. Diese Definition ist nicht eindeutig. Es ist beispielsweise möglich, Kurswerte aus der jüngeren Vergangenheit stärker zu gewichten als ältere Werte, aber auch mit gleitenden Durchschnitten zu arbeiten, die exponentiell gewichtet sein können.

Nimmt man an, dass sich die Kursschwankungen des Basiswerts in der Zukunft ähnlich verhalten wie in der Vergangenheit, so ist die Wahl $\sigma = \sigma_{\text{hist}}$ in der Black-Scholes-Gleichung ein möglicher Ansatz.

Ist der Optionspreis C_0 zur Zeit $t < T$ bekannt, so kann die Volatilität σ_{impl} aus der Black-Scholes-Formel berechnet werden (sofern die anderen Parameter bekannt sind). Die so bestimmte Volatilität wird *implizite Volatilität* genannt. Es bleibt zu klären, ob diese Berechnung ein eindeutiges Ergebnis liefert. Die Black-Scholes-Formel (4.22) für Call-Optionen zeigt, dass die Parameter d_1 und d_2 von σ abhängen, d.h. $d_1 = d_1(\sigma)$, $d_2 = d_2(\sigma)$ und

$$C(\sigma) = S\Phi(d_1(\sigma)) - Ke^{-r(T-t)}\Phi(d_2(\sigma)).$$

Wir suchen $\sigma_{\text{impl}} > 0$, so dass die Gleichung $C(\sigma_{\text{impl}}) = C_0$ erfüllt ist. Hat dieses Problem eine eindeutige Lösung? Ja, wenn die Arbitrage-Schranken $(S - Ke^{-r(T-t)})^+ \leq C_0 \leq S$ erfüllt sind, denn diese implizieren, dass $C(\sigma) - C_0$ für $\sigma = 0$ nichtpositiv und für $\sigma \to \infty$ nichtnegativ ist. Da $\sigma \mapsto C(\sigma) - C_0$ stetig (und wegen $\kappa > 0$) monoton wachsend ist, muss eine *eindeutige* Nullstelle $\sigma_{\text{impl}} \in (0, \infty)$ existieren. Die so erhaltene Volatilität σ_{impl} kann als Orientierung zukünftiger Werte von σ verwendet werden.

Das Problem $C(\sigma) = C_0$ kann bequem mit der Newton-Methode gelöst werden. Die eindeutige Nullstelle der Funktion $f(\sigma) := C(\sigma) - C_0$ wird approximativ mit der Iteration

$$\sigma_{k+1} = \sigma_k - \frac{f(\sigma_k)}{f'(\sigma_k)}, \quad \sigma_0 > 0 \text{ gegeben,}$$

oder

$$\sigma_{k+1} = \sigma_k - \frac{C(\sigma_k) - C_0}{C'(\sigma_k)} = \sigma_k - \frac{C(\sigma_k) - C_0}{\kappa(\sigma_k)}$$

berechnet, wobei $\kappa(\sigma_k) = S\sqrt{T-t}\,\Phi'(d_1(\sigma_k))$ nach Proposition 4.18 gilt. Man kann zeigen, dass σ_k für $k \to \infty$ gegen σ_{impl} konvergiert, wenn C_0 hinreichend nahe an $C(\sigma_{\text{impl}})$ gewählt wird (siehe z.B. Kapitel 5.3 in [199]).

Beispiel 4.20 Betrachte eine europäische Call-Option auf den DAX-Index mit

$$K = 5500, \quad T = 3.5 \text{ Monate}, \quad C = 166.$$

Es gelte $S = 5188.17$ zur Zeit $t = 0$. (Dies war der DAX-Index am 31.08.2001.) Wir nehmen an, dass $r = 0.04$ galt. Mit Hilfe des MATLAB-Programms 4.6 erhalten wir:

```
C = 233.081587, sigma0 = 0.238686
C = 166.669121, sigma0 = 0.238060
C = 166.000112, sigma0 = 0.238060
C = 166.000000, sigma0 = 0.238060
```

Die implizite Volatilität beträgt also $\sigma_{\text{impl}} = 0.2381$. □

MATLAB-Programm 4.6 Das Programm `implvola.m` berechnet die implizite Volatilität mit dem Newton-Verfahren. Zur Definition des Ausgabebefehls `fprintf` siehe Kapitel 9. Die Funktion `call.m` wurde bereits in Abschnitt 4.2 definiert.

```
S = 5188.17; t = 0; K = 5500; r = 0.04; T = 3.5/12; C0 = 166;
sigma = 0; sigma0 = 0.3; error = 1e-7;

while abs(sigma0-sigma) > error
    sigma = sigma0;
    C = call(S,t,K,r,sigma,T);
    d1 = (log(S/K) + (r+0.5*sigma^2)*(T-t))/(sigma*sqrt(T-t));
    vega = S*sqrt(T-t)*exp(-d1^2/2)/sqrt(2*pi);
    sigma0 = sigma - (C-C0)/vega;
    fprintf('C = %f, sigma = %f\n', C, sigma0);
end
```

Beispiel 4.21 Wir berechnen die implizite Volatilität für diverse Calls auf den DAX-Index. Die Optionsprämien, Verfallsdaten und berechneten impliziten Volatilitäten sind in Tabelle 4.1 gegeben. (Die Werte gelten für den 31.8.2001, und der DAX-Index an diesem Tag lautete 5188.17). Wir sehen, dass die implizite Volatilität nicht konstant ist, sondern vom Ausübungspreis abhängt. Dies deutet an, dass die Black-Scholes-Formel mit konstanter Volatilität die Realität nicht perfekt modelliert. Ist die implizite Volatilität für einen Ausübungspreis K_0 kleiner als die entsprechenden Volatilitäten für Ausübungspreise kleiner und größer als K_0, so spricht man von einem *volatility smile*. Welche Modifikationen im Ansatz von Black und Scholes vorgenommen werden müssen, um zu besseren Ergebnissen zu kommen, wurde z.B. in [30, 46, 66, 83] untersucht. Eine Idee ist die Verwendung stochastischer (und nicht konstanter) Volatilitäten; siehe z.B. [190, 205] sowie die Abschnitte 4.5.5 und 8.1. □

Mittlerweile gibt es verschiedene Indizes auf implizite Volatilitäten, die gehandelt werden können. Beispiele sind die DAX-Volatilitätsindizes VDAX und VDAX-NEW, die in Prozentpunkten angeben, welche Volatilität in den kommenden 45 Tagen (VDAX) bzw. 30 Tagen (VDAX-NEW) für den DAX zu erwarten sind, und die Volatilitätsindizes VIX, VXN und VXD der Chicago Board Options

Ausübungspreis	Optionspreis	Verfallsdatum	Volatilität
5500	166	19.12.2001	0.238
5600	136	18.12.2001	0.239
5700	106	21.12.2001	0.234
5800	82	18.12.2001	0.231
5900	61	17.12.2001	0.227
6000	44	18.12.2001	0.222

Tabelle 4.1 Implizite Volatilitäten verschiedener Call-Optionen auf den DAX-Index.

Exchange (CBOE), die die Markterwartung der Volatilität der nächsten 30 Tage darstellen. Der Index VIX ist ein Maß für die implizite Volatilität des S&P-500-Index, VXN basiert auf den Nasdaq-100-Index, und VXD ist aus dem Dow Jones berechnet. Die aktuellen Tageswerte und die historischen Werte dieser Indizes können auf den Webseiten der Deutschen Börse (`www.deutsche-boerse.de`) und der CBOE (`www.cboe.com`) eingesehen werden.

4.5 Erweiterungen der Black-Scholes-Gleichung

Für die Herleitung der Black-Scholes-Formeln in Abschnitt 4.2 haben wir unter anderem angenommen, dass auf den Basiswert keine Dividendenzahlungen geleistet werden und dass der risikofreie Zinssatz und die Volatilität während der Laufzeit der Option konstant sind. In Beispiel 4.21 haben wir gesehen, dass diese Annahmen im Widerspruch zu realen Finanzmarktdaten stehen können. In diesem Abschnitt werden wir daher die Black-Scholes-Formeln erweitern auf

- Optionen auf Basiswerte mit Dividendenzahlungen,

- Optionen in Finanzmärkten mit variablem, aber bekannten Zinssatz und variabler, aber bekannter Volatilität und

- Optionen auf mehrere Basiswerte.

Am Ende dieses Abschnittes diskutieren wir weitere Verallgemeinerungen des Black-Scholes-Modells.

4.5.1 Kontinuierliche Dividendenzahlungen

Bei Index-Optionen, denen sehr viele Aktien als Basiswerte zugrunde liegen, werden jährlich viele Dividendenausschüttungen vorgenommen, die in der Regel über das Jahr verteilt liegen. Ein einfacher Ansatz ist nun, kontinuierliche Auszahlungen anzunehmen. Wir setzen außerdem voraus, dass die Höhe der Dividende vom Kurs des Basiswerts abhängt und zu ihm proportional ist. Dann wird in der Zeit $\triangle t$ die Dividende $D_0 S \triangle t$ ausgezahlt. Aus Arbitrage-Gründen muss der Kurs des Basiswerts in der Zeit $\triangle t$ um den Dividendenbetrag $D_0 S \triangle t$ fallen. Anderenfalls kaufe man den Basiswert kurz vor der Zeit t, erhalte die Dividende $D_0 S \triangle t$ und verkaufe den Basiswert sofort nach der Ausschüttung. Dies würde zu einem sofortigen, risikofreien Gewinn führen – Widerspruch. Wir müssen also den Ansatz für den stochastischen Prozess $S = S_t$ entsprechend modifizieren (vgl. (4.11)):

$$dS = (\mu - D_0)S dt + \sigma S dW. \tag{4.45}$$

Um die Black-Scholes-Gleichung herzuleiten, haben wir in Abschnitt 4.2 das Portfolio $Y = c_1 B + c_2 S - V$ betrachtet, wobei B einen risikolosen Bond bezeichnet. Wir nehmen wieder an, dass dieses Portfolio risikolos und selbstfinanzierend ist und daher insbesondere der stochastischen Differentialgleichung

$$dY = c_1 dB + c_2 dS - dV(S, t) + c_2 D_0 S dt$$

genügt. Der letzte Summand entspricht der Dividende $c_2 D_0 S dt$, die wir in der Zeit dt auf die c_2 Anteile des Basiswerts erhalten. Mit der Bondgleichung $dB = r B dt$, dem Lemma 4.6 von Itô und der Wahl $c_2 = V_S$ erhalten wir wie in Abschnitt 4.2

$$\begin{aligned} dY &= [c_1 r B + c_2 (\mu - D_0) S - (V_t + (\mu - D_0) S V_S + \tfrac{1}{2} \sigma^2 S^2 V_{SS}) + c_2 D_0 S] dt \\ &\quad + (c_2 \sigma S - \sigma S V_S) dW \\ &= [c_1 r B + D_0 S V_S - V_t - \tfrac{1}{2} \sigma^2 S^2 V_{SS}] \, dt, \end{aligned}$$

wobei die Indizes partielle Ableitungen bedeuten. Andererseits gilt aus Arbitrage-Gründen

$$dY = rY dt = r(c_1 B + S V_S - V) dt.$$

Gleichsetzen dieser beiden Gleichungen und Identifikation der Koeffizienten der dt-Terme ergibt die modifizierte Black-Scholes-Gleichung mit Endbedingung

$$V_t + \frac{1}{2} \sigma^2 S^2 V_{SS} + (r - D_0) S V_S - rV \;=\; 0, \quad S > 0, \, 0 < t < T, \quad (4.46)$$

$$V(S, T) \;=\; \Lambda(S), \quad S > 0. \quad\quad\quad\quad\quad (4.47)$$

Die Randbedingungen müssen im Vergleich zu den Bedingungen (4.20) bzw. (4.21) leicht modifiziert werden. Wir betrachten nur europäische Call-Optionen, da die entsprechenden Beziehungen für Puts aus der Put-Call-Parität

$$P_t - C_t = K e^{-r(T-t)} - S e^{-D_0(T-t)}$$

(siehe Übungsaufgaben) hergeleitet werden können. Im Grenzwert $S \to \infty$ nähert sich $V(S, t)$ dem Basiswert S an, aber ohne das Dividendeneinkommen, das abgezinst wird:

$$V(S, t) \sim S e^{-D_0(T-t)} \quad (S \to \infty). \quad\quad\quad\quad (4.48)$$

Die Bedingung an $S = 0$ ändert sich nicht:

$$V(0, t) = 0. \quad\quad\quad\quad\quad\quad\quad (4.49)$$

Das Problem (4.46)-(4.49) kann explizit gelöst werden. Dazu definieren wir eine neue Variable

$$V^*(S, t) := e^{D_0(T-t)} V(S, t).$$

Diese erfüllt das Problem

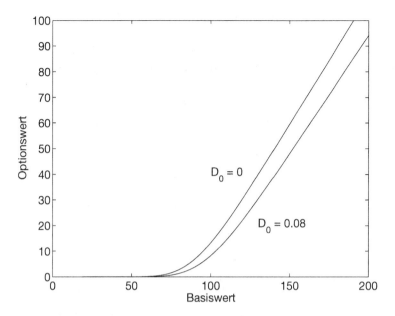

Abbildung 4.5 Werte europäischer Call-Optionen mit Dividende ($D_0 = 0.08$) und ohne Dividende ($D_0 = 0$), jeweils mit $K = 100$, $r = 0.1$, $\sigma = 0.4$, $T = 1$ und $t = 0$. Die Abbildung wurde mit einem MATLAB-Programm ähnlich wie in Abschnitt 4.2 erzeugt.

$$V_t^* + \frac{1}{2}\sigma^2 S^2 V_{SS}^* + (r - D_0)SV_S^* - (r - D_0)V^* = 0, \qquad S > 0, \ t < T,$$
$$V^*(S,t) \sim S \quad (S \to \infty), \quad V^*(0,t) = 0, \qquad t < T,$$
$$V^*(S,T) = (S - K)^+, \qquad S \geq 0,$$

also gerade die Black-Scholes-Gleichungen mit Zinssatz $r - D_0$. Die Lösung V^* ist daher durch die Black-Scholes-Formel (4.22) gegeben, in der r durch $r - D_0$ ersetzt wird. Wir erhalten folglich als Lösung des ursprünglichen Problems (4.46)-(4.49):

$$V(S,t) = Se^{-D_0(T-t)}\Phi(d_1(r - D_0)) - Ke^{-r(T-t)}\Phi(d_2(r - D_0)), \qquad (4.50)$$

wobei

$$d_{1/2}(r - D_0) = \frac{\ln(S/K) + (r - D_0 \pm \sigma^2/2)(T - t)}{\sigma\sqrt{T - t}}.$$

Die verallgemeinerte Black-Scholes-Formel (4.50) zeigt, dass der Wert einer Call-Option auf einen Basiswert *mit* Dividendenzahlungen stets kleiner ist als der entsprechende Wert auf einen Basiswert *ohne* Dividendenzahlungen (siehe Abbildung 4.5).

4.5.2   Diskrete Dividendenzahlungen

Wir nehmen nun an, dass während der Laufzeit der Option die Dividende nicht kontinuierlich, sondern genau einmal zur Zeit $t = t_d$ gezahlt wird. (Die folgenden Betrachtungen gelten natürlich in analoger Weise für endlich viele Dividendenzahlungen.) Zur Zeit $t = t_d$ erhalte der Besitzer des Basiswerts die Dividende $d \cdot S$ mit der Dividendenrate $0 \leq d < 1$, wobei S der Basispreis kurz vor der Ausschüttung der Dividende ist. Wie im kontinuierlichen Fall gilt aus Arbitrage-Gründen, dass der Basiskurs kurz nach der Zeit $t = t_d$ um den Betrag $d \cdot S$ fallen muss. Daher gilt

$$S(t_d^+) = S(t_d^-) - d \cdot S(t_d^-) = (1 - d)S(t_d^-), \tag{4.51}$$

wobei wir

$$S(t_d^+) = \lim_{t \searrow t_d} S_t, \quad S(t_d^-) = \lim_{t \nearrow t_d} S_t$$

gesetzt haben. Wir setzen voraus, dass derartige links- und rechtsseitige Grenzwerte existieren. Die Beziehung (4.51) bedeutet, dass der Kurs des Basiswerts als Funktion der Zeit unstetig sein muss (wenn $d > 0$). Der Optionspreis muss allerdings in der Zeit stetig sein, denn Besitzer von Optionen erhalten keine Dividende und im entgegengesetzten Fall würden Arbitrage-Argumente zu einem Widerspruch führen. Folglich ist

$$V(S(t_d^-), t_d^-) = V(S(t_d^+), t_d^+) = V((1 - d)S(t_d^-), t_d^+).$$

Nun betrachten wir alle möglichen Realisierungen des stochastischen Prozesses $S(t)$, d.h., wir erhalten die Forderung

$$V(S, t_d^-) = V((1 - d)S, t_d^+). \tag{4.52}$$

Der Wert der Option kann folgendermaßen bestimmt werden. Wird keine Dividende ausgezahlt, so gilt die Black-Scholes-Gleichung, also für $t_d < t \leq T$ und $0 \leq t < t_d$. Zur Zeit $t = t_d$ muss die Sprungbedingung (4.52) realisiert werden. Der Algorithmus lautet daher wie folgt:

- Löse die Black-Scholes-Gleichung für $t_d \leq t \leq T$ mit Endbedingung $V(S, T) = \Lambda(S)$.

- Definiere $V(S, t_d^-)$ mittels (4.52).

- Löse die Black-Scholes-Gleichung für $0 \leq t \leq t_d$ mit Endbedingung $V(S, t_d^-)$.

Beispiel 4.22 Betrachte eine europäische Call-Option mit Verfallstag T und Ausübungspreis K auf einen Basiswert mit einer Dividendenzahlung während der Laufzeit. Wir wollen die Optionsprämie $C_d(S, t)$ bestimmen. Sei ferner $C(S, t; K)$ der Wert einer europäischen Call-Option auf einen Basiswert ohne Dividendenzahlungen mit gleichem Verfallstag und Ausübungspreis. Gemäß der obigen Betrachtung gilt

$$C_d(S,t) = C(S,t;K) \quad \text{für } t_d < t \le T, \tag{4.53}$$

und nach (4.52) ist

$$C_d(S,t_d^-) = C_d((1-d)S,t_d^+) = C((1-d)S,t_d^+;K).$$

Nun müssten wir die Black-Scholes-Gleichung für $t \le t_d$ lösen. Wir behaupten, dass $C^*(S,t) := C((1-d)S,t;K)$ gleich der Funktion $(1-d)C(S,t;K/(1-d))$ ist. Die Funktion C^* löst die Black-Scholes-Gleichung, da sich der Faktor $1-d$ heraushebt. Außerdem ist

$$\begin{aligned} C^*(S,T) &= C((1-d)S,T;K) = ((1-d)S - K)^+ \\ &= (1-d)(S - K/(1-d))^+ = (1-d)C(S,T;K/(1-d)) \end{aligned}$$

und

$$C^*(0,t) = 0, \quad C^*(S,t) \sim (1-d)S \quad \text{für } S \to \infty.$$

Da das Black-Scholes-Randwertproblem eindeutig lösbar ist, muss

$$C((1-d)S,t;K) = C^*(S,t) = (1-d)C(S,t;K/(1-d))$$

gelten. Daher ist

$$C_d(S,t) = (1-d)C(S,t;K/(1-d)) \quad \text{für } 0 \le t < t_d. \tag{4.54}$$

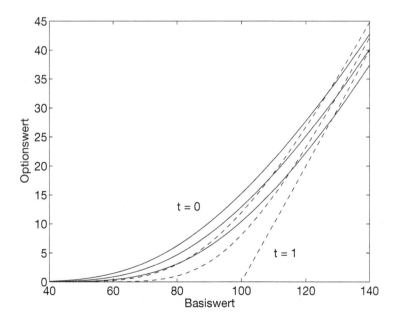

Abbildung 4.6 Preise einer europäischen Call-Option V_d mit $K = 100$, $r = 0.1$, $\sigma = 0.4$, $T = 1$ und Dividendenrate $d = 0.08$ zur Zeit $t_d = 0.6$, dargestellt zu den Zeitpunkten $t = 0, 0.2, 0.4$ (durchgezogene Linien) und $t = 0.6, 0.8, 1$ (gestrichelte Linien).

MATLAB-Programm 4.7 Das Programm `dividisc.m` berechnet den Preis einer europäischen Call-Option mit einer einzigen Dividendenausschüttung zur Zeit $t_d = 0.6$ gemäß den Formeln (4.53) und (4.54).

```
K = 100; r = 0.1; sigma = 0.4; T = 1; d = 0.08; td = 0.6;
S = [40:140]; hold on

for i = 1:6
    t = 0.2*(i-1);
    if t < td
        C = (1-d)*call(S,t,K/(1-d),r,sigma,T);
        plot(S,C);
    else
        C = call(S,t,K,r,sigma,T);
        plot(S,C,'--');
    end
end
```

Die Funktionen $C(S, t; K)$ und $C(S, t; K/(1 - d))$ sind durch die Black-Scholes-Formel (4.22) gegeben. Die gesuchte Optionsprämie ist also durch (4.53) und (4.54) eindeutig definiert. Dies ist im MATLAB-Programm 4.7 realisiert und in Abbildung 4.6 für einen Call mit $d = 0.08$ und $t_d = 0.6$ illustriert.   □

4.5.3 Zeitabhängige Parameter

Wir haben bisher angenommen, dass der risikofreie Zinssatz und die Volatilität während der Laufzeit der Option konstant sind. Es ist wesentlich realistischer anzunehmen, dass beide Parameter mit der Zeit variieren. Wir nehmen daher an, dass r und σ bekannte Funktionen der Zeit t sind. Tatsächlich ist die zukünftige Entwicklung von r und σ unbekannt, und beide Parameter müssten stochastisch modelliert werden. Am Ende dieses Abschnittes gehen wir auf eine stochastische Modellierung der Parameter ein.

Die Herleitung der Black-Scholes-Gleichung gilt auch für zeitabhängige Parameter $r = r(t)$ und $\sigma = \sigma(t)$. Allerdings muss die Randbedingung (4.21) für den europäischen Put,

$$P(0, t) = Ke^{-r(T-t)},$$

ersetzt werden. Ist $S = 0$, so ist es sinnvoll, die Option auszuüben und den Basiswert zum Preis K zu verkaufen. Der Wert $P = P(0, t)$ sollte also so sein, dass er unter Berücksichtigung von Zinsen zur Zeit T gerade K beträgt. In der Zeit dt werden

$$dP = r(t)Pdt$$

Zinsen gezahlt. Wir müssen also die Differentialgleichung

$$\frac{dP}{dt} = r(t)P, \quad P(0,T) = K,$$

lösen. Die Lösung lautet

$$P(0,t) = K \exp\left(-\int_t^T r(s)ds\right), \quad 0 \le t \le T.$$

Dies ist die Randbedingung einer europäischen Put-Option an $S = 0$.

Wir wollen für die Gleichung

$$V_t + \frac{1}{2}\sigma(t)^2 S^2 V_{SS} + r(t)SV_S - r(t)V = 0 \tag{4.55}$$

mit entsprechenden End- und Randbedingungen eine explizite Lösung finden. Wir führen wieder eine Variablentransformation durch:

$$\bar{S} = Se^{\alpha(t)}, \quad \bar{V} = Ve^{\beta(t)}, \quad \bar{t} = \gamma(t)$$

mit vorerst unbekannten Funktionen α, β und γ. Wegen

$$
\begin{aligned}
V_t &= \frac{\partial}{\partial t}\left(e^{-\beta(t)}\bar{V}(\bar{S}(S,t),\bar{t}(t))\right) = e^{-\beta(t)}\left(-\beta'\bar{V} + \frac{\partial \bar{V}}{\partial \bar{t}}\frac{d\bar{t}}{dt} + \frac{\partial \bar{V}}{\partial \bar{S}}\frac{d\bar{S}}{dt}\right) \\
&= e^{-\beta(t)}\left(-\beta'\bar{V} + \gamma'\bar{V}_{\bar{t}} + \alpha'\bar{S}\,\bar{V}_{\bar{S}}\right), \\
SV_S &= Se^{-\beta(t)}\frac{\partial \bar{V}}{\partial \bar{S}}\frac{\partial \bar{S}}{\partial S} = Se^{-\beta(t)}e^{\alpha(t)}\frac{\partial \bar{V}}{\partial \bar{S}} = e^{-\beta(t)}\,\bar{S}\,\bar{V}_{\bar{S}}, \\
S^2V_{SS} &= S^2e^{-\beta(t)}e^{2\alpha(t)}\frac{\partial^2 \bar{V}}{\partial \bar{S}^2} = e^{-\beta(t)}\,\bar{S}^2\,\bar{V}_{\bar{S}\bar{S}}
\end{aligned}
$$

folgt nach Division von $e^{-\beta(t)}$ in (4.55):

$$\gamma'\bar{V}_{\bar{t}} + \frac{1}{2}\sigma^2\,\bar{S}^2\,\bar{V}_{\bar{S}\bar{S}} + (r+\alpha')\bar{S}\,\bar{V}_{\bar{S}} - (r+\beta')\bar{V} = 0.$$

Wir wählen nun α, β und γ so, dass

$$r + \alpha' = 0, \quad r + \beta' = 0 \quad \text{und} \quad \gamma' = -\sigma^2,$$

etwa

$$\alpha(t) = \beta(t) = \int_t^T r(s)ds \quad \text{und} \quad \gamma(t) = \int_t^T \sigma(s)^2 ds.$$

Dies führt auf die Gleichung

$$\bar{V}_{\bar{t}} = \frac{1}{2}\bar{S}^2\,\bar{V}_{\bar{S}\bar{S}} \tag{4.56}$$

mit der Anfangsbedingung

$$\bar{V}(\bar{S}, 0) = V(S, T), \tag{4.57}$$

denn $\alpha(T) = \beta(T) = \gamma(T) = 0$. Ist $\bar{V}$ eine Lösung von (4.56)-(4.57), so lautet die entsprechende Lösung von (4.55):

$$V(S, t) = e^{-\beta(t)} \bar{V} \left(S e^{\alpha(t)}, \gamma(t) \right). \tag{4.58}$$

Sei U die Optionsprämie für konstante Parameter r und σ, d.h. eine Lösung der Black-Scholes-Gleichung (4.18). Dann gilt

$$U(S, t) = e^{-r \cdot (T-t)} \bar{U} \left(S e^{r \cdot (T-t)}, \sigma^2 \cdot (T - t) \right) \tag{4.59}$$

mit entsprechender Funktion $\bar{U}$. Vergleichen wir (4.58) und (4.59), so liegt es nahe, in den Black-Scholes-Formeln r bzw. σ^2 durch

$$\frac{1}{T - t} \int_t^T r(s) ds \quad \text{bzw.} \quad \frac{1}{T - t} \int_t^T \sigma(s)^2 ds$$

zu ersetzen. Die Lösung von (4.55) für einen europäischen Call beispielsweise lautet dann:

$$C(S, t) = S \Phi(d_1(t)) - K \exp \left(- \int_t^T r(s) ds \right) \Phi(d_2(t)) \tag{4.60}$$

mit

$$d_{1/2}(t) = \left(\int_t^T \sigma(s)^2 ds \right)^{-1/2} \left(\ln \frac{S}{K} + \int_t^T r(s) ds \pm \frac{1}{2} \int_t^T \sigma(s)^2 \, ds \right).$$

Durch Einsetzen in die Gleichung (4.55) kann verifiziert werden, dass dies wirklich eine Lösung ist.

Wir bemerken für spätere Verwendung, dass der diskontierte Erwartungswert (4.31) hier geschrieben werden kann als

$$V(S_t, t) = \mathrm{E} \left(\exp \left(- \int_t^T r(\tau) d\tau \right) V(S_T, T) \right). \tag{4.61}$$

Beispiel 4.23 Betrachte eine europäische Call-Option mit $K = 100$, $T = 1$, konstantem Zinssatz $r = 0.1$ und zeitabhängiger Volatilität

$$\sigma(t)^2 = \sigma_0^2 \frac{T - t}{T} + \sigma_1^2 \frac{t}{T}, \quad 0 \leq t \leq T, \tag{4.62}$$

wobei $\sigma_0 = 0.1$ und $\sigma_1 = 0.3$. Die Volatilität steigt also während der Laufzeit der Option von 0.1 auf 0.3. Der Wert des Calls zur Zeit $t = 0.4$ ist in Abbildung 4.7 dargestellt. Zum Vergleich sind die Werte der Call-Optionen mit den konstanten Volatilitäten σ_0 bzw. σ_1 ebenfalls präsentiert. Klarerweise liegen die Optionspreise für die variable Volatilität zwischen den Werten mit minimaler bzw. maximaler Volatilität. Die Abbildung wurde mit dem MATLAB-Programm 4.8 erstellt.

Der MATLAB-Befehl legend('Kurve$_1$',...,'Kurve$_n$',pos) erlaubt die Beschriftung der Kurven wie in Abbildung 4.7. Die Zeichenkette \sigma wird von MATLAB in das Zeichen σ umgewandelt. Das letzte optionale Argument pos gibt an, in welche Ecke die Legende gesetzt werden soll, nämlich in die obere rechte Ecke (pos = 1), in die obere linke Ecke (pos = 2), in die untere linke Ecke (pos = 3) oder in die untere rechte Ecke (pos = 4).   □

MATLAB-Programm 4.8 Mit dem Programm varivola.m werden die Prämien europäischer Call-Optionen mit variabler bzw. konstanter Volatilität gemäß Beipiel 4.23 berechnet.

```
K = 100; r = 0.1; sigma0 = 0.1; sigma1 = 0.3; T = 1;
t = 0.4; S = [60:140]; hold on

% Berechnung des Optionspreises für variable Volatilität
sig = sqrt(sigma0^2+(sigma1^2-sigma0^2)*(T+t)/(2*T));
C = call(S,t,K,r,sig,T);

% Berechnung der Optionspreise für konstante Volatilitäten
C0 = call(S,t,K,r,sigma0,T);
C1 = call(S,t,K,r,sigma1,T);

% Grafische Ausgabe
plot(C), plot(C0,'-.'), plot(C1,'--')
legend('\sigma(t)','\sigma0','\sigma1',2)
```

4.5.4 Mehrere Basiswerte

Bei der Herleitung der Black-Scholes-Formel haben wir angenommen, dass sich die europäische Option auf einen einzigen Basiswert bezieht. Welchen Preis hat eine Option auf mehrere Basiswerte? (Solche Optionen nennt man übrigens auch *Basket-Optionen*.) Dazu nehmen wir an, dass sich die Kurse der Basiswerte $S_i(t)$ gemäß den stochastischen Differentialgleichungen

$$dS_i(t) = \mu_i(t)S_i(t)dt + \sigma_i(t)S_i dW_i(t), \quad i = 1,\ldots,n, \tag{4.63}$$

modellieren lassen. Hierbei ist $W(t) = (W_1(t),\ldots,W_n(t))$ eine n-dimensionale Brownsche Bewegung, d.h., jedes $W_i(t)$ ist eine eindimensionale Brownsche Bewegung. Insbesondere ist der n-dimensionale Vektor $W_t - W_s$ normalverteilt. Wie ist eine n-dimensionale Normalverteilung definiert?

Definition 4.24 (1) *Sei $X = (X_1,\ldots,X_n)$ eine n-dimensionale Zufallsvariable, $\mu \in \mathbb{R}^n$ und Σ eine symmetrische, positiv definite $(n \times n)$-Matrix. Dann heißt X $N(\mu,\Sigma)$-verteilt, wenn X die Dichtefunktion*

$$f(x) = \frac{1}{\sqrt{(2\pi)^n \det(\Sigma)}} \exp\left(-\frac{1}{2}(x-\mu)^\top \Sigma^{-1}(x-\mu)\right), \quad x \in \mathbb{R}^n,$$

besitzt.

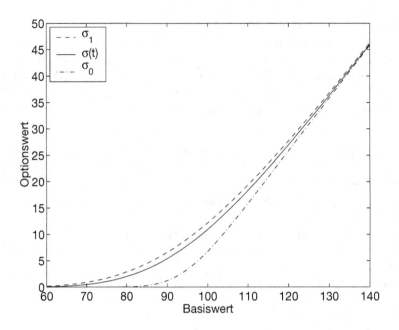

Abbildung 4.7 Preise europäischer Call-Optionen mit variabler Volatilität $\sigma(t)$ wie in (4.62) und konstanten Volatilitäten $\sigma_0 = 0.1$ und $\sigma_1 = 0.3$, jeweils zur Zeit $t = 0.4$.

(2) *Sei* $X = (X_1, \ldots, X_n)$ *eine* $N(\mu, \Sigma)$*-verteilte Zufallsvariable. Dann heißt die Matrix* $\Sigma = (\Sigma_{ij})$ *die* Kovarianz-Matrix, *und es gilt*

$$\Sigma_{ij} = \mathrm{E}[(X_i - \mu_i)(X_j - \mu_j)],$$

wobei $\mu = (\mu_1, \ldots, \mu_n)^\top = (\mathrm{E}(X_1), \ldots, \mathrm{E}(X_n))^\top$ *der Erwartungswert von* X *ist. Die Matrix, bestehend aus den Elementen*

$$\rho_{ij} := \frac{\Sigma_{ij}}{\sqrt{\Sigma_{ii}\Sigma_{jj}}},$$

heißt die Korrelation. *Man schreibt auch symbolisch*

$$dX_i dX_j = \rho_{ij} dt. \tag{4.64}$$

„Korrelation" bedeutet in unserem Fall, dass die Kursänderung eines Basiswerts den Kurs eines anderen Basiswerts beeinflussen kann. Mathematisch heißt dies, dass die Korrelation keine Diagonalmatrix ist. Ist $(X_1(t), \ldots, X_n(t))$ eine n-dimensionale Brownsche Bewegung, so folgt wegen $\rho_{ii} = 1$ aus (4.64) die aus Abschnitt 4.1 bekannte Relation $dX_i^2 = dt$ (siehe (4.7)).

Um die Herleitung der Black-Scholes-Gleichung für europäische Optionen auf mehrere Basiswerte durchführen zu können, benötigen wir eine Verallgemeinerung des Lemmas von Itô auf mehrere Dimensionen. Sei $(S_1(t), \ldots, S_n(t))$ ein n-dimensionaler Itô-Prozess, gegeben durch (4.63), und sei $f : \mathbb{R}^n \times [0, \infty) \to \mathbb{R}$ eine zweimal stetig differenzierbare Funktion. Dann ist auch $f_t = f(S_1(t), \ldots, S_n(t), t)$ ein Itô-Prozess, und es gilt die *mehrdimensionale Itô-Formel* (siehe Übungsaufgaben oder Abschnitt 3.7 in [24])

$$df = \left(\frac{\partial f}{\partial t} + \frac{1}{2} \sum_{i=1}^{n} \mu_i S_i \frac{\partial f}{\partial S_i} + \frac{1}{2} \sum_{i,j=1}^{n} \rho_{ij} \sigma_i \sigma_j S_i S_j \frac{\partial^2 f}{\partial S_i \partial S_j} \right) dt + \sum_{i=1}^{n} \sigma_i S_i \frac{\partial f}{\partial S_i} dW_i.$$
(4.65)

Wiederholen wir die Herleitung der eindimensionalen Black-Scholes-Gleichung für das risikolose und selbstfinanzierende Portfolio

$$Y_t = c_0(t) B_t + \sum_{j=1}^{n} c_i(t) S_i(t) - V(S_1(t), \ldots, S_n(t), t),$$

so erhalten wir nach einer Rechnung die folgende n-dimensionale Black-Scholes-Gleichung:

$$V_t + \frac{1}{2} \sum_{i,j=1}^{n} \rho_{ij} \sigma_i \sigma_j S_i S_j V_{S_i S_j} + r \sum_{i=1}^{n} S_i V_{S_i} - rV = 0$$

mit der Endbedingung $V(S_1, \ldots, S_n, T) = \Lambda(S_1, \ldots, S_n)$, wobei ρ_{ij} die oben definierten Korrelationskoeffizienten sind.

4.5.5 Weitere Verallgemeinerungen

Bei der Herleitung der Black-Scholes-Gleichung haben wir etliche Annahmen gemacht, die abgeschwächt werden können.

- *Der risikofreie Zinssatz und die Volatilität sind als deterministisch vorausgesetzt.* Als erste Alternative können Parameter wie Zinssatz oder Volatilität als Zufallsvariable modelliert werden, die einer gegebenen Verteilung (etwa gleich- oder normalverteilt) genügen. Damit werden die Lösungen der Black-Scholes-Differentialgleichung (4.18) zu *Zufallsfelder* (englisch: „random fields"). Der faire Preis ist dann gegeben durch den Erwartungswert der Zufallsfelder, welche das End-Randwertproblem mit stochastischen Parametern lösen. Momente dieses Zufallsfeldes wie Erwartungswert und Varianz lassen sich effizient mit Hilfe der Technik des *Polynomialen Chaos* berechnen, die auf einer Entwicklung der Zufallsfelder in orthogonalen Polynomen beruht [173].

Modelle für *stochastische* Zinssätze (d.h., der risikofreie Zinssatz ist ein stochastischer Prozess) sind eine weitere Alternative, beispielsweise:

$$\text{Vasicek [222]:} \quad dr_t = \kappa(\theta - r_t)dt + \sigma dW_t,$$
$$\text{Cox-Ingersoll-Ross [50]:} \quad dr_t = \kappa(\theta - r_t)dt + \sigma\sqrt{r_t}dW_t$$

wobei κ, θ und σ (konstante) Modellparameter sind. Die Modelle beinhalten die Tendenz des Zinssatzes, zu einem Mittelwert θ zurückzukehren (*mean reversion*). Ist nämlich r_t sehr viel größer als θ, so ist mit hoher Wahrscheinlichkeit $dr_t < 0$, und der Zinssatz fällt. Ist umgekehrt r_t sehr viel kleiner als θ, so wird mit hoher Wahrscheinlichkeit $dr_t > 0$, und der Zinssatz steigt. Eine Lösung r_t des Vasicek-Modells nennt man übrigens auch *Ornstein-Uhlenbeck-Prozess*. Der Zinssatz kann im Vasicek-Modell leider negativ werden. Dies wird im Cox-Ingersoll-Ross-Modell vermieden: Der Zinssatz bleibt positiv, wenn $\kappa\theta > \sigma^2/2$ (siehe Abschnitt 40.8.2 in [224]). Hull und White haben die obigen Modelle erweitert, indem sie zeitabhängige Parameter zugelassen haben [108]. Für weitere Modelle siehe Kapitel 7 in [65].

Analog sind Modelle für stochastische Volatilitäten aufgestellt worden:

$$\text{Hull-White [108]:} \quad d\sigma_t^2 = \kappa(\theta - \sigma_t^2)dt + \nu\sigma_t^2 dW_t,$$
$$\text{Heston [100]:} \quad d\sigma_t^2 = \kappa_t(\theta_t - \sigma_t^2)dt + \nu_t\sigma_t dW_t.$$

Die Modellparameter κ_t, θ_t und ν_t sind hier Funktionen der Zeit.

- In ähnlicher Weise können auch die Dividendenzahlungen modelliert werden, die wir in diesem Abschnitt als deterministisch angenommen haben [88].

- *Die zugrundeliegenden stochastischen Prozesse sind als stetig vorausgesetzt.* Damit können Börsencrashs nicht modelliert werden. Eine Möglichkeit, Sprünge in den Kursen zu berücksichtigen, bieten *Sprung-Diffusions-Modelle*. Dazu benötigen wir den Begriff des *Poisson-Prozesses*. Dies ist ein stochastischer Prozess P_t mit den Eigenschaften, dass $P_0 = 0$ und $P_t - P_s$ für alle $0 \le s \le t$ Poisson-verteilt ist mit Parameter $\lambda(t-s)$ (für ein $\lambda > 0$). Die letzte Eigenschaft bedeutet:

$$\mathrm{P}(P_t - P_s = n) = \frac{\lambda^n(t-s)^n}{n!}e^{-\lambda(t-s)}, \quad n \in \mathbb{N}_0.$$

Insbesondere soll $P_t \in \mathbb{N}_0$ gelten, d.h., P_t „zählt" die Anzahl von Sprüngen, welche bis zum Zeitpunkt t erfolgt sind (mit einer durchschnittlichen Rate von λ Sprüngen pro Zeiteinheit). Der Kurs des Basiswerts in diesem Modell folgt der stochastischen Differentialgleichung

$$dS_t = \mu(t)S_t dt + \sigma(t)S_t dW_t + J_t dP_t$$

mit einem gegebenen oder stochastischen (z.B. lognormalverteilten) Prozess J_t. Sprung-Diffusions-Modelle wurden zuerst von Merton vorgestellt [159]. Eine empirische Analyse von Optionsmodellen mit stochastischen Sprüngen (sowie stochastischen Zinsraten und Volatilitäten) ist in [15] durchgeführt worden. Für weitere Informationen verweisen wir auf [54] und Kapitel 29 in [224].

- *Der Kurs des Basiswerts wird durch eine lognormale Verteilung (bzw. durch eine geometrische Brownsche Bewegung) beschrieben.* In den letzten Jahren sind die Preisbewegungen in Finanzmärkten durch andere als normalverteilte Prozesse modelliert worden. Ein Beispiel sind fraktionale Brownsche Bewegungen Z_t, die ähnlich wie Brownsche Bewegungen stetige Prozesse sind, aber die Varianz $\text{Var}(Z_t) = t^{2H}$ besitzen. Der Parameter $H \in (\frac{1}{2}, 1)$ heißt *Hurst-Parameter*. Im Falle $H = \frac{1}{2}$ erhalten wir die gewöhnliche Brownsche Bewegung. Diese Prozesse sind z.B. in [71, 105, 209] in Finanzmarktmodellen verwendet worden. Weitere Beispiele sind hyperbolische Prozesse [67, 69] oder Lévy-Prozesse [28, 68], die insbesondere in den letzten Jahren verstärkt untersucht wurden (siehe auch Bemerkung 8.21).

- *Transaktionskosten (für das Absichern des Portfolios) sind vernachlässigt worden.* Berücksichtigt man diese, erhält man (unter geeigneten Voraussetzungen) *nichtlineare* Black-Scholes-Gleichungen vom Typ

$$V_t + \frac{1}{2}\sigma(V_{SS})^2 S^2 V_{SS} + rSV_S - rV = 0,$$

wobei die Volatilität $\sigma(V_{SS})$ von den zweiten Ableitungen des Optionspreises abhängt (siehe [17, 168] und Kapitel 16 in [225]). In den letzten Jahren sind nichtlineare Gleichungen vom Black-Scholes-Typ in verschiedenen Zusammenhängen hergeleitet worden, z.B. im Falle großer Händler [81, 170, 194] oder im Falle sogenannter unvollständiger Märkte [143]. Nichtlineare Gleichungen können im allgemeinen nicht explizit gelöst werden; hier sind numerische Verfahren unumgänglich (siehe etwa [63, 78]). Für eine Übersicht zu Nichtlinearitäten verweisen wir auf [202].

Übungsaufgaben

1. Sei $a = t_0 < t_1 < \cdots < t_n = b$ eine Partition von $[a, b]$ und sei $f : [a, b] \to \mathbb{R}$ eine *einfache* Funktion, d.h., es gelte $f(t) = f_{k-1}$ für $t \in [t_{k-1}, t_k)$, $k = 1, \ldots, n$.

   (a) Zeigen Sie:

$$\int_a^b f(s)dW_s = \sum_{k=0}^{n-1} f_k(W(t_{k+1}) - W(t_k)).$$

(b) Wir setzen voraus, dass die Werte f_k nur von W_t für $0 \leq t \leq t_k$ abhängen. Zeigen Sie, dass dies impliziert:

$$\mathrm{E}\left(\int_a^b f(s)dW_s\right) = 0.$$

2. Sei W_t ein Wiener-Prozess. Zeigen Sie, dass $\mathrm{E}(W_t^4) = 3t^2$. Hinweis: Wenden Sie das Lemma von Itô auf $Z = W^4$ an.

3. Seien W_1 und W_2 unabhängige Wiener-Prozesse, $t > 0$, $n \in \mathbb{N}$ und $t_k = kt/n$, $k = 0, \ldots, n$. Definiere $\triangle W_i(t_k) := W_i(t_k) - W_i(t_{k-1})$, $i = 1, 2$, und $Q_n := \sum_{k=1}^n \triangle W_1(t_k) \triangle W_2(t_k)$. Zeigen Sie, dass $\mathrm{E}(Q_n) = 0$ und $\mathrm{Var}(Q_n) \to 0$ für $n \to \infty$. Dies motiviert die formale Identität $dW_1 \cdot dW_2 = 0$.

4. Sei $X_t = W_t$, $t \geq 0$, ein Itô-Prozess und $f(x) = x^2/2$, $x \in \mathbb{R}$. Zeigen Sie, dass $f(X_t)$ ein Itô-Prozess mit $a_t = 1/2$ und $b_t = W_t$ ist.

5. Sei X_t ein Itô-Prozess mit $dX_t = \mu X_t dt + \sigma X_t dW_t$ und definiere $Y = X^\alpha$, $\alpha \in \mathbb{R}$. Welche stochastische Differentialgleichung löst Y?

6. Seien die Entwicklungen eines Basiswertkurses S und eines Optionspreises V durch die stochastischen Differentialgleichungen

$$dS = \mu S dt + \sigma S dW, \quad dV = \widetilde{\mu} V dt + \widetilde{\sigma} V dW$$

mit einem Wiener-Prozess W beschrieben und betrachte das selbstfinanzierende Portfolio $Y = c_1 S - c_2 V$.

(a) Zeigen Sie: Das Portfolio ist genau dann risikolos, falls $(\mu - r)/\sigma = (\widetilde{\mu} - r)/\widetilde{\sigma}$ und $c_1 \sigma S = c_2 \widetilde{\sigma} V$ gilt.

(b) Der Optionspreis $V(S, t)$ löst die Differentialgleichung

$$V_t + \frac{1}{2}\sigma^2 S^2 V_{SS} + \mu S V_S - \widetilde{\mu} V = 0$$

und $\widetilde{\sigma} V = \sigma S V_S$.

(c) Der Optionspreis $V(S, t)$ löst die Differentialgleichung

$$V_t + \frac{1}{2}\sigma^2 S^2 V_{SS} + rS V_S - rV = 0,$$

und es gilt $\widetilde{\mu} = \mu = r$. Dies nennt man *risikoneutrale Welt*.

7. Zeigen Sie, dass die Funktion

$$u(x, t) = \frac{1}{\sqrt{4\pi t}} \int_{-\infty}^{\infty} u_0(s) e^{-(x-s)^2/4t} ds, \quad x \in \mathbb{R}, \ t > 0,$$

die partielle Differentialgleichung $u_t - u_{xx} = 0$ in $\mathbb{R} \times (0, \infty)$ löst und dass $\lim_{t \to 0} u(x, t) = u_0(x)$ gilt.

8. Zeigen Sie, dass gilt:

$$\frac{1}{\sqrt{2\pi}} \int_{-x/\sqrt{2\tau}}^{\infty} \exp\left(\frac{1}{2}(k \pm 1)(x + y\sqrt{2\tau})\right) e^{-y^2/2} dy$$
$$= \exp\left(\frac{1}{2}(k \pm 1)x + \frac{1}{4}(k \pm 1)^2 \tau\right) \Phi(d_{1/2}),$$

wobei $k = 2r/\sigma^2$, und Φ und $d_{1/2}$ sind definiert in (4.23) und (4.24).

9. Manchmal kann eine partielle Differentialgleichung durch eine sogenann-te *Ähnlichkeitstransformation* in eine gewöhnliche Differentialgleichung, die häufig leichter analytisch oder numerisch gelöst werden kann, transformiert werden. Betrachte etwa die Wärmeleitungsgleichung

$$u_\tau = u_{xx}, \quad x, \tau > 0,$$

mit Anfangsbedingung $u(x, 0) = 0$, $x > 0$, und Randbedingungen

$$u(0, \tau) = 1, \quad u(x, \tau) \to 0 \text{ für } x \to \infty, \quad \tau > 0.$$

Zeigen Sie, dass die Funktion $w(\xi)$, definiert durch $u(x, \tau) = \tau^\alpha w(x/\tau^\beta)$, mit $\xi = x/\tau^\beta$ für geeignete Werte für α und β die Differentialgleichung

$$w'' + \frac{1}{2}\xi w' = 0, \quad \xi > 0,$$

mit Randbedingungen $w(0) = 1$ und $w(\xi) \to 0$ für $\xi \to \infty$ erfüllt. Lösen Sie dieses Randwertproblem durch Integration. Hinweis: Verwenden Sie

$$\int_0^\infty e^{-y^2/4} dy = \sqrt{\pi}.$$

10. Beweisen Sie Proposition 4.18.

11. Berechnen Sie die dynamischen Kennzahlen für eine europäische Put-Option, deren Preis durch die Black-Scholes-Formel (4.32) gegeben ist. Schreiben Sie ein MATLAB-Programm, in dem diese Kennzahlen grafisch dargestellt werden.

12. In dieser Aufgabe sollen *Barrier-Optionen* bewertet werden.

   (a) Betrachte zuerst einen *European down-and-out call*. Diese Option ist
       wie folgt definiert: Fällt der Kurs des Basiswerts während der Laufzeit
       der Option mindestens einmal unter die Schranke B, so verfällt die
       Option. Anderenfalls wird der Betrag $(S - K)^+$ ausgezahlt. Wir setzen
       voraus, dass für den Ausübungspreis K der Option $K > B$ gilt. Solange
       $S \geq B$, erfüllt der Optionspreis $V(S, t)$ die Black-Scholes-Gleichung;
       falls $S < B$, gilt $V(S, t) = 0$. Lösen Sie die Black-Scholes-Gleichung in
       $S > B$ mit geeigneten Randbedingungen.

   (b) Ein *European down-and-in call* verfällt, wenn der Kurs des Basiswerts
       während der Optionslaufzeit immer größer als eine vorgebene Schranke
       ist. Wird die Schranke unterschritten, so ist der Wert der Option gleich
       dem einer gewöhnlichen europäischen Call-Option. Zeigen Sie: Die Sum-
       me eines *European down-and in calls* und eines *European down-and-out
       calls* ist gleich dem Wert einer europäischen Call-Option.

13. Eine *Compound-Option* ist eine Option auf den Kauf bzw. Verkauf einer an-
    deren Option. Wir nehmen an, dass sowohl die Compound-Option als auch
    die zugrundeliegende Option europäische Call-Optionen sind. Eine derartige
    Compound-Option wird *call-on-a-call* genannt. Sei T_1 der Verfallstag und
    K_1 der Ausübungspreis der Compound-Option mit Wert $C_1(S, t)$. Die zu-
    grundeliegende Option habe den Verfallstag T_2, den Ausübungspreis K_2 und
    den Wert $C_2(S, t)$. Begründen Sie, dass der Payoff

$$(C_2(S, T_1) - K_1)^+$$

lautet, und leiten Sie eine explizite Formel für $C_1(S, t)$ her.

14. Eine *Chooser-Option* gibt der Käuferin das Recht, zum Verfallstag T_1 ent-
    weder eine Call-Option oder eine Put-Option zum Ausübungspreis K_1 zu
    erwerben. Seien $C_2(S, t)$ bzw. $P_2(S, t)$ die Werte der zugrundeliegenden eu-
    ropäischen Call- bzw. Put-Optionen mit Ausübungspreis K_2 und Verfallstag
    T_2. Leiten Sie eine explizite Formel für den Wert einer europäischen Chooser-
    Option mit der Endbedingung

$$\max\left(C_2(S, T_1) - K_1, P_2(S, T_1) - K_1, 0\right)$$

   her.

15. Betrachten Sie eine Chooser-Option wie in der vorigen Aufgabe. Was lässt
    sich aussagen, wenn $T_1 = T_2$ oder $K_1 = 0$?

16. Kreuzen Sie an, welche der folgenden Aussagen ihrer Meinung nach richtig
    sind.

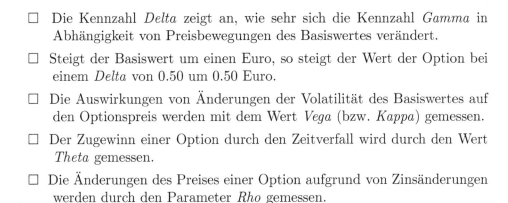

☐ Die Kennzahl *Delta* zeigt an, wie sehr sich die Kennzahl *Gamma* in Abhängigkeit von Preisbewegungen des Basiswertes verändert.

☐ Steigt der Basiswert um einen Euro, so steigt der Wert der Option bei einem *Delta* von 0.50 um 0.50 Euro.

☐ Die Auswirkungen von Änderungen der Volatilität des Basiswertes auf den Optionspreis werden mit dem Wert *Vega* (bzw. *Kappa*) gemessen.

☐ Der Zugewinn einer Option durch den Zeitverfall wird durch den Wert *Theta* gemessen.

☐ Die Änderungen des Preises einer Option aufgrund von Zinsänderungen werden durch den Parameter *Rho* gemessen.

17. Wir definieren die folgenden *statischen* Kennzahlen:

 - Die *Parität P* misst, wie tief eine Option im Geld bzw. wie weit sie aus dem Geld ist:

$$\text{Call:} \quad P_C = BV \cdot (S - K), \quad \text{Put:} \quad P_P = BV \cdot (K - S).$$

 Das *Bezugsverhältnis BV* gibt der Käuferin einer Call-Option bzw. dem Verkäufer einer Put-Option das Recht, BV Basiswerteinheiten zu kaufen bzw. zu verkaufen.

 - Der *Break-even BE* ist der Kurs, den ein Basiswert erreichen muss, um unter Berücksichtigung der gezahlten Optionsprämie eine verlustfreie Ausübung der Option gerade noch zu ermöglichen:

$$\text{Call:} \quad BE_C = K + C/BV, \quad \text{Put:} \quad BE_P = K - P/BV.$$

 - Das *globale Aufgeld A* gibt an, um wieviel Prozent der Kurs des Basiswerts steigen (bei einer Call-Option) bzw. fallen (bei einer Put-Option) muss, damit die Kosten der Optionsprämie abgedeckt werden:

$$\text{Call:} \quad A_C = \frac{C/BV - S + K}{S}, \quad \text{Put:} \quad A_P = \frac{P/BV - K + S}{S}.$$

 - Der *Hebel H* drückt den geringeren Kapitaleinsatz bei Optionen im Vergleich zum direkten Erwerb des Basiswerts aus:

$$H = S \cdot BV/V \quad \text{mit } V = C \text{ oder } V = P.$$

Bestimmen Sie die obigen Kennzahlen für eine Call-Option mit $K = 1.5$, $BV = 100$ und einer Laufzeit von 1.5 Jahren zu einem festen Zeitpunkt. Die Option habe zu dieser Zeit den Wert $C = 12.4$, der zugrundeliegende Basiswert habe den Kurs $S = 1.55$.

18. Für einen Aktienkurs S_t gelte $dS_t = \mu S_t dt + \sigma S_t dW_t$ mit $\mu \in \mathbb{R}$, $\sigma > 0$. Eine Option auf diese Aktie habe den Preis $V(S, t)$ und den Payoff $V(S, T)$.

   (a) Zeigen Sie, dass das Vega (bzw. Kappa), definiert durch $\kappa = \partial V / \partial \sigma$, der Differentialgleichung

$$\frac{\partial \kappa}{\partial t} + \frac{1}{2}\sigma^2 S^2 \frac{\partial^2 \kappa}{\partial S^2} + rS\frac{\partial \kappa}{\partial S} - r\kappa + \sigma S^2 \frac{\partial^2 V}{\partial S^2} = 0$$

   mit Endbedingung $\kappa(S, T) = 0$ genügt.

   (b) Angenommen, der Käufer einer anderen Option mit Preis $U(S, t)$ erhalte bzw. zahle kontinuierlich Geld mit einer Rate $K(S, t)$ pro Zeiteinheit. Zeigen Sie durch geeignete Modifikation in der Herleitung der Black-Scholes-Gleichung, dass U die folgende Differentialgleichung erfüllt:

$$\frac{\partial U}{\partial t} + \frac{1}{2}\sigma^2 S^2 \frac{\partial^2 U}{\partial S^2} + rS\frac{\partial U}{\partial S} - rU + K = 0.$$

   (c) Es gelte $U(S, T) = 0$ und $K(S, t) > 0$ für alle $0 \leq t < T$, $S > 0$. Zeigen Sie, dass dann $U(S, t) > 0$ für alle $0 \leq t < T$, $S > 0$ gilt.

   (d) Folgern Sie, dass jede Option mit positivem Gamma stets ein positives Vega hat.

19. Angenommen, für die Volatilität einer Aktie gelte $\sigma = 0$. Dann ist die Entwicklung der Aktie deterministisch und abhängig vom Driftparameter $\mu \in \mathbb{R}$. Folglich lässt sich der Preis einer Call-Option exakt berechnen, und dieser ist wiederum explizit abhängig von μ. Nach den Ergebnissen aus diesem Kapitel ist dies nicht der Fall. Warum ist dies dennoch kein Widerspruch?

20. Leiten Sie eine Black-Scholes-Formel für binäre Call- bzw. Put-Optionen mit Preisen C_B bzw. P_B her. Zeigen Sie, dass gilt: $C_B + P_B = e^{-r(T-t)}$.

21. In dieser Aufgabe werden europäische Optionen auf einen Basiswert mit Dividendenzahlungen betrachtet.

   (a) Wie lautet die Put-Call-Parität für europäische Optionen auf einen Basiswert mit kontinuierlicher Dividendenzahlung?

   (b) Bestimmen Sie das Delta für eine europäische Call-Option bei kontinuierlicher Dividendenzahlung.

   (c) Zeigen Sie, dass der Wert der Call-Option mit Dividendenzahlung kleiner ist als der Wert einer Call-Option ohne Dividendenzahlung.

22. Leiten Sie die mehrdimensionale Itô-Formel (4.65) *formal* her, indem Sie die Funktion f wie in Abschnitt 4.1 um den Punkt (S, t) mit der Taylor-Formel entwickeln, den „Grenzwert" $\triangle t \to dt$ durchführen, Terme der Größenordnung $\mathcal{O}(dt^{3/2})$ vernachlässigen und die symbolische Rechenregel $dW_i dW_j = \rho_{ij} dt$ verwenden.

23. Schreiben Sie die MATLAB-Programme `leastsquare.m` und `erfhermite.m` auf den Fall um, dass die Funktion $\Phi(x) = (1/2) \cdot (1 + \text{erf}(x/\sqrt{2}))$ anstatt $\text{erf}(x)$ mit einer Genauigkeit von etwa vier Stellen approximiert werden soll.

24. Schreiben Sie ein MATLAB-Programm `erfspline.m`, das eine Approximation von erf durch einen kubischen Spline-Interpolanten liefert, die auf wenigen hochgenauen Funktionsauswertungen beruht (siehe Bemerkung 4.16). Wie viele Stützstellen benötigen Sie für eine Genauigkeit von $\varepsilon = 5 \cdot 10^{-5}$? Welcher maximale Fehler ergibt sich, wenn Sie dieselben Stützstellen $(0.312, 0.571, 0.836, 1.163, 1.574, 1.934, 2.355, 2.9)$ wählen, die der Abbildung 4.3 zugrunde liegen?

Hinweis: Für den Spline-Interpolanten s zu den Daten (x_i, y_i) liefert `pp = spline(x,y)` in `pp` die Koeffizientendarstellung der s definierenden kubischen Polynome. An Zwischenstellen kann s dann mittels der Funktion `ppval` ausgewertet werden. Diese Funktion dient zur Auswertung von stückweise definierten Polynomen.

5   Die Monte-Carlo-Methode

Der Preis einer europäischen (Plain-vanilla) Option kann mit der Black-Scholes-Formel aus Abschnitt 4.2 berechnet werden. Leider existieren zu komplexeren Optionen im allgemeinen keine expliziten Formeln mehr. In diesem Abschnitt stellen wir die Monte-Carlo-Methode zur Integration von stochastischen Differentialgleichungen vor, mit der faire Preise von komplizierten Optionsmodellen numerisch berechnet werden können. Zuerst führen wir in Abschnitt 5.1 in die Thematik ein. Das Monte-Carlo-Verfahren erfordert die Simulation von Realisierungen eines Wiener-Prozesses. Die Simulation wiederum benötigt normalverteilte Zufallszahlen. Die Erzeugung von Zufallszahlen ist Gegenstand von Abschnitt 5.2. In Abschnitt 5.3 erläutern wir die numerische Lösung stochastischer Differentialgleichungen. Die Präzision von Monte-Carlo-Simulationen kann mit Hilfe der Technik der Varianzreduktion, die wir in Abschnitt 5.4 vorstellen, erhöht werden. Schließlich wenden wir die vorgestellten Methoden in Abschnitt 5.5 zur Simulation einer asiatischen Call-Option mit stochastischer Volatilität an.

5.1   Grundzüge der Monte-Carlo-Simulation

Die Berechnung des fairen Preises einer komplexen Option ist im allgemeinen eine anspruchsvolle Aufgabe, die nur numerisch gelöst werden kann. Bei vielen Optionen ist es notwendig, stochastische Differentialgleichungen bzw. stochastische Integrale numerisch zu lösen. Beispiele für derartige Situationen stellen wir im Folgenden vor.

Beispiel 5.1 (Asiatischer Call im Heston-Modell)   Berechne den fairen Preis einer asiatischen Call-Option mit Auszahlungsfunktion

$$V(S_T, T) = \left(S_T - \frac{1}{T} \int_0^T S_\tau d\tau \right)^+,$$

wobei die Dynamik von S_t durch das Heston-Modell

$$
\begin{aligned}
dS_t &= r_t S_t dt + \sigma_t S_t dW_t^{(1)}, \\
d\sigma_t^2 &= \kappa(\theta - \sigma_t^2)dt + \nu \sigma_t dW_t^{(2)}
\end{aligned}
$$

gegeben sei (siehe Abschnitt 4.5). Der zweidimensionale Wiener-Prozess $(W^{(1)}, W^{(2)})$ sei normalverteilt (siehe Definition 4.24). In Abschnitt 6.1.1 geben wir weitere Beispiele von Auszahlungsfunktionen asiatischer Optionen an. Das obige Beispiel erfordert die Integration stochastischer Differentialgleichungen und des Integrals $\int_0^T S_\tau d\tau$. Die Integration kann mit Hilfe der Monte-Carlo-Methode durchgeführt werden. Wir erläutern dies im Detail in Abschnitt 5.5. $\square$

Beispiel 5.2 (Basket-Option) Berechne den fairen Preis einer europäischen Option auf n Aktien (Basket-Option) mit Auszahlungsfunktion $\Lambda(S_1, \ldots, S_n)$. Ist die Dynamik der Aktienkurse $S_1(t), \ldots, S_n(t)$ wie in Abschnitt 4.5 durch

$$dS_i = \mu_i S_i dt + \sigma_i S_i dW^{(i)}$$

mit einer mehrdimensionalen Brownschen Bewegung $(W^{(1)}, \ldots, W^{(n)})$ und Kovarianz-Matrix Σ 4.24) gegeben, so berechnet sich der Optionspreis nach dem Black-Scholes-Modell analog zu Bemerkung 4.13 nach

$$
\begin{aligned}
V(S_1, \ldots, S_n, t) \quad = \quad & \frac{e^{-r(T-t)}}{\sqrt{(\det \Sigma)(2\pi(T-t))^n}} \\
& \times \int_0^\infty \cdots \int_0^\infty e^{-\alpha^\top \Sigma^{-1} \alpha/2} \Lambda(S_1', \ldots, S_n') dS_1' \ldots dS_n',
\end{aligned}
$$

mit $\Sigma = (\sigma_{ij})$, $\alpha = (\alpha_1, \ldots, \alpha_n)^\top$ und

$$\alpha_i := -\frac{\ln(S_i'/S_i) - (r - \sigma_{ii}^2/2)(T-t)}{\sqrt{T-t}}.$$

Es muss also ein n-dimensionales (Riemann-) Integral gelöst werden, wobei die Dimension n je nach Größe des Baskets sehr groß sein kann. Numerische Quadraturformeln sind hier ungeeignet, da zu viele Funktionswerte ausgewertet werden müssen. Wählen wir nämlich eine Quadraturformel der Form

$$\int_0^\infty \cdots \int_0^\infty f(S_1', \ldots, S_n') dS_1' \cdots dS_n' \approx \sum_{k_1=0}^m \cdots \sum_{k_n=0}^m w_{k_1, \ldots, k_n} f(x_{k_1}, \ldots, x_{k_n})$$

mit Gewichten $w_{k_1, \ldots, k_n}$ und Stützstellen $x_{k_1}, \ldots, x_{k_n}$, so benötigen wir pro S_i-Variable mindestens zwei Stützstellen, also etwa bei $n = 100$ mindestens $2^{100} \approx 10^{30}$ Auswertungen. Ein Ausweg bietet die Monte-Carlo-Integration. Wir erläutern dies in Bemerkung 5.4. $\square$

Zur Vereinfachung betrachten wir im Folgenden eine europäische Plain-vanilla-Put-Option auf einen Basiswert, dessen Kurs sich gemäß einer geometrischen Brownschen Bewegung entwickelt:

$$dS_t = rS_t dt + \sigma S_t dW_t, \tag{5.1}$$

mit Anfangswert S_0, konstantem risikofreien Zinssatz $r \geq 0$, konstanter Volatilität $\sigma > 0$ und einem Wiener-Prozess W_t (siehe Abschnitt 3.2). In Bemerkung 4.13 haben wir gezeigt, dass der Optionspreis $V(S_t, t)$ zur Zeit $t = 0$ gegeben ist durch den diskontierten Erwartungswert

$$V(S_0, 0) = e^{-rT} \mathrm{E}(V(S_T, T)). \tag{5.2}$$

Die Grundidee der Monte-Carlo-Simulation besteht darin, den Erwartungswert in (5.2) durch Simulation von M Pfaden $\{S_t : 0 < t < T\}$ des Basiswertkurses zu approximieren. Der Algorithmus besteht aus vier Schritten:

- **Simulation der Basiswert-Pfade:** Bestimme für M verschiedene Pfade die Lösungen $S_t^{(k)}$, $k = 1, \ldots, M$, von (5.1) zum Anfangswert S_0.

- **Berechnung der Auszahlungsfunktion:** Bestimme für alle $k = 1, \ldots, M$ die Auszahlungsfunktion entsprechend zum Pfad $S_t^{(k)}$:

$$V_T^{(k)} := \left(K - S_T^{(k)} \right)^+.$$

- **Berechnung eines Schätzers:** Berechne einen Schätzer (d.h. eine Approximation) für den Erwartungswert in (5.2). Naheliegend ist etwa die Wahl

$$\widehat{\mathrm{E}}(V_T) := \frac{1}{M} \sum_{k=1}^{M} V_T^{(k)},$$

  wobei $V_T = (V_T^{(1)}, \ldots, V_T^{(M)})^\top$.

- **Bestimmung des Optionspreises:** Berechne eine Approximation des fairen Optionspreises durch

$$\widehat{V} := e^{-rT} \widehat{\mathrm{E}}(V_T).$$

Die Schritte 2-4 sind elementar durchführbar. Schritt 3 beruht darauf, dass nach dem Gesetz der großen Zahlen das arithmetische Mittel von gleichverteilten und unabhängigen Zufallsvariablen fast sicher gegen den Erwartungswert konvergiert (siehe z.B. [19]). Schritt 1 benötigt die numerische Integration stochastischer Differentialgleichungen, die aus zwei Teilaufgaben besteht:

- Simulation von M unabhängigen Realisierungen eines Wiener-Prozesses und

- approximative Berechnung der Lösung der stochastischen Differentialgleichung zum jeweiligen Pfad des Wiener-Prozesses.

Wir zeigen nun, wie diese beiden Teilaufgaben gelöst werden können. Eine sehr einfache Approximation der Gleichung (5.1) ist gegeben durch

$$\triangle S_t = rS_t\triangle t + \sigma S_t\triangle W_t, \tag{5.3}$$

wobei $\triangle S_t = S_{t+\triangle t} - S_t$, und $\triangle W_t = W_{t+\triangle t} - W_t$ ist $N(0,\triangle t)$-verteilt (siehe Satz 3.11 (2)). Wir benötigen nun Realisierungen des Wiener-Prozesses $\triangle W_t$. Ist Z eine $N(0,1)$-verteilte Zufallsgröße, so genügt es, wegen

$$\triangle W_t = Z \cdot \sqrt{\triangle t}$$

Realisierungen von Z zu bestimmen. In MATLAB können Realisierungen einer standardnormalverteilten Zufallsgröße mit dem Befehl `randn` erzeugt werden. Genauer gesagt liefert `randn(n,m)` eine $(n \times m)$-Matrix mit standardnormalverteilten Pseudo-Zufallszahlen als Elemente. Es handelt sich nicht um echte Zufallszahlen, da die Zahlen mittels eines deterministischen Algorithmus berechnet werden (siehe Abschnitt 5.2). Die Iteration

$$W_{t+\triangle t} = W_t + Z \cdot \sqrt{\triangle t}$$

lautet in MATLAB in vektorisierter Form wie folgt:

```
h = 0.01; n = 10/h; W(1) = 0;
dW = randn(1,n)*sqrt(h);
W = [0,cumsum(dW)];
```

Die kumulative Summation `cumsum(dW)` addiert kumulativ die Elemente des Vektors `dW`. Allgemeiner liefert die kumulative Summe `B = cumsum(A)` einer Matrix `A` eine Matrix `B` mit den kumulativen Summen der Spalten von `A`, d.h. mit den Elementen `B(i,j)`$= \sum_{k=1}^{i}$ `A(k,j)`. Beispielsweise erzeugt `cumsum([1 2; 3 4; 5 6])` die Matrix `[1 2; 4 6; 9 12]`. Abbildung 5.1 illustriert fünf verschiedene Realisierungen eines Wiener-Prozesses.

Wir können die Approximation (5.3) auch schreiben als

$$S_{i+1} - S_i = \triangle S_i = rS_i\triangle t + \sigma S_i Z\sqrt{\triangle t}, \quad S_0 \text{ gegeben}, \tag{5.4}$$

mit standardnormalverteilter Zufallsgröße Z. Dieser sogenannte *Euler-Maruyama-Algorithmus* ist in dem folgenden MATLAB-Programm realisiert:

```
h = 0.01; n = 10/h; r = 0.1; sigma = 0.4; S(1) = 1;
dW = randn(1,n)*sqrt(h);
for i = 1:n
    S(i+1) = S(i)*(1 + r*h + sigma*dW(i));
end
```

In Abbildung 5.2 sind fünf Realisierungen des Basiswertkurses dargestellt.

Damit sind wir in der Lage, unsere erste Monte-Carlo-Simulation gemäß der obigen vier Schritte durchzuführen; siehe das MATLAB-Programm 5.1. Der Funktionsaufruf `randn('state',3)` bedeutet, dass der Pseudo-Zufallszahlengenerator von MATLAB mit der Zahl 3 initialisiert wird. Dies hat den Zweck, dass die Simulationsergebnisse reproduziert werden können.

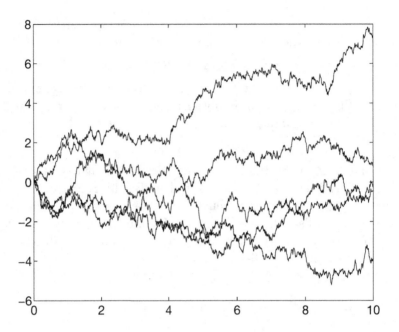

Abbildung 5.1   Realisierungen eines Wiener-Prozesses mit $\triangle t = 0.01$.

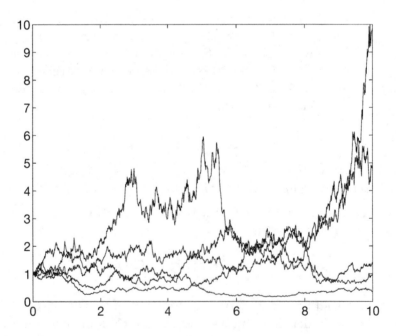

Abbildung 5.2   Realisierungen von $S_t^{(k)}$ mit Startwert $S_0^{(k)} = 1$ und $\triangle t = 0.01$.

MATLAB-Programm 5.1 Das Programm `montecarlo.m` berechnet den Preis einer europäischen Put-Option mittels Monte-Carlo-Simulationen.

```
randn('state',3)
K = 100; r = 0.1; sigma = 0.4; T = 1; S0 = 80;
n = 50; h = 1/n; M = 10000;

% Simultane Erzeugung der Wiener-Prozesse zu M Pfaden
dW = sqrt(h)*randn(n,M);

% Simultane Berechnung der Aktienkurse für alle M Pfade
S = zeros(n+1,M);
S(1,:) = S0;    % Anfangswerte
for i = 1:n
    S(i+1,:) = S(i,:).*(1 + r*h + sigma*dW(i,:));
end

% Simultane Berechnung der Auszahlungsfunktion
payoff = max(0,K-S(n+1,:));

% Simultane Berechnung des Schätzers und der Optionspreise
V = exp(-r*T)*(cumsum(payoff)./(1:M));

% Grafische Ausgabe
Vexakt = put(S0,0,K,r,sigma,T);
plot(abs(V-Vexakt*ones(1,M))/Vexakt)
```

In Abbildung 5.3 illustrieren wir die Entwicklung des relativen Fehlers $|\widehat{V} - V_T|/V_T$ einer europäischen Put-Option in Abhängigkeit von der Anzahl M der Monte-Carlo-Simulationen. Der Monte-Carlo-Preis weicht von dem Black-Scholes-Preis stark ab, wenn die Anzahl M der Monte-Carlo-Simulationen zu klein gewählt wird. Der relative Fehler bei $M = 500$ Simulationen beträgt etwa 6%. Allerdings schwanken die Werte auch für große M noch recht stark. Bei 4000 Simulationen beträgt der relative Fehler noch 1.6%.

Natürlich ist es für dieses Beispiel wesentlich effizienter, die Black-Scholes-Formel zur Bestimmung des Optionspreises zu verwenden. Für komplexere Optionen wie die asiatische Option im Heston-Modell aus Beispiel 5.1 sind wir jedoch auf die Monte-Carlo-Methode angewiesen, da keine expliziten Formeln existieren.

Die oben präsentierten Beispiele und Simulationen geben Anlass zu den folgenden Fragen:

- Wie werden standardnormalverteilte Pseudo-Zufallszahlen erzeugt?

- Wie genau ist die Approximation (5.4)? Wie kann sie verbessert werden?

- Wie kann das hochdimensionale Integral aus Beispiel 5.2 mittels der Monte-Carlo-Methode approximiert werden?

Diese Fragen werden wir in den nächsten Abschnitten beantworten.

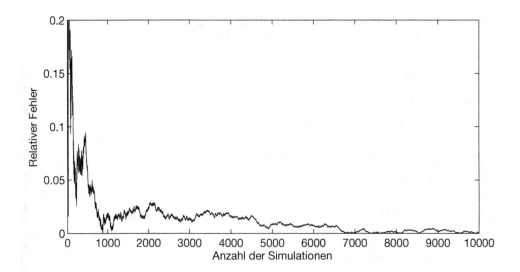

Abbildung 5.3 Relativer Fehler bei der Berechnung des Optionspreises $\widehat{V}$ mit $K = 100$, $r = 0.1$, $\sigma = 0.4$, $T = 1$ und $S_0 = 80$ in Abhängigkeit der Anzahl der Monte-Carlo-Simulationen.

5.2   Pseudo-Zufallszahlen

Für die Simulation des Wiener-Prozesses benötigen wir standardnormalverteilte Zufallszahlen Z, um die Inkremente $\triangle W = Z\sqrt{\triangle t}$ zu berechnen. Wir benutzen dafür die Notation

$$Z \sim N(0, 1).$$

Erzeugen wir Zufallszahlen im Rechner, so handelt es sich letztlich immer um eine *deterministische* Vorgehensweise. Man spricht daher von *Pseudo-Zufallszahlen*. Im Folgenden benutzen wir jedoch den Begriff *Zufallszahlen* auch, wenn wir Pseudo-Zufallszahlen meinen.

Zuerst erzeugen wir im Intervall $[0, 1]$ *gleichverteilte* (Pseudo-) Zufallszahlen

$$Y \sim U[0, 1]$$

und transformieren sie dann mit einer Funktion h auf normalverteilte Zufallszahlen:

$$Z := h(Y) \sim N(0, 1).$$

Um die obigen Begriffe zu präzisieren, geben wir eine Definition.

Definition 5.3 (1) *Eine Zufallsvariable X heißt* gleichverteilt *auf dem Intervall $[a, b]$ (in Zeichen: $X \sim U[a, b]$), wenn sie die Dichtefunktion $f(x) = 1/(b-a)$, $x \in [a, b]$, besitzt.*

(2) *Eine Folge von Zufallszahlen heißt* nach F *verteilte Zufallszahlen, wenn sie unabhängige Realisierungen von nach einer Verteilungsfunktion F verteilten Zufallsvariablen sind.*

Streng genommen sind Pseudo-Zufallszahlen *nicht* unabhängig voneinander, da sie mittels eines deterministischen Algorithmus berechnet werden. Wir suchen daher deterministische Zahlenfolgen, die die statistischen Eigenschaften näherungsweise erfüllen.

5.2.1 Gleichverteilte Zufallszahlen mit MATLAB

In MATLAB können auf $[0,1]$ gleichverteilte Zufallszahlen mit dem Befehl `rand` erzeugt werden. In der Version 7.8 von MATLAB sind sechs verschiedene Algorithmen zur Erzeugung auf $[0,1]$ gleichverteilter Zufallszahlen implementiert. Im Folgenden stellen wir diese Algorithmen vor.

Der erste Algorithmus `mcg16807` basiert auf der *linearen Kongruenzmethode* von Lehmer [141]. Seien $M \in \mathbb{N}$, a, b, $X_0 \in \{0, \ldots, M-1\}$ gegeben und berechne:

$$\text{Für } i = 1, 2, \ldots$$
$$X_i := (aX_{i-1} + b) \bmod M,$$
$$U_i := X_i/M.$$

Die Operation „$a \bmod M$" berechnet den Rest bei der Division a/M. Klarerweise müssen wir $a = 0$ und (wenn $b = 0$) $X_0 = 0$ ausschließen. Außerdem sollte $a \neq 1$ sein, denn ansonsten wäre $X_i = (X_0 + ib) \bmod M$ zu leicht vorhersagbar. Im Falle $b = 0$ heißt das Verfahren *multiplikative Kongruenzmethode*. In MATLAB werden die Parameter $a = 7^5 = 16807$, $b = 0$ und $M = 2^{31} - 1$ verwendet. Der Vorteil dieser Zahlenkombination ist, dass die Folge $(X_i)_{i \in \mathbb{N}}$ eine maximale Periode hat. Allerdings wiederholt sich der Algorithmus nach etwa zwei Milliarden Zahlen, was in Anwendungen häufig zu wenig ist. Außerdem liegen die m-Tupel $(U_{i-m+1}, \ldots, U_i)$ von mit einer linearen Kongruenzmethode erzeugten Zufallszahlen U_i stets auf wenigen Hyperebenen im $\mathbb{R}^m$, so dass wegen dieser Struktureigenschaft diese Methode nicht sehr brauchbar ist (siehe [201] für Details).

Der zweite Algorithmus `mlfg6331_64` verwendet den *verzögerten Fibonacci-Generator*:

$$\text{Für } i \geq \max\{k, \ell\}$$
$$X_i := (X_{i-k} + X_{i-\ell}) \bmod M,$$
$$U_i := X_i/M,$$

wobei die Anfangswerte $X_1, \ldots, X_{\max\{k,\ell\}}$ etwa mittels einer linearen Kongruenz-Methode bestimmt werden können. Diese Methode geht auf Tausworthe zurück [213]. Mit den in `mlfg6331_64` gewählten Parametern $k = 31$, $\ell = 63$ und $M = 2^{64}$ erhalten wir eine Folge von 64-Bit-Zufallszahlen mit einer Periode von etwa 2^{124}.

Der Algorithmus `mrg32k3a` basiert auf dem sogenannten *Combined Multiple Recursive Generator* von L'Ecuyer [139, 140]:

Für $i \geq 3$

$$X_{1,i} = (1403580 X_{1,i-2} - 819728 X_{1,i-3}) \bmod M_1,$$
$$X_{2,i} = (527612 X_{2,i-1} - 1370589 X_{2,i-3}) \bmod M_2,$$
$$Z_i = (X_{1,i} - X_{2,i}) \bmod M - 1,$$
$$U_i = \begin{cases} Z_i/M & : Z_i \neq 0 \\ (M-1)/M & : Z_i = 0, \end{cases}$$

mit den Parametern $M_1 = 2^{32} - 209$, $M_2 = 2^{32} - 22853$ und $M = 2^{32} - 208$. Diese Werte sind ein Kompromiss zwischen schneller Berechenbarkeit und möglichst großer Periode. In `mrg32k3a` können 32-Bit-Zahlen mit einer Periode von 2^{127} erzeugt werden. Der Generator erlaubt (ebenso wie `mlfg6331_64`) eine Parallelisierung der Erzeugung von Zufallszahlen.

Die anderen drei Algorithmen, die in MATLAB implementiert wurden, sind etwas komplexer. Der Mersenne-Twister-Algorithmus `mt19937ar` wurde von Matsumoto und Nishimura entwickelt [156] und basiert auf einer linearen Rekursion mit geschickten Verknüpfungen der entsprechenden Zahlenbits. Seine Vorteile sind die sehr schnelle Berechenbarkeit und die extrem große Periode von $2^{19937} - 1$. Marsaglia und Zaman stellten in [153] einen Algorithmus vor, der keine Additionen oder Multiplikationen benötigt. Der sogenannte SHR3 Shift-Register-Generator [152] ist im Algorithmus `shr3cong` implementiert. Die Zufallszahlenfolge hat eine Periode von ungefähr 2^{64}. Der letzte Algorithmus `swb2712` basiert auf dem Subtract-with-Borrow-Generator aus [153], der ähnlich zu einem verzögerten Fibonacci-Generator ist, aber eine viel größere Periode besitzt, in der MATLAB-Realisierung ungefähr 2^{1492}.

Der Befehl `rand(m,n)` liefert eine $(m \times n)$-Matrix mit Zufallszahlen. Mit dem Konstruktor `RandStream` kann man bestimmen, welcher der oben beschriebenen Algorithmen verwendet werden soll. Soll etwa der Algorithmus `swb2712` eingestellt werden, so ist `RandStream('swb2712')` zu schreiben. Die Eigenschaften von `RandStream` können mit den Befehlen

```
stream = RandStream.getDefaultStream    oder
get(defaultStream)
```

ausgelesen werden. Bis zur Version 7.6 von MATLAB wurde ein Zufallszahlengenerator mit `rand('state',n)` initialisiert, wobei `n` eine natürliche Zahl ist. Ab Version 7.7 wird die Verwendung des `RandStream`-Konstruktors empfohlen. Beispielsweise wird der Generator `swb2712` mittels den Befehlen

```
s = RandStream('swb2712'); reset(s)
```

initialisiert. Dann liefert die Befehlfolge `a = rands; reset(s); b = rands` dieselben Zahlen `a = b`. Im Falle `reset(s); a = rands; b = rands` gilt dagegen im Allgemeinen `a ≠ b`.

Bemerkung 5.4 In Beispiel 5.2 haben wir erläutert, dass hochdimensionale Integrale auch mittels Monte-Carlo-Methoden berechnet werden können. Die Idee hierbei ist, beispielsweise das Integral

$$\int_\Omega f(x)dx$$

mit $\Omega \subset \mathbb{R}^m$ durch die Summe

$$\frac{\text{vol}(\Omega)}{N} \sum_{i=1}^{N} f(x_i)$$

mit geeigneten Zahlen $x_1, \ldots, x_N \in \Omega$ zu approximieren, wobei $\text{vol}(\Omega)$ das Volumen von Ω bezeichne. Sind diese Zahlen (Pseudo-) Zufallszahlen, so sprechen wir von einer *stochastischen Monte-Carlo-Integration*. Eine *deterministische Monte-Carlo-Integration* (auch *Quasi-Monte-Carlo-Methode* genannt) benutzt geschickt vorgegebene Zahlen $x_1, \ldots, x_N$. Sinnvollerweise sollten diese Zahlen möglichst gleichmäßig verteilt sein. Dies wird durch sogenannte *Quasi-Zufallszahlen* realisiert, deren *Diskrepanz* möglichst klein ist. Die Diskrepanz einer Menge von Zahlen ist als die Abweichung der Verteilung dieser Zahlen von der angestrebten gleichmäßigen Verteilung definiert. In der Statistik-Toolbox von MATLAB 7 sind drei Quasi-Zufallszahlengeneratoren implementiert: Holton-Folgen, Sobol-Folgen und Latin-Hypercube-Folgen, die mit den Befehlen `haltonset`, `sobolset` bzw. `lhsdesign` erzeugt werden. In Abbildung 5.4 sind eine Menge zweidimensionaler Halton-Zahlen und mit dem Mersenne-Twister-Generator erzeugter Zufallszahlen dargestellt, realisiert mit dem MATLAB-Programm 5.2. Die Halton-Zahlen sind wesentlich gleichmäßiger verteilt als die Pseudo-Zufallszahlen. Für weitergehende Ausführungen über Quasi-Zufallszahlen und Quasi-Monte-Carlo-Methoden verweisen wir auf die Bücher [144, 165, 201]. □

MATLAB-Programm 5.2 Programm `halton.m` zur Illustration von Quasi-Zufallszahlen (Halton-Folge) und Pseudo-Zufallszahlen (Mersenne-Twister-Folge). Mit `net(p,n)` werden die ersten n Zahlen der Zahlenmenge p ausgegeben.

```
% Erzeugung der ersten 2000 zweidimensionalen Haltonzahlen
p = haltonset(2);
X = net(p,2000);
subplot(1,2,1), plot(X(:,1),X(:,2),'.')
hold on, axis square
title('Quasi-Zufallszahlen')

% Erzeugung von 2000 zweidimensionalen Pseudo-Zufallszahlen
RandStream('mt19937ar');
X = rand(2000,2);
subplot(1,2,2), plot(X(:,1),X(:,2),'.')
axis square
title('Pseudo-Zufallszahlen')
```

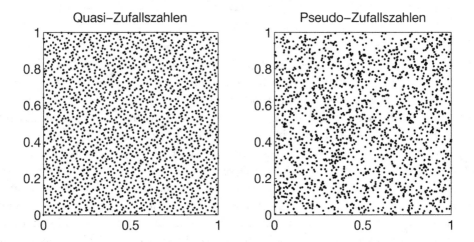

Abbildung 5.4 Die ersten 2 000 Punkte der zweidimensionalen Halton-Folge (links) und 2 000 Zufallszahlen, die mit dem Mersenne-Twister-Generators erzeugt wurden (rechts).

5.2.2 Normalverteilte Zufallszahlen

Normalverteilte Zufallszahlen werden durch Transformation gleichverteilter Zufallszahlen erzeugt. In MATLAB sind drei Methoden implementiert:

- Invertierung der Verteilungsfunktion,

- Transformation von Zufallszahlen und

- die Ziggurat-Methode.

Grundlage für die Invertierung ist der folgende Satz.

Satz 5.5 *Sei $U \sim U[0,1]$ eine gleichverteilte Zufallsvariable und F eine stetige, streng monotone Verteilungsfunktion. Dann ist die Zufallsvariable $F^{-1}(U)$ nach F verteilt.*

Beweis. Die Umkehrfunktion F^{-1} existiert gemäß den Voraussetzungen. Die Annahme der Gleichverteilung impliziert $P(U \leq \xi) = \xi$ für alle $\xi \in [0,1]$. Somit folgt

$$P(F^{-1}(U) \leq x) = P(U \leq F(x)) = F(x).$$

Dies bedeutet, dass $F^{-1}(U)$ nach F verteilt ist. $\qquad\square$

Ist dieser Satz auf die Normalverteilung Φ anwendbar? Es liegen weder für Φ noch für Φ^{-1} geschlossene Formelausdrücke vor. Die nichtlineare Gleichung $\Phi(x) = u$ müsste *numerisch* invertiert werden, etwa mittels des in Abschnitt 4.5 vorgestellten Newton-Verfahrens. Allerdings ist das Problem für $u \approx 1$ schlecht konditioniert (kleine Änderungen in u bewirken sehr große Änderungen in x). Als Ausweg kann man Φ^{-1} ähnlich wie in Abschnitt 4.3 durch eine rationale Funktion R approximieren und $x = R(u) \approx \Phi^{-1}(u)$ setzen. Bei der rationalen Approximation ist das asymptotische Verhalten von Φ^{-1} (senkrechte Tangenten bei $u = 0$ und $u = 1$) sowie die Punktsymmetrie zu $(u, x) = (\frac{1}{2}, 0)$ zu berücksichtigen. Diese Vorgehensweise ist in MATLAB durch den Algorithmus `Inversion` realisiert. Um ihn zu verwenden, ist folgendes zu schreiben:

```
stream = RandStream.getDefaultStream;
stream.RandnAlg = 'Inversion';
```

Übrigens ist die Inverse Φ^{-1} der Standardnormalverteilung im MATLAB-Befehl `norminv` implementiert, wobei $\Phi^{-1}(x) = $ `norminv(x,0,1)`. Allgemein berechnet `norminv(x,mu,sigma)` die Inverse der $N(\text{mu}, \text{sigma})$-Verteilung an der Stelle `x`.

Die zweite Idee basiert auf einer Transformation der Zufallszahlen. Grundlage hierfür ist der folgende Satz.

Satz 5.6 *Sei X eine Zufallsvariable mit Dichtefunktion f auf der Menge $A = \{x \in \mathbb{R}^n : f(x) > 0\}$. Die Transformation $g : A \to B = g(A)$ sei umkehrbar mit stetig differenzierbarer Inverse g^{-1}. Dann besitzt die Zufallsvariable $Y = g(X)$ die Dichtefunktion*

$$y \mapsto f(g^{-1}(y)) \left| \det \frac{dg^{-1}}{dy}(y) \right|, \quad y \in B.$$

Beweisskizze. Wir geben nur eine grobe Beweisskizze (siehe Satz 4.2 in [59] für einen ausführlichen Beweis). Nach dem Transformationssatz im $\mathbb{R}^n$ gilt für Mengen $C \subset \mathbb{R}^n$:

$$P(Y = g(X) \in C) = P(X \in g^{-1}(C)) = \int_{g^{-1}(C)} f(u)du$$

$$= \int_C f(g^{-1}(y)) \left| \det \frac{dg^{-1}}{dy}(y) \right| dy,$$

und hieraus folgt die Behauptung.   □

Im Falle $n = 1$ und $f(x) = 1$ mit $x \in [0, 1]$ (Gleichverteilung) suchen wir also eine Transformation $y = g(x)$, so dass die transformierte Dichtefunktion gleich der Normalverteilung ist:

$$\left| \frac{dg^{-1}}{dy}(y) \right| = \frac{1}{\sqrt{2\pi}} e^{-y^2/2}.$$

Dies ist eine gewöhnliche Differentialgleichung erster Ordnung für g^{-1}, die leider keine geschlossene Formel für die Transformation liefert. Verblüffenderweise erhalten wir eine geschlossene Formel, wenn wir nicht in $\mathbb{R}$, sondern in $\mathbb{R}^2$ transformieren. Das geht folgendermaßen.

Wir wenden Satz 5.6 auf $A = [0, 1]^2$ und $f(x) = 1$, $x \in A$, an. Wähle die Transformation $y = g(x)$ mit

$$g(x) = \begin{pmatrix} \sqrt{-2\ln x_1} \cos(2\pi x_2) \\ \sqrt{-2\ln x_1} \sin(2\pi x_2) \end{pmatrix}, \quad x = (x_1, x_2)^\top \in A.$$

Die Umkehrabbildung lautet

$$g^{-1}(y) = \begin{pmatrix} \exp(-|y|^2/2) \\ \arctan(y_2/y_1)/2\pi \end{pmatrix}, \quad y = (y_1, y_2)^\top.$$

Für die Determinante ergibt sich mit $x = g^{-1}(y)$:

$$\left| \det \left(\frac{dg^{-1}}{dy} \right) \right| = \left| \det \begin{pmatrix} -y_1 x_1 & -y_2 x_1 \\ \frac{1}{2\pi} \frac{-y_2/y_1^2}{1+y_2^2/y_1^2} & \frac{1}{2\pi} \frac{1/y_1}{1+y_2^2/y_1^2} \end{pmatrix} \right| = \frac{x_1}{2\pi} = \frac{1}{2\pi} e^{-|y|^2/2}.$$

Dies ist die Dichtefunktion der Standardnormalverteilung im $\mathbb{R}^2$ (von zwei unabhängigen Zufallsvariablen). Also ist $g(X)$ standardnormalverteilt, falls X auf $[0, 1]$ gleichverteilt ist. Daraus ergibt sich der *Algorithmus von Box-Muller*: Generiere $U_1, U_2 \sim U[0, 1]$. Dann sind

$$Z_1 = \sqrt{-2\ln U_1} \cos(2\pi U_2) \quad \text{und} \quad Z_2 = \sqrt{-2\ln U_1} \sin(2\pi U_2)$$

standardnormalverteilt. Es sind also drei Funktionsaufrufe (sqrt, log und cos bzw. sin) erforderlich, um zwei normalverteilte Zufallszahlen zu erhalten.

Dieser Aufwand konnte von Marsaglia durch Verwendung der Polartransformation reduziert werden. Dazu werden zunächst zwei auf $[0,1]$ gleichverteilte Zufallszahlen U_1 und U_2 erzeugt. Dann sind $V_1 = 2U_1 - 1$ und $V_2 = 2U_2 - 1$ auf $[-1,1]$ gleichverteilte Zufallszahlen. Falls $V_1^2 + V_2^2 \geq 1$, verwerfen wir diese Zahlen. Die akzeptierten Zufallszahlen sind auf der Einheitskreisscheibe $K = \{(V_1, V_2) : V_1^2 + V_2^2 < 1\}$ gleichverteilt mit Dichte $f(V_1, V_2) = 1/\pi$, $(V_1, V_2) \in K$. Wir erhalten dann auf dem Einheitsquadrat $(0,1)^2$ gleichverteilte Zufallszahlen (W_1, W_2), indem wir $(V_1, V_2) \in K$ mittels

$$
\begin{pmatrix} V_1 \\ V_2 \end{pmatrix} \mapsto \begin{pmatrix} W_1 \\ W_2 \end{pmatrix} = \begin{pmatrix} V_1^2 + V_2^2 \\ \frac{1}{2\pi} \arctan\left(\frac{V_2}{V_1}\right) \end{pmatrix}
$$

transformieren (Übungsaufgabe). Folglich sind $Z_1 = \sqrt{-2\ln W_1}\cos(2\pi W_2)$ und $Z_2 = \sqrt{-2\ln W_1}\sin(2\pi W_2)$ standardnormalverteilt. Aus den elementaren Relationen der Polartransformation

$$
\cos(2\pi W_2) = \frac{V_1}{\sqrt{V_1^2 + V_2^2}} \quad \text{und} \quad \sin(2\pi W_2) = \frac{V_2}{\sqrt{V_1^2 + V_2^2}}
$$

erhalten wir mit $V := V_1^2 + V_2^2$

$$
Z_1 = V_1\sqrt{-2\ln V/V} \quad \text{und} \quad Z_2 = V_2\sqrt{-2\ln V/V}. \tag{5.5}
$$

Es ist also nicht notwendig, trigonometrische Funktionen auszuwerten. Diese Vorgehensweise wird *Polar-Algorithmus* genannt:

- Erzeuge $U_1, U_2 \sim U[0,1]$ und setze $V_1 = 2U_1 - 1$, $V_2 = 2U_2 - 1$, solange bis $V := V_1^2 + V_2^2 < 1$.

- Definiere die standardnormalverteilten Zufallszahlen Z_1 und Z_2 gemäß (5.5).

Das MATLAB-Programm 5.6 setzt diesen Algorithmus um.

Das Histogramm in Abbildung 5.5 zeigt, dass dieser Algorithmus tatsächlich (näherungsweise) normalverteilte Zufallszahlen Z_1 liefert. Hierfür wurden 200 000 Zufallszahlen nach dem MATLAB-Programm 5.3 erzeugt. Der Befehl hist(X,Y) erstellt ein Histogramm des Vektors X, d.h., hist(X,Y) liefert die Verteilung von X in den Intervallen um die Mittelpunkte Y(i) mit Länge (Y(i+1)-Y(i))/2. Der Vektor Y muss dafür aus monoton wachsenden Elementen bestehen.

Die Wahrscheinlichkeit, dass $V_1^2 + V_2^2 < 1$ gilt, ist gleich dem Verhältnis zwischen der Fläche einer Kreisscheibe mit Radius $1/2$ und der Fläche des Einheitsquadrats, also $\pi/4$. Folglich müssen $1 - \pi/4 \approx 21\%$ gleichverteilte Paare (V_1, V_2) verworfen werden. Dennoch ist der Polar-Algorithmus effizienter als der Algorithmus von Box-Muller und wurde daher auch in älteren Versionen von MATLAB (vor MATLAB 5) verwendet. Ab MATLAB 7.7 kann der Polar-Algorithmus mit den Befehlen

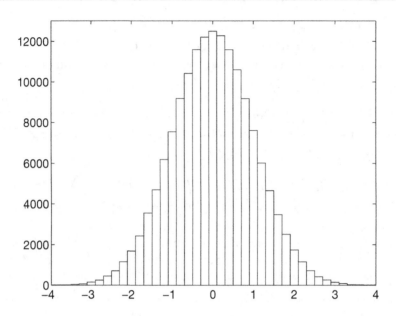

Abbildung 5.5 Histogramm für Z_1.

```
stream = RandStream.getDefaultStream;
stream.RandnAlg = 'Polar';
```

eingestellt werden.

MATLAB-Programm 5.3 Programm `polar.m` zur Erzeugung standardnormalverteilter Zufallszahlen nach dem Polar-Algorithmus und Zeichnen eines Histogramms. Da alle Zufallszahlen mit $V_1^2 + V_2^2 \geq 1$ verworfen werden, liefert der Algorithmus nur etwa $0.79 \cdot 2N$ Zufallszahlen.

```
rand('state',1); N = 200000;
U1 = rand(N,1); U2 = rand(N,1);

% Bestimme zwei Vektoren von in [-1,1] gleichverteilten Zufallszahlen
V1 = 2*U1-ones(N,1);
V2 = 2*U2-ones(N,1);

% Bestimme Menge I der Indizes, für die V1^2 + V2^2 < 1 gilt
V = V1.^2 + V2.^2;
I = find(V < 1);

% Bestimme zwei Vektoren standardnormalverteilter Zufallszahlen
V = V(I);
Z1 = V1(I).*sqrt(-2.*log(V)./V);
Z2 = V2(I).*sqrt(-2.*log(V)./V);

% Zeichne ein Histogramm
hist(Z1,-3.8:0.2:3.8)
```

Von der MATLAB-Version 5 an wird der noch effizientere (aber kompliziertere) *Ziggurat-Algorithmus* benutzt, der ebenfalls von Marsaglia entwickelt wurde [154]. In diesem Algorithmus müssen keine Wurzeln oder Logarithmen berechnet werden, es werden nur noch Multiplikationen benötigt. Wie beim Polar-Algorithmus werden unerwünschte Zufallszahlen verworfen. Es werden Paare (X, Y) von gleichverteilten Zufallszahlen so lange erzeugt, bis die Eigenschaft $Y < e^{-X^2/2}$ erfüllt ist. Mit dem Ziggurat-Algorithmus wird die Fläche $0 \le y < e^{-x^2/2}$ geeignet durch Rechtecke approximiert und damit die Anzahl verworfener Zahlen stark reduziert. Die Rechtecke sind stufenförmig angelegt und erinnern an einen pyramidenartigen Stufentempel (babylonisch: Zikkurat). Der Algorithmus wird in MATLAB mit dem Befehl `stream.RandnAlg = 'Ziggurat'` eingestellt.

Für weitere Hinweise auf Techniken zur Erzeugung von Zufallszahlen verweisen wir auf die Monografien [85, 131, 165, 177, 216].

5.2.3 Korreliert normalverteilte Zufallszahlen

Bei der Simulation einer mehrdimensionalen Brownschen Bewegung benötigen wir im allgemeinen Zufallsvariablen, die nach einer *korrelierten* mehrdimensionalen Normalverteilung verteilt sind (siehe Definition 4.24). Betrachte einen Vektor $Z = (Z_1, \ldots, Z_n)^\top$ aus (unabhängigen) standardnormalverteilten Zufallsvariablen Z_i mit Dichtefunktion f. Wir konstruieren mittels Z eine $N(\mu, \Sigma)$-verteilte Zufallsvariable Y. Seien also $\mu \in \mathbb{R}^n$ und $\Sigma \in \mathbb{R}^{n \times n}$ eine symmetrische und positiv definite Matrix. Dann existiert eine Cholesky-Zerlegung $\Sigma = LL^\top$ mit einer unteren Dreiecksmatrix $L = (L_{ij})$, d.h. $L_{ij} = 0$ für alle $i < j$ [97]. Wir behaupten, dass $Y = \mu + LZ$ die gewünschte Eigenschaft hat. Sei vorerst $X = LZ$. Aus

$$
\begin{aligned}
f(z)dz &= \frac{1}{(2\pi)^{n/2}} \exp\left(-\frac{z^\top z}{2}\right) dz \\
&= \frac{1}{(2\pi)^{n/2}} \exp\left(-\frac{(L^{-1}x)^\top (L^{-1}x)}{2}\right) dz \quad \text{(mit } x = Lz) \\
&= \frac{1}{(2\pi)^{n/2}} \exp\left(-\frac{x^\top (LL^\top)^{-1} x}{2}\right) dz \\
&= \frac{1}{(2\pi)^{n/2}|\det L|} \exp\left(-\frac{x^\top \Sigma^{-1} x}{2}\right) dx \quad \text{(weil } dx = |\det L| dz) \\
&= \frac{1}{(2\pi)^{n/2}(\det \Sigma)^{1/2}} \exp\left(-\frac{x^\top \Sigma^{-1} x}{2}\right) dx
\end{aligned}
$$

folgt, dass X $N(0, \Sigma)$-verteilt ist. Damit ist $Y = \mu + X$ $N(\mu, \Sigma)$-verteilt.

Zusammengefasst erhalten wir folgenden Algorithmus:

- Berechne die Cholesky-Zerlegung $\Sigma = LL^\top$.

- Bestimme unabhängige $Z_i \sim N(0,1)$, $i = 1, \dots, n$, und setze $Z = (Z_1, \dots, Z_n)^\top$.

- Die Zufallsvariable $Y = \mu + LZ$ ist $N(\mu, \Sigma)$-verteilt.

Beispiel 5.7 Gesucht ist eine zweidimensionale $N(0, \Sigma)$-verteilte Zufallsvariable (X_1, X_2), wobei

$$\Sigma = \begin{pmatrix} \sigma_1^2 & \rho\sigma_1\sigma_2 \\ \rho\sigma_1\sigma_2 & \sigma_2^2 \end{pmatrix}.$$

Man sagt, dass (X_1, X_2) durch ρ korreliert ist (siehe Definition 4.24). Mit dem Ansatz

$$L = \begin{pmatrix} a & 0 \\ b & c \end{pmatrix}$$

liefert die Cholesky-Zerlegung $\Sigma = LL^\top$:

$$\begin{pmatrix} \sigma_1^2 & \rho\sigma_1\sigma_2 \\ \rho\sigma_1\sigma_2 & \sigma_2^2 \end{pmatrix} = \begin{pmatrix} a & 0 \\ b & c \end{pmatrix} \begin{pmatrix} a & b \\ 0 & c \end{pmatrix} = \begin{pmatrix} a^2 & ab \\ ab & b^2 + c^2 \end{pmatrix}.$$

Ein Koeffizientenvergleich ergibt $a^2 = \sigma_1^2$, $ab = \rho\sigma_1\sigma_2$ und $b^2 + c^2 = \sigma_2^2$ und damit (beachte, dass $|\rho| \leq 1$)

$$L = \begin{pmatrix} \sigma_1 & 0 \\ \rho\sigma_2 & \sigma_2\sqrt{1-\rho^2} \end{pmatrix}.$$

Sind Z_1, Z_2 (unabhängig und) $N(0,1)$-verteilt, so erfüllt

$$\begin{pmatrix} X_1 \\ X_2 \end{pmatrix} = L \begin{pmatrix} Z_1 \\ Z_2 \end{pmatrix} = \begin{pmatrix} \sigma_1 Z_1 \\ \sigma_2(\rho Z_1 + \sqrt{1-\rho^2} Z_2) \end{pmatrix}$$

das Gewünschte.

Beispiel 5.8 Gesucht ist ein dreidimensionaler normalverteilter Vektor $(X_1, X_2, X_3)^\top$ mit Erwartungswert $\mu = (-5, 0, 10)^\top$ und Kovarianzmatrix

$$\Sigma = \begin{pmatrix} 5 & 4 & 3 \\ 4 & 5 & 4 \\ 3 & 4 & 5 \end{pmatrix}.$$

Die Abbildung 5.6 zeigt die Histogramme für die drei Komponenten der $N(\mu, \Sigma)$-verteilten Zufallsvariablen (X_1, X_2, X_3), die mit dem MATLAB-Programm 5.7 gemäß der oben beschriebenen Vorgehensweise erzeugt wurden. $\square$

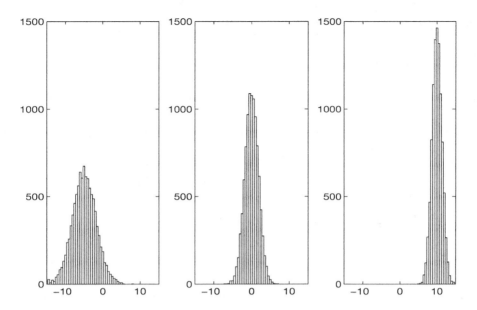

Abbildung 5.6 Histogramme der Komponenten X_i einer nach $N(\mu, \Sigma)$-verteilten Zufallsvariablen (X_1, X_2, X_3).

MATLAB-Programm 5.4 Programm `correlated.m` zur Erzeugung von korrelierten normalverteilten Pseudo-Zufallszahlen. Der Befehl `chol(A)` erzeugt die Cholesky-Matrix L mit $A = LL^\top$.

```
randn('state',1)
Sigma = [5 4 3; 4 5 4; 3 4 5];
mu = [-5 0 10]'; N = 10000;

L = chol(Sigma);
X = zeros(3,N);
for i = 1:N
    X(:,i) = mu + L*randn(3,1);
end
```

5.3 Numerische Integration stochastischer Differentialgleichungen

In diesem Abschnitt leiten wir einige Approximationen stochastischer Differentialgleichungen her und untersuchen, in welchem Sinne diese Approximationen gegen die exakte Lösung der Differentialgleichung konvergieren.

5.3.1   Starke und schwache Konvergenz

Im Fall einer gewöhnlichen Differentialgleichung

$$\frac{dx}{dt}(t) = a(x(t), t) \quad \text{bzw.} \quad dx = a(x, t)dt, \quad t > 0,$$

mit lipschitzstetiger Funktion $x \mapsto a(x, t)$ kann man zeigen, dass das *Euler-Verfahren* mit Schrittweite $h > 0$

$$y_{i+1} = y_i + a(y_i, t_i)h, \quad i = 0, 1, \ldots, n, \quad t_i = ih,$$

wobei y_i Näherungen von $x(t_i)$ sind, die Konvergenzordnung 1 hat, d.h.

$$\sup_{i=0,\ldots,n} |y_i - x(t_i)| \leq C \cdot h$$

mit einer von h unabhängigen Konstante $C > 0$. Gilt das auch für das Euler-Maruyama-Verfahren (5.4) für stochastische Differentialgleichungen?

Betrachten wir zunächst für $0 < t < T$ die skalare stochastische Differentialgleichung (kurz: SDE, für *s*tochastic *d*ifferential *e*quation)

$$dx_t = a(x_t, t)dt + b(x_t, t)dW_t \tag{5.6}$$

mit einem gegebenen Wiener-Prozess W_t. Das Euler-Maruyama-Verfahren für diese SDE lautet (mit fester Schrittweite $h = t_{i+1} - t_i$, $T = nh$ und Startwert $y_0 = x_0$):

$$\begin{aligned}
&\text{Für } i = 0, \ldots, n-1: \\
&t_{i+1} = t_i + h, \\
&\triangle W_i = W_{t_{i+1}} - W_{t_i}, \\
&y_{i+1} = y_i + a(y_i, t_i)h + b(y_i, t_i)\triangle W_i,
\end{aligned} \tag{5.7}$$

wobei die Realisierungen des Wiener-Prozesses W_t *dieselben* sind wie für die SDE (5.6). Dies erlaubt es, die Trajektorien x_{t_i} mit y_i paarweise zu vergleichen und einen punktweisen Fehler $|x_{t_i} - y_i|$ oder $|x_T - x_T^h|$ einzuführen, wobei $x_T^h := y_n$. Uns interessiert allerdings ein „gemittelter" Fehler:

Definition 5.9 *Der* absolute Fehler *von* $x_T - x_T^h$ *zur Zeit* T *ist definiert durch*

$$\varepsilon(h) = \mathrm{E}(|x_T - x_T^h|). \tag{5.8}$$

Analog zum Fall gewöhnlicher Differentialgleichungen definieren wir die Konvergenz diskreter Lösungen wie folgt.

Definition 5.10 *Sei x_t eine Lösung einer SDE und x_t^h eine Approximation von x_t. Wir sagen, x_T^h konvergiert stark mit Ordnung $\gamma > 0$ gegen x_T zur Zeit T, falls eine Konstante $C > 0$ existiert, so dass für alle (genügend kleinen) $h > 0$ gilt:*

$$\varepsilon(h) \leq Ch^\gamma. \tag{5.9}$$

Die Folge x_T^h heißt stark konvergent *gegen x_T zur Zeit T, wenn*

$$\lim_{h \to 0} \varepsilon(h) = 0.$$

Wie wird der Erwartungswert (5.8) konkret berechnet? Sind $X_1, \ldots, X_n$ (unabhängige) Stichproben einer Zufallsvariablen X, so verwenden wir den Schätzer

$$\theta_n = \frac{1}{n} \sum_{i=1}^{n} X_i$$

für den Erwartungswert $E(X)$. Dieser Schätzer hat den Vorteil, *erwartungstreu* zu sein, d.h.

$$E(\theta_n) = \frac{1}{n} \sum_{i=1}^{n} E(X_i) = \frac{1}{n} \sum_{i=1}^{n} E(X) = E(X),$$

und die Varianz konvergiert gegen null für $n \to \infty$:

$$\text{Var}(\theta_n) = \frac{1}{n^2} \sum_{i=1}^{n} \text{Var}(X_i) = \frac{1}{n} \text{Var}(X) \to 0 \quad (n \to \infty).$$

Wir untersuchen nun das Euler-Maruyama-Verfahren, angewandt auf die bekannte SDE

$$dX_t = \mu X_t dt + \sigma X_t dW_t \tag{5.10}$$

empirisch auf starke Konvergenz. Nehmen wir an, dass die Ungleichung (5.9) annähernd als Gleichung gilt, dann folgt durch Logarithmieren

$$\log \varepsilon(h) \approx \log C + \gamma \log h.$$

Plotten wir also $\varepsilon(h)$ und h mit doppelt-logarithmischer Skala, so können wir die Konvergenzordnung γ als die Steigung der Geraden

$$y(x) \approx \log C + \gamma x \quad \text{mit } y(x) = \log \varepsilon(h), \ x = \log h$$

bestimmen. Die Punkte $(\log h_i, \log \varepsilon(h_i))$, $i = 1, \ldots, m$, werden in der Praxis nicht exakt auf einer Geraden liegen. Daher bestimmen wir die Geradensteigung γ mit der Methode der kleinsten Quadrate, d.h., wir berechnen $z^* = (\log C, \gamma)^\top$ als die Lösung des Minimierungsproblems

$$z^* = \operatorname*{argmin}_{z \in \mathbb{R}^2} \|Az - b\|_2,$$

wobei $\| \cdot \|_2$ die euklidische Norm sei,

$$A = \begin{pmatrix} 1 & \log h_1 \\ \vdots & \vdots \\ 1 & \log h_m \end{pmatrix} \in \mathbb{R}^{m \times 2}, \quad b = \begin{pmatrix} \log \varepsilon(h_1) \\ \vdots \\ \log \varepsilon(h_m) \end{pmatrix} \in \mathbb{R}^m,$$

und das Argumentminimum argmin bedeutet, dass z^* das Problem

$$\|Az^* - b\|_2 = \min_{z \in \mathbb{R}^2} \|Az - b\|_2$$

löst. Der Vektor z^* kann durch Lösen der Normalgleichung $A^\top A z = A^\top b$ mit Hilfe des Cholesky-Verfahrens bestimmt werden. Jedoch wird dadurch im allgemeinen die Kondition der Matrix verschlechtert. (Die Kondition einer Matrix kann als der Quotient zwischen dem betragsmäßig größten und kleinsten Eigenwert der Matrix definiert werden.) Es ist besser, das Minimierungsproblem direkt mit der QR-Zerlegung zu lösen [97, 149]. In MATLAB wird diese Methode zur Lösung des obigen Minimierungsproblems verwendet, nämlich durch den Befehl x = A\b. Das Ergebnis ist ein zweidimensionaler Vektor x, dessen zweite Komponente die Steigung der Ausgleichsgeraden darstellt.

Zur Lösung der SDE (5.10) erzeugen wir M Realisationen $W_t^{(1)}, \ldots, W_t^{(M)}$ eines Wiener-Prozesses und lösen für jede dieser Realisationen

- die SDE (5.10) exakt, nämlich (siehe (4.9))

$$x_t^{(i)} = x_0 \exp\left((\mu - \tfrac{1}{2}\sigma^2)t + \sigma W_t^{(i)}\right), \quad i = 1, \ldots, M,$$

und notieren $x_T^{(i)}$;

- die Approximation (5.7) mit Schrittweiten $h_1 \ldots, h_m$ numerisch und notieren $x_T^{(i,h_1)}, \ldots, x_T^{(i,h_m)}$, $i = 1, \ldots, M$.

Der absolute Fehler $\varepsilon(h)$ wird approximiert durch den Schätzer

$$\widehat{\varepsilon}(h_j) = \frac{1}{M} \sum_{i=1}^{M} |x_T^{(i)} - x_T^{(i,h_j)}|.$$

Das MATLAB-Programm 5.5 realisiert diese Vorgehensweise zur Approximation von (5.10) für $\mu = 2$, $\sigma = 1$ und $T = 1$ und erzeugt die Abbildung 5.7, die den Fehlerschätzer $\widehat{\varepsilon}(h)$ für verschiedene Schrittweiten h darstellt. Die eingezeichnete Vergleichsgerade legt $\gamma = 0.5$ als Konvergenzordnung nahe. Tatsächlich ergibt die lineare Ausgleichsrechnung $\gamma = 0.542$ bei einem Residuum von 0.062. Wegen der

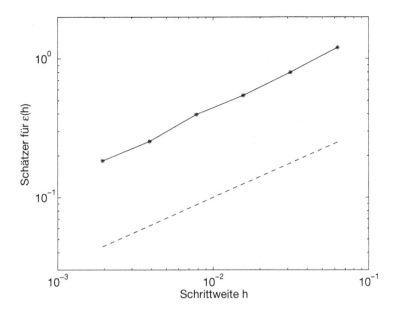

Abbildung 5.7 Fehlerschätzer $\widehat{\varepsilon}(h)$ für das Euler-Maruyama-Verfahren mit den Schrittweiten $h = 2^{-9}, \ldots, 2^{-4}$ in doppelt-logarithmischer Darstellung und Vergleichsgerade mit Steigung $1/2$ (gestrichelte Linie).

Eigenschaft $\triangle W_i = h^{0.5}$ ist diese Konvergenzordnung zu erwarten. Sie kann auch streng bewiesen werden; siehe Theorem 10.2.2 in [128].

In vielen Anwendungen ist man nicht an den Trajektorien x_T selbst, sondern nur an Momenten von x_T wie den Erwartungswert oder die Varianz interessiert. Daher suchen wir im Folgenden nur Approximationen etwa von $\mathrm{E}(x_T)$ bzw. $\mathrm{Var}(x_T)$, nämlich $\mathrm{E}(x_T^h)$ bzw. $\mathrm{Var}(x_T^h)$. Dies führt auf den folgenden abgeschwächten Konvergenzbegriff.

Definition 5.11 *Sei x_t eine Lösung einer SDE und x_t^h eine Approximation von x_t. Wir nennen x_T^h schwach konvergent bezüglich g mit Ordnung $\gamma > 0$ gegen x_T zur Zeit T, wenn eine Konstante $C > 0$ existiert, so dass für alle (genügend kleinen) $h > 0$ gilt:*

$$|\mathrm{E}(g(x_T)) - \mathrm{E}(g(x_T^h))| \le Ch^{\gamma}.$$

Im Falle $g(x) = x$ nennen wir x_T^h schwach konvergent mit Ordnung γ.

Da wir nicht an einer pfadweisen Konvergenz interessiert sind, können wir auch verschiedene Pfade für jeden Zeitschritt $y_i \mapsto y_{i+1}$ im Algorithmus (5.7) verwenden.

MATLAB-Programm 5.5 Das Programm `eulerstrong.m` testet das Euler-Maruyama-Verfahren auf starke Konvergenz bei Verwendung der Schrittweiten $2^{-9}, \ldots, 2^{-4}$. Mittels `loglog(x,y)` werden die Punktpaare `(x(i),y(i))` doppelt-logarithmisch dargestellt.

```
randn('state',3)
mu = 2; sigma = 1; X0 = 1; T = 1;
M = 1000;              % Anzahl der Pfade der Brownschen Bewegung
m = 6;                 % Anzahl der verschiedenen Schrittweiten
n = 2^9;               % maximale Anzahl der Gitterpunkte, wenn T = 1
h = T/n;               % kleinste Schrittweite

% Simultane Berechnung aller Wiener-Prozesse zu den M Pfaden
dW = sqrt(h)*randn(M,n);
W = sum(dW,2);

% Simultane Berechnung der exakten Lösung zu allen M Pfaden
Xexakt = X0*exp((mu-sigma^2/2)+sigma.*W);

% Simultane Berechnung der Euler-Lösung zu allen M Pfaden
for p = 1:m
    R = 2^(p-1);
    dt = R*h;          % aktuelle Schrittweite
    L = n/R;           % Anzahl der Euler-Schritte
    X = X0*ones(M,1);
    for j = 1:L
        Winc = sum(dW(:,R*(j-1)+1:R*j),2);
        X = X.*(1 + dt*mu + sigma*Winc);
    end
    Xerr(:,p) = abs(Xexakt - X);
end

% Plotten der Fehler und einer Geraden mit Steigung 1/2
dtlist = h*(2.^(0:m-1));
loglog(dtlist,mean(Xerr),'*-'), hold on
loglog(dtlist,(dtlist.^(0.5)),'--'), hold off

% Kleinste-Quadrate-Methode Ax = b mit x = (logC gamma)
A = [ones(m,1),log(dtlist)']; b = log(mean(Xerr)');
x = A\b;
gamma = x(2), residuum = norm(A*x-b)
```

Welche schwache Konvergenzordnung hat das Euler-Maruyama-Verfahren? Wir implementieren einen Test ähnlich wie oben für die SDE (5.10) mit $\mu = 2$, $\sigma = 0.1$ und $T = 1$, realisiert im MATLAB-Programm 5.6. Beachte, dass der Erwartungswert der exakten Lösung x_t von (5.10) $E(x_t) = \exp(\mu t)$ lautet. Da wir nur an Mittelwerten interessiert sind, könnten wir in dem Programm `randn(M,1)` durch `sign(rand(M,1))` ersetzen. Der Befehl `sign(x)` liefert 1, wenn x positiv ist, -1, wenn x positiv ist, und null, wenn x = 0.

Abbildung 5.8 stellt den Fehler $|E(x_T) - E(x_T^h)|$ für verschiedene Schrittweiten h dar. Diesmal vermuten wir eine Konvergenzordnung von 1. Die lineare Ausgleichsrechnung ergibt in der Tat $\gamma = 1.008$ bei einem Residuum von 0.051. Diese Konvergenzordnung kann rigoros bewiesen werden (siehe Theorem 14.1.5 in [128]).

MATLAB-Programm 5.6 Das Programm `eulerweak.m` testet das Euler-Maruyama-Verfahren auf schwache Konvergenz.

```
randn('state',3), mu = 2; sigma = 0.1; X0 = 1; T = 1;
M = 50000;              % Anzahl der Pfade der Brownschen Bewegung
m = 5;                  % Anzahl der verschiedenen Schrittweiten

% Berechnung der Euler-Mayurama-Lösung
for p = 1:m
    h = 2^(p-10);       % aktuelle Schrittweite
    L = T/h;            % Anzahl der Euler-Schritte
    X = X0*ones(M,1);
    for j = 1:L
        dW = sqrt(h)*randn(M,1);
        X = X.*(1 + mu*h + sigma*dW);
    end
    Xerr(p) = abs(mean(X) - exp(mu*T));
end

% Plotten der Fehler und einer Geraden mit Steigung 1
dtlist = 2.^([1:m]-10);
loglog(dtlist,Xerr,'*-'), hold on
loglog(dtlist,dtlist,'--'), hold off

% Kleinste-Quadrate-Methode Ax = b mit x = (logC gamma)
A = [ones(m,1),log(dtlist)']; b = log(Xerr)';
x = A\b; gamma = x(2), residuum = norm(A*x-b)
```

5.3.2 Stochastische Taylorentwicklungen

Wir wollen nun Verfahren höherer Konvergenzordnung entwickeln. Dazu machen wir einen Rückgriff auf eine spezielle Klasse von Integrationsverfahren, die für gewöhnliche Differentialgleichungen verwendet werden, und zwar Taylorreihen-Verfahren. Wir gehen teilweise ähnlich vor wie [201].

Betrachte zuerst das gewöhnliche (autonome) Anfangswertproblem

$$x'(t) = a(x(t)), \quad x \in \mathbb{R}^n, \ t > t_0, \quad x(t_0) = x_0.$$

Um Verfahren höherer Ordnung als das Euler-Verfahren

$$y_{i+1} = y_i + a(y_i)h, \quad i = 0, 1, \ldots, \quad y_0 = x_0,$$

für Approximationen y_i von $x(t_i)$ (mit $t_i = ih$, $h > 0$) herzuleiten, entwickeln wir die Lösung $x(t)$ in eine Taylorreihe um t (genügend hohe Regularität der Lösung vorausgesetzt):

$$x(t + h) = x(t) + hx'(t) + \frac{h^2}{2}x''(t) + \frac{h^3}{6}x'''(t) + \mathcal{O}(h^4).$$

Rekursives Einsetzen der rechten Seite der Differentialgleichung liefert die Entwicklung

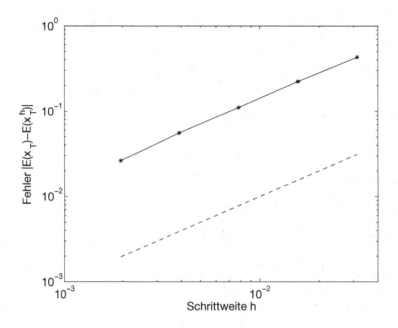

Abbildung 5.8 Fehler $|E(x_T) - E(x_T^h)|$ für das Euler-Maruyama-Verfahren mit Schritt-weiten $h = 2^{-9}, \ldots, 2^{-5}$ in doppelt-logarithmischer Darstellung und Vergleichsgerade mit Steigung 1 (gestrichelte Linie).

$$
\begin{aligned}
x(t+h) &= x(t) + ha(x(t)) + \frac{h^2}{2}\left(a(x(t))\right)' + \frac{h^3}{6}\left(a(x(t))\right)'' + \mathcal{O}(h^4) \\
&= x(t) + ha(x(t)) + \frac{h^2}{2}a'(x(t)) \cdot a(x(t)) \\
&\quad + \frac{h^3}{6}\left[a''(x(t))a(x(t))^2 + a'(x(t)) \cdot (a'(x(t)) \cdot a(x(t)))\right] + \mathcal{O}(h^4),
\end{aligned}
$$

wobei $a(x(t))^2$ das Argument des 3-Tensors $a''(x(t))$ ist, d.h.

$$
\left(a''(x(t))a(x(t))^2\right)_i = \sum_{j,k=1}^{n} \frac{\partial a_i}{\partial x_j \partial x_k}(x(t))a_j(x(t))a_k(x(t)),
$$

und die i-te Komponente von $a'(x(t)) \cdot (a'(x(t)) \cdot a(x(t)))$ lautet

$$
\sum_{j,k=1}^{n} \frac{\partial a_i}{\partial x_j}(x(t))\frac{\partial a_j}{\partial x_k}(x(t))a_k(x(t)).
$$

Wählen wir $t = t_i$ und approximieren $x(t_i)$ durch y_i, so erhalten wir nach Ver-nachlässigung des Restterms $\mathcal{O}(h^4)$ das Taylor-Einschrittverfahren

Für $i = 0, \ldots, n-1$

$$a_i := a(y_i), \ a_i' := a'(y_i), \ a_i'' := a''(y_i),$$

$$y_{i+1} := y_i + a_i h + \frac{h^2}{2} a_i' \cdot a_i + \frac{h^3}{6} [a_i''(a_i)^2 + a_i' \cdot (a_i' \cdot a_i)].$$

Wir können diese Idee auf SDE übertragen, indem wir die Taylorreihenentwicklung durch eine stochastische Version mit Hilfe des Lemmas von Itô ersetzen. Zunächst betrachten wir zur Vereinfachung der Darstellung die skalare, eindimensionale und autonome SDE

$$dx_t = a(x_t)dt + b(x_t)dW_t, \quad t > t_0. \tag{5.11}$$

Das Lemma 4.6 von Itô für $f(x_t)$ lautet in Integralform

$$f(x_t) = f(x_{t_0}) + \int_{t_0}^t \left(f'(x_s)a(x_s) + \frac{1}{2}f''(x_s)b(x_s)^2 \right) ds + \int_{t_0}^t f'(x_s)b(x_s)dW_s. \tag{5.12}$$

Speziell für $f(x) = x$ ergibt sich

$$x_t = x_{t_0} + \int_{t_0}^t a(x_s)ds + \int_{t_0}^t b(x_s)dW_s. \tag{5.13}$$

Setzen wir (5.12) für $f = a$ und $f = b$ in (5.13) ein, so ergibt sich

$$\begin{aligned} x_t = \ & x_{t_0} + \int_{t_0}^t \left(a(x_{t_0}) + \int_{t_0}^s (a'a + \tfrac{1}{2}a''b^2)dz + \int_{t_0}^s a'b\,dW_z \right) ds \\ & + \int_{t_0}^t \left(b(x_{t_0}) + \int_{t_0}^s (b'a + \tfrac{1}{2}b''b^2)dz + \int_{t_0}^s b'b\,dW_z \right) dW_s, \quad (5.14) \end{aligned}$$

wobei wir $a = a(x_z)$, $b = b(x_z)$ etc. abgekürzt haben. Fassen wir alle Doppelintegrale zu einem Restterm R zusammen, so folgt aus (5.14)

$$x_t = x_{t_0} + a(x_{t_0})(t - t_0) + b(x_{t_0}) \int_{t_0}^t dW_s + R.$$

Vernachlässigen von R liefert eine (recht umständliche) Herleitung des Euler-Maruyama-Verfahrens. Wir erhalten ein Verfahren höherer Ordnung, indem wir das Doppelintegral bezüglich $dW_z\,dW_s$ aus dem Restterm herausnehmen und den Integranden $b'(x_z)b(x_z)$ durch $b'(x_{t_0})b(x_{t_0})$ ersetzen:

$$x_t = x_{t_0} + a(x_{t_0})(t - t_0) + b(x_{t_0}) \int_{t_0}^t dW_s + b'(x_{t_0})b(x_{t_0}) \int_{t_0}^t \int_{t_0}^s dW_z\,dW_s + \widetilde{R}.$$

Die Idee dahinter ist, dass sich das Doppelintegral bezüglich $dW_z\,dW_s$ durch $\mathcal{O}(h)$ abschätzen lässt, wobei $h = t - t_0$, denn $dW_t = \sqrt{h}$ (siehe (4.7)). Alle anderen Terme in $\widetilde{R}$ sind von höherer Ordnung; insbesondere gilt $R = \mathcal{O}(h)$ und $\widetilde{R} = \mathcal{O}(h^{3/2})$.

Wir können das obige Doppelintegral explizit berechnen. Mit einer Variante von (4.2) folgt

$$
\begin{aligned}
\int_{t_0}^{t} \int_{t_0}^{s} dW_z \, dW_s &= \int_{t_0}^{t} (W_s - W_{t_0}) dW_s = \int_{t_0}^{t} W_s dW_s - W_{t_0} \int_{t_0}^{t} dW_s \\
&= \frac{1}{2}(W_t^2 - W_{t_0}^2) - \frac{t - t_0}{2} - W_{t_0}(W_t - W_{t_0}) \\
&= \frac{1}{2}\left((W_t - W_{t_0})^2 - (t - t_0) \right).
\end{aligned}
\tag{5.15}
$$

Dies führt auf das *Milstein-Verfahren* für die *nichtautonome* SDE (5.6):

> Für $i = 0, \ldots, n-1$
> $$\triangle W := Z\sqrt{h} \text{ mit } Z \sim N(0,1),$$
> $$y_{i+1} = y_i + a(y_i, t_i)h + b(y_i, t_i)\triangle W + \tfrac{1}{2}b'(y_i, t_i)b(y_i, t_i)((\triangle W)^2 - h),$$

wobei $b' = \partial b / \partial x$.

Um das Milstein-Verfahren für die SDE (5.10) mit $\mu = 2$, $\sigma = 1$ und $T = 1$ in MATLAB zu implementieren, genügt es, den Term $\frac{1}{2}\sigma^2 X((\triangle W)^2 - h)$ zu der Euler-Maruyama-Approximation von X hinzuzufügen, d.h., die Zeile 20 im MATLAB-Programm 5.5 durch die Zeile

```
X = X.*(1 + dt*mu + sigma*Winc + 0.5*sigma^2*(Winc.^2 - dt));
```

zu ersetzen. Das Ergebnis für verschiedene Schrittweiten ist in Abbildung 5.9 dargestellt. Die lineare Ausgleichsrechnung liefert $\gamma = 1.008$ bei einem Residuum von 0.051. Tatsächlich beträgt die starke Konvergenzordnung des Milstein-Verfahrens 1 (also um 1/2 besser als das Euler-Maruyama-Verfahren). Für einen Konvergenzbeweis verweisen wir auf Theorem 10.3.5 in [128].

Im Falle vektorwertiger SDE ist die Funktion $b(x_t, t)$ ebenfalls vektorwertig, und es muss in jedem Schritt die Jacobi-Matrix $b'(x_t, t)$ ausgewertet werden. Dies kann bei stochastischen Runge-Kutta-Verfahren, die wir im nächsten Abschnitt vorstellen, vermieden werden.

5.3.3   Stochastische Runge-Kutta-Verfahren

Als Beispiel für ein stochastisches Runge-Kutta-Verfahren leiten wir einen Algorithmus vom Milstein-Typ her. Um die Ableitung $b'(x_t)$ zu ersetzen, entwickeln wir formal:

$$
\begin{aligned}
b(x_t + \triangle x_t) - b(x_t) &= b'(x_t)\triangle x_t + \mathcal{O}(|\triangle x_t|^2) \\
&= b'(x_t)(a(x_t)h + b(x_t)\triangle W_t) + \mathcal{O}(h) \\
&= b'(x_t)b(x_t)\triangle W_t + \mathcal{O}(h).
\end{aligned}
$$

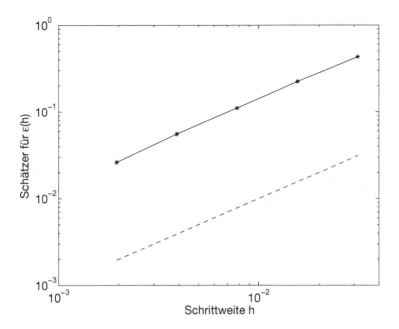

Abbildung 5.9 Fehlerschätzer $\widehat{\varepsilon}(h)$ für das Milstein-Verfahren mit Schrittweiten $h = 2^{-9}, \ldots, 2^{-4}$ in doppelt-logarithmischer Darstellung und Vergleichsgerade mit Steigung 1 (gestrichelte Linie).

Ersetzen wir $\triangle W_t$ wieder durch den Mittelwert $\sqrt{h}$ (motiviert durch (4.7)), so folgt

$$
\begin{aligned}
b'(x_t)b(x_t) &= \frac{1}{\sqrt{h}}(b(x_t + \triangle x_t) - b(x_t)) + \mathcal{O}(\sqrt{h}) \\
&= \frac{1}{\sqrt{h}}\left[b(x_t + a(x_t)h + b(x_t)\sqrt{h}) - b(x_t)\right] + \mathcal{O}(\sqrt{h}).
\end{aligned}
$$

Damit erhalten wir das stochastische Runge-Kutta-Verfahren erster Ordnung, das eine Variante des Milstein-Verfahrens ist:

$$
\begin{aligned}
&\text{Für } i = 0, \ldots, n-1 \\
&\quad \triangle W := Z\sqrt{h} \text{ mit } Z \sim N(0,1), \\
&\quad \widehat{y} := y_i + a(y_i, t_i)h + b(y_i, t_i)\sqrt{h}, \\
&\quad y_{i+1} := y_i + a(y_i, t_i)h + b(y_i, t_i)\triangle W \\
&\qquad\qquad + \frac{1}{2\sqrt{h}}(b(\widehat{y}, t_i) - b(y_i, t_i))((\triangle W)^2 - h).
\end{aligned}
\tag{5.16}
$$

Bemerkung 5.12 Wie könnte eine allgemeine Klasse von stochastischen Runge-Kutta-Verfahren aussehen? Ein erster Versuch wäre die Definition

$$y_{i+1} = y_i + h \sum_{j=1}^{s} d_j a(\widehat{y}_j) + \triangle W \sum_{j=1}^{s} e_j b(\widehat{y}_j)$$

mit den Zuwächsen

$$\widehat{y}_j = y_i + h \sum_{k=1}^{s} D_{jk} a(y_k) + \triangle W \sum_{k=1}^{s} E_{jk} b(y_k), \quad j = 1, \ldots, s.$$

Leider gibt es hierfür eine Schranke für die Konvergenzordnung. Derartige Verfahren können maximal eine (starke) Konvergenzordnung von 1 haben und sind somit nicht besser als das Milstein-Verfahren oder die oben konstruierte Runge-Kutta-Methode [182]. Umgehen kann man diese Ordnungsschranke nur, wenn man weitere Zufallsvariable benutzt, um die Mehrfach-Integrale (z.B. $\int_{t_0}^{t} \int_{t_0}^{s} dW_z dW_s$) der stochastischen Taylorentwicklung zu approximieren. Hierzu ersetzt man die Ausdrücke $e_j \triangle W$ bzw. $E_{jk} \triangle W$ durch Zufallsvariable Z_j bzw. Z_{jk}. Wir verweisen für Details auf [39, 40].   □

5.3.4   Systeme stochastischer Differentialgleichungen

Wir wollen das Milstein-Verfahren auf Systeme von SDE der Dimension n mit m-dimensionalen Wiener-Prozessen $W_t = (W_t^{(1)}, \ldots, W_t^{(m)})$ verallgemeinern:

$$dx_t = a(x_t, t)dt + b(x_t, t)dW_t,$$

wobei

$$a = (a^{(j)}) : \mathbb{R}^n \times \mathbb{R} \to \mathbb{R}^n, \quad b = (b^{(jk)}) : \mathbb{R}^n \times \mathbb{R} \to \mathbb{R}^{n \times m}.$$

Solche SDE treten etwa bei der Modellierung von Optionen mit stochastischer Volatilität auf (Beispiel 5.1) oder bei der Modellierung von Basket-Optionen (Beispiel 5.2). Die allgemeine Gleichung, die die Dynamik der Aktienkurse $S_t^{(1)}, \ldots,$ $S_t^{(n)}$ beschreibt, lautet dann

$$dS_t^{(j)} = \mu_t^{(j)} S_t^{(j)} dt + \sum_{k=1}^{m} \sigma_t^{(jk)} S_t^{(j)} dW_t^{(k)}, \quad j = 1, \ldots, n.$$

Der Fall eines eindimensionalen Wiener-Prozesses $m = 1$ ist einfach. Der Term $b'b$ geht für $b = (b^{(1)}, \ldots, b^{(n)})^\top$ über in

$$Db(x_t, t)b(x_t, t) = \begin{pmatrix} \frac{\partial b^{(1)}}{\partial x_1} & \cdots & \frac{\partial b^{(1)}}{\partial x_n} \\ \vdots & & \vdots \\ \frac{\partial b^{(n)}}{\partial x_1} & \cdots & \frac{\partial b^{(n)}}{\partial x_n} \end{pmatrix} \begin{pmatrix} b^{(1)} \\ \vdots \\ b^{(n)} \end{pmatrix},$$

und das Milstein-Verfahren schreibt sich als

$$
\begin{aligned}
y_{i+1} &= y_i + a(y_i, t_i)h + b(y_i, t_i)\triangle W \\
&\quad + \frac{1}{2}Db(y_i, t_i)b(y_i, t_i)((\triangle W)^2 - h).
\end{aligned}
$$

Ähnlich läßt sich das obige stochastische Runge-Kutta-Verfahren umformulieren.

Der allgemeine Fall von $m > 1$ Wiener-Prozessen ist komplizierter. Wiederholen wir die Herleitung des Milstein-Verfahrens für skalare SDE, so erhalten wir das *Milstein-Verfahren für Systeme*:

$$
\begin{aligned}
y_{i+1}^{(s)} &= y_i^{(s)} + a^{(s)}(y_i, t_i)h + \sum_{j=1}^{m} b^{(sj)}(y_i, t_i)\triangle W^{(j)} \qquad (5.17) \\
&\quad + \sum_{j,k=1}^{m} \sum_{\ell=1}^{n} b^{(\ell j)} \frac{\partial b^{(sk)}}{\partial x_\ell}(y_i, t_i) \int_{t_i}^{t_{i+1}} \int_{t_i}^{\tau} dW_z^{(j)} \, dW_\tau^{(k)}, \quad s = 1, \ldots, n.
\end{aligned}
$$

Wir sind hier mit zwei Problemen konfrontiert:

- Leider sind die stochastischen Integrale

$$
I_{jk} := \int_{t_i}^{t_{i+1}} \int_{t_i}^{\tau} dW_z^{(j)} \, dW_\tau^{(k)}
$$

im allgemeinen nicht mehr einfach auf die elementaren Integrale

$$
\triangle W^{(k)} = \int_{t_i}^{t_{i+1}} dW_\tau^{(k)} \qquad (5.18)
$$

rückführbar. Wie können wir sie dennoch berechnen?

- Die Differentialoperatoren

$$
L_j := \sum_{\ell=1}^{n} b^{(\ell j)} \frac{\partial}{\partial x_\ell}
$$

müssen auf alle Spaltenvektoren $(b^{(sk)})_{s=1,\ldots,n}$ angewendet werden. Dies ist mühsam; können wir es vermeiden?

Eine Möglichkeit, das erste Problem zu lösen, lautet, die Integrale I_{jk} bis auf einen Fehler $\mathcal{O}(h)$ zu approximieren, denn damit bleibt die Konvergenzordnung 1 des Milstein-Verfahrens erhalten. Interessanterweise sind die Integrale Lösungen von (einfachen) Systemen von SDE. Approximieren wir die Lösungen, so erhalten wir auch Approximationen der Integrale I_{jk}.

Wir zeigen, wie das Integral I_{21} approximiert werden kann; der allgemeine Fall funktioniert analog. Die Behauptung ist, dass I_{21} die erste Komponente der Lösung des Systems

$$dx_t = \begin{pmatrix} x_t^{(2)} & 0 \\ 0 & 1 \end{pmatrix} dW_t, \quad t_i < t \le t_{i+1}, \quad x_{t_i} = \begin{pmatrix} 0 \\ 0 \end{pmatrix}, \tag{5.19}$$

an der Stelle $t = t_{i+1}$ ist, wobei $x_t = (x_t^{(1)}, x_t^{(2)})^\top$. Dies beweisen wir im folgenden Lemma.

Lemma 5.13 *Die Lösung x_t von (5.19) lautet an der Stelle $t = t_{i+1}$:*

$$x_{t_{i+1}} = \begin{pmatrix} I_{21} \\ \triangle W^{(2)} \end{pmatrix},$$

wobei $\triangle W^{(2)} = W_{t_{i+1}}^{(2)} - W_{t_i}^{(2)}$.

Beweis. Die zweite Gleichung $dx_t^{(2)} = dW_t^{(2)}$ kann geschrieben werden als

$$x_s^{(2)} = x_{t_i}^{(2)} + \int_{t_i}^{s} dW_z^{(2)} = \int_{t_i}^{s} dW_z^{(2)},$$

so dass für die erste Komponente folgt

$$x_{t_{i+1}}^{(1)} = x_{t_i}^{(1)} + \int_{t_i}^{t_{i+1}} x_s^{(2)} dW_s^{(1)} = \int_{t_i}^{t_{i+1}} x_s^{(2)} dW_s^{(1)} = \int_{t_i}^{t_{i+1}} \int_{t_i}^{s} dW_\tau^{(2)} dW_s^{(1)}. \quad \square$$

Wir zerlegen das Intervall $[t_i, t_{i+1}]$ in N Teilintervalle der Länge $\delta = (t_{i+1} - t_i)/N$. Sei z_k die Approximation von $x_{t_i+k\delta}$. Dann ist $z_0 = (0,0)^\top$. Die Euler-Maruyama-Approximation von (5.19) lautet:

$$\text{Für } k = 0, \dots, n-1$$
$$\triangle W_k := W_{t_i+(k+1)\delta} - W_{t_i+k\delta}, \tag{5.20}$$
$$z_{k+1} := z_k + \begin{pmatrix} z_k^{(2)} & 0 \\ 0 & 1 \end{pmatrix} \triangle W_k.$$

Liefert dies wirklich eine Approximation von I_{21} der Ordnung 1? Ja, wenn $N = 1/h$ und $h = t_{i+1} - t_i$, denn das Euler-Maruyama-Verfahren hat die starke Konvergenzordnung $1/2$, und damit ist wegen $\delta = h/N = h^2$:

$$\mathrm{E}(|z_N^{(1)} - I_{21}|) \le C\delta^{1/2} = Ch.$$

Folglich ist $z_N^{(1)}$ eine Approximation von I_{21} der Ordnung $\mathcal{O}(h)$.

Wir kommen nun auf das zweite Problem zurück. Die Differentiation der Spaltenvektoren $(b^{(sk)})_{s=1,\dots,n}$ kann vermieden werden, indem wir ein stochastisches Runge-Kutta-Verfahren ähnlich wie im skalaren Fall verwenden.

Lemma 5.14 *Es gilt die Approximation*

$$L_j b^{(k)}(y_i, t_i) := \sum_{\ell=1}^{n} b^{(\ell j)}(y_i, t_i) \frac{\partial b^{(k)}}{\partial x_\ell}(y_i, t_i)$$

$$= \frac{1}{\sqrt{h}} \left(b^{(k)}(\widehat{y}^{(j)}, t_i) - b^{(k)}(y_i, t_i) \right) + \mathcal{O}(\sqrt{h}), \qquad (5.21)$$

wobei

$$\widehat{y}^{(j)} = y_i + a(y_i, t_i)h + b^{(j)}(y_i, t_i)\sqrt{h}. \qquad (5.22)$$

Beweis. Für die rechte Seite von (5.21) liefert eine Taylorentwicklung:

$$\frac{1}{\sqrt{h}} \left(b^{(k)}(\widehat{y}^{(j)}, t_i) - b^{(k)}(y_i, t_i) \right) = \frac{1}{\sqrt{h}} \left(Db^{(k)} \cdot (\widehat{y}^{(j)} - y_i) + \mathcal{O}(h) \right)$$

$$= \frac{1}{\sqrt{h}} \left(Db^{(k)} \cdot (ah + b^{(j)}\sqrt{h}) + \mathcal{O}(h) \right)$$

$$= Db^{(k)} \cdot b^{(j)} + \mathcal{O}(\sqrt{h}), \qquad (5.23)$$

wobei wir das Argument (y_i, t_i) weggelassen haben. Die s-te Komponente von (5.23) ist gleich

$$(Db^{(k)} \cdot b^{(j)})_s = \sum_{\ell=1}^{n} \frac{\partial b^{(sk)}}{\partial x_\ell} b^{(\ell j)} = (L_j b^{(k)})_s,$$

und das ist gerade die linke Seite von (5.21). $\qquad\square$

Wir erhalten zusammengefasst das *stochastische Runge-Kutta-Verfahren erster Ordnung für Systeme:*

$$y_{i+1} := y_i + a(y_i, t_i)h + b(y_i, t_i)\triangle W$$

$$+ \frac{1}{\sqrt{h}} \sum_{j,k=1}^{m} (b^{(k)}(\widehat{y}^{(j)}, t_i) - b^{(k)}(y_i, t_i)) I_{jk}. \qquad (5.24)$$

Dies ist die Verallgemeinerung des stochastischen Runge-Kutta-Verfahrens (5.16) für den skalaren Fall. Die Zwischenwerte $\widehat{y}^{(j)}$ sind in (5.22) definiert, die Komponenten von $\triangle W$ sind durch (5.18) gegeben und die Integrale I_{jk} können mittels (5.20) approximiert werden.

Bemerkung 5.15 In speziellen Fällen können die Integrale I_{jk} explizit berechnet werden:

(1) Für $j = k$ erhalten wir wegen (5.15)

$$I_{jj} = \frac{1}{2} \left((\triangle W_i^{(j)})^2 - h \right)$$

mit $\triangle W_i^{(j)} = W_{t_{i+1}}^{(j)} - W_{t_i}^{(j)}$ und $h = t_{i+1} - t_i$.

(2) Hängt b nicht von x ab (man spricht von *additivem Rauschen*), verschwindet die Ableitung $\partial b/\partial x_\ell$ und das Milstein- und Runge-Kutta-Verfahren reduzieren sich zum Euler-Maruyama-Verfahren.

(3) Falls $b = \mathrm{diag}(b_1(x_1,t),\ldots,b_n(x_n,t))$ und $n = m$ (sogenanntes *diagonales Rauschen*), folgt

$$L_j b^{(k)} = \begin{cases} 0 & : j \neq k \\ b_j \dfrac{\partial b_j}{\partial x_j} & : j = k, \end{cases}$$

und es sind nur Auswertungen von I_{jj} nötig.   □

Weitere Verfahren zur Diskretisierung von (Systemen von) SDE sind in [127, 128, 169] zu finden; für MATLAB-Routinen siehe [101, 103].

5.4   Varianzreduktion

In Abschnitt 5.1 haben wir gesehen, dass sehr viele Monte-Carlo-Simulationen notwendig sind, um einen halbwegs akkuraten Preis einer Option zu erhalten. In diesem Abschnitt erklären wir dieses langsame Konvergenzverhalten und stellen zwei Methoden vor, mit denen die Genauigkeit ohne großen Aufwand verbessert werden kann.

Sei θ_n die Monte-Carlo-Approximation eines exakten Wertes θ. Beispiele für θ_n und θ sind

- Lösung einer stochastischen Differentialgleichung:

$$\theta = x_T, \text{ Lösung einer SDE } dx_t = a(x_t,t)dt + b(x_t,t)dW_t,$$
$$\theta_n = y_n, \text{ Approximation von } x_T.$$

- stochastische Integration:

$$\theta = \int_\Omega g(x)dx = \int_\Omega \frac{g(x)}{f(x)} f(x)dx = \mathrm{E}(\phi(x)),$$
$$\theta_n = \frac{1}{n}\sum_{k=1}^{n} \phi(X_k),$$

wobei $\phi(x) = g(x)/f(x)$, und X_k sind (unabhängige) Stichproben einer nach F verteilten Zufallsvariablen mit $F' = f$.

Der Fehler $|\theta_n - \theta|$ ist selbst eine Zufallsvariable, und so können wir nur Fehlergrenzen für gewisse Sicherheitswahrscheinlichkeiten angeben. Wir illustrieren dies für den Fall, dass θ_n eine stochastische Approximation eines Integrals mit Wert θ darstellt (siehe oben). Wir nehmen an, dass $\mathrm{E}(\phi(X_k)) = \theta$ und $\mathrm{Var}(\phi(X_k)) = \sigma^2$ für alle $k = 1, \ldots, n$ gilt. Dann folgt

$$\text{Var}(\theta_n) = \frac{1}{n^2} \sum_{k=1}^{n} \text{Var}(\phi(X_k)) = \frac{\sigma^2}{n}$$

und

$$\text{E}(\theta_n) = \frac{1}{n} \sum_{k=1}^{n} \text{E}(\phi(X_k)) = \theta.$$

Wir benutzen nun die *Chebychev-Ungleichung* für beliebige quadratisch integrierbare Zufallsvariable Y (siehe Übungsaufgaben)

$$\text{P}(|Y - \text{E}(Y)| \geq \delta) \leq \frac{\text{Var}(Y)}{\delta^2}, \quad \delta > 0,$$

für $\delta = \sigma/\sqrt{\varepsilon n}$, um die elementare Fehlerabschätzung

$$\text{P}\left(|\theta_n - \theta| \geq \frac{\sigma}{\sqrt{\varepsilon n}}\right) \leq \varepsilon$$

oder äquivalent

$$\text{P}\left(|\theta_n - \theta| < \frac{\sigma}{\sqrt{\varepsilon n}}\right) \geq 1 - \varepsilon$$

zu erhalten. Diese Ungleichung bedeutet, dass der Fehler $|\theta_n - \theta|$ umso kleiner wird, je größer die Stichprobenzahl n ist. Allerdings muß zur Reduktion des Fehlers um eine Dezimalstelle (also um den Faktor 10) die Stichprobenzahl um den Faktor 100 erhöht werden! Dies erklärt die langsame Konvergenz der Monte-Carlo-Methode.

Eine andere Idee, den Fehler zu verkleinern, lautet, die Varianz $\text{Var}(\theta_n)$ möglichst klein zu halten. Diese Möglichkeit der Konvergenzverbesserung bezeichnet man als *Technik der Varianzreduktion*. Wir skizzieren zwei Methoden:

- Abtrennung des Hauptteils und

- antithetische Variablen.

Zu anderen Methoden der Varianzreduktion verweisen wir auf [29, 128].

Die Methode der *Abtrennung des Hauptteils* versucht, durch geschicktes Addieren eines zweiten Integranden die Gesamtvarianz des Schätzers zu verkleinern. Wir nehmen an, dass das Integral $\theta^* = \int_\Omega \psi(x) f(x) dx$ für eine Funktion ψ (die man *Hauptteil* nennt) analytisch berechenbar ist. Die Formulierung

$$\theta = \int_\Omega (\phi(x) - \psi(x)) f(x) dx + \int_\Omega \psi(x) f(x) dx$$

motiviert dann den neuen Schätzer

$$\widehat{\theta}_n = \frac{1}{n} \sum_{k=1}^{n} (\phi(X_k) - \psi(X_k)) + \int_{\Omega} \psi(x) f(x) dx$$
$$= \theta_n - \theta_n^* + \theta^*,$$

wobei

$$\theta_n = \frac{1}{n} \sum_{k=1}^{n} \phi(X_k), \quad \theta_n^* = \frac{1}{n} \sum_{k=1}^{n} \psi(X_k).$$

Der Hauptteil ψ sollte möglichst „einfach" sein, so dass das Integral θ^* analytisch bestimmt werden kann, aber zugleich der Funktion ϕ möglichst „ähnlich" sein, damit die Varianz von $\widehat{\theta}_n$ kleiner als die Varianz von θ_n wird. Warum sollte das funktionieren? Wenn ϕ und ψ sehr „ähnlich" sind, erwarten wir, dass sowohl θ und θ^* als auch die Approximationen θ_n und θ_n^* „ähnlich" sind. Dann sollte auch die Korrelation zwischen θ_n und θ_n^* groß sein und nahe der oberen Schranke liegen, also:

$$\text{Cov}(\theta_n, \theta_n^*) \approx \frac{1}{2} (\text{Var}(\theta_n) + \text{Var}(\theta_n^*)). \tag{5.25}$$

Die obere Schranke lautet tatsächlich $\frac{1}{2}(\text{Var}(\theta_n) + \text{Var}(\theta_n^*))$, denn aus der Beziehung

$$\text{Var}(X \pm Y) = \text{Var}(X) + \text{Var}(Y) \pm 2\text{Cov}(X, Y) \tag{5.26}$$

für zwei Zufallsvariablen X und Y folgt die Ungleichung

$$\text{Cov}(X, Y) \leq \frac{1}{2} (\text{Var}(X) + \text{Var}(Y)). \tag{5.27}$$

Dann ergibt sich für die neue Zufallsvariable:

$$\begin{aligned} \text{Var}(\widehat{\theta}_n) &= \text{Var}(\theta_n - \theta_n^*) \quad (\text{denn } \theta^* \text{ ist konstant}) \\ &= \text{Var}(\theta_n) + \text{Var}(\theta_n^*) - 2\text{Cov}(\theta_n, \theta_n^*) \quad (\text{wegen (5.26)}) \\ &\approx 0 \quad (\text{wegen (5.25)}). \end{aligned}$$

Die Varianz ist tatsächlich verringert worden.

Die zweite Methode führt eine sogenannte *antithetische Variable* ein. Sei θ_n mittels einer Zufallsvariablen $Z \sim N(0, 1)$ erzeugt. Definiere dann eine Approximation θ_n^-, die genauso wie θ_n erzeugt wurde, aber mit $-Z \sim N(0, 1)$, so dass $\text{Var}(\theta_n) = \text{Var}(\theta_n^-)$ gilt. Die antithetische Variable lautet

$$\widehat{\theta}_n = \frac{1}{2} (\theta_n + \theta_n^-).$$

Wir behaupten, dass die Varianz von $\widehat{\theta}_n$ kleiner als die von θ_n ist. Aus (5.26) folgt

$$\text{Var}(\widehat{\theta}_n) = \frac{1}{4} \text{Var}(\theta_n + \theta_n^-) = \frac{1}{4} \left(\text{Var}(\theta_n) + \text{Var}(\theta_n^-) + 2\text{Cov}(\theta_n, \theta_n^-) \right),$$

und unter Berücksichtigung von (5.27) erhalten wir

$$\mathrm{Var}(\widehat{\theta}_n) \leq \tfrac{1}{4}(\mathrm{Var}(\theta_n) + \mathrm{Var}(\theta_n^-)), \quad \text{wenn } \mathrm{Cov}(\theta_n, \theta_n^-) \leq 0,$$

$$\mathrm{Var}(\widehat{\theta}_n) < \tfrac{1}{2}(\mathrm{Var}(\theta_n) + \mathrm{Var}(\theta_n^-)), \quad \text{wenn } \mathrm{Cov}(\theta_n, \theta_n^-) > 0.$$

Wegen $\mathrm{Var}(\theta_n) = \mathrm{Var}(\theta_n^-)$ erhalten wir also $\mathrm{Var}(\widehat{\theta}_n) < \mathrm{Var}(\theta_n)$.

Wir illustrieren diese Methode mit einer Monte-Carlo-Simulation der europäischen Put-Option aus Beispiel 5.1. Die Variablen θ_n bzw. θ_n^- seien die Auszahlungsfunktionen zu den Aktienkursen S_i bzw. S_i^-, die durch

$$\begin{aligned} S_{i+1} &= S_i(1 + rh + Z\sqrt{h}), \\ S_{i+1}^- &= S_i^-(1 + rh - Z\sqrt{h}), \quad i = 1, \ldots, n-1, \end{aligned}$$

mit $Z \sim N(0,1)$ definiert sind. Die Auszahlungsfunktion der antithetischen Variablen ist dann gegeben durch $\frac{1}{2}((K - S_N)^+ + (K - S_N^-)^+)$. Dies ist im MATLAB-Programm 5.7 realisiert.

Abbildung 5.10 stellt die Entwicklung des relativen Fehlers des Optionspreises in Abhängigkeit von der Anzahl der Monte-Carlo-Simulationen dar. Im Vergleich zu Abbildung 5.3 sehen wir eine Effizienzsteigerung gegenüber der Standardmethode. Nach 3000 Simulationen etwa beträgt der relative Fehler *ohne* Varianzreduktionstechnik 1.4%; *mit* antithetischen Variablen lautet dieser Fehler nur 0.4%.

5.5 Monte-Carlo-Simulation einer asiatischen Option

In den vorangegangenen Abschnitten haben wir die Techniken kennengelernt, mit denen wir die in Beispiel 5.1 vorgestellte asiatische Option im Heston-Modell bewerten können. Die Aufgabe lautet, den Preis einer asiatischen Call-Option mit Auszahlungsfunktion

$$V_0(S_T) = \left(S_T - \frac{1}{T} \int_0^T S_\tau d\tau \right)^+$$

zu berechnen, wobei die Dynamik von S_t durch das Heston-Modell

$$\begin{aligned} dS_t &= r_t S_t dt + \sigma_t S_t dW_t^{(1)}, \\ d\sigma_t^2 &= \kappa(\theta - \sigma_t^2)dt + \nu \sigma_t dW_t^{(2)}, \quad 0 < t < T, \end{aligned}$$

gegeben ist. Die risikofreie Zinsrate sei zeitabhängig und definiert durch

$$r_t = \frac{1}{100}(\sin(2\pi t) + t + 3), \quad 0 \leq t \leq T.$$

MATLAB-Programm 5.7 Das Programm `antithetic.m` berechnet den Preis einer europäischen Put-Option mittels Monte-Carlo-Simulationen und Verwendung antithetischer Variablen.

```
randn('state',3)
K = 100; r = 0.1; sigma = 0.4; T = 1; S0 = 80;
n = 50; h = 1/n; M = 10000;

% Simultane Erzeugung der Wiener-Prozesse zu M Pfaden
dW = sqrt(h)*randn(n,M);

% Simultane Berechnung der Aktienkurse für alle M Pfade
S = zeros(n+1,M);
S(1,:) = S0; % Anfangswerte
S1 = S;
for i = 1:n
    S(i+1,:) = S(i,:).*(1 + r*h + sigma*dW(i,:));
    S1(i+1,:) = S1(i,:).*(1 + r*h - sigma*dW(i,:));
end

% Simultane Berechnung der Auszahlungsfunktion
payoff = 0.5*(max(0,K-S(n+1,:)) + max(0,K-S1(n+1,:)));

% Simultane Berechnung des Schätzers und der Optionspreise
V = exp(-r*T)*(cumsum(payoff)./(1:M));

% Grafische Ausgabe
Vexakt = put(S0,0,K,r,sigma,T);
plot(abs(V-Vexakt*ones(1,M))/Vexakt)
```

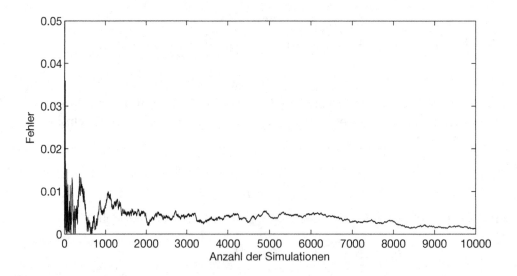

Abbildung 5.10 Relativer Fehler bei der Berechnung des Preises einer europäischen Put-Option mit $K = 100$, $r = 0.1$, $\sigma = 0.4$, $T = 1$ und $S_0 = 80$ in Abhängigkeit von der Anzahl der Monte-Carlo-Simulationen unter Verwendung antithetischer Variablen.

Der Wiener-Prozess $(W^{(1)}, W^{(2)})$ sei $N(0, \Sigma)$-verteilt mit Kovarianzmatrix

$$\Sigma = \begin{pmatrix} 1 & \rho \\ \rho & 1 \end{pmatrix}.$$

Die Parameter seien

$$\kappa = 2, \quad \theta = 0.4, \quad \nu = 0.2, \quad \rho = 0.2, \quad T = 1, \quad S_0 = 100, \quad \sigma_0 = 0.25.$$

In Beispiel 5.7 haben wir eine Formel zur Berechnung einer zweidimensionalen $N(\mu, \Sigma)$-verteilten Zufallsvariablen hergeleitet. Seien $Z^{(1)}$, $Z^{(2)}$ (unabhängige) standardnormalverteilte Zufallsvariablen. Dann ist

$$\begin{pmatrix} W^{(1)} \\ W^{(2)} \end{pmatrix} = \begin{pmatrix} 1 & 0 \\ \rho & \sqrt{1-\rho^2} \end{pmatrix} \begin{pmatrix} Z^{(1)} \\ Z^{(2)} \end{pmatrix} = \begin{pmatrix} Z^{(1)} \\ \rho Z^{(1)} + \sqrt{1-\rho^2} Z^{(2)} \end{pmatrix}$$

$N(0, \Sigma)$-verteilt. Wie in Abschnitt 5.1 erläutert, wird der Optionspreis approximativ über die Formel

$$V_0 = \exp\left(-\int_0^T r_t dt\right) \frac{1}{M} \sum_{k=1}^{M} \left(S_T^{(k)} - \frac{1}{N} \sum_{i=1}^{N} S_{t_i}^{(k)}\right)^+$$

berechnet (vgl. (4.61)), wobei M die Anzahl der Monte-Carlo-Simulationen und N die Anzahl der Zeitschritte ist.

Die Berechnung erfolgt also in drei Schritten:

- Berechne $dW^{(1)}$ und $dW^{(2)}$ aus

$$dW_k^{(1)} = Z_k^{(1)} \sqrt{h}, \quad dW_k^{(2)} = \rho Z_k^{(1)} \sqrt{h} + \sqrt{1-\rho^2} Z_k^{(2)} \sqrt{h}.$$

- Löse das SDE-System mit dem Euler-Maruyama-Verfahren:

$$(\sigma_{i+1}^{(k)})^2 = (\sigma_i^{(k)})^2 + \kappa\left(\theta - (\sigma_i^{(k)})^2\right) h + \nu \sigma_i^{(k)} dW_k^{(2)},$$

$$S_{i+1}^{(k)} = S_i^{(k)}\left(1 + r(t_i)h + \sigma_i^{(k)} dW_k^{(1)}\right), \quad i = 1, \ldots, N-1.$$

- Berechne die Approximation des Optionspreises:

$$\overline{S}^{(k)} = \frac{1}{N} \sum_{i=1}^{N} S_i^{(k)}, \quad V_0 = \exp\left(-\int_0^T r_t dt\right) \frac{1}{M} \sum_{k=1}^{M} (S_N^{(k)} - \overline{S}^{(k)})^+.$$

Dieser Algorithmus ist im MATLAB-Programm 5.8 umgesetzt. Die Variable `intr` bezeichnet das Integral von r_t über $(0, T)$:

$$\int_0^T r_t dt = \frac{T}{200}(T + 6) + \frac{1}{200\pi}(1 - \cos(2\pi T)).$$

Bemerkung 5.16 Es ist natürlich auch möglich, antithetische Variablen zu verwenden (Übungsaufgabe). Allerdings werden dann in unserer Implementierung (fast) zweimal so viele Variablen benötigt, was zu Speicherplatzproblemen führen kann. Man kann jedoch ohne Matrizen zur Speicherung des Aktienkurses an allen Diskretrisierungspunkten auskommen und damit viel Speicherplatz sparen, wenn man das Integral

$$I_t = \int_0^T S_\tau d\tau$$

nicht durch eine Quadraturformel (wie in `asian1.m` mittels `mean(S,2)`) approximiert, sondern als Differentialgleichung $dI_t = S_t dt$ an die SDE ankoppelt und simultan mitberechnen lässt.   □

Mit den obigen Parametern erhalten wir die in Tabelle 5.1 dargestellten Werte. Der Preis der asiatischen Option beträgt also etwa $V_0 = 13.6$.

Welchen Effekt hat die stochastische Volatilität? Der Preis einer asiatischen Option mit *konstanter* Volatilität $\sigma = 0.25$ beträgt (bei 200 000 Simulationen)

MATLAB-Programm 5.8 Das Programm `asian1.m` berechnet den Preis einer asiatischen Option im Heston-Modell mittels Monte-Carlo-Simulationen.

```
randn('state',2)
M = 1000;                    % Anzahl der Simulationen
N = 100;                     % Anzahl der Zeitschritte
T = 1; h = T/N;
S0 = 100; sigma20 = 0.25*0.25;   % Startwerte
kappa = 2; theta = 0.4; nu = 0.2; rho = 0.2;

% zeitabhängige Zinsrate und Integral von 0 bis T
t = [0:h:T];
r = 0.01*(sin(2*pi*t) + t) + 0.03;
intr = T*(T/200 + 0.03) + (1-cos(2*pi*T))/(200*pi);

% zweidimensionaler Wiener-Prozess
dW1 = randn(M,N+1)*sqrt(h);
dW2 = rho*dW1 + sqrt(1-rho^2)*randn(M,N+1)*sqrt(h);

% Initialisierung von S und sigma^2
S = S0*ones(M,N+1);
sigma2 = sigma20*ones(M,N+1);

% Lösung des SDE-Systems mit dem Euler-Maruyama-Verfahren
for i = 1:N
    sigma2(:,i+1) = sigma2(:,i) + kappa*(theta-sigma2(:,i))*h ...
        + nu*sqrt(sigma2(:,i)).*dW2(:,i);
    S(:,i+1) = S(:,i).*(1 + r(:,i)*h + sqrt(sigma2(:,i)).*dW1(:,i));
end

payoff = max(0,S(:,N+1)-mean(S,2));
V = exp(-intr)*mean(payoff)
```

Simulationen	Optionspreis
1000	14.40
5000	12.63
10 000	13.03
50 000	13.49
100 000	13.46
200 000	13.58

Tabelle 5.1 Preise des asiatischen Calls, berechnet mit dem Euler-Maruyama-Verfahren, in Abhängigkeit der Anzahl der Monte-Carlo-Simulationen.

$V_0 = 6.5$. Warum ist diese Option deutlich preiswerter als die mit stochastischer Volatilität? In Abbildung 5.11 ist der Mittelwert von $M = 1000$ Pfaden der stochastischen Volatilität dargestellt, erzeugt mit dem MATLAB-Befehl

```
plot(0:h:N*h,sqrt(mean(sigma2)))
```

Wir sehen, dass die Volatilität mit zunehmender Zeit im Mittel stark wächst. Dies hat dann einen höheren Optionspreis zur Folge. Übrigens ist zu erwarten, dass σ_t wächst, da $d\sigma^2 = \kappa(\theta - \sigma^2)dt + \nu\sigma dW^{(2)}$ im Mittel positiv ist, solange $\theta - \sigma^2 > 0$ bzw. $\sigma < \sqrt{\theta} \approx 0.63$.

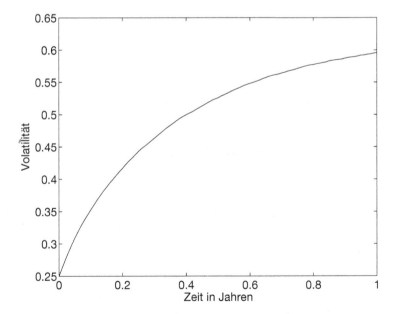

Abbildung 5.11 Gemittelte stochastische Volatilität in Abhängigkeit von der Zeit.

Wir sehen anhand von Tabelle 5.1, dass die Monte-Carlo-Methode recht langsam konvergiert und sehr viele Simulationen für halbwegs genaue Werte

Simulationen	Optionspreis
500	13.02
1000	13.27
2000	13.52
3000	12.85
4000	13.71
5000	13.71

Tabelle 5.2 Preise des asiatischen Calls, berechnet mit dem Milstein-Verfahren, in Abhängigkeit der Anzahl der Monte-Carlo-Simulationen.

notwendig sind. Es ist also sinnvoll, ein Verfahren höherer Ordnung als das Euler-Maruyama-Verfahren zu wählen, etwa das Milstein-Verfahren (5.17) aus Abschnitt 5.3. Es folgt (mit $m = n = 2$)

$$
y_{i+1}^{(s)} \;=\; y_i^{(s)} + a^{(s)}(y_i, t_i)h + \sum_{j=1}^{m} b^{(sj)}(y_i, t_i)\triangle W^j
$$
$$
+ \sum_{j,k=1}^{m} \sum_{\ell=1}^{n} b^{(\ell j)} \frac{\partial b^{(sk)}}{\partial x_\ell}(y_i, t_i) \int_{t_i}^{t_{i+1}} \int_{t_i}^{\tau} dW^j_{(z)}\, dW^{(k)}_\tau, \quad s = 1, 2,
$$

wobei $y_i = (y_i^{(1)}, y_i^{(2)})^\top = (S_i, \sigma_i^2)^\top$

$$
a(y_i, t_i) = \begin{pmatrix} r_{t_i} S_i \\ \kappa(\theta - \sigma_i^2) \end{pmatrix}, \quad b(y_i, t_i) = \begin{pmatrix} \sigma_i S_i & 0 \\ 0 & \nu\sigma_i \end{pmatrix},
$$

und $\partial b^{(sk)}/\partial x_\ell$ bezeichnet die partiellen Ableitungen nach $x_1 = S$ bzw. $x_2 = \sigma^2$. Eine Rechnung ergibt

$$
S_{i+1} \;=\; S_i + r(t_i)S_i h + \sigma_i S_i \triangle W_i^{(1)} + \frac{1}{2}\sigma_i^2 S_i \left((\triangle W_i^{(1)})^2 - h\right) + \frac{\nu}{2}S_i I_{21},
$$
$$
\sigma_{i+1}^2 \;=\; \sigma_i^2 + \kappa(\theta - \sigma_i^2)h + \nu\sigma_i \triangle W^{(2)} + \frac{1}{2}\nu^2 \left((\triangle W_i^{(2)})^2 - h\right).
$$

Wie in Abschnitt 5.3 erläutert, kann das Integral I_{21} mit dem Verfahren (5.20) approximiert werden. Die Implementierung dieses Algorithmus ist eine Übungsaufgabe. In Tabelle 5.2 sind einige Simulationsergebnisse mit denselben Parametern wie im MATLAB-Programm 5.8 dargestellt. Die Ergebnisse stabilisieren sich bei wesentlich weniger Simulationen als beim Euler-Maruyama-Verfahren auf Werte um 13.5 . . . 13.7.

Übungsaufgaben

1. Sei $\Omega \subset \mathbb{R}^d$ $(d \geq 1)$ mit $\mathrm{vol}(\Omega) = 1$. Definiere $L^2(\Omega) = \{f : \Omega \to \mathbb{R} : \int_\Omega f^2 dx$ existiert$\}$ mit der Norm $\|f\|_{L^2(\Omega)} = (\int_\Omega f^2 dx)^{1/2}$ und

$$E(f) = \int_\Omega f dx, \quad \mathrm{Var}(f) = \int_\Omega (f - E(f))^2 dx.$$

Seien weiter $x_1, \ldots, x_N \in \Omega$ und definiere mit

$$E_N(x_1, \ldots, x_N) = \frac{1}{N} \sum_{i=1}^N f(x_i)$$

einen Schätzer für $E(f)$. Zeigen Sie:

$$\int_{\Omega^N} (E_N(x_1, \ldots, x_N) - E(f))^2 \, dx_1 \cdots dx_N = \frac{\mathrm{Var}(f)}{N}.$$

Der Schätzer dient in Monte-Carlo-Simulationen als Approximation eines Integrals. Die obige Abschätzung zeigt, dass der Schätzer in der $L^2(\Omega^N)$-Norm von der Größenordnung $\mathcal{O}(N^{-1/2})$ und damit unabhängig von der Dimension d des Integrals ist.

2. Sei (U_1, U_2) ein Paar gleichverteilter Zufallsvariablen auf der Einheitskreisscheibe $A = \{(x_1, x_2) : x_1^2 + x_2^2 \leq 1\}$ mit der gemeinsamen Dichtefunktion

$$f(x_1, x_2) = \begin{cases} 1/\pi & \text{falls } (x_1, x_2) \in A \\ 0 & \text{sonst.} \end{cases}$$

Zeigen Sie, dass

$$Z_1 = U_1 \sqrt{-2 \frac{\ln(U_1^2 + U_2^2)}{U_1^2 + U_2^2}} \quad \text{und} \quad Z_2 = U_2 \sqrt{-2 \frac{\ln(U_1^2 + U_2^2)}{U_1^2 + U_2^2}}$$

normalverteilte Zufallsvariablen sind.

3. Es seien zwei Aktienprozesse $S_1(t)$, $S_2(t)$ gegeben, die den folgenden stochastischen Differentialgleichungen genügen:

$$dS_i(t) = \mu_i S_i(t) dt + \sigma_i S_i(t) dW_i(t), \quad \mu_i \in \mathbb{R}, \ \sigma_i \geq 0, \ i = 1, 2.$$

Hierbei sind W_1 und W_2 korrelierte Wiener-Prozesse mit Kovarianzmatrix

$$\Sigma = \begin{pmatrix} \sigma_1^2 & \rho\sigma_1\sigma_2 \\ \rho\sigma_1\sigma_2 & \sigma_2^2 \end{pmatrix}.$$

Leiten Sie die verallgemeinerte Black-Scholes-Gleichung für eine Option auf diese zwei Aktien her (vgl. Abschnitt 4.5). Hinweis: Verwenden Sie die mehrdimensionale Itô-Formel (4.65).

4. Sei x_t die Lösung einer SDE und x_T^h eine Approximation von x_T, die stark mit Ordnung $\gamma > 0$ gegen x_T konvergiert. Zeigen Sie, dass dann x_T^h auch schwach mit Ordnung γ gegen x_T konvergiert.

5. Implementieren Sie die stochastische Runge-Kutta-Variante des Milstein-Verfahrens (5.16) in MATLAB und bestimmen Sie numerisch die starke Konvergenzordnung für ein einfaches Beispiel.

6. Diskretisieren Sie die skalare SDE

$$dx_t = -\frac{1}{2}x_t dt + x_t dW_t^{(1)} + x_t dW_t^{(2)}, \; t > 0, \quad x_0 = 1,$$

wobei $W^{(1)}$ und $W^{(2)}$ zwei unabhängige skalare Wiener-Prozesse seien, mit dem stochastischen Runge-Kutta-Verfahren (5.24) erster Ordnung für Systeme und lösen Sie das diskrete Problem numerisch mit MATLAB.

7. Beweisen Sie die *Chebychev-Ungleichung*

$$\mathrm{P}(|Y - \mathrm{E}(Y)| \geq \delta) \leq \frac{\mathrm{Var}(Y)}{\delta^2}, \quad \delta > 0,$$

für quadratisch integrierbare Zufallsvariablen Y.

8. Implementieren Sie eine MATLAB-Funktion zur Bewertung europäischer Optionen mittels Monte-Carlo-Simulationen. Bewerten Sie mit dieser Funktion die folgenden Derivate und plotten Sie jeweils den Optionspreis und den relativen Fehler dieses Preises im Vergleich zum Black-Scholes-Preis als Funktion der Anzahl M der Simulationen ($M_{\mathrm{max}} = 5000$):

   (a) eine europäische Put-Option mit $K = 100$, $S_0 = 103$, $r = 0.04$, $\sigma = 0.3$, $T = 1$;

   (b) eine europäische Call-Option mit $K = 100$, $S_0 = 95$, $r = 0.1$, $\sigma = 0.2$, $T = 1$.

9. Implementieren Sie eine MATLAB-Funktion zur Realisierung der Monte-Carlo-Integration mit der Halton-Folge. Sei $\mathcal{T} \subset \mathbb{R}^3$ der dreidimensionale Torus, der entsteht, wenn man einen Kreis mit Radius r_0 mit Abstand $R_0 > r_0$ um die z-Achse rotieren läßt. Der innere bzw. äußere Torusradius beträgt also $R_0 - r_0$ bzw. $R_0 + r_0$. Betrachten Sie die Funktion

$$f(x,y,z) = \begin{cases} 1 + \cos(\pi r^2/r_0^2) & : r < r_0 \\ 0 & : r \geq r_0, \end{cases}$$

wobei $r = \sqrt{((x^2 + y^2)^{1/2} - R_0)^2 + z^2}$.

   (a) Berechnen Sie das Integral $\int_{\mathcal{T}} f(x,y,z)dxdydz$ numerisch für $R_0 = 0.6$ und $r_0 = 0.3$.

(b) Berechnen Sie das Integral analytisch.

(c) Plotten Sie den durchschnittlichen relativen Fehler der Approximation als Funktion der Anzahl M der Simulationen.

10. Bewerten Sie die asiatische Call-Option im Heston-Modell aus Abschnitt 5.5 unter Verwendung von antithetischen Variablen.

11. Bewerten Sie die asiatische Call-Option im Heston-Modell aus Abschnitt 5.5, indem Sie das entsprechende System stochastischer Differentialgleichungen mit dem Milstein-Verfahren approximieren. Implementieren Sie die Methode in MATLAB.

12. *Mortgage backed securities* (MBS) sind hypothekarisch abgesicherte Wertpapiere, die in den USA sehr populär sind. Bei diesem Wertpapiertyp wird eine Ansammlung von Hypothekendarlehen von Banken als Wertpapier „securisiert", d.h. dem Kapitalmarkt als Anlageinstrument verbrieft zur Verfügung gestellt. Die Hypothekennehmer zahlen einen festen Zinssatz r_0. Zusätzlich zu den monatlichen Annuitäten können weitere Rückzahlungen ohne Vorfälligkeitsentschädigungen geleistet werden. Daher ist weder die Zinszahlung noch der Nominalbetrag des Wertpapiers konstant. Es gibt nur ein vermutetes Verhalten.

Wir betrachten im Folgenden einen Pool von Wertpapieren mit 30-jähriger Laufzeit und monatlichem Kapitalfluss M_k. Wir definieren die folgenden Variablen:

$$
\begin{aligned}
r_k &: \quad \text{allgemeiner Zinssatz im Monat } k = 1, \ldots, 360, \\
w_k &: \quad \text{Anteil der Rückzahlung der Restschuld im Monat } k, \\
C &: \quad \text{anfängliche Annuität,} \\
a_k &: \quad \text{Faktor für die Ablösezahlung bei Tilgung im Monat } k,
\end{aligned}
$$

wobei a_k durch

$$
a_k = \sum_{i=0}^{k-1} \left(\frac{1}{1 + r_0} \right)^i
$$

berechnet wird. Für die Zinsentwicklung nehmen wir folgenden Verlauf an:

$$
r_k = K_0 \exp(\sigma \xi_k) r_{k-1} = K_0^k \exp\left(\sigma \sum_{i=1}^{k} \xi_i \right) r_0,
$$

wobei ξ_k unabhängige standardnormalverteilte Zufallsvariablen sind.

Wenn der Marktzins hoch ist, werden geringere Rückzahlungen erwartet, da die Hypothekennehmer dann anstelle der zusätzlichen Rückzahlung das Geld anlegen könnten. Bei niedrigem Zinssatz sind hingegen hohe Rückzahlungen zu erwarten. Dieses Verhalten wird modelliert durch

$$w_k = w_k(r_k) = K_1 + K_2 \arctan(K_3 r_k + K_4), \quad K_2 \cdot K_3 < 0.$$

Der gesamte Kapitalfluss im k-ten Monat ergibt sich zu

$$M_k = C \prod_{i=1}^{k-1} (1 - w_i)(1 - w_k + w_k a_{360-k+1}).$$

Als Wert der MBS erhalten wir demnach

$$W = \mathrm{E}\left(\sum_{k=1}^{360} D_k M_k\right)$$

mit den Abzinsungsfaktoren

$$D_k = \prod_{i=0}^{k-1} \frac{1}{1 + r_i}.$$

Berechnen Sie den Wert der MBS mit der Monte-Carlo-Integration und den folgenden Konstanten:

$$
\begin{aligned}
K_0 &= 1/1.020201, & r_0 &= 0.075/12, \\
K_1 &= 0.24, & \sigma &= 0.02, \\
K_2 &= 0.134, & C &= 2000, \\
K_3 &= -261.17 \cdot 12, & a_0 &= 0, \\
K_4 &= 12.72, & w_0 &= 0.
\end{aligned}
$$

Verwenden Sie unter Benutzung eines Varianzschätzers s_N^2 für den Integrationsfehler das adaptive Abbruchkriterium $s_N^2/\sqrt{\varepsilon N} < \delta$ (siehe Abschnitt 5.4). Als Sicherheit können Sie z.B. $\varepsilon = 0.95$ und $\delta = 10$ wählen. Für die Schätzer des Erwartungswertes und der Varianz können Sie den Algorithmus aus Aufgabe 19 unten benutzen.

13. Als Schätzer für die Varianz von N Daten $x_1, \ldots, x_N$ kann der folgende Ausdruck verwendet werden:

$$s_N^2 = \frac{1}{N-1} \sum_{i=1}^{N} (x_i - \overline{x})^2, \quad \text{wobei} \quad \overline{x} = \frac{1}{N} \sum_{i=1}^{N} x_i.$$

Die äquivalente Darstellung

$$s_N^2 = \frac{1}{N-1} \left(\sum_{i=1}^{N} x_i^2 - \frac{1}{N} \left(\sum_{i=1}^{N} x_i \right)^2 \right)$$

ist in vielen Textbüchern zu finden, da sie einfacher mit nur einer Schleife $i = 1, \ldots, N$ programmiert werden kann. Sie sollte aber wegen Auslöschungs- gefahr nicht verwendet werden. Der folgende Algorithmus vermeidet diese Problematik:

$$y_1 := x_1, \ z_1 := 0,$$
$$\text{Für } i = 2, \ldots, N :$$
$$\alpha_i := y_{i-1} + (x_i - y_{i-1})/i.$$
$$\beta_i := z_{i-1} + (i-1)(x_i - y_{i-1})^2/i.$$

(a) Zeigen Sie $\overline{x} = \alpha_N$ und $s_N^2 = \beta_N/(N-1)$.

(b) Führen Sie für die i-ten Werte im Algorithmus eine Rundungsfehlerana- lyse durch und zeigen Sie dadurch, dass die Berechnung der y_i wegen Auslöschungseffekten problematisch sein kann, die der z_i jedoch nicht.

(Diese Übungsaufgabe ist auch auf Seite 12f. in [104] und als Übung 1.4 in [200] zu finden.)

6 Numerische Lösung parabolischer Differentialgleichungen

In Kapitel 5 haben wir die Monte-Carlo-Methode zur Lösung stochastischer Differentialgleichungen kennengelernt und gesehen, dass diese Methode im Allgemeinen recht zeit- und rechenintensiv ist. Die Preise exotischer Optionen können häufig auch durch die Lösung einer partiellen Differentialgleichung vom Black-Scholes-Typ bestimmt werden. Diese Differentialgleichungen können allerdings im Allgemeinen nicht explizit gelöst werden. In diesem Kapitel stellen wir einige Techniken vor, mit denen diese Gleichungen numerisch gelöst werden können.

Als einführendes Beispiel leiten wir parabolische Differentialgleichungen zur Bewertung asiatischer Optionen her (Abschnitt 6.1). In den folgenden Abschnitten erläutern wir zwei numerische Techniken, mit denen die Differentialgleichungen gelöst werden können: die Methode der Finiten Differenzen (Abschnitt 6.2) und die (vertikale) Linienmethode (Abschnitt 6.4). Diese Techniken werden angewendet auf die numerische Bewertung von Power-Optionen in Abschnitt 6.3 und Basket-Optionen in Abschnitt 6.5.

6.1 Partielle Differentialgleichungen für asiatische Optionen

Asiatische Optionen sind Optionen, deren Auszahlungsfunktion von den Kursen des Basiswerts S_t abhängt, gemittelt über die Laufzeit T der Option. Im folgenden stellen wir einige Typen asiatischer Optionen vor und leiten die Bewertungsgleichungen her.

6.1.1 Typen asiatischer Optionen

Asiatische Optionen unterscheiden sich durch die Art der Mittelung sowie durch die Gestaltung der Auszahlungsmodalitäten. Je nachdem, wie der Mittelwert gebildet wird, unterscheidet man verschiedene Typen asiatischer Optionen:

- Der Mittelwert $\widehat{S}$ bezieht sich auf *diskrete* Zeitpunkte $S_{t_1}, \ldots, S_{t_n}$ oder auf *stetige* Zeitpunkte S_t, $0 \leq t \leq T$.

- Der Mittelwert $\widehat{S}$ ist *arithmetisch* oder *geometrisch*.

Außerdem werden die Optionen nach den Auszahlungsmodalitäten unterschieden:

- Besitzt die Option die Auszahlungsfunktion $(S - \widehat{S})^+$ (für einen Call) bzw. $(\widehat{S} - S)^+$ (für einen Put), so nennen wir sie *strike option* (auch *floating strike option* genannt); im Falle eines Payoffs $(\widehat{S} - K)^+$ (Call) bzw. $(K - \widehat{S})^+$ (Put) mit Ausübungspreis K heißt sie *rate option* (auch *fixed strike option* genannt).

- Die asiatische Option kann vom *europäischen* oder *amerikanischen* Typ sein.

Es bleibt der Mittelwert $\widehat{S}$ für die verschiedenen Situationen zu definieren. Im diskreten Fall haben wir:

- arithmetisch: $\widehat{S} = \dfrac{1}{n} \sum\limits_{i=1}^{n} S_{t_i}$,

- geometrisch: $\widehat{S} = \left(\prod\limits_{i=1}^{n} S_{t_i} \right)^{1/n}$.

Den stetigen Fall erhalten wir im (formalen) Grenzwert $n \to \infty$, wenn wir $T = n \triangle t$ für festes $T > 0$ schreiben. Bei der arithmetischen Mittelung ergibt sich ein Integral:

$$\widehat{S} = \frac{1}{T} \sum_{i=1}^{n} S_{t_i} \triangle t \to \frac{1}{T} \int_0^T S_\tau d\tau \quad (\triangle t \to 0).$$

Der Grenzwert bei der geometrischen Mittelung ist etwas komplizierter:

$$\begin{aligned} \widehat{S} &= \exp\left(\frac{1}{n} \sum_{i=1}^{n} \ln S_{t_i} \right) = \exp\left(\frac{1}{T} \sum_{i=1}^{n} \ln S_{t_i} \triangle t \right) \\ &\to \exp\left(\frac{1}{T} \int_0^T \ln S_\tau d\tau \right) \quad (\triangle t \to 0). \end{aligned}$$

Die Auszahlungsfunktion eines *arithmetic-average-strike calls* beispielsweise lautet:

$$\Lambda = \left(S - \frac{1}{T} \int_0^T S_\tau d\tau \right)^+.$$

6.1.2 Modellierung asiatischer Optionen

Wir betrachten im Folgenden nur asiatische Optionen vom europäischen Typ, deren Auszahlungsfunktion Λ von S und

$$I_t = \int_0^t f(S_\tau, \tau) d\tau \tag{6.1}$$

abhängt, d.h. $\Lambda = \Lambda(S, I)$. Im Falle eines *arithmetic-average-strike calls* ist $f(S, t)$ $= S$ und $\Lambda = (S - I/T)^+$. Für derartige Optionen wollen wir den fairen Preis als Lösung einer parabolischen Differentialgleichung bestimmen, indem wir die Duplikationsstrategie aus Abschnitt 4.2 anwenden. Wir machen dieselben Voraussetzungen an den Finanzmarkt wie in Abschnitt 4.2 bei der Herleitung der Black-Scholes-Gleichung. Außerdem betrachten wir I und S als unabhängige Variable. Der Optionspreis wird also im Allgemeinen von S, I und t abhängen.

Seien B_t ein Bond mit risikoloser Zinsrate r und $V(S, I, t)$ der Optionspreis. Ferner sei wie in Abschnitt 4.2 $Y_t = c_1(t)B_t + c_2(t)S_t - V(S, I, t)$ ein risikoloses und selbstfinanzierendes Portfolio, d.h.

$$dY_t = rY_t dt \quad \text{und} \quad dY_t = c_1(t)dB_t + c_2(t)dS_t - dV(S, I, t). \tag{6.2}$$

Der Basiswert und der Bond ändern sich nach Voraussetzung gemäß

$$dS_t = \mu S_t dt + \sigma S_t dW_t, \quad dB_t = rB_t dt,$$

und die stochastische Differentialgleichung für I_t lautet wegen (6.1):

$$dI_t = f(S_t, t)dt.$$

Aus der Itô-Taylor-Entwicklung von $V(S, I, t)$ folgt formal

$$dV = V_t dt + V_S dS + V_I dI + \frac{1}{2}V_{SS}dS^2 + V_{SI}dSdI + \frac{1}{2}V_{II}dI^2 + o(dt),$$

wobei von nun an V_t die partielle Ableitung von V nach t bezeichnet und $o(dt)$ Terme „kleiner" als dt sind. (Genauer gilt $g = o(\triangle t)$ für $\triangle t \to 0$ genau dann, wenn $|g/\triangle t| \to 0$ für $\triangle t \to 0$.) Setzen wir die obigen stochastischen Differentialgleichungen für S und I ein, benutzen die Merkregel $dW^2 = dt$ (siehe (4.7)) und vernachlässigen Terme höherer Ordnung, so erhalten wir

$$dV = \left(V_t + \mu S V_S + \frac{1}{2}\sigma^2 S^2 V_{SS} + f(S, t)V_I\right) dt + \sigma S V_S dW.$$

Diese Formel ist das Analogon zu (4.16).

Wir setzen nun die stochastischen Differentialgleichungen für B, S und V in die zweite Gleichung von (6.2) ein:

$$dY = \left(c_1 rB - V_t + \mu S(c_2 - V_S) - \frac{1}{2}\sigma^2 S^2 V_{SS} - f(S, t)V_I\right) dt$$
$$+ \sigma S(c_2 - V_S)dW.$$

Wählen wir wie in Abschnitt 4.2 $c_2 = V_S$, so wird das Portfolio Y risikofrei. Andererseits folgt aus der ersten Gleichung in (6.2), dass

$$dY = rY dt = r(c_1 B + SV_S - V)dt.$$

Gleichsetzen der beiden obigen Gleichungen und Identifizieren der Koeffizienten vor dt ergibt eine parabolische Differentialgleichung für den Optionspreis $V(S, I, t)$:

$$V_t + \frac{1}{2}\sigma^2 S^2 V_{SS} + rSV_S + f(S,t)V_I - rV = 0, \quad S, I > 0, \; 0 < t < T. \quad (6.3)$$

Die Gleichung ist zu vervollständigen mit End- und Randbedingungen:

$$
\begin{aligned}
V(S, I, T) &= \Lambda(S, I), & (S, I) &\in [0, \infty)^2, \\
V(S, I, t) &= V_R(S, I, t), & S &= 0, \; I \in (0, \infty), \; t \in (0, T) \text{ und} \\
& & S &\to \infty, \; I \in (0, \infty), \; t \in (0, T) \text{ und} \\
& & S &\in (0, \infty), \; I = 0, \; t \in (0, T) \text{ und} \\
& & S &\in (0, \infty), \; I \to \infty, \; t \in (0, T).
\end{aligned}
$$

Die Definitionen von Λ und V_R hängen vom speziellen Optionstyp ab.

Im Vergleich zur Black-Scholes-Gleichung (4.18) erhalten wir eine Differentialgleichung mit partiellen Ableitungen in S, t und I. Diese Gleichung ist im allgemeinen nicht explizit lösbar. Die numerische Lösung von (6.3) ist recht aufwändig, da die Ableitung V_{II} fehlt und ein Problem in *drei* Variablen gelöst werden muss. Für eine spezielle Klasse von Auszahlungsfunktionen und für arithmetische Mittelungen kann (6.3) jedoch in eine Differentialgleichung in *zwei* Variablen transformiert werden.

Proposition 6.1 *Sei V eine Lösung der Gleichung (6.3) mit $f(S,t) = S$ und sei die Auszahlungsfunktion Λ durch*

$$\Lambda(S, I, t) = S^\alpha F(I/S, t)$$

für ein $\alpha \in \mathbb{R}$ und eine Funktion $F = F(R, t)$ mit $R = I/S$ gegeben. Dann löst die Funktion $H(R, t) = S^{-\alpha} V$ die Gleichung

$$
\begin{aligned}
& H_t + \tfrac{1}{2}\sigma^2 R^2 H_{RR} + (1 - \sigma^2(\alpha - 1)R - rR)H_R \\
& \quad + (\alpha - 1)\left(\tfrac{\alpha}{2}\sigma^2 + r\right)H = 0, \quad R > 0, \; 0 < t < T, \quad (6.4) \\
& \qquad\qquad H(R, T) = F(R, T), \quad R > 0.
\end{aligned}
$$

Beweis. Aus der Definition $V(S, I, t) = S^\alpha H(I/S, t)$ folgt durch Differenzieren:

$$
\begin{aligned}
V_t &= S^\alpha H_t, \\
V_I &= S^{\alpha-1} H_R, \\
V_S &= \alpha S^{\alpha-1} H - S^{\alpha-2} I H_R = S^{\alpha-1}(\alpha H - R H_R), \\
V_{SS} &= \alpha(\alpha-1)S^{\alpha-2} H - \alpha S^{\alpha-3} I H_R - (\alpha - 2)S^{\alpha-3}I H_R + S^{\alpha-4} I^2 H_{RR} \\
&= S^{\alpha-2}\left(\alpha(\alpha-1)H - 2(\alpha-1)R H_R + R^2 H_{RR}\right).
\end{aligned}
$$

Einsetzen in (6.3) ergibt dann mit $f(S, t) = S$:

$$0 = S^\alpha \left(H_t + \tfrac{1}{2}\sigma^2 R^2 H_{RR} + \tfrac{1}{2}\sigma^2\alpha(\alpha - 1)H - \sigma^2(\alpha - 1)RH_R \right.$$
$$\left. + r\alpha H - rRH_R + H_R - rH \right).$$

Dies beweist die Proposition.   □

Beispiel 6.2 Im Falle eines *arithmetic-average-strike calls* können wir die Gleichung (6.3) mittels Proposition 6.1 vereinfachen. Die Voraussetzung der Proposition ist wegen

$$\Lambda = (S - I/T)^+ = S(1 - I/ST)^+$$

mit $\alpha = 1$ und $F(R, t) = (1 - R/t)^+$ erfüllt. Der Preis der Call-Option lautet also $V = S \cdot H$, wobei H die Differentialgleichung

$$H_t + \frac{1}{2}\sigma^2 R^2 H_{RR} + (1 - rR)H_R = 0, \quad R > 0, \; 0 < t < T, \tag{6.5}$$

erfüllt. Die Endbedingung lautet

$$H(R, T) = (1 - R/T)^+, \quad R > 0. \tag{6.6}$$

Wir spezifizieren nun geeignete Randbedingungen an $R = 0$ und für $R \to \infty$. Im Falle $R = I/S \to \infty$ und festes I muss $S \to 0$ gelten. Die Call-Option wird dann nicht ausgeübt und ist wertlos an $S = 0$:

$$H(R, t) \to 0 \quad \text{für } R \to \infty, \quad 0 < t < T. \tag{6.7}$$

Wir leiten eine Randbedingung für $R = 0$ her, indem wir annehmen, dass die Differentialgleichung (6.5) auch für $R = 0$ gilt. Wir setzen voraus, dass H zweimal stetig differenzierbar in $R = 0$, $t > 0$ ist (gemeint ist der rechtsseitige Grenzwert). Dann ergibt sich für $R \searrow 0$ in (6.5):

$$H_t + H_R = 0, \quad R = 0, \; 0 < t < T. \tag{6.8}$$

Der Wert V eines *arithmetic-average-strike calls* folgt also aus $V(S, I, t)$ $= SH(I/S, t)$, wobei H die Lösung von (6.5)-(6.8) ist. Wir diskretisieren das Problem (6.5)-(6.8) nicht auf der gesamten nichtnegativen Zahlenachse $[0, \infty)$, sondern nur in dem beschränkten Intervall $[0, a]$ mit genügend „großem" $a > 0$; siehe Beispiel 6.16.   □

Welche Möglichkeiten gibt es, die Differentialgleichung (6.5) zu diskretisieren? Wir stellen drei Vorgehensweisen vor.

- **Finite Differenzen:** Wir versehen das Gebiet $(R, t) \in [0, a] \times [0, T]$ mit einem Gitter

$$\{(x_i, t_j) : 0 = x_0 < x_1 < \cdots < x_N = a, \ 0 = t_0 < t_1 < \cdots < t_M = T\}.$$

Ferner ersetzen wir die partiellen Ableitungen von H durch finite Differenzen, etwa

$$H_t(x_i, t_j) \approx \frac{H(x_i, t_{j+1}) - H(x_i, t_j)}{t_{j+1} - t_j},$$

und definieren Approximationen w_i^j von $H(x_i, t_j)$. Dann erhalten wir ein System von Differenzengleichungen bzw. ein lineares Gleichungssystem in den Unbekannten w_i^j für $0 \leq i \leq N$, $0 \leq j \leq M$. Im Allgemeinen ist dieses Gleichungssystem sehr groß. Wir diskutieren diese Methode in Abschnitt 6.2.

- **(Vertikale) Linienmethode:** In dieser Methode approximieren wir nur die Ableitungen nach der Variablen R, d.h., wir überziehen das Gebiet $[0, a] \times [0, T]$ mit den vertikalen Linien

$$\{(x_i, t) : 0 = x_0 < x_1 < \cdots < x_N = a, \ 0 \leq t \leq T\}$$

und approximieren $H(x_i, t)$ durch eine Funktion $w_i(t)$. Wir erhalten ein System gewöhnlicher Differentialgleichungen für $w_i(t)$. In Abschnitt 6.4 stellen wir diese Methode detailliert vor.

- **(Horizontale) Linienmethode oder Rothe-Methode:** Wir überziehen das Gebiet mit den horizontalen Linien

$$\{(x, t_j) : 0 \leq x \leq a, \ 0 = t_0 < t_1 < \cdots < t_M = T\}$$

und approximieren $H(x, t_j)$ durch die Funktion $w^j(x)$, indem wir die partielle Ableitung von H nach t durch einen Differenzenquotienten ersetzen. Dies ergibt (unter Berücksichtigung von Randbedingungen an $x = 0$ und $x = a$) ein lineares Randwertproblem gewöhnlicher Differentialgleichungen zweiter Ordnung für die Funktionen w^j. Diese Methode diskutieren wir nicht, da die ersten beiden Verfahren hier zweckmäßiger sind. Wir verweisen für Details auf [93, 171] und die Übungsaufgaben.

6.2 Methode der Finiten Differenzen

Die Idee der Methode der Finiten Differenzen ist es, Differentiale durch Differenzenquotienten zu ersetzen. Wir illustrieren diese Methode anhand der einfachen Diffusionsgleichung

$$u_t - u_{xx} = 0, \quad u(x, 0) = u_0(x), \quad x \in \mathbb{R}, \ 0 < t < T, \qquad (6.9)$$

die aus der Black-Scholes-Gleichung durch Variablentransformation entsteht (siehe (4.28)).

6.2.1 Diskretisierung

Für die numerische Approximation grenzen wir das Problem (6.9) auf ein beschränktes Intervall $x \in [-a, a]$ mit $a > 0$ ein. Wir setzen

$$u(-a, t) = g_1(t), \quad u(a, t) = g_2(t), \quad 0 < t < T, \qquad (6.10)$$

mit geeigneten approximativen Randfunktionen g_1 und g_2, deren Gestalt von der zu berechnenden Option abhängt. Man kann zeigen, dass die Einschränkung des Problems auf das Intervall $[-a, a]$ die Lösung nicht stark verändert, wenn $a > 0$ groß genug ist [122].

Wir leiten nun die zu (6.9) entsprechende Differenzengleichung her. Wir führen ein äquidistantes Gitter mit den Gitterpunkten (x_i, t_j) ein, wobei

$$x_i = -a + hi \quad (i = 0, \ldots, N), \quad t_j = sj \quad (j = 0, \ldots, M),$$

und $h = 2a/N$ sowie $s = T/M$ die konstanten Schrittweiten bezeichnen. Nach der Taylor-Formel gilt für genügend reguläre Funktionen $x \mapsto u(x, t)$:

$$u(x + h, t) = u(x, t) + u_x(x, t)h + \frac{1}{2}u_{xx}(x, t)h^2 + \frac{1}{6}u_{xxx}(x, t)h^3 + \mathcal{O}(h^4),$$

$$u(x - h, t) = u(x, t) - u_x(x, t)h + \frac{1}{2}u_{xx}(x, t)h^2 - \frac{1}{6}u_{xxx}(x, t)h^3 + \mathcal{O}(h^4).$$

Addition der beiden Gleichungen und Division durch h^2 führt auf

$$\frac{1}{h^2}\left(u(x + h, t) - 2u(x, t) + u(x - h, t)\right) = u_{xx}(x, t) + \mathcal{O}(h^2), \qquad (6.11)$$

d.h., die linke Seite ist eine Approximation von u_{xx} für „kleine" Schrittweiten h. Für die Ableitung von $t \mapsto u(x, t)$ gibt es zwei Möglichkeiten:

Vorwärtsdifferenzen: $\quad u_t(x, t) = \frac{1}{s}\left(u(x, t + s) - u(x, t)\right) + \mathcal{O}(s),$

Rückwärtsdifferenzen: $\quad u_t(x, t) = \frac{1}{s}\left(u(x, t) - u(x, t - s)\right) + \mathcal{O}(s).$

Wir kombinieren die Approximation der Ortsableitung (6.11) mit den beiden Möglichkeiten der Zeitableitung:

$$\frac{1}{s}(u(x, t + s) - u(x, t)) = \frac{1}{h^2}(u(x + h, t) - 2u(x, t) \qquad (6.12)$$
$$+ u(x - h, t)) + \mathcal{O}(s + h^2),$$

$$\frac{1}{s}(u(x, t + s) - u(x, t)) = \frac{1}{h^2}(u(x + h, t + s) - 2u(x, t + s) \qquad (6.13)$$
$$+ u(x - h, t + s)) + \mathcal{O}(s + h^2).$$

Setze nun $u_i^j = u(x_i, t_j)$. Multiplikation von (6.13) mit $\theta \in [0, 1]$ und von (6.12) mit $1 - \theta$ und Addition beider Gleichungen für $x = x_i$ und $t = t_j$ liefert

$$
\begin{aligned}
\frac{1}{s}\left(u_i^{j+1} - u_i^j\right) &= \frac{1-\theta}{h^2}\left(u_{i+1}^j - 2u_i^j + u_{i-1}^j\right) \\
&\quad + \frac{\theta}{h^2}\left(u_{i+1}^{j+1} - 2u_i^{j+1} + u_{i-1}^{j+1}\right) + \mathcal{O}(s + h^2).
\end{aligned}
\tag{6.14}
$$

Dies motiviert die Einführung von Näherungen w_i^j für u_i^j, welche die Gleichung

$$
\begin{aligned}
\frac{1}{s}\left(w_i^{j+1} - w_i^j\right) &= \frac{1-\theta}{h^2}\left(w_{i+1}^j - 2w_i^j + w_{i-1}^j\right) \\
&\quad + \frac{\theta}{h^2}\left(w_{i+1}^{j+1} - 2w_i^{j+1} + w_{i-1}^{j+1}\right)
\end{aligned}
$$

erfüllen. Mit der Abkürzung $\alpha := s/h^2$ ist die obige Gleichung äquivalent zu

$$
\begin{aligned}
&-\alpha\theta w_{i+1}^{j+1} + (2\alpha\theta + 1)w_i^{j+1} - \alpha\theta w_{i-1}^{j+1} \\
&= \alpha(1-\theta)w_{i+1}^j - (2\alpha(1-\theta) - 1)w_i^j + \alpha(1-\theta)w_{i-1}^j
\end{aligned}
\tag{6.15}
$$

für $i = 1, \ldots, N-1$, $j = 0, \ldots, M-1$. Dies sind rekursive Differenzengleichungen für die Approximationen w_i^j. Die Anfangs- und Randbedingungen (6.9) und (6.10) lauten im diskreten Fall

$$
w_0^j = g_1(t_j), \quad w_N^j = g_2(t_j), \qquad 1 \le j \le M,
\tag{6.16}
$$
$$
w_i^0 = u_0(x_i), \qquad 0 \le i \le N.
\tag{6.17}
$$

Wir können das diskrete System (6.15)-(6.17) kompakter als Folge linearer Gleichungssysteme auffassen:

$$
Aw^{j+1} = Bw^j + d^j, \quad j = 0, \ldots, M-1,
\tag{6.18}
$$

in den Unbekannten

$$
w^j := (w_1^j, \ldots, w_{N-1}^j)^\top
$$

und den $(N-1) \times (N-1)$-dimensionalen Tridiagonalmatrizen

$$
\begin{aligned}
A &= \operatorname{diag}\left(-\alpha\theta, 2\alpha\theta + 1, -\alpha\theta\right) \\
&:= \begin{pmatrix}
2\alpha\theta + 1 & -\alpha\theta & 0 & \cdots & 0 \\
-\alpha\theta & 2\alpha\theta + 1 & -\alpha\theta & & \vdots \\
0 & \ddots & \ddots & \ddots & 0 \\
\vdots & & & & -\alpha\theta \\
0 & \cdots & 0 & -\alpha\theta & 2\alpha\theta + 1
\end{pmatrix}, \\
B &= \operatorname{diag}\left(\alpha(1-\theta), -2\alpha(1-\theta) + 1, \alpha(1-\theta)\right)
\end{aligned}
\tag{6.19}
$$

und dem Vektor mit den Randbedingungen

$$
d^j = \begin{pmatrix} \alpha(1-\theta)g_1(t_j) + \alpha\theta g_1(t_{j+1}) \\ 0 \\ \vdots \\ 0 \\ \alpha(1-\theta)g_2(t_j) + \alpha\theta g_2(t_{j+1}) \end{pmatrix}.
$$

Der Startvektor w^0 ist durch die Anfangswerte (6.17) gegeben.

Für $\theta = 0$ ist A die Einheitsmatrix, und die Approximationen w^{j+1} können direkt aus (6.18) berechnet werden. Daher nennt man das Differenzenverfahren mit $\theta = 0$ ein *explizites* Verfahren. Für $\theta > 0$ erhalten wir *implizite* Verfahren, bei denen w^{j+1} nur durch Lösen eines linearen Gleichungssystems berechnet werden kann. Das Verfahren mit $\theta = 1$ heißt (*voll*) *implizit*. Ist $\theta = \frac{1}{2}$, so sprechen wir vom *Crank-Nicolson-Verfahren*, und allgemein für die Kombination von explizitem und voll-implizitem Verfahren $(0 < \theta < 1)$ von einem *θ-Verfahren*.

Wie können die linearen Gleichungssysteme (6.18) gelöst werden? Eine sehr effiziente Methode ist das LR-Verfahren für Tridiagonalmatrizen. Eine einfache Rechnung zeigt, dass die Matrix A die Zerlegung

$$
A = L \cdot R = \begin{pmatrix} 1 & & & 0 \\ \ell_1 & \ddots & & \\ & \ddots & \ddots & \\ 0 & & \ell_{N-1} & 1 \end{pmatrix} \begin{pmatrix} d_1 & r_1 & & 0 \\ & \ddots & \ddots & \\ & & \ddots & r_{N-1} \\ 0 & & & d_N \end{pmatrix}
$$

besitzt. Wegen der Symmetrie von A kann die Matrix auch durch $A = LDL^\top$ zerlegt werden, wobei die Matrix D nur aus den Diagonalelementen $d_1, \ldots, d_N$ besteht. Die Koeffizienten d_i und ℓ_i sind rekursiv definiert durch

$$
d_1 = 2\alpha\theta + 1,
$$
$$
\text{für } i = 1, \ldots, N-1:
$$
$$
\ell_i = -\alpha\theta/d_i, \quad d_{i+1} = 2\alpha\theta + 1 + \ell_i/\alpha\theta.
$$

Das lineare Gleichungssystem $Aw^{j+1} = Bw^j + d^j$ ist dann äquivalent zu

$$
Ly = Bw^j + d^j, \quad Rw^{j+1} = y,
$$

und beide Systeme können einfach mittels Vorwärts- und Rückwärtsrekursion aufgelöst werden.

Operation	LR-Zerlegung	Cholesky
Additionen/Subtraktionen	$3(N-1)$	$3(N-1)$
Multiplikationen	$3(N-1)$	$3(N-1)$
Divisionen	$2N-1$	$3N-1$
Wurzelauswertungen	0	N
Summe	$8N-7$	$10N-7$

Tabelle 6.1 Vergleich der Anzahl der Rechenoperationen bei Tridiagonalmatrizen.

Bemerkung 6.3 Im Allgemeinen ist die Cholesky-Zerlegung etwa um den Faktor Zwei effizienter als die LR-Zerlegung (für symmetrische, positiv definite Matrizen; siehe Kapitel 5 in [97]). Gilt dies auch für unsere Tridiagonalmatrizen? Die Antwort lautet Nein, wie Tabelle 6.1 zeigt. Die LR-Zerlegung ist also hier effizienter. Allerdings hat die Cholesky-Zerlegung den Vorteil, dass das Produkt $LL^\top$ stets symmetrisch und positiv definit ist, obwohl L aufgrund von Rundungsfehlern nur eine Näherung an den exakten Cholesky-Faktor ist. Bei der LR-Zerlegung ist das Produkt LR infolge von Rundungsfehlern im Allgemeinen nicht symmetrisch und positiv definit. □

Damit die Folge (6.18) linearer Gleichungssysteme eine sinnvolle Approximation liefert, müssen zwei Eigenschaften erfüllt sein:

- Für jeden festen, aber beliebigen Index $j = 0, \ldots, M-1$ sollte eine *eindeutige* Lösung w^j von (6.18) *existieren*.

- Die approximative Lösung w_i^j sollte gegen die Lösung $u(x_i, t_j)$ der Differentialgleichung (6.9) *konvergieren*, wenn die Diskretisierungsparameter s und h gegen null gehen.

Ein Hauptresultat der Numerik linearer Finite-Differenzen-Schemata besagt, dass Konvergenz im wesentlichen äquivalent zu *Konsistenz* und *Stabilität* des numerischen Schemas ist [112]. Was bedeuten diese Begriffe? Wir nennen das Differenzenverfahren *konsistent* der Ordnung $\mathcal{O}(s^a + h^b)$ mit $a, b > 0$, wenn es eine Konstante $C > 0$ gibt, so dass für alle (genügend kleinen) $s, h > 0$ gilt:

$$\max_{i,j} |L_{h,s}(u_i^j)| \leq C(s^a + h^b),$$

wobei

$$
\begin{aligned}
L_{h,s}(u_i^j) = {} & \frac{1}{s}\left(u_i^{j+1} - u_i^j\right) - \frac{1-\theta}{h^2}\left(u_{i+1}^j - 2u_i^j + u_{i-1}^j\right) \\
& - \frac{\theta}{h^2}\left(u_{i+1}^{j+1} - 2u_i^{j+1} + u_{i-1}^{j+1}\right),
\end{aligned}
$$

und $u_i^j = u(x_i, t_j)$ ist die Lösung von (6.9)-(6.10). Der Operator $L_{h,s}$ bezeichnet also das Residuum, das sich beim Einsetzen der exakten Lösung in die Differenzengleichung (6.15) ergibt. Für die Stabilität eines Finite-Differenzen-Verfahrens gibt es verschiedene Definitionen. Wir nennen das Verfahren (6.18) *stabil*, wenn alle Eigenwerte der Matrix $A^{-1}B$ betragsmäßig kleiner als eins sind. Wir erläutern diese Definition weiter unten. Im folgenden diskutieren wir die Eigenschaften im Detail.

6.2.2   Existenz und Eindeutigkeit diskreter Lösungen

Wir müssen zeigen, dass die Matrix A invertierbar ist. Dafür benutzen wir den folgenden Satz.

Satz 6.4 (Gerschgorin) *Sei A eine $(n \times n)$-Matrix mit reellen oder komplexen Koeffizienten a_{ij}. Dann gilt für alle Eigenwerte λ von A:*

$$\lambda \in \bigcup_{i=1}^{n} \left\{ z \in \mathbb{C} : |z - a_{ii}| \leq \sum_{j=1, j \neq i}^{n} |a_{ij}| \right\},$$

d.h., die Eigenwerte liegen in der Vereinigung der Kreisscheiben um a_{ii} mit Radien $\sum_{j \neq i} |a_{ij}|$ für alle i.

Beweis. Der Beweis ist einfach. Sei $x = (x_1, \ldots, x_n)^{\top}$ ein Eigenvektor von A zum Eigenwert λ und sei x_i das betragsmäßig größte Element von x. Aus

$$\lambda x_i = (Ax)_i = \sum_{j=1}^{n} a_{ij} x_j$$

folgt nach Division durch $x_i \neq 0$

$$|\lambda - a_{ii}| = \left| \sum_{j \neq i} a_{ij} \frac{x_j}{x_i} \right| \leq \sum_{j \neq i} |a_{ij}|$$

und damit die Behauptung.   □

Lemma 6.5 *Die Matrix $A = \text{diag}(-\alpha\theta, 2\alpha\theta + 1, -\alpha\theta)$ aus (6.19) ist für alle $\alpha > 0$ und $0 \leq \theta \leq 1$ invertierbar.*

Beweis. Die Matrix A ist strikt diagonaldominant, d.h.

$$|a_{ii}| = 2\alpha\theta + 1 > 2\alpha\theta \geq \sum_{j \neq i} |a_{ij}|.$$

Nach dem Satz 6.4 von Gerschgorin kann dann $\lambda = 0$ kein Eigenwert sein. Also ist A invertierbar.   □

6.2.3 Konsistenz und Stabilität

Die Konsistenz des Verfahrens mit Ordnung $\mathcal{O}(s+h^2)$ haben wir bereits in (6.14) bewiesen (sofern die Lösung u regulär genug ist). Für $\theta = \frac{1}{2}$ ist die Konsistenzordnung sogar etwas besser, wie der folgende Satz zeigt.

Satz 6.6 *Die Lösung u von (6.9)-(6.10) erfülle $u_{tt} \in C^0$ (dies ist etwa erfüllt, wenn g_1, $g_2 \in C^2$ und $u_0 \in C^4$). Dann ist das obige Differenzenverfahren konsistent mit Ordnung $\mathcal{O}(s + h^2)$ für alle $\alpha > 0$ und $0 \le \theta \le 1$. Gilt $\theta = \frac{1}{2}$ und $u_{ttt} \in C^0$, so ist die Konsistenzordnung $\mathcal{O}(s^2 + h^2)$.*

Beweis. Sei $u_i^j = u(x_i, t_j)$. Aus

$$
\frac{1}{s}(u_i^{j+1} - u_i^j) = u_t(x_i, t_j) + \frac{s}{2}u_{tt}(x_i, t_j) + \mathcal{O}(s^2),
$$

$$
\frac{1}{s}(u_{xx}(x_i, t_{j+1}) - u_{xx}(x_i, t_j)) = u_{xxt}(x_i, t_j) + \mathcal{O}(s),
$$

und

$$
\frac{1-\theta}{h^2}\left(u_{i+1}^j - 2u_i^j + u_{i-1}^j\right) + \frac{\theta}{h^2}\left(u_{i+1}^{j+1} - 2u_i^{j+1} + u_{i-1}^{j+1}\right)
$$
$$
= (1-\theta)u_{xx}(x_i, t_j) + \theta u_{xx}(x_i, t_{j+1}) + \mathcal{O}(h^2)
$$
$$
= u_{xx}(x_i, t_j) + \theta(u_{xx}(x_i, t_{j+1}) - u_{xx}(x_i, t_j)) + \mathcal{O}(h^2)
$$
$$
= u_{xx}(x_i, t_j) + \theta s u_{xxt}(x_i, t_j) + \mathcal{O}(s^2 + h^2)
$$

folgt

$$
L_{h,s}(u_i^j) = u_t(x_i, t_j) + \frac{s}{2}u_{tt}(x_i, t_j) - u_{xx}(x_i, t_j) - \theta s u_{xxt}(x_i, t_j) + \mathcal{O}(s^2 + h^2)
$$
$$
= \frac{s}{2}\left(u_{tt}(x_i, t_j) - 2\theta u_{xxt}(x_i, t_j)\right) + \mathcal{O}(s^2 + h^2).
$$

Wenn $\theta = \frac{1}{2}$, verschwindet der erste Summand, denn $u_{tt} - u_{xxt} = (u_t - u_{xx})_t = 0$, und es folgt $L_{h,s}(u_i^j) = \mathcal{O}(s^2 + h^2)$. $\qquad\square$

Wir erinnern, dass wir das Verfahren (6.18) stabil genannt haben, wenn alle Eigenwerte von $A^{-1}B$ betragsmäßig kleiner als eins sind. Wie kommen wir auf diese Definition? In Gleitpunktarithmetik erhalten wir die gestörten Lösungen

$$
A\widehat{w}^{j+1} = B\widehat{w}^j + d^j + r^j,
$$

wobei r^j die Rundungsfehler enthält. Für den Fehlervektor $e^j = \widehat{w}^j - w^j$ gilt dann die Fehlerrekursion

$$
Ae^{j+1} = Be^j + r^j.
$$

Zur Vereinfachung nehmen wir an, dass es nur bei der Auswertung des Anfangs-wertes einen Rundungsfehler gibt ($e^0 \neq 0$), die Berechnung von w^{j+1} aus w^j jedoch rundungsfehlerfrei abläuft ($r^j = 0$ für $j \geq 0$), und diskutieren die Auswir-kungen von e^0 auf die weitere Rechnung. Wegen

$$e^{j+1} = A^{-1}Be^j = (A^{-1}B)^2 e^{j-1} = \cdots = (A^{-1}B)^{j+1}e^0$$

muss für ein stabiles Verhalten eine Dämpfung vorangegangener Fehler verlangt werden, also $(A^{-1}B)^{j+1}e^0 \to 0$ für $j \to \infty$. Nach dem folgenden Lemma ist dies genau dann erfüllt, wenn alle Eigenwerte von $A^{-1}B$ betragsmäßig kleiner als eins sind. Dies erklärt den Begriff der Stabilität.

Lemma 6.7 *Für den* Spektralradius

$$\rho(A) = \max\{|\lambda| : \lambda \ Eigenwert \ von \ A\}$$

einer $(n \times n)$-Matrix A sind die folgenden drei Aussagen äquivalent:

$$\rho(A) < 1,$$
$$\lim_{j\to\infty} A^j z = 0 \quad für \ alle \ z \in \mathbb{R}^n,$$
$$\lim_{j\to\infty} (A^j)_{km} = 0 \quad für \ alle \ 1 \leq k, m \leq n.$$

Beweis. Übungsaufgabe (siehe Satz 1.5 in [75]).

Um die Stabilität zu zeigen, müssen wir also die Eigenwerte von $A^{-1}B$ be-stimmen. Dafür hilft das folgende Lemma weiter.

Lemma 6.8 *Die Tridiagonalmatrix*

$$\mathrm{diag}(c, a, b) := \begin{pmatrix} a & b & & 0 \\ c & \ddots & \ddots & \\ & \ddots & \ddots & b \\ 0 & & c & a \end{pmatrix} \in \mathbb{R}^{n\times n}$$

hat die Eigenwerte

$$\lambda_k = a + 2b\sqrt{\frac{c}{b}} \cos\left(\frac{k\pi}{n+1}\right), \quad k = 1, \ldots, n.$$

Beweis. Nachrechnen (Übungsaufgabe).

Satz 6.9 *Das Verfahren (6.18) ist stabil für alle*

$$0 < \alpha \leq \frac{1}{2 - 4\theta}, \quad falls \ 0 \leq \theta < \frac{1}{2},$$
$$\alpha > 0, \quad falls \ \frac{1}{2} \leq \theta \leq 1.$$

Beweis. Wir können die Matrizen A und B schreiben als

$$A = I + \alpha\theta G, \quad B = I - \alpha(1-\theta)G,$$

wobei I die Einheitsmatrix und

$$G = \text{diag}(-1, 2, -1) = \begin{pmatrix} 2 & -1 & & 0 \\ -1 & \ddots & \ddots & \\ & \ddots & \ddots & -1 \\ 0 & & -1 & 2 \end{pmatrix} \tag{6.20}$$

seien. Die Eigenwerte von G lauten nach Lemma 6.8:

$$\lambda_k = 2 - 2\cos\left(\frac{k\pi}{N}\right) = 4\sin^2\left(\frac{k\pi}{2N}\right), \quad k = 1, \ldots, N-1. \tag{6.21}$$

Wegen $B = I/\theta - (1-\theta)A/\theta$ gilt

$$A^{-1}B = \frac{1}{\theta}A^{-1} - \frac{1-\theta}{\theta}I. \tag{6.22}$$

Nach Lemma 6.7 muss die Stabilitätsbedingung

$$\left| \frac{1}{\theta} \frac{1}{1 + 4\alpha\theta\sin^2(k\pi/2N)} - \frac{1-\theta}{\theta} \right| < 1$$

erfüllt sein. Dies ist aber äquivalent zu

$$\left| 1 - \frac{4\alpha\sin^2(k\pi/2N)}{1 + 4\alpha\theta\sin^2(k\pi/2N)} \right| < 1$$

und (wegen $\alpha > 0$)

$$\frac{4\alpha\sin^2(k\pi/2N)}{1 + 4\alpha\theta\sin^2(k\pi/2N)} < 2. \tag{6.23}$$

Für $\theta \geq \frac{1}{2}$ ist diese Bedingung stets erfüllt. Im Falle $\theta < \frac{1}{2}$ benötigen wir die Restriktion $\alpha \leq 1/(2 - 4\theta)$, denn (6.23) ist äquivalent zu

$$(2 - 4\theta)\alpha\sin^2(k\pi/2N) < 1,$$

und diese Ungleichung ist wegen $\sin^2(k\pi/2N) < 1$ für alle $\alpha \leq 1/(2 - 4\theta)$ erfüllt.

$\square$

6.2.4 Konvergenz

Wir zeigen, dass aus der Konsistenz und Stabilität des numerischen Verfahrens die Konvergenz der approximativen Lösung w_i^j gegen die kontinuierliche Lösung $u(x_i, t_j)$ folgt. Genauer beweisen wir den folgenden Satz.

Satz 6.10 *Seien $w^j = (w_1^j, \ldots, w_{N-1}^j)^\top$ die Lösung von (6.18) und $u_i^j = u(x_i, t_j)$ die Lösung von (6.9)-(6.10) mit $w_i^0 = u_0(x_i)$. Setze $u^j = (u_1^j, \ldots, u_{N-1}^j)^\top$. Unter den Voraussetzungen der Sätze 6.6 6.9 existiert eine Konstante $C_0 > 0$, so dass für alle (hinreichend kleinen) $s, h > 0$ gilt:*

$$\max_{j=1,\ldots,M} \|w^j - u^j\|_{L^2} \le C_0(s + h^2). \tag{6.24}$$

Im Falle $\theta = \frac{1}{2}$ (Crank-Nicolson-Verfahren) können wir $s + h^2$ durch $s^2 + h^2$ ersetzen.

Die Norm $\|\cdot\|_{L^2}$, definiert durch $\|x\|_{L^2}^2 = \|x\|_2^2/(N-1) = \sum_{i=1}^{N-1} |x_i|^2/(N-1)$ für $x \in \mathbb{R}^{N-1}$, können wir als eine diskrete L^2-Norm interpretieren. Ausgeschrieben bedeutet (6.24), dass

$$\max_{j=1,\ldots,M} \left(\frac{1}{N-1} \sum_{i=1}^{N-1} |w_i^j - u(x_i, t_j)|^2 \right)^{1/2} \le C_0(s + h^2).$$

Beweis. Zuerst bemerken wir, dass für die durch die euklidische Vektornorm $\|\cdot\|_2$ induzierte Matrixnorm

$$\|A\|_2 := \sup_{\|x\|_2 = 1} \|Ax\|_2, \quad A \in \mathbb{R}^{n \times n},$$

gilt: $\|A\|_2 = \sqrt{\rho(A^\top A)}$. Ist A symmetrisch, so folgt sogar $\|A\|_2 = \rho(A)$ (siehe Abschnitt 11.27 in [227], Satz 1.3 in [75] oder Übungsaufgaben). Die Matrix $A^{-1}B$ ist wegen (6.22) symmetrisch, so dass wir aus Satz 6.9 $\|A^{-1}B\|_2 = \rho(A^{-1}B) < 1$ erhalten.

Die Vektoren w^j und u^j erfüllen die Rekursionsformeln

$$Aw^j = Bw^{j-1} + d^{j-1}, \quad Au^j = Bu^{j-1} + d^{j-1} + e^{j-1},$$

wobei der Abschneidefehler e^{j-1} nach Satz 6.6 die Abschätzung

$$\|e^{j-1}\|_{L^2} \le \max_{i=1,\ldots,N-1} |e_i^{j-1}| \le C_1(s + h^2) \quad \text{für alle } j = 1,\ldots,M \tag{6.25}$$

erfüllt. Es folgt

$$\begin{aligned}
\|w^j - u^j\|_2 &= \|A^{-1}(Aw^j - Au^j)\|_2 \\
&= \|A^{-1}(Bw^{j-1} - Bu^{j-1} - e^{j-1})\|_2 \\
&\leq \|A^{-1}B\|_2\|w^{j-1} - u^{j-1}\|_2 + \|A^{-1}\|_2\|e^{j-1}\|_2 \\
&\leq \|A^{-1}B\|_2^j\|w^0 - u^0\|_2 + \sum_{k=0}^{j-1}\|A^{-1}B\|_2^{j-k-1}\|A^{-1}\|_2\|e^k\|_2 \\
&\leq \frac{1 - \|A^{-1}B\|_2^j}{1 - \|A^{-1}B\|_2}\|A^{-1}\|_2 \max_{k=0,\dots,j-1}\|e^k\|_2,
\end{aligned}$$

weil $w^0 = u^0$ nach Voraussetzung und $\|A^{-1}B\|_2 < 1$ nach Satz 6.9. Das Maximum über alle j liefert wegen (6.25)

$$\max_{j=1,\dots,M}\|w^j - u^j\|_{L^2} \leq \frac{\|A^{-1}\|_2}{1 - \|A^{-1}B\|_2}\max_{k=0,\dots,M-1}\|e^k\|_{L^2} \leq C_0(s + h^2),$$

wobei

$$C_0 := C_1 \cdot \frac{\|A^{-1}\|_2}{1 - \|A^{-1}B\|_2}. \tag{6.26}$$

Nach Satz 6.6 kann im Falle $\theta = \frac{1}{2}$ die rechte Seite zu $C_0(s^2 + h^2)$ verbessert werden. $\qquad\square$

Bemerkung 6.11 Anhand der Definition (6.26) sieht man sehr schön, dass Konvergenz aus Konsistenz und Stabilität folgt (falls die Existenz und Eindeutigkeit diskreter Lösungen gesichert ist): Die Konsistenz sichert die Existenz der Konstanten $C_1 < \infty$; aus der Stabilität folgt $\|A^{-1}B\|_2 < 1$ und somit $C_0 < \infty$. Hat die Stabilitätsmatrix $A^{-1}B$ jedoch Eigenwerte in der Nähe von eins (und ist damit schwach instabil), so kann C_0 beliebig groß werden, und die Abschätzung (6.24) wird praktisch wertlos. $\qquad\square$

Die obigen Betrachtungen können wir wie folgt zusammenfassen.

- Das explizite Verfahren $\theta = 0$ ist zwar sehr effizient, da keine linearen Gleichungssysteme gelöst werden müssen, aber die Stabilitätsbedingung $\alpha = s/h^2 \leq 1/2$ ist sehr restriktiv. Verringern wir beispielsweise die Schrittweite h um den Faktor 10, so müssen wir allein aus Stabilitätsgründen die Zeitschrittweite s um den Faktor 100 verkleinern.

- Verfahren mit $0 < \theta < \frac{1}{2}$ sind in der Praxis ungeeignet, da die Lösung linearer Gleichungssysteme *und* eine Stabilitätsbedingung notwendig sind.

- Das Crank-Nicolson-Verfahren mit $\theta = \frac{1}{2}$ ist gegenüber dem voll impliziten Verfahren vorzuziehen, da in beiden Fällen zwar Gleichungssysteme gelöst werden müssen, aber die Konsistenzordnung des Crank-Nicolson-Verfahrens größer ist bei gleichem Rechenaufwand.

Bemerkung 6.12 (1) Der Konsistenzbeweis in Satz 6.6 und damit auch das Konvergenzresultat beruht auf sehr starken Regularitätsvoraussetzungen an die Lösung u. Es ist möglich, ein zu Satz 6.10 analoges Ergebnis unter schwächeren Regularitätsannahmen zu beweisen, indem man die Gleichung (6.9) mittels *Finiten Elementen* diskretisiert. Allerdings ist dieser Zugang technisch wesentlich aufwändiger; siehe z.B. Abschnitt 16.3 in [93] oder [97] für Finite-Elemente-Methoden im Allgemeinen und [200, 1] für Finite-Elemente-Methoden im Zusammenhang mit Finanzanwendungen.

(2) Die Konvergenz der diskreten Lösungen w_i^j haben wir in Satz 6.10 nur in der diskreten L^2-Norm (bezüglich der x-Variablen) bewiesen. Ein entsprechendes Konvergenzresultat in der diskreten L^∞-Norm ist möglich, d.h.

$$\max_{i,j} |w_i^j - u(x_i, t_j)| \leq C(s + h^2),$$

erfordert aber die Stabilitätsbedingung $(1 - \theta)s/h^2 \leq 1/2$ (siehe Abschnitt 6.2 in [93]). Nur das voll implizite Verfahren ($\theta = 1$) ist *unbedingt stabil* (d.h. stabil für alle s und h) in der diskreten L^∞-Norm, während θ-Verfahren mit $\theta < 1$ nur *bedingt stabil* sind. Satz 6.9 besagt, dass alle θ-Verfahren mit $\theta \geq \frac{1}{2}$ in der diskreten L^2-Norm unbedingt stabil sind.

(3) Die Konsistenzordnung $\mathcal{O}(s + h^2)$ kann durch die Verwendung von Mehrpunktformeln verbessert werden. Die Idee ist, etwa die Ableitung u_{xx} nicht nur bis zur Ordnung $\mathcal{O}(h^2)$ (wie in (6.11)) zu approximieren, sondern bis zu einer höheren Ordnung. Betrachte beispielsweise die Gleichung $u_{xx} = f$, $x \in \mathbb{R}$. Aus der Approximation

$$u_{xx}(x) = \frac{1}{h^2}\left(-\frac{1}{12}u(x + 2h) + \frac{4}{3}u(x + h) - \frac{5}{2}u(x) + \frac{4}{3}u(x - h)\right.$$
$$\left. - \frac{1}{12}u(x - 2h)\right) + \mathcal{O}(h^4)$$

(siehe Übungsaufgaben) folgt für Approximationen w_i von $u(x_i)$, $x_i = ih$, das *Fünf-Punkte-Schema*

$$\frac{1}{h^2}\left(-\frac{1}{12}w_{i+2} + \frac{4}{3}w_{i+1} - \frac{5}{2}w_i + \frac{4}{3}w_{i-1} - \frac{1}{12}w_{i-2}\right) = f(x_i).$$

Dies führt auf lineare Gleichungssysteme mit einer Koeffizientenmatrix, die *nicht* mehr tridiagonal ist. Wegen der sehr effizienten Lösbarkeit von Gleichungssystemen mit Tridiagonalmatrizen sind *Drei-Punkte-Schemata* wie (6.15) im Allgemeinen vorzuziehen. Nun ist es möglich, beide Bedingungen: Drei-Punkte-Schema und höhere Konsistenzordnung zu erfüllen. Dies führt auf *kompakte Schemata höherer Ordnung*. Hierfür werden Informationen aus der Differentialgleichung verwendet, um eine Approximation nur in w_{i+1}, w_i und w_{i-1} zu erhalten. Für die obige Gleichung etwa folgt:

$$\frac{1}{h^2}(w_{i+1} - 2w_i + w_{i-1}) = \frac{1}{12}(f(x_{i-1}) + 10f(x_i) + f(x_{i+1}))$$

(siehe Übungsaufgaben oder Abschnitt 1.4.3 in [93]). Das Schema hat die Konsistenzordnung $\mathcal{O}(h^4)$. Für Anwendungen derartiger Schemata auf Optionsbewertungen siehe [63, 186].

(4) Die Verwendung *nichtäquidistanter* Gitter $x_0 < x_1 < \cdots < x_N$ mit $h_i = x_i - x_{i-1}$, $i = 1, \ldots, N$, und $h = \max_i h_i$ führt auf die Finite-Differenzen-Approximation

$$u_{xx}(x_i) = \frac{2}{h_{i+1} + h_i}\left(\frac{u_{i+1} - u_i}{h_{i+1}} + \frac{u_{i-1} - u_i}{h_i}\right) + \mathcal{O}(h),$$

wobei $u_i = u(x_i)$. Der Konsistenzfehler ist also nur noch von der Ordnung $\mathcal{O}(h)$ anstatt $\mathcal{O}(h^2)$ auf einem äquidistanten Gitter. Allerdings können mit nichtgleichmäßigen Gittern Bereiche, in denen die Lösung stark variiert, besser aufgelöst werden (siehe Kapitel 86 in [97]).

(5) Eine explizite Diskretisierung der allgemeinen parabolischen Differentialgleichung

$$u_t - au_{xx} + bu_x + cu = 0, \quad x \in \mathbb{R}, \ t > 0,$$

mit $a > 0$ und $b, c \in \mathbb{R}$ mittels zentraler Finiter Differenzen führt auf das Differenzenschema

$$\frac{w_i^{j+1} - w_i^j}{s} = a\frac{w_{i+1}^j - 2w_i^j + w_{i-1}^j}{h^2} - b\frac{w_{i+1}^j - w_{i-1}^j}{2h} - cw_i^j$$

oder, nach w_i^{j+1} aufgelöst,

$$w_i^{j+1} = \alpha\left(a - \frac{bh}{2}\right)w_{i+1}^j + (1 - 2\alpha - cs)w_i^j + \alpha\left(a + \frac{bh}{2}\right)w_{i-1}^j,$$

wobei $\alpha = s/h^2$. Man kann zeigen, dass dieses Schema eine oszillierende Lösung liefert, wenn $a - |b|h/2 < 0$. Wir benötigen für ein stabiles Schema die beiden Voraussetzungen $\alpha \leq 1/2$ *und* $|b|h/2a < 1$. Die zweite Bedingung erzwingt sehr kleine Schrittweiten h, wenn $|b|$ sehr groß ist (übrigens auch bei impliziten Schemata). Man nennt die Gleichung *konvektionsdominant*, wenn $|b|$ im Vergleich zu a sehr groß ist. Als Ausweg könnte man den *einseitigen* Differenzenquotienten

$$u_x(x_i) = \frac{u(x_i) - u(x_{i-1})}{h} + \mathcal{O}(h), \qquad \text{falls } b > 0,$$

$$u_x(x_i) = \frac{u(x_{i+1}) - u(x_i)}{h} + \mathcal{O}(h), \qquad \text{falls } b < 0,$$

versuchen. Das entsprechende numerische Schema nennt man *Upwind*-Diskretisierung, da der Differenzenquotient der Flussrichtung entgegengesetzt gewählt wird (also „gegen den Wind", englisch: *upwind*). Ersetzen wir dann bu_x durch $b(w_{i-1}^j - w_i^j)/h$, so erhalten wir im Fall $b > 0$ das Schema

$$\frac{w_i^{j+1} - w_i^j}{s} = \left(a + \frac{bh}{2}\right)\frac{w_{i+1}^j - 2w_i^j + w_{i-1}^j}{h^2} - b\frac{w_{i+1}^j - w_{i-1}^j}{2h} - cw_i^j.$$

Der Diffusionsterm $D := a + bh/2$ ist um den Term $bh/2$ größer als die ursprüngliche Diffusion a. Man nennt den zusätzlichen Term daher auch *künstliche Diffusion*. Er verschwindet im Grenzwert $h \to 0$, führt aber dazu, dass die Konsistenzordnung nur noch $\mathcal{O}(h)$ anstatt $\mathcal{O}(h^2)$ wie bei zentralen Finiten Differenzen ist. Dies kann durch eine geschickte Wahl der künstlichen Diffusion vermieden werden, etwa durch das Iljin-Schema, bei dem $D = (hb/2)\coth(hb/2a)$ gesetzt wird [93, 97]. Für $b \to 0$ folgt das zentrale Differenzenschema $D \to a$; für $b \gg 1$ erhalten wir wegen $D \sim bh/2$ einen Term von derselben Größenordnung wie der Term erster Ordnung.

Die Diskretisierung konvektionsdominanter Gleichungen ist Gegenstand intensiver Forschung, insbesondere im Umfeld von Finite-Elemente-Methoden. Eine Vielzahl von Techniken sind vorgeschlagen worden, etwa Petrov-Galerkin-Methoden [161], *streamline-upwind*-Petrov-Galerkin-Formulierungen [38], Galerkin-*least-squares*-Diskretisierungen [106], gemischte Finite-Elemente-Methoden mit exponentieller Anpassung [33] oder Verwendung von *bubble*-Funktionen in Finite-Elemente-Räumen [34]. Zu weiteren Verfahren verweisen wir auf [32, 93, 179].

(6) Für weitere Informationen zu Finite-Differenzen-Verfahren seien etwa die Monografien [47, 130, 217] genannt. Finite-Differenzen-Methoden zur Bewertung von Finanzderivaten sind in [215] ausführlich beschrieben. □

6.2.5 Zusammenhang mit der Binomialmethode

In Abschnitt 3.3 haben wir gezeigt, dass der mit der Binomialmethode berechnete Preis einer europäischen Option im Grenzwert verschwindender Zeitschrittweiten gegen die Lösung der Black-Scholes-Differentialgleichung konvergiert. Wir zeigen nun ein in gewisser Weise umgekehrtes Resultat: Das explizite Differenzenverfahren kann als Binomialmethode interpretiert werden. Dazu betrachten wir die Black-Scholes-Gleichung (4.18), in der wir die Transformationen $x = \ln(S/K)$ und $v(x,t) = V(S,t)$ durchführen. Aus

$$SV_S = S\frac{\partial v}{\partial x}\frac{dx}{dS} = v_x,$$
$$S^2V_{SS} = S(SV_S)_S - SV_S = v_{xx} - v_x$$

folgt

$$v_t + \frac{\sigma^2}{2} v_{xx} + \left(r - \frac{\sigma^2}{2} \right) v_x - rv = 0, \quad x \in \mathbb{R},\ 0 < t < T. \tag{6.27}$$

Den Term v_{xx} diskretisieren wir mit den zentralen Finiten Differenzen (6.11):

$$v_{xx}(x_i, t_j) \approx \frac{v_{i+1}^j - 2v_i^j + v_{i-1}^j}{h^2},$$

wobei $v_i^j = v(x_i, t_j)$, und $x_i = ih$, $t_j = js$ sind Gitterpunkte. Den Ausdruck v_x können wir mit einseitigen Finiten Differenzen

$$v_x(x_i, t_j) \approx \frac{v_{i+1}^j - v_i^j}{h} \quad \text{oder} \quad v_x(x_i, t_j) \approx \frac{v_i^j - v_{i-1}^j}{h}$$

approximieren, doch diese Näherungen sind nur von der Ordnung $\mathcal{O}(h)$. Besser sind hier die zentralen Finiten Differenzen

$$v_x(x_i, t_j) \approx \frac{v_{i+1}^j - v_{i-1}^j}{2h},$$

die wir durch Addition der beiden obigen Approximationen erhalten und die von der Ordnung $\mathcal{O}(h^2)$ sind. Dies ist dann von der gleichen Ordnung wie die Näherung für v_{xx}. Eine Variante der expliziten Finite-Differenzen-Approximation von (6.27) lautet also:

$$\frac{v_i^j - v_i^{j-1}}{s} + \frac{\sigma^2}{2} \frac{v_{i+1}^j - 2v_i^j + v_{i-1}^j}{h^2} + \left(r - \frac{\sigma^2}{2} \right) \frac{v_{i+1}^j - v_{i-1}^j}{2h} - rv_i^{j-1} = 0, \tag{6.28}$$

oder nach v_i^{j-1} aufgelöst:

$$\begin{aligned}
v_i^{j-1} &= \frac{1}{1+rs} \left[\left(\frac{\sigma^2 s}{2h^2} - \frac{\sigma^2 s}{4h} + \frac{rs}{2h} \right) v_{i+1}^j + \left(1 - \frac{\sigma^2 s}{h^2} \right) v_i^j \right. \\
&\quad \left. + \left(\frac{\sigma^2 s}{2h^2} + \frac{\sigma^2 s}{4h} - \frac{rs}{2h} \right) v_{i-1}^j \right].
\end{aligned}$$

Beachte, dass wir *rückwärts* in der Zeit rechnen: v_i^j ist gegeben und v_i^{j-1} wird berechnet.

Die Identifikation dieses Finite-Differenzen-Schemas mit der Binomialmethode basiert auf der Bedingung

$$\frac{\sigma^2}{2} \frac{s}{h^2} = \frac{1}{2}.$$

Wir haben in Satz 6.9 bewiesen, dass das explizite Verfahren stabil ist, wenn $\alpha \le \frac{1}{2}$ gilt, wobei in unserem Fall (wegen des Diffusionskoeffizienten $\sigma^2/2$) $\alpha = (\sigma^2/2)(s/h^2)$ ist. Die obige Annahme impliziert also, dass das explizite Schema (mit maximaler Schrittweite) stabil ist. Mit dieser Voraussetzung ergibt sich für unser Schema:

$$v_i^{j-1} = \frac{1}{1+rs}\left[a_1 v_{i+1}^j + a_2 v_{i-1}^j\right], \tag{6.29}$$

wobei

$$a_{1/2} = \frac{1}{2} \pm \frac{r - \sigma^2/2}{2\sigma}\sqrt{s}.$$

Der Preis einer europäischen Option lautet gemäß der Binomialmethode im Ein-Perioden-Modell (siehe (3.1)):

$$V_i^{j-1} = e^{-rs}(pV_{i+1}^j + (1-p)V_{i-1}^j), \quad p = \frac{e^{rs} - d}{u - d}.$$

Setzen wir wie in Abschnitt 3.3 $u = e^{\sigma\sqrt{s}}$ und $d = 1/u$, so folgt aus $e^{\sqrt{x}} = 1 + \sqrt{x} + x/2 + \mathcal{O}(x^{3/2})$ für $x \to 0$, $x \geq 0$:

$$\begin{aligned}
p &= \frac{e^{rs} - e^{-\sigma\sqrt{s}}}{e^{\sigma\sqrt{s}} - e^{-\sigma\sqrt{s}}} \\
&= \frac{(1+rs) - (1 - \sigma\sqrt{s} + \sigma^2 s/2) + \mathcal{O}(s^{3/2})}{(1 + \sigma\sqrt{s} + \sigma^2 s/2) - (1 - \sigma\sqrt{s} + \sigma^2 s/2) + \mathcal{O}(s^{3/2})} \\
&= \frac{1}{2} + \frac{(r - \sigma^2/2)\sqrt{s} + \mathcal{O}(s)}{2\sigma + \mathcal{O}(s)} \\
&= \frac{1}{2} + \frac{(r - \sigma^2/2)\sqrt{s}}{2\sigma} + \mathcal{O}(s) \quad (s \to 0),
\end{aligned}$$

denn $(a+s)/(b+s) = a/b + \mathcal{O}(s)$ $(s \to 0)$. Mit der obigen Definition von a_1 und a_2 folgt

$$p = a_1 + \mathcal{O}(s), \quad 1 - p = a_2 + \mathcal{O}(s) \quad (s \to 0)$$

und wegen $e^{-rs} = 1/(1+rs) + \mathcal{O}(s^2)$

$$V_i^{j-1} = \frac{1}{1+rs}\left[a_1 V_{i+1}^j + a_2 V_{i-1}^j\right] + \mathcal{O}(s).$$

Diese Gleichung ist bis auf einen Fehler der Ordnung $\mathcal{O}(s)$ gleich der Finite-Differenzen-Approximation (6.29). Wir haben die folgende Proposition bewiesen.

Proposition 6.13 *Seien*

$$\frac{\sigma^2}{2}\frac{s}{h^2} = \frac{1}{2}, \quad u = e^{\sigma\sqrt{s}} \quad und \quad d = e^{-\sigma\sqrt{s}}.$$

Dann kann das explizite Finite-Differenzen-Verfahren (6.28) bis auf einen Fehler der Ordnung $\mathcal{O}(s)$ als Binomialmethode interpretiert werden.

6.3 Beispiel: Power-Optionen

Wir wollen den Preis eines *European-capped-symmetric-power calls* mittels des Finite-Differenzen-Verfahrens berechnen. Die Option ist durch die Auszahlungs-funktion

$$C(S, T) = \min[L, ((S - K)^+)^p] \quad \text{mit } L > 0, \; p > 0 \qquad (6.30)$$

definiert. Der Zusatz „capped" bedeutet, dass die Auszahlung durch die Schranke L nach oben begrenzt ist. Es gibt auch unsymmetrische Power-Calls; diese haben den Payoff $(S^p - K)^+$. Der Spezialfall $p = 1$ und $L = \infty$ liefert den europäischen Plain-vanilla-Call.

Da wir eine europäische Power-Option betrachten, ist der Optionswert $C(S, t)$ durch die Lösung der Black-Scholes-Gleichung (4.18) mit Endbedingung (6.30) und geeigneten Randbedingungen an $S = 0$ und für $S \to \infty$ gegeben. Welche Randbedingungen sind geeignet? Der Power-Call ist wertlos, wenn $S = 0$, d.h.

$$C(0, t) = 0 \quad \text{für } 0 < t < T. \qquad (6.31)$$

Die Option wird teuer für hohe Kurse des Basiswertes; der Optionspreis ist jedoch nach oben durch L begrenzt. Daher ist

$$C(S, t) \to L \quad \text{für } S \to \infty, \; 0 < t < T. \qquad (6.32)$$

Anstatt L kann man auch den diskontierten Wert $Le^{-r(T-t)}$ vorschreiben.

Unser Ziel ist die numerische Lösung der Differentialgleichung (4.18) mit Endbedingung (6.30) und Randbedingungen (6.31)-(6.32). Zuerst ist es sinnvoll, die Black-Scholes-Gleichung wie in Abschnitt 4.2 auf eine einfachere Gleichung zu transformieren. Mit den Transformationen

$$x = \ln(S/K), \quad \tau = \sigma^2(T - t)/2,$$

und

$$u(x, \tau) = \exp\left(\frac{1}{2}(k - 1)x + \frac{1}{4}(k + 1)^2\tau\right) \frac{C(S, t)}{K},$$

wobei $k = 2r/\sigma^2$, sind (4.18) und (6.30) äquivalent zu

$$u_\tau - u_{xx} = 0, \quad x \in \mathbb{R}, \; 0 < \tau < T_0, \qquad (6.33)$$
$$u(x, 0) = u_0(x), \quad x \in \mathbb{R}, \qquad (6.34)$$

wobei $T_0 = \sigma^2 T/2$, und

$$u_0(x) = \frac{1}{K} \exp\left(\frac{1}{2}(k - 1)x\right) \min[L, K^p((e^x - 1)^+)^p]. \qquad (6.35)$$

Für die numerische Approximation grenzen wir das Problem auf ein beschränktes Intervall $x \in [-a, a]$ mit $a > 0$ ein. Wir schreiben dann die Randbedingungen

$$u(-a, \tau) = u_1(\tau), \quad u(a, \tau) = u_2(\tau)$$

vor. Um die Funktionen u_1 und u_2 zu bestimmen, bemerken wir, dass

$$u(-a, \tau) = \exp\left(-\frac{1}{2}(k-1)a + \frac{1}{4}(k+1)^2\tau\right)\frac{C(Ke^{-a}, t)}{K},$$

$$u(a, \tau) = \exp\left(\frac{1}{2}(k-1)a + \frac{1}{4}(k+1)^2\tau\right)\frac{C(Ke^{a}, t)}{K}$$

und

$$C(Ke^{-a}, t) \to 0, \quad C(Ke^{a}, t) \to L \qquad \text{für } a \to \infty.$$

Für genügend großes $a > 0$ können wir also $C(Ke^{-a}, t)$ durch null und $C(Ke^{a}, t)$ durch L ersetzen. Die Randbedingungen lauten also

$$u(-a, \tau) = 0, \quad u(a, \tau) = \frac{L}{K}\exp\left(\frac{1}{2}(k-1)a + \frac{1}{4}(k+1)^2\tau\right). \tag{6.36}$$

Wir lösen das Problem (6.33)-(6.36) mit dem θ-Verfahren (6.15). Das folgende MATLAB-Programm 6.1 realisiert die Berechnung des Power-Calls. In diesem Programm erstellt `eye(n)` eine $(n \times n)$-Einheitsmatrix. Ist `x` ein (Zeilen- oder Spalten-) Vektor der Dimension `n`, so erzeugt `diag(x,k)` eine Matrix der Dimension $(n + k) \times (n + k)$, die in der `k`-ten Superdiagonale (falls `k > 0`) oder in der `k`-ten Subdiagonale (falls `k < 0`) oder in der Diagonale (falls `k = 0`) die Elemente des Vektors als Einträge enthält. Beispielsweise liefert der Befehl `diag(x,2)` für `x = [1 2 3]` die Matrix

```
0 0 1 0 0
0 0 0 2 0
0 0 0 0 3
0 0 0 0 0
0 0 0 0 0
```

Der Befehl `lu(A)` erzeugt eine LR-Zerlegung der Matrix A und das Zeichen `&` bezeichnet den logischen Und-Operator.

In Abbildung 6.1 sind die Optionspreise zu den Zeiten $t = 0$, $T/2$, T illustriert, berechnet mit dem Crank-Nicolson-Verfahren. In diesem Beispiel ist $\alpha = s/h^2 \approx 0.67 > \frac{1}{2}$. Wir erwarten, dass das explizite Verfahren zu Problemen führt. In der Tat zeigt Abbildung 6.2 numerische Oszillationen, die die Lösung unbrauchbar machen.

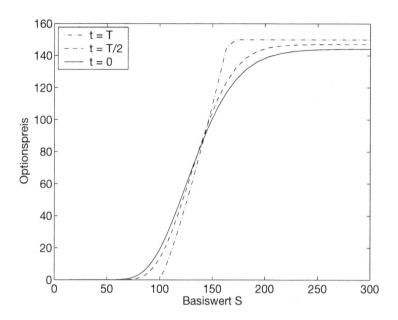

Abbildung 6.1 Preise eines *European-capped-symmetric-power calls* mit den Parametern $K = 100$, $L = 150$, $p = 1.2$, $r = 0.04$, $\sigma = 0.2$ und $T = 1$, berechnet mit dem Crank-Nicolson-Verfahren.

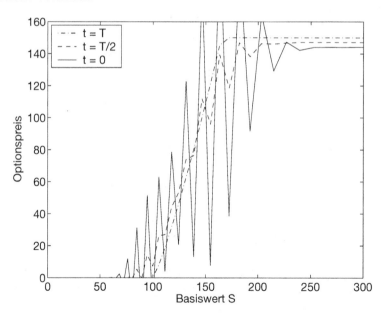

Abbildung 6.2 Numerische Ergebnisse für einen *European-capped-symmetric-power call* mit den Parametern $K = 100$, $L = 150$, $p = 1.2$, $r = 0.04$, $\sigma = 0.2$ und $T = 1$, berechnet mit dem expliziten Verfahren.

MATLAB-Programm 6.1 Programm `powercall.m` zur Berechnung eines *European-capped-symmetric-power calls*.

```
% Parameter und Abkürzungen
K = 100; r = 0.04; sigma = 0.2; T = 1; L = 150; p = 1.2;
a = 3; theta = 0.5; N = 110; M = 10; T0 = sigma^2*T/2;
h = 2*a/N;          % Ortsschrittweite
s = T0/M;           % Zeitschrittweite
alpha = s/h^2; k = 2*r/sigma^2;
x = [-a:h:a]; S = K*exp(x);

% Anfangswerte
C0 = min(L,max(0,S-K).^p);
u0 = exp(0.5*(k-1)*x).*C0/K;

% Aufbau und LR-Zerlegung von A
A = (2*alpha*theta+1)*eye(N-1);
fac = -alpha*theta*ones(1,N-2);
A = A + diag(fac,1) + diag(fac,-1);
[LL,RR] = lu(A);

% Lösung der Differentialgleichung
u = u0;
for t = s:s:T0
    b(1:N-1) = alpha*(1-theta)*(u(3:N+1)+u(1:N-1)) ...
        - (2*alpha*(1-theta)-1)*u(2:N);
    b(N-1) = b(N-1) + alpha*L/K*exp((k-1)*a/2 + (k+1)^2*t/4) ...
        *(1 - theta + theta*exp((k+1)^2*s/4));
    y = LL\b';
    u(2:N) = RR\y;
    if ((t >= T0/2) & (t <= T0/2+s))
        u1 = u;     % Lösung zur Zeit T0/2
    end
end

% Rücktransformation
C1 = K*exp(-0.25*(k+1)^2*T0/2)*exp(-0.5*(k-1)*x).*u1;
C2 = K*exp(-0.25*(k+1)^2*T0)*exp(-0.5*(k-1)*x).*u;
hold on, plot(S,C0,'-.'), plot(S,C1,'--'), plot(S,C2)
```

Wir wollen die Konvergenzordnung des Crank-Nicolson-Verfahrens empirisch berechnen. Da wir keine exakte Lösung zur Verfügung haben, verwenden wir ersatzweise eine numerische Lösung auf einem sehr feinen Gitter als Referenzlösung. In Tabelle 6.2 sind die L^∞- bzw. Maximumfehler der Differenz einer numerischen Lösung w und der Referenzlösung $\widehat{w}$ zur Zeit $t = 0$ dargestellt. Unter dem L^∞-Fehler verstehen wir genauer die Zahl

$$e_h = \max_{i=1,\dots,N-1} |w_i - \widehat{w}_i|.$$

In Satz 6.10 haben wir bewiesen, dass der (diskrete) L^2-Fehler $\|w - \widehat{w}\|_{L^2}$ von der Größenordnung $C \cdot h^2$ ist (die Zeitvariable ist ja fest). Welche Konvergenzordnung erhalten wir mit dem L^∞-Fehler e_h? Angenommen, es gilt $e_h \approx C \cdot h^\beta$. Zeichnen wir die Schrittweite und den Fehler in einer doppelt-logarithmischen Skala, sollten die entsprechenden Punkte auf einer Geraden mit Steigung β liegen, da $\log e_h \approx \log C + \beta \log h$ (siehe Abschnitt 5.3.1). Abbildung 6.3, basierend auf den Werten aus Tabelle 6.2, legt die Konvergenzordnung $\beta = 2$ nahe. Eine lineare Ausgleichsrechung zeigt, dass $\beta = 1.87$ mit Residuum 0.20. Die Konvergenzordnung bezüglich des L^∞-Fehlers ist also dieselbe wie die bezüglich des (diskreten) L^2-Fehlers.

Wie haben wir die Abbildung 6.3 erzeugt? Wir nehmen an, dass die Call-Preise in den Variablen C16,...,C256 gespeichert sind, wobei die Zahl die Anzahl der Gitterpunkte bedeute. Die Referenzlösung sei im Vektor Cref gespeichert. Mit den MATLAB-Befehlen

```
errlist = [max(abs(C16-Cref(1:128:2049))),
    max(abs(C32-Cref(1:64:2049))),
    max(abs(C64-Cref(1:32:2049))),
    max(abs(C128-Cref(1:16:2049))),
    max(abs(C256-Cref(1:8:2049)))];
hlist = [6/16 6/32 6/64 6/128 6/256];
loglog(hlist,errlist)
```

werden die Maximumfehler errlist in Abhängigkeit von der Schrittweite hlist doppelt-logarithmisch geplottet. Die Steigung beta der Ausgleichsgeraden sowie das Residuum residuum erhalten wir wie in Abschnitt 5.3 mittels den Befehlen

```
A = [ones(5,1), log(hlist)'];
b = log(errorlist);
z = A\b;
beta = z(2), residuum = norm(A*z-b)
```

Gitterpunkte	Schrittweite h	Fehler e_h
16	0.3750	5.521
32	0.1875	1.878
64	0.0938	0.514
128	0.0469	0.129
256	0.0234	0.032

Tabelle 6.2 Maximumfehler e_h in Abhängigkeit von der Anzahl N der Gitterpunkte bzw. von der Schrittweite $h = 2a/N$, bezogen auf eine Referenzlösung mit $N = 2048$ bzw. $h = 0.0029$. Die Zeitschrittweite lautet $s = 0.002$.

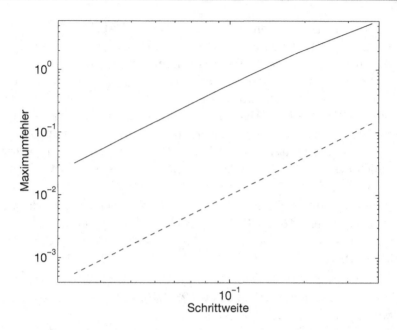

Abbildung 6.3 Maximumfehler e_h in Abhängigkeit von der Schrittweite h in doppelt-logarithmischer Darstellung (durchgezogene Linie) und Vergleichsgerade mit Steigung 2 (gestrichelte Linie).

6.4 Vertikale Linienmethode

In Abschnitt 6.2 haben wir äquidistante Zeitschritte zur Diskretisierung der Black-Scholes-Gleichung verwendet. Es ist jedoch sinnvoller, die Zeitschrittweite groß zu wählen, wenn sich die Lösung zeitlich nur wenig verändert, und klein, wenn die Lösung große zeitliche Änderungen aufweist. Die Zeitschrittweite kann bequem mit der Linienmethode an den Lösungsverlauf angepasst werden. Die Idee der Linienmethode ist es, nur die Ableitung u_{xx} der Lösung u von (6.9)-(6.10) zu approximieren, etwa

$$u_t(x_i, t) = \frac{1}{h^2} \big(u(x_{i+1}, t) - 2u(x_i, t) + u(x_{i-1}, t) \big) + \mathcal{O}(h^2)$$

für $h = x_{i+1} - x_i$, $i = 0, \ldots, N - 1$. Vernachlässigen wir den $\mathcal{O}(h^2)$-Term, so können wir Approximationen $w_i(t)$ als Lösungen der gewöhnlichen Differential-gleichungen

$$w_i'(t) = \frac{1}{h^2}(w_{i+1}(t) - 2w_i(t) + w_{i-1}(t)), \quad i = 1, \ldots, N - 1,$$

definieren. Unter Einbeziehung der Randbedingungen definiert dies das Anfangs-wertproblem gewöhnlicher Differentialgleichungen

$$w' = -\frac{1}{h^2}Gw + d(t), \quad 0 < t < T, \quad w(0) = w_0, \tag{6.37}$$

in den Unbekannten $w(t) = (w_1(t), \ldots, w_{N-1}(t))^\top$, wobei G die schon aus (6.20) bekannte Systemmatrix für den zentralen Differenzenquotienten zweiter Ordnung bezeichne und

$$\begin{aligned} w_0 &= (u_0(-a+h), u_0(-a+2h), \ldots, u_0(a-h))^\top, \\ d(t) &= (g_1(t)/h^2, 0, \ldots, 0, g_2(t)/h^2)^\top. \end{aligned}$$

6.4.1 Steife Systeme

Wir wollen nun das Anfangswertproblem (6.37) analysieren. Da die Matrix G symmetrisch ist, können wir (6.37) mittels der Hauptachsentransformation entkoppeln. Es existiert eine orthogonale Matrix V, so dass $G = V^\top DV$ gilt, und D ist eine Diagonalmatrix mit den Diagonalelementen $\gamma_1, \ldots, \gamma_{N-1}$. Mit $z = Vw$ folgt

$$z' = Vw' = V\left(-\frac{1}{h^2}V^\top DVw + d(t)\right) = -\frac{1}{h^2}Dz + Vd(t)$$

oder komponentenweise

$$z_i' = -\frac{\gamma_i}{h^2}z_i + (Vd(t))_i, \quad i = 1, \ldots, N-1.$$

Damit ist das Problem entkoppelt, und es genügt, die Testgleichung

$$y' = \lambda y + f(t), \quad t > 0, \quad y(0) = y_0, \tag{6.38}$$

zu betrachten. Wegen $\gamma_i > 0$ (siehe (6.21)) und $h \ll 1$ ist $\lambda = -\gamma_i/h^2 \ll -1$. Differentialgleichungen mit betragsmäßig großen und negativen Eigenwerten λ werden auch *steif* genannt. Dies ist *eine* Definition für die *Steifheit* eines Anfangswertproblems; der Begriff wird in der Literatur nicht einheitlich verwendet. Anstelle einer exakten Definition wollen wir uns diesen Begriff und seine Bedeutung anschaulich klar machen, indem wir die Testgleichung (6.38) etwas genauer untersuchen.

Betrachten wir zunächst die analytische Lösung $y(t; y_0)$ von (6.38) in Abhängigkeit des Anfangswertes y_0:

$$y(t; y_0) = e^{\lambda t}\left(\int_0^t e^{-\lambda \tau} f(\tau) d\tau + y_0\right). \tag{6.39}$$

Wir bemerken sofort, dass die Abbildung $y_0 \mapsto y(t; y_0)$ für einen beliebigen (aber festen Endzeitpunkt $t > 0$) gut konditioniert ist:

$$\kappa := \frac{\partial y(t; y_0)}{\partial y_0} = e^{\lambda t} \ll 1. \tag{6.40}$$

Für große Endzeitpunkte t ist das Problem sogar *extrem gut konditioniert*: Es gilt $\kappa \to 0$ für $t \to \infty$. Anschaulich bedeutet dies, dass ein Anfangsfehler $\triangle y_0 :=$ $\widetilde{y}_0 - y_0$ in den Anfangswerten gedämpft wird:

$$\triangle y(t) := y(t; \widetilde{y}_0) - y(t; y_0) = e^{\lambda t} \triangle y_0 \to 0 \quad \text{für } t \to \infty.$$

Dieses Dämpfungsverhalten erklärt auch den Begriff „steifes System": Jede Störung des Systems, insbesondere auch oszillatorischen Charakters, wird mit dem Faktor $\exp(\lambda t)$ schnell gedämpft – eine Eigenschaft, die man etwa in der Baumechanik von steifen Systemen erwartet.

Spiegelt sich dieses stabile Verhalten der analytischen Lösung auch in den numerischen Approximationen wider? Um diese Frage zu beantworten, betrachten wir einen Spezialfall von (6.38): das Modellproblem nach Prothero und Robinson [172].

6.4.2   Ein Modellproblem nach Prothero und Robinson

Für eine genügend glatte Funktion g führt die Wahl $f(t) := -\lambda g(t) + g'(t)$ auf

$$y' = \lambda(y - g) + g', \quad t > 0, \quad y(0) = y_0. \tag{6.41}$$

Wie kommen wir auf diese Formulierung? Das folgende Beipiel zeigt, dass die Testgleichung (6.41) als einfaches Beispiel für eine semidiskretisierte parabolische Differentialgleichung angesehen werden kann.

Beispiel 6.14 Betrachte die um eine Inhomogenität $f(x,t)$ erweiterte einfache Diffusionsgleichung (6.9)

$$u_t - u_{xx} = f(x,t), \quad x \in (-a, a), \ 0 < t < T, \tag{6.42}$$

mit den Randbedingungen

$$u(-a, t) = g_1(t), \quad u(a, t) = g_2(t), \quad 0 < t < T, \tag{6.43}$$

und dem Anfangswert

$$u(x, 0) = \frac{a + x}{2a} g_2(0) + \frac{a - x}{2a} g_1(0), \quad x \in [-a, a], \tag{6.44}$$

mit Funktionen $g_1, g_2 \in C^1([0, \infty))$. Wählen wir für die Inhomogenität

$$f(x, t) = \frac{a + x}{2a} g_2'(t) + \frac{a - x}{2a} g_1'(t),$$

so ergibt sich die analytische Lösung

$$u(x,t) = \frac{a+x}{2a} g_2(t) + \frac{a-x}{2a} g_1(t).$$

Der Standardansatz der Linienmethode mittels zentraler Differenzen führt auf das System

$$w' = -\frac{1}{h^2} Gw + b'(t) + d(t)$$

mit den Vektoren w, b, $d \in \mathbb{R}^{N-1}$, wobei $w_i(t)$ die Funktion $u(x_i, t)$ approximiert und

$$b_i(t) = \frac{a+x_i}{2a} g_2(t) + \frac{a-x_i}{2a} g_1(t), \quad d(t) = \frac{1}{h^2} (g_1(t), 0, \ldots, 0, g_2(t))^\top.$$

Ist die Diskretisierung fein genug, so gilt näherungsweise $b_1 \approx h^2 d_1$ und $b_{N-1} \approx h^2 d_{N-1}$, so dass

$$-\frac{1}{h^2} Gw + d \approx -\frac{1}{h^2} \left(Gw - I(b_1, 0, \ldots, 0, b_{N-1})^\top \right).$$

Approximieren wir $(b_1, 0, \ldots, 0, b_{N-1})^\top$ durch den Vektor b und ersetzen die Einheitsmatrix I durch die ebenfalls symmetrisch, positiv definite Matrix G, erhalten wir das erweiterte System

$$w' = -\frac{1}{h^2} G(w - b) + b'(t).$$

Diagonalisierung von G ergibt nun komponentenweise die skalare Testgleichung (6.41). $\qquad \square$

Die Lösung von (6.41) lautet

$$y(t; y_0) = g(t) + e^{\lambda t}(y_0 - g(0)). \tag{6.45}$$

Nach einer kurzen transienten Phase nähert sich die Lösung für $t \to \infty$ in einer asymptotischen Phase exponentiell schnell der glatten Grenzlösung $g(t)$. Dies zeigt wieder die extrem gute Kondition des Anfangswertproblems (6.41). Diese analytische Eigenschaft der Lösung sollte sich in der numerischen Approximation widerspiegeln. Daher verlangen wir auch von der numerischen Lösung y_j, dass diese schnell gegen die Grenzlösung $g(t)$ konvergiert.

Zuvor wollen wir aber den Fall $g = 0$ einer verschwindenden Grenzlösung untersuchen, der uns auf den Begriff der *A-Stabilität* führen wird.

6.4.3 A-Stabilität

Wenden wir das *explizite* Euler-Verfahren auf (6.41) mit $g = 0$ an, d.h.

$$y_{j+1} = y_j + s\lambda y_j$$

mit Approximationen y_j von $y(t_j)$ und Schrittweite $s > 0$, so erhalten wir

$$y_j = (1 + s\lambda)^j y_0.$$

Aus Stabilitätsgründen muss $|1 + s\lambda| < 1$ gelten, d.h., die Schrittweite ist durch $s < 2/|\lambda| \ll 1$ beschränkt. Dieses Resultat ist zu erwarten, da die Diskretisierung dem expliziten Verfahren aus Abschnitt 6.2 entspricht. Andere explizite Zeitdiskretisierungen (etwa vom Runge-Kutta-Typ; siehe Kapitel 76 in [97]) führen auf vergleichbare Rekursionen vom Typ $y_j = P(s\lambda)y_0$ mit Polynomen P; leider erfordern diese ebenfalls restriktive Stabilitätsbedingungen, da die Polynome P nicht für alle $s > 0$ beschränkt sind. Fazit: Explizite Verfahren sind nicht geeignet.

Implizite Verfahren dagegen führen auf Rekursionen vom Typ $y_j = R(s\lambda)y_0$ mit *rationalen* Funktionen R, und diese können durchaus für alle $s > 0$ beschränkt sein. Betrachte etwa das implizite Euler-Verfahren. Aus der Rekursion

$$y_{j+1} = y_j + s\lambda y_{j+1}$$

folgt

$$y_{j+1} = R(s\lambda)y_j \quad \text{mit } R(s\lambda) = \frac{1}{1 - s\lambda}$$

und damit die Stabilitätsforderung

$$|R(s\lambda)| < 1.$$

Diese ist für alle Schrittweiten $s > 0$ erfüllt. Auch dieses Resultat ist zu erwarten, da das implizite Euler-Verfahren dem voll impliziten Finite-Differenzen-Verfahren aus Abschnitt 6.2 entspricht, und dieses ist bekanntermaßen für alle $s > 0$ stabil.

Bemerkung 6.15 Auch für das Crank-Nicolson-Verfahren gibt es bei der Linienmethode ein Analogon unter den Einschrittverfahren mit konstanter Zeitschrittweite s: die *Trapezregel*, d.h. die symmetrische Konvexkombination von explizitem und implizitem Euler-Verfahren

$$y_{j+1} = y_j + \frac{1}{2}s\lambda(y_j + y_{j+1}). \tag{6.46}$$

Hierfür gilt

$$y_{j+1} = R(s\lambda)y_j \quad \text{mit} \quad R(s\lambda) = \frac{1 + s\lambda/2}{1 - s\lambda/2}.$$

Die Stabilitätsforderung ist für alle $s > 0$ erfüllt (Übungsaufgabe). □

Man spricht mit Dahlquist [55] von einem *A-stabilen* Verfahren, wenn $|R(z)| < 1$ für alle $z \in \mathbb{C}$ mit $\text{Re}(z) < 0$ gilt. Ein A-stabiles Verfahren liefert damit für beliebige Schrittweiten $s > 0$ gedämpfte numerische Lösungen für das (homogene) Testproblem (6.38), welche wie die exakte Lösung für große Zeiten asymptotisch gegen null konvergieren. Allerdings wird der Begriff der A-Stabilität in der Literatur nicht einheitlich verwendet. Für weitergehende Informationen verweisen wir auf [57].

6.4.4 Der inhomogene Fall

Die Diskretisierung von inhomogenen Randbedingungen führt auf inhomogene Funktionen $g \neq 0$, so dass wir im Folgenden diesen Fall betrachten. Auch hier sind wir an Schrittweiten s interessiert, die durch keine Stabilitätsbedingungen beschränkt sind und somit viel größer als $1/|\lambda|$ gewählt werden können. Im Kontext der Linienmethode heißt das, die Zeitschrittweite zumindest in der asymptotischen Phase unabhängig von der Feinheit der Ortsdiskretisierung wählen zu können. Für die Konvergenzanalyse betrachten wir daher simultan mit $s \to 0$ auch $z := s\lambda \to -\infty$.

Das explizite Euler-Verfahren scheidet wegen seiner Instabilität bereits im homogenen Fall $g = 0$ als Kandidat aus. Betrachten wir daher zu (6.41) (mit $z := s\lambda$ und $t_j := js$) die numerische Lösung

$$y_{j+1} = y_j + z(y_{j+1} - g(t_{j+1})) + sg'(t_{j+1})$$

des impliziten Euler-Verfahrens. Für den globalen Fehler $E_j := y_j - g(t_j)$ ergibt sich nach einer Taylor-Entwicklung von $g(t_{j+1})$ und $g'(t_{j+1})$ die Fehlerrekursion

$$E_{j+1} = R(z)E_j + e_{j+1} \qquad (6.47)$$

mit der Stabilitätsfunktion $R(z) = 1/(1-z)$ und dem lokalen Fehler

$$e_{j+1} := R(z)\frac{s^2}{2}g''(t_j) + \mathcal{O}(s^3) \quad (s \to 0).$$

Neben der schon bekannten Dämpfung des globalen Fehlers für $z \to \infty$ erkennen wir, dass der globale Fehler in der Größenordnung des lokalen Fehlers $e_{j+1} = \mathcal{O}(s^2/z)$ liegt. Das ist viel besser als die bekannte klassische Ordnung 1 des impliziten Euler-Verfahrens, die auf der Behandlung des Falles $z = \mathcal{O}(s)$ beruht. Das implizite Euler-Verfahren besitzt somit für das Modellproblem (6.41) ausgezeichnete Stabilitätseigenschaften.

Für die Trapezregel (6.46) hingegen erhält man die Fehlerrekursion (6.47) mit $R(z) = (1 + \frac{z}{2})/(1 - \frac{z}{2})$ und

$$e_{j+1} = \frac{1}{12}s^3 g'''(t_j) + \mathcal{O}(s^4) \quad (s \to 0).$$

Verglichen mit dem impliziten Euler-Verfahren ist der lokale Fehler zwar um eine Ordnung besser; es liegt jedoch keine Dämpfung des globalen Fehlers (und damit eines Anfangsfehlers bzw. von Störungen) für $z \to -\infty$ vor. Für das Modellproblem nach Prothero und Robinson ist die Trapezregel daher nicht geeignet.

Im Allgemeinen stellt man bei den impliziten Runge-Kutta-Verfahren (deren einfachster Vertreter das implizite Euler-Verfahren darstellt) eine Reduktion der klassischen Konvergenzordnung fest, wenn man das Modellproblem (6.41) unter der Annahme $z \to -\infty$ anstatt $z = \mathcal{O}(s)$ löst. Eine Analyse dieses Effektes wurde zuerst von Prothero und Robinson [172] vorgenommen und von Frank, Schneid und Überhuber [80] auf dissipative Systeme durch Einführung des Konzepts der B-Konvergenz übertragen. Für einen Überblick verweisen wir auf eine der Monografien [94, 212].

Eine weitere interessante Klasse von A-stabilen Einschrittverfahren ist durch sogenannte linear-implizite Verfahren wie den *Rosenbrock-Wanner-* bzw. *ROW-Methoden* [94, 123] gegeben. Um diese Methode zu motivieren, betrachten wir das autonome Anfangswertproblem $y' = f(y)$, $y(t_0) = y_0$ und führen zuerst allgemeine *Runge-Kutta-Verfahren* ein:

$$y_{j+1} = y_j + s \sum_{\ell=1}^{n} b_\ell f(\eta_\ell), \quad \sum_{\ell=1}^{n} b_\ell = 1,$$

mit *Gewichten* b_j und *Stufen* η_j, die über

$$\eta_\ell = y_j + s \sum_{m=1}^{n} a_{\ell m} f(\eta_m)$$

definiert sind [97]. Die Zahl n heißt *Stufenzahl*. Wenn $a_{\ell m} = 0$ für alle $\ell \geq m$, dann ist die Rechenvorschrift explizit und führt auf ein *explizites Runge-Kutta-Verfahren*; anderenfalls spricht man von einem *impliziten Runge-Kutta-Verfahren*. Für $n = 1$, $b_1 = 1$ und $a_{11} = 0$ erhalten wir beispielsweise die explizite Euler-Methode $y_{j+1} = y_j + sf(y_j)$.

Die obige Runge-Kutta-Iteration erfordert die Lösung eines *Systems* nichtlinearer Gleichungen. Wir können die Gleichungen entkoppeln (und müssen dann nur noch nichtlineare *Gleichungen* lösen), indem wir $a_{\ell m} = 0$ für $\ell < m$ annehmen. Mit den Hilfsvariablen $k_\ell := f(\eta_\ell)$ können wir das Runge-Kutta-Verfahren dann schreiben als

$$k_\ell = f\left(y_j + s \sum_{m=1}^{\ell-1} a_{\ell m} k_m + s a_{\ell\ell} k_\ell \right), \quad \ell = 1, \ldots, n, \qquad (6.48)$$

$$y_{j+1} = y_j + s \sum_{\ell=1}^{n} b_\ell k_\ell.$$

Die Gleichung (6.48) lösen wir mit dem Newton-Verfahren (siehe Abschnitt 4.4.2). Dafür nennen wir die rechte Seite von (6.48) $\Phi(k_\ell)$ und betrachten für gegebene $k_1, \ldots, k_{\ell-1}$ die nichtlineare Gleichung $k_\ell = \Phi(k_\ell)$. Das Newton-Verfahren, angewendet auf diese Gleichung, lautet

$$\left(I - \frac{d\Phi}{dy}(k_\ell^{(i)}) \right) (k_\ell^{(i+1)} - k_\ell^{(i)}) = \Phi(k_\ell^{(i)}) - k_\ell^{(i)},$$

wobei I die Einheitsmatrix sei. Approximieren wir die Ableitung $(d\Phi/dy)(k_\ell) = s a_{\ell\ell}(df/dy)(\eta_\ell)$ durch $s a_{\ell\ell}(df/dy)(y_j)$ und setzen $\gamma = a_{\ell\ell}$, führt dies auf

$$\left(I - s\gamma \frac{df}{dy}(y_j) \right) k_\ell^{(i+1)} = f\left(y_j + s \sum_{m=1}^{\ell-1} a_{\ell m} k_m + s\gamma k_\ell^{(i)} \right) - s\gamma \frac{df}{dy}(y_j) k_\ell^{(i)}.$$

Häufig genügt es, lediglich einen einzigen Iterationsschritt durchzuführen. Verwenden wir den Startwert $k_\ell^{(0)} = \sum_{m=1}^{\ell-1} c_{\ell m} k_\ell / \gamma$ und setzen $\alpha_{\ell m} = a_{\ell m} + c_{\ell m}$ und $\beta_{\ell m} = -c_{\ell m}$, führt diese Vereinfachung auf einen Schritt eines n-stufigen ROW-Verfahrens mit Schrittweite s für $k_\ell = k_\ell^{(1)}$:

$$\left(I - s\gamma \frac{df}{dy}(y_j) \right) k_\ell = f\left(y_j + s \sum_{m=1}^{\ell-1} \alpha_{\ell m} k_m \right) + s \frac{df}{dy}(y_j) \sum_{m=1}^{\ell-1} \beta_{\ell m} k_m,$$

$$y_{j+1} = y_j + s \sum_{\ell=1}^{n} b_\ell k_\ell, \tag{6.49}$$

mit zu spezifizierenden Koeffizienten γ, $\alpha_{\ell m}$, $\beta_{\ell m}$ und b_ℓ. Je Integrationsschritt ist nur eine LR-Zerlegung der Matrix $I - s\gamma df/dy$ nötig. Diese Verfahren sind damit leicht zu implementieren und besonders effizient für niedrige Genauigkeitsanforderungen. Die Verfahrenskoeffizienten können so gewählt werden, dass eine maximale Konvergenzordnung erhalten und Stabilitätsforderungen erfüllt werden können [124]. Auch diese Verfahrensklasse ist für das Modellproblem nach Prothero und Robinson im allgemeinen durch eine Ordnungsreduktion auf 2 für sehr steife Systeme ($\lambda \ll -1$) gekennzeichnet; nur durch zusätzliche Forderungen an die Koeffizienten lässt sich eine Ordnungsreduktion bei Verfahren höherer Ordnung vermeiden [195, 211]. Die optimale Ordnung 2 ergibt sich bereits für das linear-implizite Euler-Verfahren, d.h. $n = 1$, $b_1 = 1$, $\gamma = 1$ und

$$y_{j+1} = y_j + sk, \quad \left(I - s \frac{df}{dy}(y_j) \right) k = f(y_j),$$

wie die entsprechende Fehlerrekursion (6.47) mit der Stabilitätsfunktion $R(z) = 1/(1-z)$ des impliziten Euler-Verfahrens und dem lokalen Fehler

$$e_{j+1} = -\frac{1}{2} s^2 g''(t_j) + \mathcal{O}\left(s^2/z \right)$$

zeigt.

6.4.5 Die MATLAB-Funktion ode23s

Um analoge Konvergenzeigenschaften wie das Crank-Nicolson-Verfahren auch in der Linienmethode zu erhalten, ist ein ROW-Verfahren mit Konvergenzordnung 2 zu wählen (vorausgesetzt, in der Ortsdiskretisierung liegt ebenfalls Ordnung 2 vor). Im Gegensatz zum Crank-Nicolson-Verfahren ist Adaptivität in der Zeit in den ROW-Verfahren automatisch gegeben; darüber hinaus gibt es auch Techniken, Adaptivität im Raum zu erhalten, z.B. statische oder dynamische Gittersteuerung (sogenannte „moving grids"). Für Einzelheiten hierzu verweisen wir auf die Monografie [111] von Hundsdorfer und Verwer.

Das ROW-Verfahren ode23s ist Bestandteil der Matlab-*ODE-Suite* [203], einer Sammlung von numerischen Integrationsverfahren für gewöhnliche Differentialgleichungen. In seiner Grundform ist das Verfahren ein Spezialfall von (6.49) mit $n = 2$, $\gamma = 1/(2 + \sqrt{2})$, $\alpha_{21} = 1/2$, $\beta_{21} = -\gamma$, $b_1 = 0$ und $b_2 = 1$:

$$
\begin{aligned}
\left(I - s\gamma \frac{df}{dy}(y_j)\right) k_1 &= f(y_j), \\
\left(I - s\gamma \frac{df}{dy}(y_j)\right) k_2 &= f(y_j + sk_1/2) - s\gamma \frac{df}{dy}(y_j)k_1, \\
y_{j+1} &= y_j + sk_2.
\end{aligned}
\tag{6.50}
$$

Das Verfahren ode23s hat Ordnung 2 (3), d.h., das Verfahren mit Konvergenzordnung 2 wird als numerische Approximation zum Weiterrechnen verwendet, während das eingebettete Verfahren der Ordnung 3 nur der Schrittweitensteuerung und Fehlerkontrolle dient. Das Verfahren besitzt einige vorteilhafte Eigenschaften:

- Das Verfahren zweiter Ordnung ist *L-stabil*, d.h. A-stabil mit der zusätzlichen Eigenschaft optimaler Fehlerdämpfung: $\lim_{|z|\to\infty} R(z) = 0$.

- Für jeden erfolgreichen Integrationsschritt sind nur zwei Funktionsauswertungen nötig, da die erste Funktionsauswertung des neuen Schrittes mit der letzten Funktionsauswertung des alten Schrittes zusammenfällt.

- Die Verfahrensordnung 2 (3) gilt auch für den Fall, dass für die Jacobi-Matrizen df/dy nur $\mathcal{O}(h)$-Approximationen verfügbar sind (dies führt auf sogenannte W-Methoden, vgl. [210]).

Das Verfahren ode23s wollen wir nun auf das folgende Beispiel anwenden.

Beispiel 6.16 Wir betrachten den *arithmetic-average-strike call* aus Beispiel 6.2 und diskretisieren das entsprechende Problem

$$
H_t + \frac{1}{2}\sigma^2 R^2 H_{RR} + (1 - rR)H_R = 0, \quad R > 0,\ 0 < t < T,
$$

$$
H(R,T) = (1 - R/T)^+, \quad R > 0,
$$

$$
\lim_{R\to\infty} H(R,t) = 0, \quad H_t(0,t) + H_R(0,t) = 0, \quad 0 < t < T,
$$

mit der Linienmethode. Da wir die Gleichung nur in einem beschränkten Gebiet approximieren, wählen wir $a \gg 1$ und schreiben die Randbedingung

$$
H(a,t) = 0, \quad 0 < t < T,
$$

anstatt $\lim_{R\to\infty} H(R,t) = 0$ vor. Seien $R_i = ih$ mit $hN = a$ und $H_i(t) = H(x_i,t)$. Mit den symmetrischen Differenzenquotienten

$$H_{RR}(R_i, \cdot) = \frac{H_{i+1} - 2H_i + H_{i-1}}{h^2} + \mathcal{O}(h^2),$$

$$H_R(R_i, \cdot) = \frac{H_{i+1} - H_{i-1}}{2h} + \mathcal{O}(h^2),$$

erhalten wir für $i = 1, \ldots, N - 1$:

$$H_i' = -\frac{\sigma^2 R_i^2}{2h^2}(H_{i+1} - 2H_i + H_{i-1}) - \frac{1 - rR_i}{2h}(H_{i+1} - H_{i-1}) + \mathcal{O}(h^2). \quad (6.51)$$

Die Endwerte lauten

$$H_i(T) = (1 - R_i/T)^+, \quad (6.52)$$

und die Randbedingungen können wir durch

$$H_N = 0 \quad (6.53)$$

und

$$H_0' + \frac{H_1 - H_0}{h} + \mathcal{O}(h) = 0$$

approximieren. Die Randbedingung an $R = 0$ ist allerdings recht ungenau diskretisiert. Eine bessere Approximation erhält man durch Subtraktion von

$$4H_1 = 4H_0 + 4hH_R(0, \cdot) + 2h^2 H_{RR}(0, \cdot) + \mathcal{O}(h^3),$$

$$H_2 = H_0 + 2hH_R(0, \cdot) + 2h^2 H_{RR}(0, \cdot) + \mathcal{O}(h^3),$$

nämlich

$$H_R(0, \cdot) = \frac{1}{2h}(4H_1 - H_2 - 3H_0) + \mathcal{O}(h^2).$$

Die Randbedingung an $R = 0$ kann also diskretisiert werden durch

$$H_0' + \frac{1}{2h}(4H_1 - H_2 - 3H_0) = 0. \quad (6.54)$$

Damit ist die Randbedingung mit der gleichen Ordnung (nämlich $\mathcal{O}(h^2)$) approximiert wie die Differentialgleichung.

Mit der Abkürzung $y := (H_0, H_1, \ldots, H_{N-1})^\top$ kann das Anfangswertproblem, dass sich aus (6.51)-(6.54) ergibt, kompakt als

$$y' = My, \qquad M = \begin{pmatrix} M_{11} & M_{12} \\ M_{21} & M_{22} \end{pmatrix} \quad (6.55)$$

geschrieben werden mit

$$M_{11} = \frac{3}{2h},$$

$$M_{12} = \frac{1}{2h}(-4,1,0,\dots,0),$$

$$M_{21} = \left(-\frac{\sigma^2}{2h^2}R_1^2 + \frac{1}{2h}(1-rR_1)\right)e_1,$$

$$M_{22} = \frac{\sigma^2}{2h^2}\begin{pmatrix} R_1^2 & & 0 \\ & \ddots & \\ 0 & & R_{N-1}^2 \end{pmatrix} \cdot \mathrm{diag}\,(-1,2,1)$$

$$- \frac{1}{2h}\begin{pmatrix} 1-rR_1^2 & & 0 \\ & \ddots & \\ 0 & & 1-rR_{N-1}^2 \end{pmatrix} \cdot \mathrm{diag}\,(-1,0,-1)$$

und den in (6.52) definierten Endwerten. In der Definition von M_{21} bezeichnet e_1 den ersten Einheitsvektor im $\mathbb{R}^{N-1}$.

Eine Implementierung der numerischen Approximation eines *arithmetic-ave-rage-strike calls* mit Laufzeit $T = 6$ Monate, Zinssatz $r = 0.1$ und Volatilität $\sigma = 0.4$ ist im MATLAB-Programm 6.2 gegeben. Im Programm treten die Befehle `global`, `sparse` und `ode23s` auf, die wir im Folgenden ausführlich erläutern.

Die Systemmatrix M ist *dünn besetzt*, d.h., sie enthält nur wenige von null verschiedene Elemente. Daher ist es zweckmäßig, nur die von null verschiedenen Matrixelemente und deren Koordinaten zu speichern. Dies wird mit dem Befehl `sparse` ermöglicht. Beispielsweise ergibt der Befehl `sparse(A)`, wobei `A = eye(3)` die Einheitsmatrix im $\mathbb{R}^3$ ist,

```
(1,1)     1
(2,2)     1
(3,3)     1
```

Damit kann etwa die $(N-1) \times (N-1)$-Matrix $\mathrm{diag}(-1,2,-1)$ mittels

```
e = ones(N-2,1);
sparse(2*diag(ones(N-1,1)) - diag(e,1) - diag(e,-1))
```

erzeugt werden. Zur Generierung von dünn besetzten Matrizen aus Diagonalen steht alternativ der Befehl `spdiags` zur Verfügung. Mit `spdiags(A,d,n,m)` wird eine dünn besetzte $(n \times m)$-Matrix aus den Spalten von `A` in den in `d` spezifizierten Diagonalen erzeugt. Die Matrix $\mathrm{diag}(-1,2,-1)$ kann also auch mittels

```
f = ones(N-1,1);
spdiags([-f 2*f -f],[-1 0 1],N-1,N-1)
```

aufgebaut werden.

Die MATLAB-Funktion

MATLAB-Programm 6.2 Programm `asian2.m` zur Berechnung eines *arithmetic-average-strike calls* mittels der Linienmethode. Die Funktion `func` ist weiter unten definiert. Mit `surf(x,t,y)` wird eine farbige dreidimensionale Grafik mit den Punkten (x,t,y) gezeichnet. Der Befehl `grid on` erzeugt ein dreidimensionales Gitter und mit `colormap white` wird die farbige Ausgabe der Grafik unterdrückt.

```
global M

% Modellparameter
sigma = 0.4; r = 0.1; T = 0.5;

% Ortsdiskretisierung
a = 1; N = 100; h = a/N;
R = [0:h:a-h]; Rint = R(2:N);

% Aufbau der Systemmatrix
o1 = ones(N-2,1);
o2 = ones(N-1,1);

m11 = 3/(2*h);
m12 = sparse([-4 1 zeros(1,N-3)]/(2*h));
m21 = sparse([-sigma^2/2+(1-r*h)/(2*h); zeros(N-2,1)]);
m22a = sparse(2*diag(o2) - diag(o1,1) - diag(o1,-1));
m22a = (sigma^2/(2*h^2))*sparse(diag(Rint.^2))*m22a;
m22b = sparse(diag(o1,1) - diag(o1,-1));
m22b = m22b/(2*h)-(r/(2*h))*sparse(diag(Rint))*m22b;
M = [m11 m12; m21 m22a-m22b];

% Endwert
y0 = max(1-R/T,0);

% Lösung des Anfangswertproblems mit ode23s
options = odeset('JConstant','on');
[t,y] = ode23s(@func,[T 0],y0,options);

% Grafische Ausgabe
surf(R,t,y), grid on, colormap white
```

```
[t,y] = ode23s(@func,tspan,y0,options)
```

löst die Differentialgleichung $y' = f(y,t)$ mit Anfangswert `y0`, wobei die Funktion $f(y,t)$ in der MATLAB-Funktion `func` definiert ist, `tspan` bezeichnet das Zeitintervall $[t_0,t_1]$, in der die Lösung bestimmt werden soll, und mittels `options` können Verfahrensparameter spezifiziert werden. Die Funktion gibt die Matrix `[t,y]` zurück, die alle Integrationszeitpunkte mit zugehörigen numerischen Approximationen enthält. Falls nicht anders spezifiziert, verwendet MATLAB für die relative bzw. absolute Genauigkeit die Werte 10^{-3} bzw. 10^{-6}.

Die MATLAB-Funktion `func` stellt die diskretisierte rechte Seite der Differentialgleichung dar, also in unserem Fall My (siehe (6.55)):

```
function ydot = func(t,y)
global M
```

```
ydot = M*y;
```

Diese Funktion muss separat in einer Datei abgespeichert werden. Da die Funktion **func** auf die Systemmatrix M zugreift, haben wir mittels **global** M die Matrix M als globale Variable definiert.

Die Variable **options** im obigen Aufruf von **ode23s** enthält Optionen, die man mittels **odeset** festlegen kann. Wir haben hier nur den Flag **JConstant** eingeschaltet, der die Jacobi-Matrix als konstant definiert; diese muss daher nur ein einziges Mal (und nicht bei jedem Integrationsschritt erneut) aufgebaut werden.

Die Werte $H(R, t)$ in Abhängigkeit von den Variablen R und t sind in Abbildung 6.4 dargestellt. Die Optionswerte V können dann aus der Beziehung $V(S, I, t) = SH(I/S, t)$ (siehe Beispiel 6.2) berechnet werden. □

6.5   Beispiel: Basket-Optionen

Wir greifen die Basket-Optionen aus Beispiel 5.2 auf und betrachten eine Call-Option auf ein Portfolio, bestehend aus zwei Aktien mit Werten S_1 und S_2 und

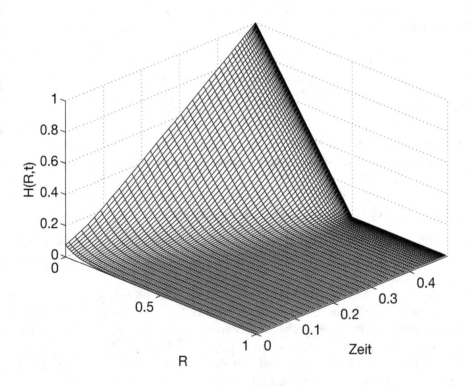

Abbildung 6.4 Mit dem MATLAB-Programm 6.2 erzeugte Lösung $H(R, t)$ für einen *arithmetic-average-strike call* mit Laufzeit $T = 6$ Monate, Zinssatz $r = 0.1$ und Volatilität $\sigma = 0.4$.

Korrelation ρ. Der Optionspreis $V(S_1, S_2, t)$ genügt der *zweidimensionalen* parabolischen Differentialgleichung (siehe Abschnitt 4.5)

$$V_t + \frac{1}{2}\left(\sigma_1^2 S_1^2 V_{S_1 S_1} + 2\rho\sigma_1\sigma_2 S_1 S_2 V_{S_1 S_2} + \sigma_2^2 S_2^2 V_{S_2 S_2}\right) \tag{6.56}$$
$$+ r(S_1 V_{S_1} + S_2 V_{S_2}) - rV = 0, \quad S_1, S_2 > 0, \ 0 < t < T.$$

Die Endbedingung sei durch

$$V(S_1, S_2, T) = (\alpha_1 S_1 + \alpha_2 S_2 - K)^+$$

mit Portfoliogewichten α_1, $\alpha_2 > 0$ gegeben. Dieses Problem ist auf dem Gebiet $(S_1, S_2) \in (0, \infty) \times (0, \infty)$ definiert. Die Modellierung der Randbedingungen ist nicht so einfach wie im eindimensionalen Fall. Wir benötigen Randbedingungen für vier Ränder:

- $S_1 = 0$, $S_2 \in (0, \infty)$: Dies entspricht einem europäischen Call auf die Aktie S_2 mit Auszahlungsfunktion $\alpha_2(S_2 - K/\alpha_2)^+$. Daher schreiben wir die Randbedingung

$$V(0, S_2, t) = \alpha_2\left(S_2\Phi(d_1) - \alpha_2^{-1}Ke^{-r(T-t)}\Phi(d_2)\right)$$

  mit

$$d_{1/2} = \frac{\ln(\alpha_2 S_2/K) + (r \pm \sigma_2^2/2)(T - t)}{\sigma_2\sqrt{T - t}}$$

  vor.

- $S_2 = 0$, $S_1 \in (0, \infty)$: Wie oben setzen wir

$$V(S_1, 0, t) = \alpha_1\left(S_1\Phi(\widehat{d_1}) - \alpha_1^{-1}Ke^{-r(T-t)}\Phi(\widehat{d_2})\right)$$

  mit

$$\widehat{d}_{1/2} = \frac{\ln(\alpha_1 S_1/K) + (r \pm \sigma_1^2/2)(T - t)}{\sigma_1\sqrt{T - t}}.$$

- $S_1 \to \infty$, $S_2 \in (0, \infty)$: Für sehr großes S_1 ist der Wert des Calls näherungsweise gleich $\alpha_1 S_1 + \alpha_2 S_2 - K$. Wir setzen also

$$\lim_{S_1 \to \infty} (V(S_1, S_2, t) - \alpha_1 S_1) = e^{-r(T-t)}(\alpha_2 S_2 - K),$$

  wobei wir den Betrag noch diskontiert haben.

- $S_2 \to \infty$, $S_1 \in (0, \infty)$: Analog zum obigen Fall setzen wir

$$\lim_{S_2 \to \infty} (V(S_1, S_2, t) - \alpha_2 S_2) = e^{-r(T-t)}(\alpha_1 S_1 - K).$$

Wir können die Differentialgleichung (6.56) auf eine einfachere Form transformieren, indem wir ähnlich wie im eindimensionalen Fall definieren:

$$v := \frac{V}{K}, \quad x_i := \frac{1}{\sigma_i} \ln\left(\frac{S_i}{K}\right), \quad i = 1, 2.$$

Aus

$$V_t = K v_t, \quad V_{S_i} = \frac{K}{\sigma_i S_i} v_{x_i},$$

$$V_{S_i S_i} = \frac{K}{\sigma_i^2 S_i^2}(v_{x_i x_i} - \sigma_i v_{x_i}), \quad V_{S_1 S_2} = \frac{K}{\sigma_1 \sigma_2 S_1 S_2} v_{x_1 x_2}$$

ergibt sich die transformierte Advektions-Diffusions-Reaktionsgleichung

$$v_t + \operatorname{div}(R\nabla v) + k \cdot \nabla v - rv = 0, \quad x_1, x_2 \in \mathbb{R}, \ 0 < t < T,$$

wobei

$$R = \frac{1}{2}\begin{pmatrix} 1 & \rho \\ \rho & 1 \end{pmatrix}, \quad k = \begin{pmatrix} r/\sigma_1 - \sigma_1/2 \\ r/\sigma_2 - \sigma_2/2 \end{pmatrix}.$$

Der Term $\operatorname{div}(R\nabla v)$ beschreibt physikalisch eine *Diffusion*, der Term $k \cdot \nabla v$ eine *Advektion* und $-rv$ eine *Reaktion*. Die End- und Randbedingungen lauten:

$$v(x_1, x_2, T) = (\alpha_1 e^{\sigma_1 x_1} + \alpha_2 e^{\sigma_2 x_2} - 1)^+,$$

$$\lim_{x_1 \to -\infty} v(x_1, x_2, t) = \alpha_2 e^{\sigma_2 x_2} \Phi(d_1) - e^{-r(T-t)}\Phi(d_2),$$

$$\lim_{x_2 \to -\infty} v(x_1, x_2, t) = \alpha_1 e^{\sigma_1 x_1} \Phi(\widehat{d_1}) - e^{-r(T-t)}\Phi(\widehat{d_2}),$$

$$\lim_{x_1 \to \infty} (v(x_1, x_2, t) - \alpha_1 e^{\sigma_1 x_1}) = e^{-r(T-t)}(\alpha_2 e^{\sigma_2 x_2} - 1),$$

$$\lim_{x_2 \to \infty} (v(x_1, x_2, t) - \alpha_2 e^{\sigma_2 x_2}) = e^{-r(T-t)}(\alpha_1 e^{\sigma_1 x_1} - 1),$$

wobei

$$d_{1/2} = \frac{\ln \alpha_2 + \sigma_2 x_2 + (r \pm \sigma_2^2/2)(T-t)}{\sigma_2\sqrt{T-t}},$$

$$\widehat{d}_{1/2} = \frac{\ln \alpha_1 + \sigma_1 x_1 + (r \pm \sigma_1^2/2)(T-t)}{\sigma_1\sqrt{T-t}}.$$

Dieses zweidimensionale Problem wollen wir nun diskretisieren. Dazu ersetzen wir das unbeschränkte Gebiet $(x_1, x_2) \in \mathbb{R}^2$ durch $(-a_1, a_1) \times (-a_2, a_2)$. In den Randbedingungen ersetzen wir $x_i \to \pm\infty$ durch $x_i = \pm a_i$. Im Allgemeinen ist die numerische Simulation von Advektions-Diffusions-Reaktionsgleichungen mittels der Linienmethode sehr trickreich [111]; daher nehmen wir vereinfachend an, dass $a_1 = a_2$ und $\rho = 0$ (keine Korrelation zwischen den Aktien) gilt. Wir müssen also die Gleichung

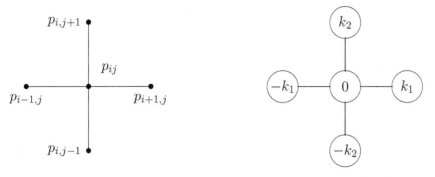

Abbildung 6.5 Punkte-Stern für $k \cdot \nabla_h$: Lage der Punkte p_{ij} (links) und Verteilung der Gewichte (rechts).

$$v_t + \frac{1}{2}\Delta v + k \cdot \nabla v - rv = 0, \quad x_1, x_2 \in (-a, a),\ 0 < t < T,$$

approximieren, wobei $\Delta = \partial^2/\partial x_1^2 + \partial^2/\partial x_2^2$ den Laplace-Operator bezeichne. Wir führen ähnlich wie im eindimensionalen Fall ein äquidistantes Gitter mit Gitterweite $h = 2a/N$, $N \in \mathbb{N}$, ein:

$$p_{ij} = \begin{pmatrix} -a + ih \\ -a + jh \end{pmatrix}, \quad i, j = 0, \ldots, N.$$

Den Gradienten ∇v diskretisieren wir mittels zentralen Differenzen wie im Beispiel 6.16:

$$\nabla_h v(p_{ij}) := \frac{1}{2h} \begin{pmatrix} v(p_{i+1,j}) - v(p_{i-1,j}) \\ v(p_{i,j+1}) - v(p_{i,j-1}) \end{pmatrix},$$

wobei wir hier und im Folgenden das Argument t weglassen. Dann ist $\nabla_h v$ eine Approximation der Ordnung $\mathcal{O}(h^2)$:

$$\nabla_h v(p_{ij}) = \nabla v(p_{ij}) + \mathcal{O}(h^2).$$

Der Term $k \cdot \nabla v(p_{ij})$ wird somit durch

$$\frac{k_1}{2h} \left(v(p_{i+1,j}) - v(p_{i-1,j}) \right) + \frac{k_2}{2h} \left(v(p_{i,j+1}) - v(p_{i,j-1}) \right)$$

approximiert. Anschaulich kann man sich das durch den Punkte-Stern in Abbildung 6.5 klarmachen.

Der Laplace-Operator Δ kann folgendermaßen diskretisiert werden:

$$\begin{aligned} \Delta v(x_1, x_2) &= v_{x_1 x_1}(x_1, x_2) + v_{x_2 x_2}(x_1, x_2) \\ &= \frac{1}{h^2}(v(x_1 + h, x_2) - 2v(x_1, x_2) - v(x_1 - h, x_2)) \\ &\quad + \frac{1}{h^2}(v(x_1, x_2 + h) - 2v(x_1, x_2) - v(x_1, x_2 - h)) + \mathcal{O}(h^2). \end{aligned}$$

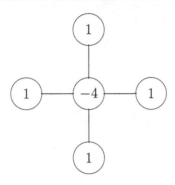

Abbildung 6.6 Verteilung der Gewichte des Punkte-Sterns für Δ_h.

Wir definieren also (siehe Abbildung 6.6):

$$\Delta_h v(p_{ij}) = \frac{1}{h^2}(v(p_{i+1,j}) + v(p_{i-1,j}) + v(p_{i,j+1}) + v(p_{i,j-1}) - 4v(p_{ij})).$$

In den inneren Gitterpunkten p_{ij} gilt daher

$$v_t(p_{ij}) + \frac{1}{2}\Delta_h v(p_{ij}) + k \cdot \nabla_h v(p_{ij}) - rv(p_{ij}) + \mathcal{O}(h^2) = 0$$

für $i, j = 1, \ldots, N-1$.

Vernachlässigen wir wieder den Restterm $\mathcal{O}(h^2)$, können wir numerische Approximationen $w_{ij} = w_{ij}(t)$ von $v(p_{ij}) = v(p_{ij}, t)$ dadurch definieren, dass wir fordern:

$$w'_{ij} + \frac{1}{2}\Delta_h w_{ij} + k \cdot \nabla_h w_{ij} - rw_{ij} = 0, \quad i, j = 1, \ldots, N-1.$$

Zusammen mit den Randbedingungen ergibt sich ein lineares System von gewöhnlichen Differentialgleichungen der Dimension $(N-1)^2 \times (N-1)^2$:

$$w' = Aw + d(t), \quad 0 < t < T, \quad w(T) = w_0,$$

in den Unbekannten $w = (w_{ij})$, wobei der Vektor $d(t) \in \mathbb{R}^{(N-1)^2}$ die Randbedingungen und $A \in \mathbb{R}^{(N-1)^2 \times (N-1)^2}$ die Diskretisierungen von Δ_h und ∇_h sowie den Reaktionsterm $-rv$ enthält. Der Anteil von A, der die Diskretisierung von Δ_h beinhaltet, ist eine Blocktridiagonalmatrix:

$$A_{\Delta_h} = \frac{1}{h^2}\begin{pmatrix} B & -I & & 0 \\ -I & B & \ddots & \\ & \ddots & \ddots & -I \\ 0 & & -I & B \end{pmatrix}$$

mit der Einheitsmatrix I und

$$B = \begin{pmatrix} 4 & -1 & & 0 \\ -1 & 4 & \ddots & \\ & \ddots & \ddots & -1 \\ 0 & & -1 & 4 \end{pmatrix} \in \mathbb{R}^{(N-1)\times(N-1)}.$$

Die Systemdimension wächst bei feinerer Diskretisierung sehr stark an: Bei 100×100 Gitterpunkten ergibt sich bereits eine Koeffizientenmatrix der Dimension $10^4 \times 10^4$ mit 10^8 Elementen. Allerdings ist die Matrix $A = A_{\Delta_h}$ *dünn besetzt* (siehe Beispiel 6.16). Dies ist in Abbildung 6.7 deutlich erkennbar: Es sind die von null verschiedenen Matrixelemente durch einen Kreis markiert; nur 460 Elemente sind ungleich null. Die Abbildung 6.7 kann durch den MATLAB-Befehl spy(A) erzeugt werden, wobei die Matrix A mit den Befehlen

```
n = 10; e = ones(n^2,1);
A = spdiags([-e -e 4*e -e -e],[-n -1 0 1 n],n^2,n^2);
for i = 1:n-1
    A(i*n,i*n+1) = 0;
    A(i*n+1,i*n) = 0;
end
```

konstruiert wurde.

Diese Matrix macht deutlich, dass die Verwendung der Befehle spdiags oder sparse ab einer gewissen Matrixgröße unumgänglich wird. Hätten wir nämlich n = 100 gewählt, so würde die Matrix wie erwähnt aus 10^8 Elementen bestehen und $10^8 \times 8$ Byte = 800 Megabyte Speicherplatz benötigen! Es ist sinnvoller, nur die etwa 50 000 von null verschiedenen Matrixelemente zu speichern, was etwa 400 Kilobyte Speicher in Anspruch nimmt.

Bemerkung 6.17 (1) Die zweidimensionale Differentialgleichung (6.56) kann durch eine Ähnlichkeitstransformation in eine eindimensionale Gleichung transformiert werden (siehe Übungsaufgaben). Wir haben diese Transformation hier nicht durchgeführt, um das Prinzip der Diskretisierung mehrdimensionaler Gleichungen zu erläutern.

(2) In ähnlicher Weise wie oben kann auch eine Basket-Option auf drei Basiswerte modelliert werden. Dies führt auf eine dreidimensionale Differentialgleichung. Die Koeffizientenmatrix der entsprechenden Finite-Differenzen-Diskretisierung ist von der Dimension $(N-1)^3 \times (N-1)^3$ und daher im Allgemeinen sehr groß.

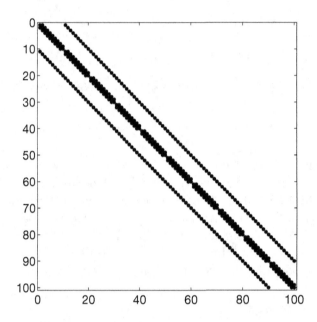

Abbildung 6.7 Darstellung der von null verschiedenen Elemente der Matrix A für $N - 1 = 10$. Nur 460 der 10 000 Elemente sind ungleich null.

(3) Die Bemerkung (2) zeigt, dass die Simulation von Basket-Optionen mit mehr als drei Basiswerten mit Hilfe von Finite-Differenzen-Verfahren extrem aufwändig wird. Für höherdimensionale Probleme können etwa Quasi-Monte-Carlo-Methoden verwendet werden [137]. Diese Methoden sind jedoch recht rechenintensiv, so dass in der aktuellen Forschung andere Ansätze entwickelt wurden, etwa die Verwendung radialsymmetrischer Funktionen [72], die Kombination von Monte-Carlo-Simulationen mit einer Partitionierung des Basiswertraumes [18] oder Gittermethoden (*lattice methods*) [207]. Vielversprechend sind auch Techniken dünner Gitter (*sparse-grid*-Methoden; siehe [86, 87]). Für eine Übersicht über verschiedene Methoden verweisen wir auf [133].

Übungsaufgaben

1. Beweisen Sie Lemma 6.7.

2. Beweisen Sie Lemma 6.8.

3. Ziel dieser Aufgabe ist die Bewertung von *geometric-average-rate calls*. Nach Abschnitt 6.1 erfüllt der Optionspreis $V(S, I, t)$ die Differentialgleichung

$$V_t + \frac{1}{2}\sigma^2 S^2 V_{SS} + rSV_S + (\ln S)V_I - rV = 0, \quad S > 0,\ 0 < t < T,$$

mit Auszahlungsfunktion $V(S, I, T) = (\exp(I/T) - K)^+$.

(a) Definieren Sie die Funktion $F(y, t)$ durch

$$V(S, I, t) = F\left(\frac{I}{T} + \frac{T-t}{T}\ln S, t\right).$$

Zeigen Sie, dass F die Differentialgleichung

$$F_t + \frac{1}{2}\left(\frac{\sigma(T-t)}{T}\right)^2 F_{yy} + \left(r - \frac{1}{2}\sigma^2\right)\frac{T-t}{T}F_y - rF = 0$$

mit $y \in \mathbb{R}$, $0 < t < T$ und Endwerten $F(y, T) = (e^y - K)^+$ löst.

(b) Bestimmen Sie die Lösung F der obigen Black-Scholes-Gleichung unter der Annahme, dass $F(0, t) = 0$ und $F(y, t)/y \to 1$ für $y \to \infty$, $0 < t < T$.

4. Ein *lookback-strike put* besitzt die Auszahlungsfunktion $P(S, J, T) = (J - S)^+$, wobei $J = \max\{S_t : 0 \le t \le T\}$. Die Variable J kann durch

$$J_n = \left(\int_0^t S_\tau^n d\tau\right)^{1/n}$$

approximiert werden.

(a) Leiten Sie eine stochastische Differentialgleichung für J_n her und verwenden Sie diese Gleichung, um mittels eines Arbitrage-Arguments die folgende Gleichung herzuleiten:

$$P_t + \frac{S^n}{nJ_n^{n-1}}P_{J_n} + \frac{1}{2}\sigma^2 P_{SS} + rSP_S - rP = 0.$$

(b) Führen Sie den Grenzwert $n \to \infty$ durch. Zeigen Sie, dass $J_n \to J$ ($n \to \infty$) und dass im Grenzwert P die Black-Scholes-Gleichung löst, in der die Variable J nur als Parameter auftritt.

(c) Begründen Sie, warum die Randbedingungen

$$P(0, J, t) = Je^{-r(T-t)}, \quad P_J(J, J, t) = 0$$

sinnvoll sind.

(d) Lösen Sie das entsprechende End-Randwertproblem, indem Sie die Ähnlichkeitstransformation $P(S, J, t) = JW(\xi, t)$ mit $\xi = S/J$ verwenden.

5. Definiere die Matrixnorm

$$\|A\|_2 = \sup_{\|x\|_2=1} \|Ax\|_2, \quad A \in \mathbb{R}^{n \times n},$$

wobei $\| \cdot \|_2$ die euklidische Vektornorm sei.

(a) Zeigen Sie, dass $\|A\|_2$ gleich der Wurzel aus dem Spektralradius von $A^\top A$ ist, d.h.

$$\|A\|_2 = \sqrt{\rho(A^\top A)}.$$

Hinweis: Die Matrix $A^\top A$ ist symmetrisch; daher existieren paarweise orthonormale Eigenvektoren von $A^\top A$.

(b) Folgern Sie für symmetrische Matrizen, dass

$$\|A\|_2 = \rho(A).$$

6. Seien $u \in C^6(\mathbb{R})$ und $x, h \in \mathbb{R}$. Zeigen Sie:

$$u''(x) = \frac{1}{h^2}\left(-\frac{1}{12}u(x + 2h) + \frac{4}{3}u(x + h) - \frac{5}{2}u(x) + \frac{4}{3}u(x - h)\right.$$
$$\left. - \frac{1}{12}u(x - 2h)\right) + \mathcal{O}(h^4) \quad (h \to 0).$$

7. Sei $u \in C^4(\mathbb{R})$ eine Lösung von $u'' = f$ in $\mathbb{R}$ mit $f \in C^2(\mathbb{R})$ und seien $x_i = ih$, $i \in \mathbb{N}$, $h > 0$. Zeigen Sie:

$$\frac{1}{h^2}(u(x_{i+1}) - 2u(x_i) + u(x_{i-1})) = \frac{1}{10}(f(x_{i+1} + 10f(x_i) + f(x_{i-1})) + \mathcal{O}(h^4)$$

für $h \to 0$.

8. Zeigen Sie für die Stabilitätsfunktion $R(z)$ der Trapezregel (6.46), dass $|R(\zeta)| < 1$ für alle $\zeta \in \mathbb{C}$ mit $\text{Re}(\zeta) < 0$ gilt und daher dieses Verfahren A-stabil ist.

9. Zeigen Sie, dass das ROW-Verfahren (6.50) die Konvergenzordnung 2 besitzt, d.h., $|y(t_j) - y_j|$ ist von der Größenordnung $\mathcal{O}(s^2)$.

10. Beweisen Sie, dass das ROW-Verfahren (6.50) für die Differentialgleichung $y' = \lambda y$, $t > 0$, $y(0) = y_0$, als

$$y_{j+1} = R(s\lambda)y_j \quad \text{mit} \quad R(\zeta) = \frac{1 + (1 - 2\gamma)\zeta}{(1 - \gamma\zeta)^2}$$

geschrieben werden kann. Zeigen Sie, dass dieses ROW-Verfahren A-stabil und L-stabil ist, d.h. $|R(\zeta)| < 1$ für alle $\zeta \in \mathbb{C}$ mit $\text{Re}(\zeta) < 0$ und $R(\zeta) \to 0$ für $\zeta \to \infty$.

11. In dieser Aufgabe soll die inhomogene Wärmeleitungsgleichung

$$u_t - u_{xx} = \sin x, \quad x \in (0, \pi), \ t \in (0, T),$$

mit der Anfangsbedingung $u(x, 0) = 0$ und den Randbedingungen $u(0, t) = u(\pi, t) = 0$ mittels der *Rothe-Methode* (bzw. horizontalen Linienmethode) diskretisiert werden. Die exakte Lösung lautet $u(x, t) = (1 - e^{-t}) \sin x$. Das Intervall $[0, T]$ wird äquidistant mit der Schrittweite $s > 0$ unterteilt, und eine Näherung $w^j(x)$ für $u(x, t_j)$ wird aus dem Randwertproblem

$$\frac{1}{s}(w^j(x) - w^{j-1}(x)) - w^j_{xx}(x) = \sin x, \quad w^j(0) = 0, \ w^j(\pi) = 0,$$

bestimmt.

(a) Zeigen Sie durch vollständige Induktion, dass gilt:

$$w^j(x) = \left(1 - \frac{1}{(1 + s)^j}\right) \sin x.$$

(b) Interpolieren Sie die Funktionen w^j in den Intervallen $[t_{j-1}, t_j]$ linear. Sie erhalten eine für alle t definierte Funktion $u^{(s)}(x, t)$, die sogenannte *Rothe-Funktion*, die die Lösung $u(x, t)$ approximiert. Zeigen Sie, dass $u^{(s)}$ gegen u (punktweise) konvergiert.

12. Zeigen Sie: *arithmetic-average-strike calls* und *arithmetic-average-strike puts* mit den Auszahlungsfunktionen

$$\Lambda = \left(S_T - \frac{1}{T} \int_0^T S_\tau \, d\tau\right)^+ \quad \text{bzw.} \quad \Lambda = \left(\frac{1}{T} \int_0^T S_\tau \, d\tau - S_T\right)^+ \quad (6.57)$$

erfüllen die Put-Call-Parität

$$C - P = S - \frac{S}{rT}\left(1 - e^{-r(T-t)}\right) - \frac{1}{T}e^{-r(T-t)} \int_0^t S_\tau d\tau.$$

13. In einigen Fällen kann eine mehrdimensionale Black-Scholes-Gleichung durch eine Ähnlichkeitstransformation in eine eindimensionale Gleichung umformuliert werden. Ein Beispiel ist das Bewertungsproblem für eine *Exchange-Option*, definiert als Option vom europäischem Typ durch die Auszahlungsfunktion

$$\Lambda(S_1, S_2) = (\alpha_1 S_1 - \alpha_2 S_2)^+$$

für zwei Basiswerte S_1 und S_2. Der Wert $V(S_1, S_2, t)$ der Option wird durch die Black-Scholes-Gleichung

$$V_t + \frac{1}{2} \sum_{i,j=1}^{2} \rho_{ij}\sigma_i\sigma_j S_i S_j V_{S_i S_j} + \sum_{i=1}^{2}(r - D_i)S_i V_{S_i} - rV = 0$$

bestimmt, wobei $\rho_{ij} \geq 0$ wie in Abschnitt 4.5.4 die Korrelationen und D_i die Dividendenraten seien. Zeigen Sie, dass die Differentialgleichung durch die Transformation $V(S_1, S_2, t) = \alpha_1 S_2 H(\xi, t)$ mit $\xi = S_1/S_2$ in die Gleichung

$$H_t + \frac{1}{2}\tilde{\sigma}^2\xi^2 H_{\xi\xi} + (D_2 - D_1)\xi H_\xi - D_2 H = 0$$

überführt werden kann, wobei $\tilde{\sigma} = \sqrt{\sigma_1^2 - 2\rho_{12}\sigma_1\sigma_2 + \sigma_2^2}$. Lösen Sie diese Differentialgleichung mit geeigneten Randbedingungen.

7 Numerische Lösung freier Randwertprobleme

In diesem Kapitel widmen wir uns der Aufgabe, den fairen Preis für amerikanische Optionen zu berechnen. Wie in Kapitel 1 bereits erklärt, räumen amerikanische Optionen im Gegensatz zu europäischen Optionen das Recht ein, die Option zu einem beliebigen Zeitpunkt innerhalb der Laufzeit auszuüben. Aufgrund des zusätzlichen Rechts der vorzeitigen Ausübung ist eine amerikanische Option im Allgemeinen teurer als die entsprechende europäische Option. Der Preis einer amerikanischen Option kann also *nicht* über die Black-Scholes-Gleichung bestimmt werden. In Abschnitt 7.1 zeigen wir, dass der Optionspreis durch Lösen einer Black-Scholes-*Ungleichung* berechnet werden kann. Diese Ungleichung hängt mit sogenannten Hindernisproblemen zusammen, die wir in Abschnitt 7.2 erläutern. Die Black-Scholes-Ungleichung besitzt im Allgemeinen keine explizite Lösung, sondern muss numerisch gelöst werden. Eine numerische Methode, die sogenannte Projektions-SOR-Methode, stellen wir in Abschnitt 7.3 vor. Ferner vertiefen wir die Frage der numerischen Bewertung amerikanischer Optionen mit Hilfe sogenannter Strafmethoden für Variationsungleichungen (Abschnitt 7.4).

7.1 Amerikanische Optionen

In diesem Abschnitt leiten wir eine partielle Differential*ungleichung* her, aus der der Preis einer amerikanischen Option berechnet werden kann. Zuerst machen wir uns klar, dass amerikanische Optionen wirklich teurer als europäische Optionen sein können.

Betrachte eine amerikanische Put-Option mit Preis $P_A(S,t)$ und eine entsprechende europäische Put-Option mit Wert $P_E(S,t)$. In Bemerkung 2.9 haben wir gezeigt, dass gilt:

$$P_A(S_t,t) \geq (K - S_t)^+ \quad \text{für } 0 \leq t \leq T.$$

Aus $P_E(0,t) = Ke^{-r(T-t)}$ (siehe (4.21)) und der Stetigkeit von $P_E(\cdot,t)$ in einer Umgebung von $S = 0$ folgt dann

$$P_E(S,t) < K - S = (K - S)^+ \leq P_A(S,t)$$

für hinreichend kleines $S > 0$, sofern $r > 0$ und $t < T$. Dieses Ergebnis gilt auch, wenn Dividende auf den Basiswert gezahlt wird.

In Proposition 2.7 haben wir bewiesen, dass die Werte amerikanischer und europäischer Call-Optionen auf Basiswerte, auf die *keine* Dividende gezahlt werden, gleich sind. Werden Dividendenzahlungen geleistet, sieht dies anders aus. Seien $C_A(S,t)$ der Wert einer amerikanischen Call-Option und $C_E(S,t)$ der Wert einer entsprechenden europäischen Call-Option, jeweils auf einen Basiswert mit proportionalen Dividendenzahlungen $D_0 > 0$. Aus Arbitrage-Gründen muss

$$C_A(S,t) \geq (S-K)^+ \quad \text{für alle } S \geq 0, \ t \leq T \tag{7.1}$$

gelten. (Wäre nämlich $C_A(S,t) < (S-K)^+$ für ein $S > K$ und ein $t \leq T$, so würde der Kauf dieser Option und das sofortige Ausüben einen risikolosen Gewinn ermöglichen.) In Abschnitt 4.5 haben wir den Wert von C_E bereits berechnet (siehe (4.50)):

$$C_E(S,t) = Se^{-D_0(T-t)}\Phi(\widehat{d_1}) - Ke^{-r(T-t)}\Phi(\widehat{d_2}),$$

wobei

$$\widehat{d}_{1/2} = \frac{\ln(S/K) + (r - D_0 \pm \sigma^2/2)(T-t)}{\sigma\sqrt{T-t}}.$$

Für $S \to \infty$ gilt $\Phi(\widehat{d}_{1/2}) \to 1$, also $C_E(S,t) \sim Se^{-D_0(T-t)} - Ke^{-r(T-t)}$. Daraus folgt für $t < T$ und hinreichend großes $S > 0$ wegen (7.1):

$$C_E(S,t) < S - K = (S-K)^+ \leq C_A(S,t).$$

In beiden Fällen sind amerikanische Optionen also teurer als die entsprechenden europäischen Derivate.

Wir können noch mehr Informationen über den Wert amerikanischer Optionen gewinnen. Betrachte dazu wieder eine amerikanische Put-Option mit Wert $P(S,t)$. Wir behaupten, dass es eine Zahl S_f geben muss, so dass die vorzeitige Ausübung der Option für $S < S_f$ lohnenswert ist, aber für $S \geq S_f$ *nicht* lohnenswert ist. Klarerweise muss $0 \leq S_f < K$ gelten. (Denn ansonsten gäbe es ein S mit $S_f \geq S \geq K$, für das sich die Ausübung lohnte. Aber dann wäre $P = (K-S)^+ = 0$ und die Ausübung hätte sich doch nicht gelohnt.) Sei $\pi = P + S$ ein Portfolio, bestehend aus der Put-Option und dem Basiswert. Sobald $P = (K-S)^+ = K - S$ gilt, sollte die Option ausgeübt werden, da wir den erhaltenen Betrag $\pi = (K-S) + S = K$ wieder zum Zinssatz r investieren können. Gilt dagegen $P > (K-S)^+$, lohnt es sich nicht, die Option auszuüben, da das Portfolio vor der Ausübung den Wert $\pi = P + S > (K-S)^+ + S \geq K$ hat, aber nach der Ausübung das Portfolio nur den Wert $(K-S) + S = K$ besäße. Der so erhaltene Wert S_f hängt von der Zeit ab, d.h. $S_f = S_f(t)$. Man nennt ihn den *freien Randwert*. Es gilt also:

$$P(S,t) = (K-S)^+ = K - S \quad \text{für } S \leq S_f(t),$$
$$P(S,t) > (K-S)^+ \quad \text{für } S > S_f(t).$$

In ähnlicher Weise lässt sich für amerikanische Call-Optionen $C(S,t)$ (im Falle von Dividendenzahlungen) begründen, dass es eine Zahl $S_f(t) > K$ geben muss, so dass die Beziehungen

$$C(S,t) = (S-K)^+ = S - K \qquad \text{für } S \geq S_f(t),$$
$$C(S,t) > (S-K)^+ \qquad \text{für } S < S_f(t)$$

erfüllt sind.

Der freie Randwert $S_f(t)$ ist unbekannt; er muss zusätzlich zum Optionspreis bestimmt werden. Man nennt das Problem der Bestimmung der Optionsprämie daher auch ein *freies Randwertproblem*.

Der Wert amerikanischer Put-Optionen (bzw. Call-Optionen) ist also für $0 \leq S \leq S_f(t)$ (bzw. $S_f(t) \leq S < \infty$) determiniert. Für $S > S_f(t)$ (bzw. $0 < S < S_f(t)$) erfüllt die Put-Option (bzw. Call-Option) die Black-Scholes-Gleichung, da wir in diesem Fall die Option halten und diese dann wie eine europäische Option bewertet werden kann. Welche Randbedingungen müssen wir vorschreiben? Für $S \gg K$ ist die Put-Option wertlos, d.h. $P(S,t) \to 0$ für $S \to \infty$. Um die Stetigkeit von $S \mapsto P(S,t)$ zu erhalten, sollte außerdem $P(S_f(t),t) = K - S_f(t)$ gelten. Entsprechend gilt für Call-Optionen $C(0,t) = 0$ und $C(S_f(t),t) = S_f(t) - K$.

Diese beiden Randbedingungen genügen allerdings nicht, damit das Problem mathematisch wohl definiert ist, da wir den Wert $S_f(t)$ auch noch bestimmen müssen. Wir benötigen eine zusätzliche Randbedingung. Wir verlangen, dass die Funktion $S \mapsto \partial P(S,t)/\partial S$ an der Stelle $S = S_f(t)$ stetig ist. Diese Bedingung kann etwa aus einem Arbitrage-Argument hergeleitet werden (siehe Abschnitt 7.4 in [225] oder Seite 547 in [97]). Wegen $\partial P(S,t)/\partial S = \partial(K-S)/\partial S = -1$ für $S < S_f(t)$ schreiben wir die Bedingung

$$P_S(S_f(t),t) = \frac{\partial P}{\partial S}(S_f(t),t) = -1$$

vor. Analog verlangen wir für Call-Optionen

$$C_S(S_f(t),t) = 1.$$

Wir fassen zusammen: Der Wert $P(S,t)$ einer amerikanischen Put-Option berechnet sich aus

$$S \leq S_f(t): \qquad P(S,t) = K - S,$$
$$S > S_f(t): \qquad P_t + \frac{1}{2}\sigma^2 S^2 P_{SS} + (r - D_0)P_S - rP = 0,$$

mit der Endbedingung $P(S,T) = (K-S)^+$ und den Randbedingungen

$$\lim_{S \to \infty} P(S,t) = 0, \quad P(S_f(t),t) = K - S_f(t), \quad P_S(S_f(t),t) = -1.$$

Der Wert $C(S, t)$ einer amerikanischen Call-Option wird bestimmt aus

$$S \geq S_f(t): \quad C(S, t) = S - K,$$

$$S < S_f(t): \quad C_t + \frac{1}{2}\sigma^2 S^2 C_{SS} + (r - D_0)C_S - rC = 0,$$

mit der Endbedingung $C(S, T) = (S - K)^+$ und den Randbedingungen

$$C(0, t) = 0, \quad C(S_f(t), t) = S_f(t) - K, \quad C_S(S_f(t), t) = 1.$$

Dies ist die Formulierung des Bewertungsproblems als ein *freies Randwertproblem*. Der Nachteil dieser Formulierung ist, dass zusätzlich der freie Randwert $S_f(t)$ bestimmt werden muss. Wir suchen eine andere Formulierung, bei der $S_f(t)$ nicht mehr auftaucht. Dazu modifizieren wir die Herleitung der Black-Scholes-Gleichung.

Sei wie in Abschnitt 4.2

$$Y = c_1 B + c_2 S - V \tag{7.2}$$

ein risikoloses und selbstfinanzierendes Portfolio, bestehend aus c_1 Anteilen eines Bonds B, c_2 Anteilen des Basiswerts S und einer verkauften amerikanischen Option mit Wert V. In Abschnitt 4.2 haben wir gezeigt, dass nach Wahl von $c_2 = V_S$ gilt (siehe (4.17)):

$$dY = \left(c_1 r B - V_t - \frac{1}{2}\sigma^2 S^2 V_{SS}\right) dt. \tag{7.3}$$

Der Besitzer des Portfolios Y hat eine amerikanische Option *verkauft*. Wenn der Käufer der Option diese nicht optimal einlöst, kann der Verkäufer der Option einen größeren Gewinn machen als bei einer risikolosen Anlage. Daher gilt:

$$dY \geq rY dt.$$

Einsetzen von (7.2) und (7.3) in diese Ungleichung liefert die sogenannte Black-Scholes-*Ungleichung*

$$V_t + \frac{1}{2}\sigma^2 S^2 V_{SS} + (r - D_0)SV_S - rV \leq 0,$$

zu lösen für alle $0 < S < \infty$, $0 < t < T$.

Für welche Werte gilt das Gleichheitszeichen, für welche das Kleiner-Zeichen? Wir haben bereits oben gesehen, dass im Falle von Put-Optionen für $S > S_f(t)$ die Gleichung gilt. Wir behaupten, dass für $S < S_f(t)$ das Kleiner-Zeichen gesetzt werden muss. Der Beweis ist einfach, wenn $D_0 = 0$, denn in dieser Situation führt Einsetzen von $P = K - S$ in die Black-Scholes-Gleichung auf

$$P_t + \frac{1}{2}\sigma^2 S^2 P_{SS} + (r - D_0)SP_S - rP = -(r - D_0)S - r(K - S) = -rK < 0.$$

Der Nachweis für $D_0 > 0$ ist schwieriger. Man kann beweisen, dass $S_f(t) \leq \min\{K, rK/D_0\}$ gilt (siehe Theorem 9.4 in [115]). Daraus folgt dann mit $P = K - S$

$$P_t + \frac{1}{2}\sigma^2 S^2 P_{SS} + (r - D_0)SP_S - rP$$
$$= D_0 S - rK < D_0 S_f(t) - rK \leq \min\{D_0 K, rK\} - rK \leq 0.$$

Mit einer ähnlichen Überlegung erhalten wir für Call-Optionen ein Gleichheitszeichen, wenn $0 < S < S_f(t)$, und ein Kleiner-Zeichen, wenn $S > S_f(t)$. Hierbei benötigt man das Resultat $S_f(t) \geq \max\{K, rK/D_0\}$ [115].

Gilt also in der Ungleichung $P(S,t) \geq (K - S)^+$ (bzw. $C(S,t) \geq (S - K)^+$) das Gleichheitszeichen, so steht in der Black-Scholes-Ungleichung das Kleiner-Zeichen und umgekehrt. Dies bedeutet, dass sich der Wert einer amerikanischen Option als Lösung des Systems

$$(V - \Lambda(S)) \cdot \left(V_t + \frac{1}{2}\sigma^2 S^2 V_{SS} + (r - D_0)SV_S - rV \right) = 0, \qquad (7.4)$$

$$-\left(V_t + \frac{1}{2}\sigma^2 S^2 V_{SS} + (r - D_0)SV_S - rV \right) \geq 0, \qquad (7.5)$$

$$V - \Lambda(S) \geq 0, \qquad (7.6)$$

schreiben lässt, wobei

$$\Lambda(S) = \left\{ \begin{array}{ll} (K - S)^+ & : \text{Put} \\ (S - K)^+ & : \text{Call}. \end{array} \right.$$

Man nennt das System (7.4)-(7.5) ein *lineares Komplementaritätsproblem*. Es müssen noch die Endwerte

$$V(S,T) = \Lambda(S), \quad S > 0,$$

und die Randbedingungen

$$\text{Put:} \quad V(0,t) = K, \quad \lim_{S \to \infty} V(S,t) = 0,$$

$$\text{Call:} \quad V(0,t) = 0, \quad \lim_{S \to \infty} (V(S,t) - S) = 0, \quad 0 < t < T,$$

vorgeschrieben werden.

Im nächsten Abschnitt betrachten wir ein einfaches Modellproblem, um freie Randwertprobleme und deren äquivalente Formulierungen besser verstehen und einordnen zu können.

7.2   Das Hindernisproblem

Aufgabe dieses Modellproblems ist es, ein Seil, das an den beiden Enden $x = -1$
und $x = 1$ fixiert ist, so über ein Hindernis (beschrieben durch den Graphen einer
Funktion $f(x) > 0$) zu führen, dass eine minimale Seillänge angenommen wird
(siehe Abbildung 7.1). Die Aufgabe können wir wie folgt formulieren (siehe auch
[200, 225]). Gegeben sei ein Hindernis $f \in C^2(-1, 1) = \{f : [-1, 1] \to \mathbb{R} : f$ stetig
in $[-1, 1]$ und zweimal stetig differenzierbar in $(-1, 1)\}$ mit

$$f > 0 \quad \text{in } (a, b), \quad f'' < 0 \quad \text{in } (a, b), \quad f(-1) < 0, \quad f(1) < 0.$$

Definiere zum Hindernis f eine Funktion u, deren Graphen das Seil darstellt, mit
den Eigenschaften

$$u \in C^1(-1, 1), \quad u(-1) = 0, \quad u(1) = 0,$$
$$u \geq f \quad \text{in } (-1, 1), \tag{7.7}$$
$$u'' = 0 \quad \text{in } (-1, a) \text{ und in } (b, 1),$$
$$u = f \quad \text{in } (a, b).$$

Die Ränder a und b sind *nicht* gegeben, sondern durch das Problem implizit
definiert. Wir sprechen hier von einem *freien Randwertproblem* oder einem *Hindernisproblem*. Das Ziel ist nun, das Problem so umzuformulieren, dass die freien
Randbedingungen nicht mehr explizit erscheinen.

Die obigen Eigenschaften von u schreiben wir folgendermaßen:

$$\text{für } x \in (-1, a): \quad u > f \text{ und } u'' = 0,$$
$$\text{für } x \in (a, b): \quad u'' = f'' < 0,$$
$$\text{für } x \in (b, 1): \quad u > f \text{ und } u'' = 0,$$

und damit:

$$\text{wenn } u > f, \text{ dann } u'' = 0;$$
$$\text{wenn } u = f, \text{ dann } u'' < 0.$$

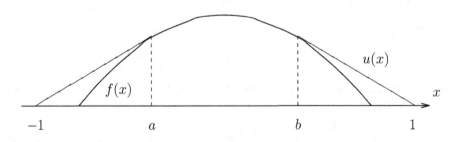

Abbildung 7.1 Seil $u(x)$ über einem Hindernis $f(x)$.

Wir können also das freie Randwertproblem als *lineares Komplementaritäts-problem* formulieren:

$$\text{Suche } u \in C^1(-1,1) \text{ mit } u(-1) = u(1) = 0 \text{ und}$$
$$-u'' \geq 0, \quad u - f \geq 0, \quad u'' \cdot (u - f) = 0 \quad \text{in } (-1,1). \tag{7.8}$$

Die freien Randbedingungen treten nicht mehr auf.

Es ist einsichtig, dass die Funktion u an den Stellen $x = a$ und $x = b$ im allgemeinen keine zweite Ableitung mehr besitzt. Wie ist dann die Forderung „$-u'' \geq 0$" zu verstehen? Dazu ist es notwendig, das lineare Komplementaritäts-problem so umzuformulieren, dass keine zweiten Ableitungen mehr auftreten. Wir definieren die Menge der sogenannten Konkurrenzfunktionen (oder Testfunktionen)

$$\mathcal{K} = \{v \in C^0(-1,1) : v(-1) = v(1) = 0, \ v \geq f, \ v \text{ stückweise } C^1\}.$$

Lemma 7.1 (1) *Sei $u \in C^2(-1,1)$ eine Lösung von (7.8). Dann löst u die Variationsungleichung:*

$$\text{Suche } u \in \mathcal{K} \text{ mit}$$
$$\int_{-1}^{1} u'(v - u)' dx \geq 0 \quad \forall v \in \mathcal{K}. \tag{7.9}$$

(2) *Sei u eine Lösung von (7.9). Ist $u \in C^2(-1,1)$, so löst u das Problem (7.8).*

Beweis. (1) Sei $u \in C^2(-1,1)$ eine Lösung von (7.8). Dann folgt zum einen

$$-\int_{-1}^{1} u''(v - f) dx \geq 0 \quad \forall v \in \mathcal{K}$$

und zum anderen

$$-\int_{-1}^{1} u''(u - f) dx = 0.$$

Subtraktion der beiden Ausdrücke ergibt

$$0 \ \leq \ -\int_{-1}^{1} u''(v - u) dx = \int_{-1}^{1} u'(v - u)' dx - \left[u'(v - u)\right]_{-1}^{1}$$
$$= \ \int_{-1}^{1} u'(v - u)' dx$$

wegen $u = 0$ und $v = 0$ an $x = \pm 1$.

(2) Sei umgekehrt $u \in C^2(-1,1)$ eine Lösung von (7.9). Dann gilt nach Voraussetzung $u - f \geq 0$ in $(-1,1)$. Sei $\phi \in C^1(-1,1)$ mit $\phi(-1) = \phi(1) = 0$ und $\phi \geq 0$. Mit $v := \phi + u \in \mathcal{K}$ und partieller Integration folgt

$$0 \le \int_{-1}^{1} u'(v-u)'dx = \int_{-1}^{1} u'\phi'dx = -\int_{-1}^{1} u''\phi dx \quad \forall \phi \ge 0,$$

also $-u'' \ge 0$ (siehe Übungsaufgaben). Die Wahl $v := f \in \mathcal{K}$ (beachte, dass wir $f(-1) = f(1) = 0$ vorausgesetzt haben) führt auf

$$0 \le \int_{-1}^{1} u'(f-u)'dx = -\int_{-1}^{1} u''(f-u)dx \le 0$$

und damit $u''(u-f) = 0$. $\square$

Bemerkung 7.2 Eine präzisere Formulierung von (7.8) und (7.9) erhält man mit Hilfe der *Sobolev-Räume* $H^m(-1,1)$. Definiere

$$H^1(-1,1) \;=\; \Big\{ v \in L^2(-1,1) : \exists c \in \mathbb{R},\ \exists w \in L^2(-1,1),$$

$$v(x) = c + \int_{-1}^{x} w(s)ds,\ x \in (-1,1) \Big\},$$

wobei $L^2(-1,1)$ der Lebesgue-Raum der quadratintegrierbaren Funktionen ist, d.h.

$$L^2(-1,1) = \{ v : (-1,1) \to \mathbb{R} \text{ messbar} : v^2 \text{ ist integrierbar in } (-1,1)\}$$

(siehe [2] oder Kapitel 3 in [93]). Für $v \in H^1(-1,1)$ heißt w die (schwache bzw. verallgemeinerte) Ableitung von v, und man schreibt $v' := w$. Der Sobolev-Raum $H^m(-1,1)$ ist dann rekursiv definiert durch

$$H^m(-1,1) = \{ v \in H^{m-1}(-1,1) : v^{(m-1)} \in H^1(-1,1)\}, \quad m > 1,$$

wobei $v^{(m-1)}$ die $(m-1)$-te Ableitung bezeichne. Mit dieser Definition lässt sich etwa die Formulierung „v stückweise C^1" in der Definition des Raumes $\mathcal{K}$ durch „$v \in H^1(-1,1)$" ersetzen und die Formulierung „$u \in C^2(-1,1)$" in Lemma 7.1 durch „$u \in H^2(-1,1)$". $\square$

Zu Beginn des Abschnittes haben wir gefordert, dass die Funktion u das Hindernis f mit *minimaler* Seillänge überspannen soll. Wo tritt diese Minimierungseigenschaft mathematisch auf? Eine Antwort liefert das folgende Lemma, das einen Zusammenhang zwischen der Variationsungleichung (7.9) und einem Minimierungsproblem für das Funktional

$$J : \mathcal{K} \to [0,\infty), \quad J(v) = \frac{1}{2} \int_{-1}^{1} (v')^2 dx \quad \forall v \in \mathcal{K},$$

herstellt.

Lemma 7.3 *Die Probleme (7.9) und*

$$\text{Suche } u \in \mathcal{K} \text{ mit } J(u) = \min_{v \in \mathcal{K}} J(v) \tag{7.10}$$

sind äquivalent.

Beweis. Sei u eine Lösung von (7.10) und seien $v \in \mathcal{K}$ und $\theta \in (0,1)$. Dann ist $\phi := u + \theta(v - u) = (1 - \theta)u + \theta v \geq (1 - \theta)f + \theta f = f$ und daher $\phi \in \mathcal{K}$. Wir erhalten

$$0 \leq J(\phi) - J(u) = \theta \int_{-1}^{1} u'(v - u)'dx + \frac{\theta^2}{2} \int_{-1}^{1} ((v - u)')^2 dx,$$

also

$$\int_{-1}^{1} u'(v - u)'dx + \frac{\theta}{2} \int_{-1}^{1} ((v - u)')^2 dx \geq 0.$$

Der Grenzwert $\theta \to 0$ liefert die Variationsungleichung (7.9) für alle $v \in \mathcal{K}$.

Sei umgekehrt $u \in \mathcal{K}$ eine Lösung von (7.9). Daraus folgt für ein beliebiges $v \in \mathcal{K}$:

$$\begin{aligned} J(u) &= \frac{1}{2} \int_{-1}^{1} (u')^2 dx \\ &= -\int_{-1}^{1} u'(v - u)'dx - \frac{1}{2} \int_{1}^{1} ((u - v)')^2 dx + \frac{1}{2} \int_{-1}^{1} (v')^2 dx \\ &\leq \frac{1}{2} \int_{-1}^{1} (v')^2 dx = J(v), \end{aligned}$$

d.h., die Funktion u löst (7.10). $\qquad\square$

Wir fassen zusammen: Das Hindernisproblem lässt sich formulieren

- als freies Randwertproblem (7.7),

- als lineares Komplementaritätsproblem (7.8),

- als Variationsungleichung (7.9) oder

- als Minimierungsproblem (7.10).

Uns interessiert nun, wie wir das Hindernisproblem numerisch lösen können. In Abschnitt 7.3 übertragen wir die Ideen auf das Bewertungsproblem für amerikanische Optionen. Wir betrachten zwei Ansätze.

7.2.1 Approximation durch Finite Differenzen

Unser Ziel ist die Approximation des Komplementaritätsproblems (7.8). Wir führen das Gitter

$$x_i = -1 + ih, \quad i = 0, \dots, N, \tag{7.11}$$

mit $h = 2/N$ ein. Mit der Abkürzung $f_i = f(x_i)$ führt die Approximation von u'' durch symmetrische Differenzenquotienten wie in Abschnitt 6.2 auf das folgende System für die Näherungen w_i von $u(x_i)$:

$$(w_{i-1} - 2w_i + w_{i+1})(w_i - f_i) = 0,$$
$$-(w_{i-1} - 2w_i + w_{i+1}) \geq 0, \quad w_i - f_i \geq 0, \quad 1 \leq i \leq N - 1,$$
$$w_0 = w_N = 0.$$

Mit den Vektoren $w = (w_1, \dots, w_{N-1})^\top$, $f = (f_1, \dots, f_{N-1})^\top$ und der Matrix $G = \mathrm{diag}(-1, 2, -1)$ (siehe (6.20)) können wir dieses System als das *diskrete Komplementaritätsproblem*

$$\text{Suche } w \in \mathbb{R}^{N-1} \text{ mit}$$
$$(w - f)^\top G w = 0, \quad Gw \geq 0, \quad w - f \geq 0 \tag{7.12}$$

schreiben. Die Ungleichungen sind hier komponentenweise zu lesen. In Abschnitt 7.3 zeigen wir, wie dieses Problem numerisch gelöst werden kann.

7.2.2 Approximation durch Finite Elemente

Eine andere Idee ist die Approximation der Variationsungleichung (7.9) mittels eines sogenannten *Galerkin-Ansatzes*. Die Idee besteht darin, die Variationsungleichung nicht in dem Raum $\mathcal{K}$, sondern in einem (kleineren) Raum $\widetilde{\mathcal{K}} \subset \mathcal{K}$ zu lösen, d.h.,

$$\text{Suche } u \in \widetilde{\mathcal{K}} \text{ mit}$$
$$\int_{-1}^{1} u'(v - u)' dx \geq 0 \quad \forall v \in \widetilde{\mathcal{K}}. \tag{7.13}$$

Dabei stellt sich natürlich die Frage, wie der Raum $\widetilde{\mathcal{K}}$ zu wählen ist. Wir wählen sogenannte *lineare Finite Elemente*, d.h., $\widetilde{\mathcal{K}}$ ist die Menge aller stückweise affinen Funktionen (oder aller B-Splines erster Ordnung) zu dem Gitter (7.11):

$$\widetilde{\mathcal{K}} = \left\{ \sum_{i=1}^{N-1} u_i \phi_i(x) : u_i \in \mathbb{R}, \ u_i \geq f_i \right\},$$

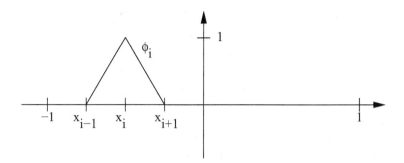

Abbildung 7.2 Illustration der Funktionen ϕ_i.

und $\phi_i : [-1, 1] \to \mathbb{R}$ sind stückweise affine Funktionen, definiert durch $\phi_i(x_i) = 1$ und $\phi_i(x_j) = 0$, $i \neq j$ (siehe Abbildung 7.2). Beachte, dass der Raum $\widetilde{\mathcal{K}}$ die Dimension $N - 1$ hat, also das Problem (7.13) endlichdimensional ist.

Stellen wir die Lösung $u \in \widetilde{\mathcal{K}}$ von (7.13) und eine beliebige Funktion $v \in \widetilde{\mathcal{K}}$ durch

$$u(x) = \sum_{i=1}^{N-1} u_i\phi_i(x) \quad \text{bzw.} \quad v(x) = \sum_{i=1}^{N-1} v_i\phi_i(x)$$

dar, können wir diese Funktionen auch als lineare Interpolierende zu den Werten $u_i = u(x_i)$ bzw. $v_i = v(x_i)$ interpretieren und die Funktion u bzw. v mit dem Vektor $u = (u_1, \ldots, u_{N-1})^\top$ bzw. $v = (v_1, \ldots, v_{N-1})^\top$ identifizieren. Setzen wir diese Darstellung in (7.13) ein, erhalten wir

$$0 \leq \int_{-1}^{1} \sum_{i=1}^{N-1} u_i\phi_i'(x) \sum_{j=1}^{N-1} (v_j - u_j)\phi_j'(x)dx$$

$$= \sum_{i=1}^{N-1}\sum_{j=1}^{N-1} u_i(v_j - u_j) \int_{-1}^{1} \phi_i'(x)\phi_j'(x)dx.$$

Nun gilt

$$\int_{-1}^{1} \phi_i'\phi_{i\pm1}'dx = \pm\int_{x_i}^{x_{i\pm1}} \left(-\frac{1}{h}\right)\frac{1}{h}dx = -\frac{1}{h},$$

$$\int_{-1}^{1} (\phi_i')^2dx = \int_{x_{i-1}}^{x_{i+1}} \frac{1}{h^2}dx = \frac{2}{h},$$

$$\int_{-1}^{1} \phi_i'\phi_j'dx = 0 \quad \text{für } |i - j| \geq 2,$$

also

$$\int_{-1}^{1} \phi_i'\phi_j'dx = \frac{1}{h}G_{ij},$$

wobei G_{ij} die Elemente der Matrix $G = \mathrm{diag}(-1, 2, -1)$ sind. Daher erhalten wir die folgende *diskrete Variationsungleichung*:

$$
\text{Suche } u \in \mathbb{R}^{N-1} \text{ mit } u \geq f \text{ und}
$$
$$
u^\top G(v - u) \geq 0 \quad \forall v \in \mathbb{R}^{N-1}, \ v \geq f, \tag{7.14}
$$

wobei $f = (f_1 \ldots, f_{N-1})^\top$.

Der Vorteil dieses Ansatzes besteht darin, dass eine genauere Approximation nicht nur durch einen kleineren Diskretisierungsparameter h, sondern auch durch eine geeignete Wahl von $\widetilde{\mathcal{K}}$ (etwa durch Splines höherer Ordnung) erreicht werden kann.

Das folgende Resultat zeigt, dass für den Fall linearer Finiter Elemente beide Ansätze äquivalent sind.

Proposition 7.4 *Die beiden diskreten Probleme (7.12) und (7.14) sind äquivalent.*

Beweis. Sei u eine Lösung von (7.12). Dann folgt für alle $v \geq f$:

$$
\begin{aligned}
u^\top G(v - u) &= u^\top G(v - f) - u^\top G(u - f) \\
&= (Gu)^\top (v - f) - (u - f)^\top Gu \quad \text{(da } G \text{ symmetrisch)} \\
&= (Gu)^\top (v - f) \quad \text{(wegen } (u - f)^\top Gu = 0) \\
&\geq 0,
\end{aligned}
$$

d.h., u löst (7.14).

Sei umgekehrt u eine Lösung von (7.14). Wir zeigen zuerst $Gu \geq 0$. Angenommen, es gäbe ein k, so dass $(Gu)_k < 0$. Wähle dann $v_k = u_k + 1$ und $v_i = u_i$ für alle $i \neq k$. Dann ist $v \geq u \geq f$ und wegen der Symmetrie von G

$$
0 \leq u^\top G(v - u) = \sum_{i,j=1}^{N-1} G_{ij} u_i (v_j - u_j) = \sum_{i=1}^{N-1} G_{ik} u_i = (Gu)_k < 0,
$$

Widerspruch. Es bleibt $(u - f)^\top Gu = 0$ zu zeigen. Einerseits ergibt $Gu \geq 0$ und $u \geq f$ sofort $(u - f)^\top Gu \geq 0$. Andererseits führt die Wahl $v = f$ in (7.14) auf $u^\top G(f - u) \geq 0$. Diese beiden Ungleichungen liefern die Behauptung. $\qquad \square$

7.3 Numerische Diskretisierung

In diesem Abschnitt transformieren wir das lineare Komplementaritätsproblem (7.4)-(7.6) für amerikanische Optionen auf eine einfachere Gestalt, diskretisieren es mittels Finiten Differenzen wie in Abschnitt 6.2 und lösen das diskrete Komplementaritätsproblem mit dem Projektions-SOR-Verfahren.

7.3.1 Transformation des Komplementaritätsproblems (7.4)-(7.6)

Wenden wir die Transformationen $x = \ln(S/K)$ und $\tau = \sigma^2(T - t)/2$ auf das lineare Komplementaritätsproblem (7.4)-(7.6) an, so ergibt sich für den transformierten Optionspreis

$$u(x, \tau) = \frac{1}{K} \exp\left(\frac{1}{2}(k_0 - 1)x + \frac{1}{4}(k_0 - 1)^2\tau + k\tau\right) V(S, t),$$

wobei $k = 2r/\sigma^2$ und $k_0 = 2(r - D_0)/\sigma^2$, ähnlich wie in Abschnitt 4.2 das transformierte Komplementaritätssystem

$$(u_\tau - u_{xx})(u - f) = 0, \quad u_\tau - u_{xx} \geq 0, \quad u - f \geq 0, \tag{7.15}$$

zu lösen für $x \in \mathbb{R}$ und $0 < \tau < T$. Hierbei bezeichnet f die transformierte Nebenbedingung

$$f(x, \tau) = \exp\left(\frac{1}{2}(k_0 - 1)x + \frac{1}{4}(k_0 - 1)^2\tau + k\tau\right) \frac{\Lambda(Ke^x)}{K}, \tag{7.16}$$

also im Falle einer amerikanischen Put-Option

$$f(x, \tau) = \exp\left(\frac{1}{2}(k_0 - 1)x + \frac{1}{4}(k_0 - 1)^2\tau + k\tau\right) (1 - \exp(x))^+,$$

und für eine amerikanische Call-Option

$$f(x, \tau) = \exp\left(\frac{1}{2}(k_0 - 1)x + \frac{1}{4}(k_0 - 1)^2\tau + k\tau\right) (\exp(x) - 1)^+.$$

Die Endbedingung und die Randbedingungen lauten

$$u(x, 0) = f(x, 0), \quad x \in \mathbb{R},$$

und

$$\text{Put:} \quad \lim_{x \to -\infty} (u(x, \tau) - f(x, \tau)) = 0, \quad \lim_{x \to \infty} u(x, \tau) = 0,$$

$$\text{Call:} \quad \lim_{x \to -\infty} u(x, \tau) = 0, \quad \lim_{x \to \infty} (u(x, \tau) - f(x, \tau)) = 0.$$

7.3.2 Approximation mittels Finiten Differenzen

Für die Approximation des Komplementaritätsproblems (7.15) schränken wir wie in Abschnitt 6.2 das Lösungsgebiet $\mathbb{R} \times (0, T)$ auf das Rechteck $(-a, a) \times (0, T)$ ein und definieren die Gitterpunkte

$$x_i = -a + ih \quad (i = 0, \dots, N), \quad \tau_j = sj \quad (j = 0, \dots, M)$$

mit den konstanten Schrittweiten $h = 2a/N$ und $s = T/M$. Approximieren wir die partiellen Ableitungen in der Differentialungleichung $u_\tau - u_{xx} \geq 0$ wie in Abschnitt 6.2 mit dem θ-Verfahren, erhalten wir für die Näherungen w_i^j von $u(x_i, t_j)$ das Differenzenschema

$$\frac{w_i^{j+1} - w_i^j}{s} - (1 - \theta)\frac{w_{i-1}^j - 2w_i^j - w_{i+1}^j}{h^2} - \theta\frac{w_{i-1}^{j+1} - 2w_i^{j+1} - w_{i+1}^{j+1}}{h^2} \geq 0,$$

wobei $0 \leq \theta \leq 1$, oder, mit den Abkürzungen $\alpha = s/h^2$ und $w^j = (w_1^j, \dots, w_{N-1}^j)^\top$ und den Matrizen

$$A = \text{diag}\,(-\alpha\theta, 2\alpha\theta + 1, -\alpha\theta), \tag{7.17}$$

$$B = \text{diag}\,(\alpha(1 - \theta), -2\alpha(1 - \theta) + 1, \alpha(1 - \theta)) \tag{7.18}$$

(siehe (6.19)) die Ungleichung

$$Aw^{j+1} \geq Bw^j + d^j,$$

wobei der Vektor d^j die Randbedingungen enthält:

$$d^j = \begin{pmatrix} \alpha(1 - \theta)u(-a, \tau_j) + \alpha\theta u(-a, \tau_{j+1}) \\ 0 \\ \vdots \\ 0 \\ \alpha(1 - \theta)u(a, \tau_j) + \alpha\theta u(a, \tau_{j+1}) \end{pmatrix}. \tag{7.19}$$

Die Ungleichung $u - f \geq 0$ kann diskret geschrieben werden als

$$w^{j+1} - f^{j+1} \geq 0,$$

wobei $f^{j+1} = (f(x_1, \tau_{j+1}), \dots, f(x_{N-1}, \tau_{j+1}))^\top$.

Definieren wir $b^j = Bw^j + d^j$ für gegebenes w^j, lautet das diskrete Komplementaritätsproblem, das wir in jedem Zeitschritt lösen müssen:

$$\text{Suche } w^{j+1} \in \mathbb{R}^{N-1} \text{ mit} \tag{7.20}$$
$$(Aw^{j+1} - b^j)^\top(w^{j+1} - f^{j+1}) = 0, \; Aw^{j+1} - b^j \geq 0, \; w^{j+1} - f^{j+1} \geq 0.$$

7.3.3   Das Projektions-SOR-Verfahren

Wir wollen das Problem (7.20) lösen. Um die Notation zu vereinfachen, lassen wir die Indizes j und $j + 1$ in (7.20) fort:

$$(Aw - b)^\top (w - f) = 0, \quad Aw - b \geq 0, \quad w - f \geq 0. \tag{7.21}$$

Dieses Problem ist äquivalent zu (Übungsaufgabe)

$$\min\{Aw - b, w - f\} = 0. \tag{7.22}$$

Wir suchen also eine Lösung $w \in \mathbb{R}^{N-1}$, so dass $w_i = f_i$ oder $(Aw)_i = b_i$.

Gilt die letzte Gleichung für alle $i = 1, \ldots, N - 1$, können wir das lineare Gleichungssystem $Aw = b$ *iterativ* lösen. Sei $A = D - L - U$ die Zerlegung von $A = (a_{ij})$ in die Diagonalmatrix D mit Elementen $a_{11}, \ldots, a_{N-1,N-1}$, die untere (*lower*) Dreiecksmatrix $-L$ und die obere (*upper*) Dreiecksmatrix $-U$. Da A symmetrisch und positiv definit ist, gilt $a_{ii} > 0$ für alle i. Eine naheliegende Iteration ist das *Jacobi-Verfahren*:

$$w^{(k+1)} = D^{-1}\left((L+U)w^{(k)} + b\right), \quad k \in \mathbb{N}_0.$$

Für $k \to \infty$ erwarten wir, dass $w^{(k)} \to w$ und damit $w = D^{-1}((L+U)w+b)$ oder $Aw = (D - L - U)w = b$ gilt. Beachte, dass die Inverse von D sehr einfach zu berechnen ist, da D^{-1} nur aus den Diagonalelementen $a_{11}^{-1}, \ldots, a_{N-1,N-1}^{-1}$ besteht. Ausgeschrieben bedeutet die obige Iteration:

$$w_i^{(k+1)} = \frac{1}{a_{ii}}\left(-\sum_{j \neq i} a_{ij} w_j^{(k)} + b_i\right).$$

Da die Matrix A tridiagonal ist, besteht die Summe nur aus zwei Summanden.

Nun stehen bei der Berechnung von $w_i^{(k+1)}$ die Werte $w_1^{(k+1)}, \ldots, w_{i-1}^{(k+1)}$ bereits zur Verfügung. Wenn wir annehmen, dass $w_j^{(k+1)}$ den Wert w_j besser approximiert als $w_j^{(k)}$, ist es sinnvoll, den Term $Lw^{(k)}$ durch $Lw^{(k+1)}$ zu ersetzen. Dies führt auf das *Gauß-Seidel-Verfahren*:

$$w_i^{(k+1)} = \frac{1}{a_{ii}}\left(-\sum_{j=1}^{i-1} a_{ij} w_j^{(k+1)} - \sum_{j=i+1}^{N-1} a_{ij} w_j^{(k)} + b_i\right)$$

oder, kompakter formuliert,

$$w^{(k+1)} = D^{-1}\left(Lw^{(k+1)} + Uw^{(k)} + b\right), \quad k \in \mathbb{N}_0.$$

Diese Methode wird durch das *SOR-Verfahren* verfeinert („SOR" steht für *s*uccessive *o*ver*r*elaxation):

$$\text{Für } i = 1, \ldots, N-1:$$
$$z_i^{(k)} = a_{ii}^{-1}(Lw^{(k+1)} + Uw^{(k)} + b)_i,$$
$$w_i^{(k+1)} = w_i^{(k)} + \omega(z_i^{(k)} - w_i^{(k)}).$$

Für $\omega = 1$ erhalten wir das Gauß-Seidel-Verfahren. Wählen wir $0 < \omega < 1$, liegt der neue Iterationswert zwischen dem alten und dem neuen Gauß-Seidel-Wert; wir erhalten eine gedämpfte Iteration. Die Idee des SOR-Verfahrens lautet, $\omega > 1$ zu wählen und damit gewissermaßen „übers Ziel hinauszuschießen". Man kann zeigen, dass für $1 < \omega < 2$ das SOR-Verfahren gegen die Lösung des linearen Gleichungssystems konvergiert und für ein optimal gewähltes ω weniger Iterationsschritte als das Gauß-Seidel-Verfahren benötigt, um eine vorgegebene Fehlerschranke zu erreichen [97, 171].

Wie müssen wir das SOR-Verfahren abändern, wenn *nicht* $(Aw)_i = b_i$ für alle i gilt? Hierfür ist es zweckmäßig, mit der Formulierung (7.22) zu arbeiten. Mit der Zerlegung $A = D - L - U$ ist (7.22) äquivalent zu

$$\min\{w - D^{-1}(Lw + Uw + b),\ w - f\} = 0$$

oder

$$w = \max\{D^{-1}(Lw + Uw + b),\ f\}.$$

Dies motiviert die folgende Verallgemeinerung des SOR-Verfahrens, die man das *Projektions-SOR-Verfahren* nennt:

Für $i = 1, \ldots, N-1$
$$z_i^{(k)} = a_{ii}^{-1}(Lw^{(k+1)} + Uw^{(k)} + b)_i, \tag{7.23}$$
$$w_i^{(k+1)} = \max\{w_i^{(k)} + \omega(z_i^{(k)} - w_i^{(k)}),\ f_i\}.$$

Liefert dieses Verfahren für $k \to \infty$ wirklich eine Lösung des diskreten linearen Komplementaritätsproblems (7.21)? Die Frage wird in dem Satz von Cryer [53] positiv beantwortet.

Satz 7.5 (Cryer) *Seien $A \in \mathbb{R}^{(N-1)\times(N-1)}$ eine symmetrische, positiv definite Matrix, b, $f \in \mathbb{R}^{N-1}$ und $1 < \omega < 2$. Dann konvergiert die Folge $(w^{(k)})_k$, definiert durch (7.23), gegen die eindeutig definierte Lösung von (7.21).*

Der Satz behauptet neben der Konvergenz des SOR-Verfahrens die eindeutige Lösbarkeit des linearen Komplementaritätsproblems (7.21). Die Eindeutigkeit beruht auf der Äquivalenz von (7.21) zu einem Minimierungsproblem ähnlich wie (7.10).

Lemma 7.6 *Die Probleme (7.21) und*

$$\textit{Suche } w \in \mathbb{R}^{N-1} \textit{ mit } w \geq f \textit{ und}$$
$$J(w) = \min_{v \geq f} J(v), \tag{7.24}$$

wobei $J(v) = \frac{1}{2}v^\top Av - b^\top v$, sind äquivalent.

Beweis. Sei w eine Lösung von (7.21) und sei $v \geq f$. Dann folgt

$$
\begin{aligned}
J(v) - J(w) &= \frac{1}{2}(v-w)^\top A(v-w) - (Aw-b)^\top(w-f) \\
&\quad + (v-f)^\top(Aw-b) \qquad\qquad\qquad (7.25)\\
&\geq -(Aw-b)^\top(w-f) + (v-f)^\top(Aw-b) \\
&\quad \text{(da } A \text{ positiv definit)} \\
&\geq 0 \qquad \text{(wegen (7.21) und } v-f \geq 0),
\end{aligned}
$$

d.h., w löst (7.24).

Sei w eine Lösung von (7.24). Die Ungleichung $w - f \geq 0$ gilt nach Voraussetzung. Wir zeigen, dass auch $Aw - b \geq 0$ gilt. Definiere $v := w + \varepsilon e_k$, wobei $\varepsilon > 0$ und e_k der k-te Einheitsvektor des $\mathbb{R}^{N-1}$ seien. Dann ist $v \geq w \geq f$ und

$$
0 \leq J(v) - J(w) = \varepsilon e_k^\top Aw + \frac{1}{2}\varepsilon^2 e_k^\top A e_k - \varepsilon b^\top e_k = \varepsilon(Aw-b)_k + \frac{\varepsilon^2}{2}a_{kk}. \quad (7.26)
$$

Division durch $\varepsilon > 0$ und der Grenzwert $\varepsilon \to 0$ liefern $0 \leq (Aw-b)_k$. Da k beliebig war, folgt die Behauptung. Es bleibt $(Aw-b)^\top(w-f) = 0$ zu zeigen. Angenommen, es gelte $(Aw-b)_k > 0$ und $w_k > f_k$ für ein k. Wähle dann $\varepsilon > 0$ so klein, dass $v := w - \varepsilon e_k \geq f$ gilt. Dann ist

$$
0 \leq J(v) - J(w) = -\varepsilon(Aw-b)_k + \frac{\varepsilon^2}{2}a_{kk} < 0,
$$

wenn wir $\varepsilon > 0$ hinreichend klein wählen – Widerspruch. Also gilt $(Aw-b)_k = 0$ oder $(w-f)_k = 0$ für alle k. Dies impliziert $(Aw-b)^\top(w-f) = 0$. $\square$

Beweis von Satz 7.5. Wir zeigen zuerst die Eindeutigkeit einer Lösung von (7.21). Seien w_1 und w_2 zwei Lösungen von (7.21) bzw. (nach Lemma 7.6) von (7.24). Dann ergibt eine Rechnung analog zu (7.25):

$$
\begin{aligned}
0 &= J(w_1) - J(w_2) \\
&= \frac{1}{2}(w_1-w_2)^\top A(w_1-w_2) - (Aw_2-b)^\top(w_2-f) + (w_1-f)^\top(Aw_2-b) \\
&= \frac{1}{2}(w_1-w_2)^\top A(w_1-w_2) + (w_1-f)^\top(Aw_2-b) \\
&\geq \frac{1}{2}(w_1-w_2)^\top A(w_1-w_2) \geq 0,
\end{aligned}
$$

da A positiv definit ist. Dies impliziert

$$
(w_1-w_2)^\top A(w_1-w_2) = 0
$$

und damit wegen der positiven Definitheit von A sofort $w_1 = w_2$.

Wir zeigen die Existenz einer Lösung von (7.21), indem wir die Konvergenz der Folge $w^{(k)}$ gegen eine Lösung von (7.24) beweisen. Wir führen den Beweis in vier Schritten.

1. Schritt: Wir zeigen zuerst, dass für alle i, k ein $\omega_{ik} \in [0, \omega]$ existiert, so dass

$$w_i^{(k+1)} = w_i^{(k)} + \omega_{ik}(z_i^{(k)} - w_i^{(k)}). \tag{7.27}$$

Gilt nämlich $f_i \leq w_i^{(k)} + \omega(z_i^{(k)} - w_i^{(k)})$, so folgt nach (7.23) $w_i^{(k+1)} = w_i^{(k)} + \omega(z_i^{(k)} - w_i^{(k)})$, und wir können $\omega_{ik} = \omega$ wählen. Sei nun $f_i > w_i^{(k)} + \omega(z_i^{(k)} - w_i^{(k)})$, also $w_i^{(k+1)} = f_i$. Wegen $w_i^{(k)} \geq f_i$ muss also $z_i^{(k)} - w_i^{(k)} < 0$ gelten. Folglich ist

$$\omega_{ik} = \frac{w_i^{(k)} - f_i}{w_i^{(k)} - z_i^{(k)}}$$

wohldefiniert und $0 \leq \omega_{ik} < \omega$. Damit erhalten wir

$$w_i^{(k)} + \omega_{ik}(z_i^{(k)} - w_i^{(k)}) = f_i = w_i^{(k+1)},$$

also die Behauptung.

2. Schritt: Sei $w^{(k,i)}$ der nach dem i-ten Teilschritt erhaltene Vektor aus der Iteration (7.23), d.h.

$$w^{(k,i)} = (w_1^{(k+1)}, \ldots, w_i^{(k+1)}, w_{i+1}^{(k)}, \ldots, w_{N-1}^{(k)})^\top.$$

Wir zeigen nun, dass die Folge $(J_j)_j$ konvergiert, wobei $J_j = J(w^{(k,i)})$ und $j = (N-1)(k-1) + i$, $k \geq 1$, $0 \leq i \leq N - 1$. Dazu bemerken wir, dass

$$w^{(k+1,0)} = (w_1^{(k+1)}, \ldots, w_{N-1}^{(k+1)})^\top =: w^{(k,N)} \tag{7.28}$$

und

$$w^{(k,i)} - w^{(k,i-1)} = (0, \ldots, 0, w_i^{(k+1)} - w_i^{(k)}, 0, \ldots, 0)^\top = (w_i^{(k+1)} - w_i^{(k)})e_i, \tag{7.29}$$

wobei e_i den i-ten Einheitsvektor bezeichne. Außerdem folgt aus (7.23):

$$a_{ii}(z_i^{(k)} - w_i^{(k)}) = -(Aw^{(k,i)} - b)_i. \tag{7.30}$$

Mit diesen Vorbereitungen berechnen wir im Falle $\omega_{ik} > 0$:

$$
\begin{aligned}
J_j - J_{j-1} &= J(w^{(k,i)}) - J(w^{(k,i-1)}) \\
&= \frac{1}{2}(w^{(k,i)} - w^{(k,i-1)})^\top A(w^{(k,i)} - w^{(k,i-1)}) \\
&\quad + (w^{(k,i)} - w^{(k,i-1)})^\top(Aw^{(k,i)} - b) \\
&= \frac{1}{2}a_{ii}(w_i^{(k+1)} - w_i^{(k)})^2 - (w_i^{(k+1)} - w_i^{(k)})a_{ii}(z_i^{(k)} - w_i^{(k)}) \\
&\quad \text{(wegen (7.29) und (7.30))} \\
&= -\frac{a_{ii}}{2}\left(\frac{2}{\omega_{ik}} - 1\right)(w_i^{(k+1)} - w_i^{(k)})^2 \quad \text{(wegen (7.27))} \tag{7.31} \\
&\leq -\frac{a_{ii}}{2}\left(\frac{2}{\omega} - 1\right)(w_i^{(k+1)} - w_i^{(k)})^2 \quad \text{(wegen } \omega_{ik} \leq \omega) \\
&\leq 0,
\end{aligned}
$$

falls $\omega < 2$. Im Falle $\omega_{ik} = 0$ folgt $w_i^{(k+1)} = w_i^{(k)}$ und damit $w^{(k,i)} = w^{(k,i-1)}$ sowie $J_j - J_{j-1} = 0$. Da die Matrix A symmetrisch und positiv definit ist, kann man leicht einsehen, dass $(J_j)_j$ nach unten beschränkt ist (Übungsaufgabe). Folglich besitzt die monoton fallende und nach unten beschränkte Folge $(J_j)_j$ einen Grenzwert.

3. Schritt: Wir zeigen, dass die Folge $(w_i^{(k)})_k$ konvergiert. Die Gleichung (7.31) impliziert (für $\omega_{ik} > 0$)

$$\begin{aligned}
|w_i^{(k+1)} - w_i^{(k)}| &= \left(\frac{2}{a_{ii}(2/\omega_{ik} - 1)} (J_{j-1} - J_j) \right)^{1/2} \\
&\leq \left(\frac{2}{\min_i a_{ii}(2/\omega - 1)} (J_{j-1} - J_j) \right)^{1/2} \\
&\to 0
\end{aligned}$$

für $k \to \infty$ bzw. $j = j(k) \to \infty$. Daraus folgt, dass $(w_i^{(k)})_k$ für alle i eine Cauchyfolge in $\mathbb{R}$ und damit konvergent ist. Den Grenzwert bezeichnen wir mit w_i.

4. Schritt: Es bleibt zu zeigen, dass der Vektor $w = (w_1, \ldots, w_{N-1})^\top$ das lineare Komplementaritätsproblem (7.21) löst. Der Grenzwert $k \to \infty$ in (7.23) liefert

$$z_i := \lim_{k \to \infty} z_i^{(k)} = a_{ii}^{-1}(Lw + Uw + b)_i = w_i - a_{ii}^{-1}(Aw - b)_i$$

und

$$w_i = \max\{w_i + \omega(z_i - w_i), \, f_i\} = \max\{w_i - \omega a_{ii}^{-1}(Aw - b)_i, \, f_i\}.$$

Daraus ergibt sich die Beziehung

$$\min\{\omega a_{ii}^{-1}(Aw - b)_i, \, w_i - f_i\} = 0,$$

die äquivalent zu dem linearen Komplementaritätsproblem (7.21) ist. Damit ist der Satz bewiesen. $\qquad \square$

7.3.4 Implementierung in MATLAB

Wir kehren nun wieder zurück zu unserem Problem, den Preis amerikanischer Optionen numerisch aus dem diskreten Komplementaritätsproblem (7.20) zu bestimmen. Die Projektions-SOR-Iteration (7.23) lautet für die konkrete Matrix A, definiert in (7.17) (unter Fortlassung des Iterationsindex k):

$$z_i^j := \frac{1}{2\alpha\theta + 1} \left(\alpha\theta(w_{i-1}^j + w_{i+1}^j) + b_i \right), \tag{7.32}$$

$$w_i^j := \max\{w_i^j + \omega(z_i^j - w_i^j), f_i^j\}. \tag{7.33}$$

Der Grundalgorithmus lautet also:

Für alle Zeitschritte $j = 1, \ldots, M$:

- Definiere $f_i^j := f(x_i, \tau_j)$ gemäß (7.16).
- Sei w_i gegeben (z.B. durch die Werte des vorherigen Zeitschritts).
- Definiere die Randwerte $w_0 = f_0^j$, $w_N = f_N^j$.
- Definiere $b_i = (Bw + d)_i$ gemäß (7.18) und (7.19).
- Berechne z_i und w_i gemäß (7.32) und (7.33) solange, bis Konvergenz erreicht ist.
- Transformiere zurück in die Originalvariablen.

Beispiel 7.7 Wir berechnen den Wert einer amerikanischen Put-Option mit

$$K = 100, \quad r = 0.1, \quad \sigma = 0.4, \quad T = 1.$$

In Abbildung 7.3 sind die Preise dieser Put-Option und zum Vergleich die Preise der entsprechenden europäischen Put-Option dargestellt. Der freie Randwert beträgt $S_f \approx 67$ (siehe Bemerkung 7.9).

Der obige Algorithmus ist für das Crank-Nicolson-Schema im MATLAB-Programm 7.1 ausgeführt. Das Programm liefert als Ausgabe eine Matrix [S;P; loop], bestehend aus den Optionswerten P (2. Zeile der Matrix) zu den Basiswerten S (1. Zeile) sowie dem Vektor loop der Anzahl der Iterationen zu den einzelnen Zeitschritten (3. Zeile). Die Optionswerte können mit den Befehlen

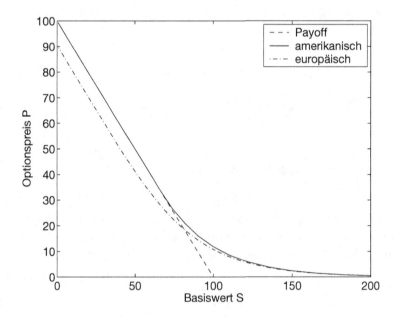

Abbildung 7.3 Preise einer amerikanischen und einer europäischen Put-Option, jeweils mit $K = 100$, $r = 0.1$, $\sigma = 0.4$ und $T = 1$.

MATLAB-Programm 7.1 Die Funktion `aput.m` berechnet die Werte einer amerikanischen Put-Option mit der Crank-Nicolson-Diskretisierung und dem Projektions-SOR-Verfahren.

```
function result = aput(K,r,sigma,T,omega)

a = 5; N = 100; M = 5;
T0 = sigma^2*T/2;              % transformierte Endzeit
h = 2*a/N;                     % Ortsschrittweite
s = T0/M;                      % Zeitschrittweite

% Abkürzungen
alpha = s/h^2; k = 2*r/sigma^2;
x = [-a:h:a]; S = K*exp(x);

% Definition von f(i,j)
for j = 1:M+1
    f(:,j) = exp(0.5*(k-1)*x + 0.25*(k+1)^2*(j-1)*s*ones(1,N+1))'...
        .*max(0,1-exp(x))';
end
u = f(:,1)'; loop = zeros(1,N+1);  % setzt M < N+2 voraus

% Projektions-SOR-Verfahren
for j = 1:M
    u(1) = f(1,j+1); u(N+1) = f(N+1,j+1);
    b(2:N) = (alpha/2)*(u(1:N-1)+u(3:N+1)) + (1-alpha)*u(2:N);
    b(1) = (1-alpha)*u(1) + (alpha/2)*u(2) + (alpha/2)*(f(1,j)+f(1,j+1));
    b(N+1) = (alpha/2)*u(N) + (1-alpha)*u(N+1);
    tol = 1e-10; error = 1;
    while error > tol
        error = 0;
        for i = 2:N
            z = ((alpha/2)*(u(i-1)+u(i+1))+b(i))/(alpha+1);
            z = max(u(i) + omega*(z-u(i)),f(i,j+1)');
            error = error + (u(i)-z)^2;
            u(i) = z;
        end
        loop(j) = loop(j) + 1;
    end
end

% Rücktransformation
P = K*exp(-0.25*(k+1)^2*T0)*exp(-0.5*(k-1)*x).*u;
result = [S;P;loop];
```

```
P = aput(K,r,sigma,T,omega);
plot(P(1,:),P(2,:)), xlim([0 200])
```

gezeichnet werden.

In Abbildung 7.4 stellen wir die Anzahl der Iterationen zum zweiten Zeitschritt in Abhängigkeit des Relaxationsparameters ω dar, erzeugt mit den MATLAB-Befehlen

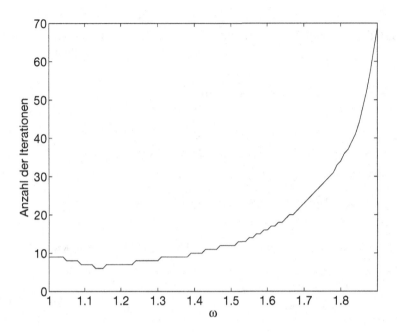

Abbildung 7.4 Anzahl der Iterationen zum zweiten Zeitschritt des Projektions-SOR-Verfahrens in Abhängigkeit des Relaxationsparameters ω.

```
j = 0;
for omega = 1:0.01:1.9
    P = aput(K,r,sigma,T,omega);
    loop(j) = P(3,2); j = j + 1;
end
plot([1:0.01:1.9],loop)
```

Für das Gauß-Seidel-Verfahren $\omega = 1$ sind $n = 9$ Iterationen erforderlich. Die minimale Anzahl von Iterationen $n_{\min} = 6$ wird erreicht, wenn wir $\omega \in [1.13, 1.15]$ wählen. Das sind immerhin $1/3$ weniger Iterationsschritte als beim Gauß-Seidel-Verfahren. Der Wert $n_{\min}$ hängt von den Spektraleigenschaften der Matrix des entsprechenden Gleichungssystems ab (siehe Theorem 10.43 in [171] im Falle der SOR-Methode); diese können jedoch meist nicht einfach berechnet werden, so dass $n_{\min}$ im Allgemeinen experimentell bestimmt werden muss.   □

Bemerkung 7.8 Der Algorithmus wird beträchtlich vereinfacht, wenn wir den expliziten Fall $\theta = 0$ betrachten. Dann ist nämlich A gleich der Einheitsmatrix und aus der zu dem diskreten Komplementaritätsproblem (7.20) äquivalenten Formulierung

$$\min\{Aw^{j+1} - (Bw^j + d^j), w^{j+1} - f^{j+1}\} = 0$$

folgt

$$w^{j+1} = \max\{Bw^j + d^j, f^{j+1}\} \tag{7.34}$$

oder ausgeschrieben

$$
\begin{aligned}
w_i^{j+1} &= \max\{\alpha(w_{i-1}^j + w_{i+1}^j) + (1 - 2\alpha)w_i^j, f_i^{j+1}\}, \quad i = 1, \ldots, N-1, \\
w_0^{j+1} &= \max\{(1 - 2\alpha)w_0^j + \alpha w_1^j + \alpha f_0^j, f_0^{j+1}\}, \\
w_N^{j+1} &= \max\{(1 - 2\alpha)w_N^j + \alpha w_{N-1}^j + \alpha f_N^j, f_N^{j+1}\}.
\end{aligned}
$$

Dies bedeutet, dass der Vektor w^{j+1} *direkt* aus w^j berechnet werden kann. Beachte, dass das explizite Finite-Differenzen-Verfahren zur Lösung *europäischer* Optionen nach Abschnitt 6.2 gerade $w^{j+1} = Bw^j + d^j$ lautet (siehe (6.18)). Das entsprechende Programm kann also leicht abgeändert werden, indem einfach die Iteration $w^{j+1} = Bw^j + d^j$ durch (7.34) ersetzt wird. Allerdings besitzt das explizite Verfahren den entscheidenden Nachteil, dass der Quotient s/h^2 hinreichend klein gewählt werden muss. $\qquad \square$

Bemerkung 7.9 Beispiel 7.7 zeigt, dass ein präziser Wert des freien Randwertes $S_f(t)$ nicht einfach zu bestimmen ist, da die Gebiete $P = K - S$ und $P > K - S$ nicht einfach zu trennen sind. Für Zeiten nahe des Fälligkeitstermins sind analytische Approximationen von $S_f(t)$ hergeleitet worden [16, 89, 134]. Zu numerischen Techniken zur Bestimmung von $S_f(t)$ siehe z.B. [6, 166, 226]. $\qquad \square$

7.4 Strafmethoden für amerikanische Optionen

In vorigen Abschnitt haben wir die Black-Scholes-Ungleichung für die Bewertung amerikanischer Optionen als das diskrete Komplementaritätsproblem

$$(Aw - b)^\top (w - f) = 0, \quad Aw - b \geq 0, \quad w - f \geq 0 \qquad (7.35)$$

formuliert, wobei w der transformierte Wert der amerikanischen Option zur Zeit τ_{j+1} ist, $A = (a_{ij})$ die $(N-1) \times (N-1)$-Matrix (7.17), f die transformierte Nebenbedingung zur Zeit τ_{j+1} und $b = B\widetilde{w} + d$ mit dem Optionswert $\widetilde{w}$ zur Zeit τ_j, B die Matrix aus (7.18) und d der Vektor mit den Randbedingungen bedeuten. Außerdem haben wir dieses Problem mit der Projektions-SOR-Methode numerisch gelöst. In diesem Abschnitt stellen wir eine Alternative zur Lösung des linearen Komplementaritätsproblems vor: die Strafmethode.

Die Idee dieser Methode ist es, die Ungleichung $Aw - b \geq 0$ durch eine Gleichung zu ersetzen, in der die Restriktion $w - f \geq 0$ durch Einführung eines Strafterms asymptotisch erzwungen wird:

$$
\begin{aligned}
&\text{Suche } w_\delta \in \mathbb{R}^{N-1} \text{ mit} \\
&Aw_\delta - b - g_\delta(w_\delta) = 0,
\end{aligned}
\qquad (7.36)
$$

wobei $g_\delta : \mathbb{R} \to [0, \infty)$ und $g_\delta(w_\delta)$ komponentenweise zu lesen sei:

$$g_\delta(v) := (g_\delta(v_1), \ldots, g_\delta(v_{N-1}))^\top \quad \text{für } v \in \mathbb{R}^{N-1}.$$

Die Funktion g_δ habe die Eigenschaft, dass im Grenzwert $\delta \to 0$ die Gleichung $g_\delta(w_\delta) = 0$ die Bedingung $w_\delta \geq f$ impliziert. Eine einfache Wahl ist etwa

$$g_\delta(v) = \frac{1}{\delta}(f - v)^+.$$

Damit wird (7.36) zu $(f - w_\delta)^+ = \delta(Aw_\delta - b)$, und falls w_δ für $\delta \to 0$ gegen w konvergiert, folgt im Grenzwert $(f - w)^+ = 0$, also $w \geq f$.

Die Gleichung (7.36) ist *nichtlinear*. Wir zeigen unten (siehe Bemerkung 7.11), dass das Problem (7.36) eine eindeutige Lösung besitzt. Numerisch kann (7.36) mit der Newton-Methode gelöst werden.

Unser Ziel ist es zu zeigen, dass im Grenzwert $\delta \to 0$ die Lösung w_δ tatsächlich gegen die Lösung w von (7.35) konvergiert. Zuerst beweisen wir, dass die nichtlineare Gleichung (7.36) äquivalent zu einer Minimierungsaufgabe ist.

Lemma 7.10 *Sei $G_\delta : \mathbb{R} \to \mathbb{R}$ eine zweimal stetig differenzierbare und konvexe Funktion mit $G'_\delta = -g_\delta$. Dann sind die Probleme (7.36) und*

$$\text{Suche } w_\delta \in \mathbb{R}^{N-1} \text{ mit}$$
$$J_\delta(w_\delta) = \min_{v \in \mathbb{R}^{N-1}} J_\delta(v) \tag{7.37}$$

äquivalent, wobei

$$J_\delta(v) = J(v) + G_\delta(v) \quad \text{und} \quad J(v) = \frac{1}{2}v^\top Av - b^\top v.$$

Beweis. Der Beweis verläuft ähnlich wie der Beweis von Lemma 7.6. Zuerst bemerken wir, dass die Taylorformel und die Konvexität von G_δ für alle $x, y \in \mathbb{R}$ die Beziehung

$$G_\delta(x) = G_\delta(y) + G'_\delta(y)(x - y) + \frac{1}{2}G''_\delta(\xi)(x - y)^2 \geq G_\delta(y) - g_\delta(y)(x - y)$$

für ein ξ zwischen x und y und damit

$$G_\delta(x) - G_\delta(y) \geq -g_\delta(y)(x - y) \tag{7.38}$$

implizieren.

Sei $w = w_\delta$ eine Lösung von (7.36) und sei $v \in \mathbb{R}^{N-1}$. Dann folgt

$$
\begin{aligned}
J_\delta(v) - J_\delta(w) &= \frac{1}{2}(v - w)^\top A(v - w) + (Aw - b)^\top(v - w) + G_\delta(v) - G_\delta(w) \\
&\geq g_\delta(w)^\top(v - w) + G_\delta(v) - G_\delta(w) \\
&\quad \text{(denn } A \text{ ist positiv definit)} \\
&\geq 0 \quad \text{(wegen (7.38)).}
\end{aligned}
$$

Also löst w das Problem (7.37).

Sei umgekehrt $w = w_\delta$ eine Lösung von (7.37), sei e_k der k-te Einheitsvektor des $\mathbb{R}^{N-1}$ und $v = w \pm \varepsilon e_k$. Dann erhalten wir nach einer Rechnung wie im Beweis vom Lemma 7.6 (siehe (7.26)):

$$
\begin{aligned}
0 \;\le\;& J_\delta(v) - J_\delta(w) \\
=\;& \frac{\varepsilon^2}{2} a_{kk} \pm \varepsilon (Aw - b)_k + G_\delta(w \pm \varepsilon e_k) - G_\delta(w) \\
\le\;& \frac{\varepsilon^2}{2} a_{kk} \pm \varepsilon (Aw - b)_k \mp \varepsilon g_\delta(w \pm \varepsilon e_k)^\top e_k \\
=\;& \frac{\varepsilon^2}{2} a_{kk} \pm \varepsilon (Aw - b - g_\delta(w \pm \varepsilon e_k))_k.
\end{aligned}
$$

Division durch $\varepsilon > 0$ und der Grenzwert $\varepsilon \to 0$ ergeben

$$
\pm (Aw - b - g_\delta(w))_k \ge 0 \quad \text{für alle } k = 1, \dots, N-1
$$

und daher $Aw - b - g_\delta(w) = 0$. $\qquad\square$

Bemerkung 7.11 Der obige Beweis zeigt, dass das Funktional J_δ die Ableitung

$$
J_\delta'(v) = Av - b - g_\delta(v), \quad v \in \mathbb{R}^{N-1},
$$

besitzt, denn mit $D(v) := Av - b - g_\delta(v)$ folgt für $\varepsilon \to 0$

$$
\begin{aligned}
&\frac{1}{\varepsilon} \left(J_\delta(v + \varepsilon e_k) - J_\delta(v) - \varepsilon D(v)^\top e_k \right) \\
&= \frac{\varepsilon}{2} a_{kk} + \frac{1}{\varepsilon} \left(G_\delta(v + \varepsilon e_k) - G_\delta(v) + \varepsilon g_\delta(v) \right)_k \to 0,
\end{aligned}
$$

d.h., $D(v)_k$ ist die partielle Ableitung $\partial J_\delta(v)/\partial v_k$, und die Behauptung folgt.

Übrigens ergibt eine ähnliche Rechnung wie oben, dass die zweite Ableitung $J_\delta''(v) = A + G_\delta''(v)$ lautet (Übungsaufgabe). Weil A eine symmetrische, positiv definite Matrix ist, ist J_δ strikt konvex und besitzt ein eindeutig bestimmtes Minimum. Dies ist gerade durch die Lösung w_δ gegeben. Aus Lemma 7.10 folgt die Existenz einer eindeutigen Lösung von (7.36). $\qquad\square$

Im Folgenden betrachten wir die spezielle Funktion

$$
g_\delta(v) = \frac{1}{\delta} (f - v)^+ = \frac{1}{\delta} \left((f_1 - v_1)^+, \dots, (f_{N-1} - v_{N-1})^+ \right)^\top.
$$

Beachte, dass die Stammfunktion $G_\delta(v) = -\frac{1}{2\delta} \|(f - v)^+\|_2^2$ *nicht* zweimal differenzierbar ist, so dass Lemma 7.10 und Bemerkung 7.11 nicht angewendet werden können. (Wir bezeichnen mit $\|x\|_2^2 = \sum_i x_i^2$ für $x \in \mathbb{R}^{N-1}$ die euklidische Norm im $\mathbb{R}^{N-1}$.) Wir beweisen hier nur, dass die Lösung w_δ für $\delta \to 0$ gegen die Lösung w des ursprünglichen Problems (7.35) konvergiert.

Satz 7.12 *Sei $g_\delta(v) = \frac{1}{\delta}(f - v)^+$ und seien w die Lösung von (7.35) und w_δ die Lösung von (7.36). Dann gilt*

$$0 \le w - w_\delta \le \delta\|Af - b\|_\infty e, \tag{7.39}$$

wobei $e = (1, \ldots, 1)^\top \in \mathbb{R}^{N-1}$ und $\|\cdot\|_\infty$ die Maximumnorm, definiert durch $\|v\|_\infty = \max_{i=1,\ldots,N-1} |v_i|$, $v \in \mathbb{R}^{N-1}$, seien.

Beweis. Wir zeigen zunächst die erste Ungleichung in (7.39). Aus $Aw - b \ge 0 = g_\delta(w)$ und $Aw_\delta - b = g_\delta(w_\delta)$ folgt

$$A(w_\delta - w) \le g_\delta(w_\delta) - g_\delta(w).$$

Wir multiplizieren diese Ungleichung mit $(w_\delta - w)^+$ und benutzen, dass die Matrix A symmetrisch, positiv definit und eine sogenannte L-Matrix ist (d.h., sie hat die Eigenschaften $a_{ii} > 0$ für alle i und $a_{ij} \le 0$ für alle $i \ne j$):

$$
\begin{aligned}
\alpha\|(w_\delta - w)^+\|_2^2 &\le ((w_\delta - w)^+)^\top A(w_\delta - w)^+ \\
&\le \sum_{i=1}^{N-1} (w_{\delta,i} - w_i)^+ a_{ii}(w_{\delta,i} - w_i) \\
&\quad + \sum_{i \ne j}(w_{\delta,i} - w_i)^+ a_{ij}(w_{\delta,j} - w_j) \quad (\text{denn } a_{ij} \le 0,\ i \ne j) \\
&= ((w_\delta - w)^+)^\top A(w_\delta - w) \\
&\le ((w_\delta - w)^+)^\top (g_\delta(w_\delta) - g_\delta(w)) \\
&\le 0,
\end{aligned}
$$

denn g_δ ist monoton fallend. Die Norm $\|\cdot\|_2$ bezeichnet die euklidische Norm. Wir erhalten $(w_\delta - w)^+ = 0$ und daher $w_\delta - w \le 0$.

Für den Beweis der zweiten Ungleichung setzen wir $v = w - \delta\|Af - b\|_\infty e$. Wir wissen, dass für gegebenes k entweder $w_k = f_k$ oder $w_k > f_k$ gilt. Sei zuerst $w_k = f_k$. Die L-Matrixeigenschaft von A impliziert $(Aw)_k \le (Af)_k$, denn

$$(Aw)_k = a_{kk}w_k + \sum_{j \ne k} a_{kj}w_j \le a_{kk}f_k + \sum_{j \ne k} a_{kj}f_j = (Af)_k$$

wegen $w_j \ge f_j$ und $a_{kj} \le 0$ für $j \ne k$. Es folgt

$$
\begin{aligned}
(Av - b - g_\delta(v))_k &= (A(w - \delta\|Af - b\|_\infty e) - b - \|Af - b\|_\infty e)_k \\
&\le (Af - \delta\|Af - b\|_\infty Ae - b - \|Af - b\|_\infty e)_k \\
&\le (Af - b)_k - \|Af - b\|_\infty \\
&\quad (\text{denn } Ae > 0, \text{ da } A \text{ strikt diagonaldominant}) \\
&\le 0.
\end{aligned}
$$

Sei nun $w_k > f_k$. Dann gilt $(Aw - b)_k = 0$ und

$$
\begin{aligned}
(Av - b - g_\delta(v))_k &= (Aw - b)_k - \delta\|Af - b\|_\infty(Ae)_k - \|Af - b\|_\infty \\
&\le 0.
\end{aligned}
$$

Insgesamt folgt also $(Av - b - g_\delta(v))_k \le 0$ für alle k. Beachten wir außerdem die Gleichung $(Aw_\delta - b - g_\delta(w_\delta))_k = 0$, so erhalten wir

$$
(A(v - w_\delta))_k \le (g_\delta(v) - g_\delta(w_\delta))_k
$$

für alle k. Multiplikation mit $((v - w_\delta)^+)_k$ und Summation über alle k ergibt wie im Beweis der ersten Ungleichung

$$
\begin{aligned}
\alpha\|(v - w_\delta)^+\|_2^2 &\le ((v - w_\delta)^+)^\top A(v - w_\delta) \\
&\le ((v - w_\delta)^+)^\top (g_\delta(v) - g_\delta(w_\delta)) \le 0,
\end{aligned}
$$

denn die Funktion g_δ ist monoton fallend. Dies impliziert $v - w_\delta \le 0$. Der Satz ist bewiesen. $\square$

Die obige Wahl von g_δ ist naheliegend, hat aber den Nachteil, dass die Ungleichung $w_\delta \ge f$ nicht garantiert ist. Aus der Ungleichung (7.39) folgt nämlich nur

$$
w_\delta \ge w - \delta\|Af - b\|_\infty e \ge f - \delta\|Af - b\|_\infty e.
$$

Der Fehler kann beliebig klein gemacht werden, indem δ klein genug gewählt wird. Dennoch ist eine Approximation wünschenswert, für die die Restriktion $w_\delta \ge f$ erfüllt ist. Wir behaupten, dass die Wahl

$$
g_{\delta,i}(v) = \rho\left(1 + \frac{(f - v)_i}{\sqrt{(f - v)_i^2 + \delta^2}}\right), \quad i = 1, \ldots, N-1, \tag{7.40}
$$

für geeignetes $\rho > 0$ das Gewünschte liefert.

Lemma 7.13 *Sei w_δ eine Lösung von (7.36) und sei g_δ durch (7.40) mit $\rho \ge \|Af - b\|_\infty$ definiert. Dann gilt*

$$
w_\delta \ge f.
$$

Beweis. Sei w eine Lösung von (7.35). Wir behaupten, dass die Ungleichung

$$
Aw - b - g_\delta(w) \le 0 \tag{7.41}
$$

gilt, wenn wir $\rho \ge \|Af - b\|_\infty$ wählen. Gilt nämlich $w_k > f_k$, ist $(Aw - b)_k = 0$ und $(Aw - b - g_\delta(w))_k = -g_\delta(w_k) \le 0$. Ist andererseits $w_k = f_k$, so folgt wie im Beweis von Satz 7.12 $(Aw)_k \le (Af)_k$ und daher $(Aw - b - g_\delta(w))_k \le (Af - b)_k - g_\delta(f_k) = (Af - b)_k - \rho \le 0$. Aus (7.41) und (7.36) ergibt sich

$$A(w - w_\delta) \leq g_\delta(w) - g_\delta(w_\delta).$$

Multiplizieren wir diese Ungleichung mit $(w - w_\delta)^+$, können wir wie im Beweis des vorigen Lemmas abschätzen:

$$
\begin{aligned}
\alpha \|(w - w_\delta)^+\|_2^2 &\leq ((w - w_\delta)^+)^\top A(w - w_\delta) \\
&\leq ((w - w_\delta)^+)^\top (g_\delta(w) - g_\delta(w_\delta)) \leq 0,
\end{aligned}
$$

denn g_δ ist monoton fallend. Es folgt $w - w_\delta \leq 0$ und $w_\delta \geq w \geq f$, also die Behauptung. $\qquad\square$

Wir zeigen nun, dass die Lösung w_δ von (7.36) mit der Straffunktion (7.40) gegen die Lösung von (7.35) konvergiert.

Satz 7.14 *Sei g_δ wie in (7.40) mit $\rho \geq \|Af - b\|_\infty$ definiert. Dann gilt*

$$\|w_\delta - w\|_2 \leq \sqrt{\frac{2\rho}{\alpha}} \sqrt{\delta}.$$

Beweis. Zuerst bemerken wir, dass die Funktion G_δ, definiert durch $G_\delta' = -g_\delta$,

$$G_\delta(v) = \rho \sum_{i=1}^{N-1} \left((f - v)_i + \sqrt{(f - v)_i^2 + \delta^2} \right), \quad v \in \mathbb{R}^{N-1},$$

lautet. Für alle $w \geq f$ ist daher die Ungleichung $G_\delta(w) \geq \rho\delta$ erfüllt. Mit der Taylor-Formel und Bemerkung 7.11 erhalten wir für einen Zwischenvektor ξ_δ:

$$
\begin{aligned}
J(w_\delta) &= J(w) + J'(w)^\top (w_\delta - w) + \frac{1}{2}(w_\delta - w)^\top J''(\xi_\delta)(w_\delta - w) \\
&= J(w) + (Aw - b)^\top (w_\delta - w) + \frac{1}{2}(w_\delta - w)^\top A(w_\delta - w) \\
&\geq J(w) + (Aw - b)^\top (w_\delta - f) + (Aw - b)^\top (f - w) + \frac{\alpha}{2}\|w_\delta - w\|_2^2 \\
&\geq J(w) + \frac{\alpha}{2}\|w_\delta - w\|_2^2,
\end{aligned}
$$

denn nach Lemma 7.13 ist $w_\delta - f \geq 0$, und es gilt $(Aw - b)^\top (f - w) = 0$. Folglich erhalten wir

$$\|w_\delta - w\|_2^2 \leq \frac{2}{\alpha}(J(w_\delta) - J(w)).$$

Da w_δ nach Lemma 7.10 das Funktional J_δ minimiert, gilt $J_\delta(w_\delta) \leq J_\delta(w)$. Ferner ist nach Definition von J_δ die Abschätzung $J(w_\delta) \leq J_\delta(w_\delta)$ gültig. Beide Ungleichungen ergeben $J(w_\delta) \leq J_\delta(w)$ und daher

$$\|w_\delta - w\|_2^2 \leq \frac{2}{\alpha}(J_\delta(w) - J(w)) = \frac{2}{\alpha}G_\delta(w).$$

Nun gilt $w \geq f$, also $G_\delta(w) \leq \rho\delta$, und wir erhalten mit

$$\|w_\delta - w\|_2^2 \leq \frac{2\rho}{\alpha}\delta$$

die Behauptung. $\qquad\square$

Bemerkung 7.15 (1) Ein Nachteil der Strafmethoden besteht darin, dass die Ersatzprobleme für „kleines" $\delta > 0$ im Allgemeinen schlecht konditioniert sind, d.h., die Matrix $A + G_\delta''(w_\delta)$ kann eine sehr große Kondition haben. Durch eine geeignete Wahl des Strafparameters δ kann erreicht werden, dass die Kondition des Strafproblems dieselbe ist wie das ursprüngliche Problem. Wir verweisen für Details auf Kapitel 8.3 in [93].

(2) Wir haben die Frage, unter welchen Bedingungen die Lösung des diskreten Komplementaritätsproblems (7.35) gegen die Lösung des kontinuierlichen Komplementaritätsproblems

$$(u_\tau - u_{xx})(u - f) = 0, \quad u_\tau - u_{xx} \geq 0, \quad u - f \geq 0$$

konvergiert, bislang ausgeklammert. Der Grund liegt darin, dass bei derartigen Problemen für die Lösung u keine starken Regularitätsresultate zu erwarten sind und dass die fehlende Regularität die Abschätzung des Abschneidefehlers wie in Abschnitt 6.2 nicht erlaubt. Ein Ausweg ist die Diskretisierung des kontinuierlichen Komplementaritätsproblems mit Finiten Elementen. Dies erlaubt den Beweis der Konvergenz in geeigneten Sobolev-Räumen. Der technische Aufwand dieser Methode ist freilich höher als in Abschnitt 6.2; für Details verweisen wir ebenfalls auf Kapitel 8 in [93].

(3) In der Arbeit [166] wird die Straffunktion $g_\delta(w_k) = \delta C/(w_k + \delta - f_k)$, wobei $C > 0$ eine geeignet gewählte Konstante ist, zur numerischen Lösung des diskreten Komplementaritätsproblems verwendet. Mit dieser Straffunktion kann ebenfalls die Ungleichung $w_\delta \geq f$ bewiesen werden. $\qquad\square$

Übungsaufgaben

1. Beweisen Sie, dass Funktionen aus $H^1(-1,1)$ stets stetig sind, aber nicht notwendigerweise im klassischen Sinne differenzierbar. (Hinweis: Bemerkung 7.2.)

2. Zeigen Sie, dass Funktionen $u, v \in H^1(-1,1)$ partiell integriert werden können:
$$\int_{-1}^{1} uv' dx = [uv]_{-1}^{1} - \int_{-1}^{1} u'v dx.$$

3. Zeigen Sie, dass der Raum der Konkurrenzfunktionen
$$\mathcal{K} = \{v \in C^0(-1,1) : v(-1) = v(1) = 0, \ v \geq f, \ v \text{ stückweise } C^1\}.$$

konvex ist, d.h., es gilt für alle $u, v \in \mathcal{K}$ und $0 \leq \lambda \leq 1$ die Beziehung $\lambda u + (1-\lambda)v \in \mathcal{K}$.

4. Sei $u \in C^0(-1,1)$ und es gelte

$$\int_{-1}^{1} u\phi \, dx \geq 0$$

für alle $\phi \in C^0(-1,1)$ mit $\phi \geq 0$ in $[-1,1]$. Zeigen Sie, dass dann $u \geq 0$ in $[-1,1]$ folgt.

5. Zeigen Sie, dass die beiden Formulierungen

$$(Aw - b)^\top (w - f) = 0, \quad Aw - b \geq 0, \quad w - f \geq 0$$

und

$$\min\{Aw - b, w - f\} = 0$$

für $A \in \mathbb{R}^{n \times n}$, w, b, $f \in \mathbb{R}^n$ äquivalent sind.

6. Seien $A \in \mathbb{R}^{n \times n}$ eine symmetrische und positiv definite Matrix, $b \in \mathbb{R}^n$ und

$$J(v) = \frac{1}{2}v^\top Av - b^\top v, \quad v \in \mathbb{R}^n.$$

Zeigen Sie, dass J nach unten beschränkt ist, d.h., es existiert eine Konstante $c \in \mathbb{R}$, so dass für alle $v \in \mathbb{R}^n$ gilt: $J(v) \geq c$.

7. Beweisen Sie, dass das Problem (7.10) eindeutig lösbar ist.

8. Ziel dieser Aufgabe ist die Bewertung einer *russischen Option*. Dies ist eine amerikanische Option mit unbegrenzter Laufzeit. Zum Zeitpunkt der Einlösung der Option wird der bis zu diesem Zeitpunkt maximale Kurs des Basiswerts ausgezahlt. Wir nehmen an, dass auf den Basiswert kontinuierliche Dividendenzahlungen mit konstanter Dividendenrate $D_0 \geq 0$ geleistet werden. Ist $J_t = \max_{0 \leq \tau \leq t} S_\tau$, so können wir den Optionspreis V ähnlich wie bei asiatischen Optionen als Funktion von S und J betrachten: $V = V(S, J)$. Der Optionspreis hängt nicht von der Zeit ab, da der Zeithorizont unendlich ist. Man kann zeigen, dass die Optionsprämie die Black-Scholes-Gleichung

$$\frac{1}{2}\sigma^2 S^2 V_{SS} + (r - D_0)SV_S - rV = 0, \quad 0 < S < J,$$

erfüllt, solange die Option gehalten wird [225]. Als Randbedingung verwenden wir $V_J(J, J) = 0$. Da die Option gehalten wird, gilt außerdem $V \geq \text{Payoff} = J$.

Es gibt einen freien Randwert, weil die Option sicher irgendwann ausgeübt wird. Wir nehmen an, dass V und $V_J = \partial V / \partial J$ an dem Randwert S_0 stetig sind. Insbesondere gelte $V(S_0, J) = J$.

(a) Zeigen Sie, dass die obige Differentialgleichung für V mit der Transformation $V(S, J) = JW(\xi)$, $\xi = S/J$, als das Randwertproblem

$$\frac{1}{2}\sigma^2\xi^2 W_{\xi\xi} + (r - D_0)\xi W_\xi - rW = 0, \quad 0 < \xi < 1,$$

mit Randbedingung $W_\xi(1) = W(1)$ und mit $W(\xi_0) = 1$, $W_\xi(\xi_0) = 0$, wobei $\xi_0 = S_0/J$, geschrieben werden kann.

(b) Bestimmen Sie die Lösung $(W(\xi), \xi_0)$ des obigen Randwertproblems. Hinweis: Probieren Sie den Ansatz $W(\xi) = c\xi^\alpha$.

(c) Wie lautet ξ_0, wenn $D_0 = 0$? Interpretieren Sie das Ergebnis.

9. Betrachten Sie das freie Randwertproblem

$$V_t - V_{SS} = -1, \quad 0 < S < S^*(t), \ t > 0,$$
$$V(S, 0) = 0, \quad 0 < S < S^*(t),$$
$$V(S^*(t), t) = 0, \quad V_S(S^*(t), t) = 0, \quad V(0, t) = t, \quad t > 0.$$

Zeigen Sie, dass dieses Problem eine Lösung der Form $V(S, t) = tF(S/\sqrt{t})$, $S^*(t) = \alpha\sqrt{t}$, besitzt. Folgern Sie, dass α die transzendentale Gleichung

$$\frac{1}{2}\alpha e^{\alpha^2/4} \int_0^\alpha e^{-x^2/4}dx = 1$$

löst. Wie lautet die Formulierung des Problems als lineares Komplementaritätsproblem?

10. Eine amerikanische *Cash-or-nothing-Call-Option* (oder binäre Call-Option) ist durch die Auszahlungsfunktion

$$C(S, T) = \begin{cases} B & : S \geq K \\ 0 & : S < K \end{cases}$$

definiert. Zeigen Sie:

(a) Für den freien Randwert gilt $S_f(t) = K$ für alle $t \leq T$.

(b) Der Optionspreis erfüllt die Black-Scholes-Ungleichung mit den Randbedingungen $C(0, t) = 0$ und $C(K, t) = B$ und der Endbedingung $C(S, T) = 0$ für alle $0 \leq S \leq K$.

(c) Transformieren Sie das Bewertungsproblem in ein lineares Komplementaritätsproblem.

(d) Schreiben Sie ein MATLAB-Programm zur Lösung des linearen Komplementaritätsproblems.

11. Seien $C(S,t)$ bzw. $P(S,t)$ der Wert einer amerikanischen binären Call- bzw. Put-Option, jeweils zum Ausübungspreis K. Zeigen Sie die Put-Call-Parität

$$C(S,t) = P(K^2/S,t), \quad 0 < S < K,\ 0 < t < T.$$

12. Man kann zeigen, dass das folgende Resultat gilt: Jedes Iterationsverfahren der Form

$$x^{(k+1)} = Hx^{(k)} + v, \quad k \in \mathbb{N}_0,$$

konvergiert für alle Startwerte $x^{(0)} \in \mathbb{R}^n$ genau dann, wenn $\rho(H) < 1$ gilt [97]. Hierbei seien $H \in \mathbb{R}^{n \times n}$, $v \in \mathbb{R}^n$, und $\rho(H) = \max\{|\lambda| : \lambda \text{ Eigen-}$ wert von $H\}$ bezeichnet den Spektralradius von H. Für das Jacobi- und das Gauß-Seidel-Verfahren zur iterativen Lösung des linearen Gleichungssystems $Ax = b$ (siehe Abschnitt 7.3) betrachte die Zerlegung $A = P - N$ mit $P = D$ (Jacobi) bzw. $P = D - L$ (Gauß-Seidel), wobei D die Matrix der Diagonalelemente von A und $-L$ deren untere Dreiecksmatrix seien. Das Iterationsverfahren lautet dann

$$x^{(k+1)} = P^{-1}N(x^{(k)} + b), \quad k \in \mathbb{N}_0.$$

Zeigen Sie unter Verwendung des obigen Resultats:

(a) Seien A und $P + P^\top - A$ symmetrisch und positiv definit. Dann gilt $\rho(P^{-1}N) < 1$.

(b) Sei A symmetrisch und positiv definit. Dann konvergiert das Gauß-Seidel-Verfahren.

(c) Die Matrix A sei strikt diagonaldominant, d.h. $|a_{ii}| > \sum_{j \neq i} |a_{ij}|$ für alle $i = 1, \ldots, n$. Dann konvergiert das Jacobi-Verfahren.

13. Eine *Bermuda-Option* ist eine amerikanische Option, die nur zu festen vorgegebenen Zeitpunkten vorzeitig ausgeübt werden kann. Bewerten Sie eine Bermuda-Put-Option durch Modifikation des Projektions-SOR-Algorithmus' in MATLAB.

14. Schreiben Sie ein MATLAB-Programm zur Bewertung amerikanischer Put-Optionen mittels des expliziten Projektions-SOR-Verfahrens (siehe Bemerkung 7.8) für verschiedene Werte von s/h^2, wobei s die Zeitschrittweite und h die Basiswertschrittweite bezeichne.

15. Zeigen Sie, dass das Funktional J_δ, definiert in Lemma 7.10, die zweite Ableitung $J_\delta''(v) = A + G_\delta''(v)$, $v \in \mathbb{R}^{N-1}$, besitzt. Folgern Sie, dass J_δ ein eindeutig bestimmtes Minimum besitzt.

16. Schreiben Sie ein MATLAB-Programm, das die nichtlineare Gleichung mit Strafterm (7.36) löst.

8 Einige weiterführende Themen

In diesem Kapitel stellen wir einige weiterführende Themen vor. In Abschnitt 8.1 erläutern wir Volatilitätsmodelle. Zinsderivate werden in Abschnitt 8.2 diskutiert. Eine Einführung in die Bewertung von Wetter- und Energiederivaten wird in Abschnitt 8.3 gegeben. Schließlich definieren und bewerten wir in Abschnitt 8.4 Kreditderivate, die in der Finanzkrise ab 2007 eine große Rolle gespielt haben, nämlich *Credit Default Obligations* (CDO). Wege zur besseren Beschreibung des Korrelationsrisikos, dessen Unterschätzung eine der Gründe der Finanzkrise war, diskutieren wir im abschließenden Abschnitt 8.5.

8.1 Volatilitätsmodelle

Die Ergebnisse aus Tabelle 4.1 zeigen, dass die Annahme einer konstanten Volatilität im Black-Scholes-Modell nicht mit der Wirklichkeit übereinstimmt. Vielmehr hängt die implizite Volatilität σ_{impl} einer europäischen Call- oder Put-Option zu einem festen Zeitpunkt t^* mit dazugehörigem Aktienkurs S^* nicht nur von der Laufzeit T, sondern auch vom Ausübungspreis K ab. Wir bezeichnen daher mit $\sigma_{\mathrm{impl}} = \sigma_{\mathrm{impl}}(K, T; S^*, t^*)$ die eindeutige Lösung von

$$C_0 = S^* \Phi(d_1) - K e^{-r(T-t^*)} \Phi(d_2), \quad S^* \geq 0, \ 0 \leq t^* < T,$$

mit dem aktuellen Marktpreis C_0 der Option zum Zeitpunkt $t^* < T$, der Verteilungsfunktion der Standardnormalverteilung

$$\Phi(x) = \frac{1}{\sqrt{2\pi}} \int_{-\infty}^{x} e^{-s^2/2} ds, \quad x \in \mathbb{R},$$

und

$$d_{1/2} = \frac{\ln(S^*/K) + (r \pm \sigma^2/2)(T - t^*)}{\sigma \sqrt{T - t^*}}$$

(siehe Satz 4.12 und Abschnitt 4.4.2).

In der Nicht-Konstanz der Volatilität spiegelt sich seit dem großen Börsencrash vom Oktober 1987 die Annahme des Marktes wider, dass starke Kurssprünge erheblich wahrscheinlicher sind als im stetigen Aktienkursmodell der geometrischen Brownschen Bewegung vorgesehen. Somit preist der Markt Optionen, deren Ausübungspreise vom aktuellen Aktienkurs stark nach unten (Put-Optionen) bzw. nach oben (Call-Optionen) abweichen, in der Regel mit einer höheren Volatilität.

8.1.1 Lokale und implizite Volatilitäten

Können wir das Black-Scholes-Modell für eine europäische Call-Option (bzw. Put-Option) so modifizieren, dass es mit den am Markt zu beobachtenden impliziten Volatilitäten übereinstimmt? Wie wir nun zeigen werden, ist dies möglich, falls wir das Aktienpreismodell (4.11) durch den Drift-Diffusionsprozess

$$dS_t = \mu S_t dt + \sigma(S_t, t) S_t dW_t \tag{8.1}$$

mit *lokalen* Volatilitäten $\sigma(S_t, t)$ ersetzen. Arbitrage-Freiheit des Marktes vorausgesetzt, bleibt die Herleitung der Black-Scholes-Gleichung für einen europäischen Call in Abschnitt 4.2 gültig. Es ist lediglich im Black-Scholes-Problem (4.18)-(4.20) die konstante Volatilität σ durch die lokale Volatilität $\sigma(S, t)$ zu ersetzen.

Aber wie ist $\sigma(S, t)$ zu wählen, um Konsistenz mit den am Markt zu beobachtenden impliziten Volatilitäten zu erhalten? Wir behaupten, dass wir allein aus der Kenntnis der impliziten Volatilitäten $\sigma_{\text{impl}}(K, T; S^*, t^*)$ zu festem Zeitpunkt t^* mit dazugehörigem Aktienkurs S^* für *alle* Ausübungspreise $K \geq 0$ und Laufzeiten $T \in [t^*, \tau]$ *eindeutig* die lokalen Volatilitäten $\sigma(S, t)$ für alle $S \geq 0$ und $t \in [t^*, \tau]$ bestimmen können [9, 66].

Hierzu schreiben wir zunächst (wie in Gleichung (4.31)) den fairen Optionspreis für einen europäischen Call mit Ausübungspreis K und Laufzeit T als diskontierten Erwartungswert

$$C(S, t; K, T) = e^{-r(T-t)} \int_0^\infty (S' - K)^+ f(S, t; S', T) dS' \tag{8.2}$$

mit der (um den Faktor S' ergänzten) Wahrscheinlichkeitsdichte f der Lognormalverteilung (siehe Bemerkung 4.13). Eine Rechnung zeigt, dass diese Dichte zum einen der Fokker-Planck-Gleichung

$$\frac{\partial f(S, t; S', T)}{\partial T} + r \frac{\partial (S' f(S, t; S', T))}{\partial S'} - \frac{1}{2} \frac{\partial^2 [\sigma^2(S', T)(S')^2 f(S, t; S', T)]}{\partial (S')^2} = 0 \tag{8.3}$$

für festes (S, t) und $T \geq t$ genügt [128, 167]. Zum anderen erhalten wir durch zweimaliges Differenzieren von (8.2) bezüglich K eine explizite Darstellung der Dichte

$$f(S, t; K, T) = e^{r(T-t)} \frac{\partial^2 C(S, t; K, T)}{\partial K^2}, \tag{8.4}$$

in Abhängigkeit vom Optionspreis. Diese explizite Darstellung für die Dichte, eingesetzt in die Fokker-Planck-Gleichung (8.3), ergibt nach einer kleinen Rechnung, mit der Abkürzung $C = C(S, t; K, T)$ und der Bezeichnung K anstatt S', die Gleichung

$$\frac{\partial^2}{\partial K^2} \left(\frac{\partial C}{\partial T} + rK \frac{\partial C}{\partial K} - \frac{1}{2} \sigma^2(K, T) K^2 \frac{\partial^2 C}{\partial K^2} \right) = 0.$$

Zweimalige Integration bezüglich K und Verwendung der asymptotischen Beziehungen $\lim_{K\to\infty} C = \lim_{K\to\infty} \partial C/\partial K = 0$ impliziert

$$C_T + rKC_K - \frac{1}{2}\sigma^2(K,T)K^2C_{KK} = 0,$$

wobei wir wieder Indizes für partielle Ableitungen verwenden. Nach den lokalen Volatilitäten aufgelöst folgt die sogenannte *Dupire-Gleichung*

$$\sigma(K,T) = \sqrt{2\frac{C_T + rKC_K}{K^2C_{KK}}}, \qquad (8.5)$$

wobei die Funktionen auf der rechten Seite an der Stelle $(S^*, t^*; K, T)$ auszuwerten sind. Mit dem Bezeichnungswechsel (S,t) für (K,T) können wir die lokalen Volatilitäten auch als Funktion der impliziten Volatilitäten $\Theta(S,t) := \sigma_{\text{impl}}(S,t;S^*,t^*)$ schreiben:

$$\sigma(S,t) = \sqrt{\frac{2\Theta_t + \Theta/(t - t^*) + 2rS\Theta_S}{S^2\left[\Theta_{SS} - d_1\sqrt{t - t^*}\Theta_S^2 + (1/(S\sqrt{t - t^*}) + d_1\Theta_S)^2/\Theta\right]}} \qquad (8.6)$$

mit $d_1 = (\ln(S^*/S) + (r + \Theta^2/2)\sqrt{t - t^*})/(\Theta\sqrt{t - t^*})$. Dies folgt aus (8.5) unter Berücksichtigung der Abhängigkeit $C = C(\sigma_{\text{impl}})$ (Übungsaufgabe). Wir können unsere Ergebnisse im folgenden Satz zusammenfassen (vgl. Proposition 1 in [9]).

Satz 8.1 *Der Aktienkurs S genüge der Itô-Differentialgleichung (8.1). Falls wir zu einem festen Zeitpunkt t^* und zugehörigem Aktienkurs S^* für alle Ausübungspreise $K \geq 0$ und Fälligkeiten $T \in [t^*, \tau]$ eines europäischen Calls am Markt arbitrage-freie Preise $C(S^*, t^*; K, T)$ beobachten können, so ist die eindeutige Wahl (8.5) bzw. (8.6) für die lokalen Volatilitäten mit dem Markt konsistent.*

Beweis. Es bleibt zu zeigen, dass σ eine reelle Zahl ist, d.h., dass in (8.5) der Zähler nichtnegativ und der Nenner positiv sind. Der Nenner ist wegen (8.4) positiv, und die Nichtnegativität des Zählers ergibt sich für $\varepsilon > 0$ aus der Beziehung

$$C(S^*, t^*; Ke^{r\varepsilon}, T + \varepsilon) \geq C(S^*, t^*; K, T),$$

denn diese ist äquivalent zu

$$\frac{1}{\varepsilon}\left(C(S^*, t^*; Ke^{r\varepsilon}, T + \varepsilon) - C(S^*, t^*; K, T)\right) \geq 0,$$

und im Grenzwert $\varepsilon \to 0$ erhalten wir

$$rKC_K(S^*, t^*; K, T) + C_T(S^*, t^*; K, T) \geq 0,$$

woraus die Behauptung folgt. $\qquad\square$

In der Praxis verfügen wir jedoch nicht über eine lokale Volatilitätsfläche

$$\{(K, T, \Theta(K,T)) : \Theta(K,T) = \sigma_{\text{impl}}(K,T; S^*, t^*), \ K \geq 0, \ T \in [t^*, \tau]\}$$

wie in Satz 8.1 vorausgesetzt, sondern nur über wenige diskrete Werte $(K_i, T_i;$ $C(S^*, t^*; K_i, T_i))$, aus denen wir die impliziten Volatilitäten $(K_i, T_i; \Theta(K_i, T_i))$ bestimmen können. Das Problem besteht nun darin, aus diesen wenigen Punkten durch Interpolation und Extrapolation die gesamte lokale Volatilitätsfläche sowie die partiellen Ableitungen C_T, C_K und C_{KK} bzw. Θ_T, Θ_K und Θ_{KK} zu rekonstruieren. Dieser Ansatz ist sehr problematisch, da die Daten möglicherweise fehlerhaftete Informationen enthalten, jedoch schon kleinste Änderungen in den Daten wegen der Ableitungen zu sehr großen Änderungen in der Lösung führen können. Man sagt, das Problem, aus der Kenntnis weniger Daten die lokale Volatilitätsfläche zu rekonstruieren, ist *schlecht gestellt* (vgl. [96]).

Andere Ansätze zur Berechnung der lokalen Volatilitätsfläche beruhen auf einer Kombination von Crank-Nicolson-Verfahren und der Bestimmung diskreter lokaler Volatilitäten an den Diskretisierungspunkten [9], der Regularisierung des schlecht gestellten Problems durch Entropie-Minimierung [13] und Glattheitsforderungen [136] oder der Tikhonov-Regularisierung mit Gradienten-Strafterm [52]. Wir wollen im Folgenden einen Ansatz von Coleman et al. [48] näher betrachten, der auf einer inversen Spline-Approximation der lokalen Volatilitätsfläche beruht. Die diesem Ansatz inhärente Glattheitsforderung stellt eine implizite Regularisierung des schlecht gestellten Problems dar, aus wenigen Daten die lokale Volatilitätsfläche zu rekonstruieren.

8.1.2   Rekonstruktion der lokalen Volatilitätsfläche

Die Darstellung (8.5) bzw. (8.6) zeigt, dass unter der Annahme einer glatten Funktion $C(K,T) := C(S^*, t^*; K, T)$ für eine europäische Call-Option in Abhängigkeit vom Ausübungspreis K und von der Laufzeit T auch die lokale Volatilitätsfläche glatt ist. Es macht daher Sinn, die Gleichung

$$C_j(K_j, T_j; \sigma) = C(K_j, T_j), \qquad j = 1, \ldots, N, \tag{8.7}$$

im Raum $V = C^2(\Omega)$ der zweimal stetig differenzierbaren Funktionen zu lösen, wobei $\Omega = (0, \infty) \times (t^*, \tau)$. Hierbei bezeichne $C_j(K_j, T_j; \sigma) := C(S^*, t^*; K_j, T_j, \sigma)$ die eindeutige Lösung der *verallgemeinerten* Black-Scholes-Gleichung

$$C_t + \frac{1}{2}\sigma^2(S,t)S^2 C_{SS} + rSC_S - rC = 0, \quad S > 0, \ t^* < t < T_j, \tag{8.8}$$

mit Endbedingung

$$C(S, T_j) = (S - K_j)^+, \qquad S > 0, \tag{8.9}$$

und Randbedingungen

$$C(0,t) = 0, \quad \lim_{S \to \infty} (C(S,t) - S) = 0, \quad t^* < t < T_j, \tag{8.10}$$

zum Zeitpunkt t^* mit dazugehörigem Aktienkurs S^*, d.h., $C_j(K_j, T_j; \sigma)$ ist der faire Preis eines europäischen Calls mit Ausübungspreis K_j und Verfallstag T_j zum Zeitpunkt t^*, falls die Aktienkursdynamik der Itô-Differentialgleichung (8.1) genügt. Die Daten sind durch $C(K_j, T_j)$ gegeben.

Das Interpolationsproblem (8.7) können wir in ein äquivalentes Optimierungsproblem für Funktionen $\sigma : \Omega \to \mathbb{R}$ transformieren:

$$\sigma_{\text{opt}} := \operatorname*{argmin}_{\sigma \in V} \sum_{j=1}^{N} |C_j(K_j, T_j; \sigma) - C(K_j, T_j)|,$$

oder besser – um die Nicht-Differenzierbarkeit der Betragsfunktion zu umgehen – als variationelles Ausgleichsproblem formulieren:

$$\sigma_{\text{opt}} := \operatorname*{argmin}_{\sigma \in V} \sum_{j=1}^{N} (C_j(K_j, T_j; \sigma) - C(K_j, T_j))^2. \tag{8.11}$$

(Das Argumentminimum argmin liefert dasjenige σ, das die Summe minimiert.) Da in der Praxis die Anzahl N der beobachteten Marktdaten $C(K_j, T_j)$ sehr klein, aber auf jeden Fall endlich ist, hat die Aufgabe (8.11) in der Regel unendlich viele Lösungen. Ein Ausweg aus dieser Unterbestimmtheit besteht darin, vom unendlich-dimensionalen Raum V zu einem endlich-dimensionalen Unterraum V_m überzugehen. Coleman et al. [48] schlagen hierfür aufgrund seiner Bestapproximationseigenschaft den Raum der bikubischen Spline-Funktionen mit natürlichen Randbedingungen zu m Knoten $(\bar{S}_j, \bar{t}_j)$, $j = 1, \ldots, m$, vor. Der Raum V_m ist dabei durch folgende Eigenschaften charakterisiert [56, 60]:

(1) Die Interpolationsaufgabe

$$f(\bar{S}_j, \bar{t}_j) = \bar{\sigma}_j, \quad j = 1, \ldots, m, \tag{8.12}$$

ist für $f \in V_m$ eindeutig lösbar; der entsprechende interpolierende kubische Spline sei mit $p(S, t; \bar{\sigma}) := f(S, t)$ bezeichnet.

(2) Der Spline-Interpolant $p(S, t; \bar{\sigma})$ minimiert das Funktional (genauer: die H^2-Seminorm)

$$|f|_{H^2(\Omega)} := \left(\int_{\Omega} (f_{SS}^2 + f_{St}^2 + f_{tt}^2) \, dS dt \right)^{1/2}$$

bezüglich der Funktionen $f \in V$ unter der Interpolations-Nebenbedingung (8.12).

Damit können wir das unendlich-dimensionale variationelle Ausgleichsproblem
(8.11) in ein endlich-dimensionales nichtlineares Ausgleichsproblem

$$\sigma_{\text{opt}} = \operatorname*{argmin}_{\bar{\sigma} \in \mathbb{R}^m} \|F(\bar{\sigma})\|_2^2, \quad F(\bar{\sigma}) := \begin{pmatrix} C_1(K_1, T_1; p(\cdot, \cdot; \bar{\sigma})) - C(K_1, T_1) \\ \vdots \\ C_N(K_N, T_N; p(\cdot, \cdot; \bar{\sigma})) - C(K_N, T_N) \end{pmatrix}$$

(8.13)

mit der euklidischen Norm $\| \cdot \|_2$ überführen.

Als numerisches Lösungsverfahren bietet sich das in Kapitel 4.3 bereits ein-
geführte Gauß-Newton-Verfahren zur Lösung von nichtlinearen Ausgleichsproblemen an. Beginnend mit einem Startwert $\bar{\sigma}^{(0)}$ beschaffen wir uns iterativ neue
Approximationen für $k = 0, 1, 2, \ldots$ durch Lösen des linearen Gleichungssystems

$$F'(\bar{\sigma}^{(k)})^\top F'(\bar{\sigma}^{(k)}) \triangle \bar{\sigma}^{(k)} = -F'(\bar{\sigma}^{(k)}) F(\bar{\sigma}^{(k)})$$

und Definieren von $\bar{\sigma}^{(k+1)} := \bar{\sigma}^{(k)} + \triangle \bar{\sigma}^{(k)}$. Im Fall $N = m$ können wir sogar mit
$(F'(\bar{\sigma}^{(k)})^\top)^{-1}$ durchmultiplizieren und erhalten

$$F'(\bar{\sigma}^{(k)}) \triangle \bar{\sigma}^{(k)} = -F(\bar{\sigma}^{(k)}).$$

Dabei ist für jede Auswertung von F die simultane Lösung von N End-Randwertproblemen (8.8)-(8.10) zu Daten K_j, T_j und lokaler Volatilität $p(S, t, \bar{\sigma}^{(k)})$ nötig.
Die Jacobi-Matrix F' kann mittels automatischer Differentiation [91], einfacher
Sekanten-Verfahren [77] oder auch per numerischer Differentiation berechnet werden. Im letzten Fall benötigt man für jede der N Daten $C(K_j, T_j)$ die Lösung
von m End-Randwertproblemen (8.8)-(8.10) mit leicht geänderten lokalen Vola-
tilitätsfunktionen $p(S, t; \bar{\sigma} + \delta)$. Sowohl die Berechnung von F als auch von F' ist
übrigens leicht zu parallelisieren.

Bemerkung 8.2 (1) Aufgabe (8.13) beschreibt ein nichtlineares inverses Problem: Aus der Kenntnis von N Beobachtungen $C(K_j, T_j)$, $j = 1, \ldots, N$, wollen wir auf die unbekannte, nicht direkt beobachtbare Funktion $\sigma : \Omega \to \mathbb{R}$
schließen; diese geht nichtlinear in das End-Randwertproblem (8.8)-(8.10)
ein, welches wiederum die fairen Optionspreise determiniert, die mit den
beobachteten N Marktpreisen in einem arbitrage-freien Markt übereinstimmen. Derartige Probleme sind in der Regel schlecht gestellt [146]; jedoch
kann die dem Spline-Ansatz zugrundeliegende Glattheitsforderung als implizite Regularisierung des Problems betrachtet werden, d.h., σ_{opt} in (8.13)
hängt nicht sehr sensitiv von den Daten $C(K_j, T_j)$ oder von Rundungsfehlern ab. Sensitiv ist jedoch die Wahl des Raumes V_m, insbesondere die Wahl
der Spline-Knoten [48].

(2) Der Ansatz (8.13) zielt nicht darauf, das Interpolationsproblem (8.7) zu lösen
(was bei fehlerhaften Marktdaten auch wenig Sinn macht), sondern liefert
mit $p(S, t; \sigma_{\text{opt}})$ eine Rekonstruktion der exakten lokalen Volatilitätsfläche,
die im Sinne eines minimalen Residuums $F(\bar{\sigma})$ optimal ist.

(3) Um die unterschiedliche Güte der N Daten in den Ansatz einzubeziehen, können wir das Residuum mit einem (komponentenweise positiven) Gewichtsvektor w geeignet gewichten, d.h., wir ersetzen die Komponenten F_j von F durch die skalierten Komponenten $w_j F_j$.

(4) Liegen Kenntnisse über minimale und maximale Volatilitäten vor, so können wir das nichtlineare Ausgleichsproblem (8.13) mittels der Nebenbedingung

$$\sigma_{\min} \leq \bar{\sigma} \leq \sigma_{\max}$$

zu einem restringierten Optimierungsproblem erweitern.

(5) Ist die Anzahl m der Knoten sehr viel größer als die Anzahl N der Daten, erhalten wir ein unterbestimmtes Problem. Eine zusätzliche Regularisierung, etwa die Addition des Terms

$$\lambda \int_{\Omega} \left| \frac{\partial p}{\partial S}(S, t; \bar{\sigma}) \right|^2 dS dt$$

zu $\|F(\bar{\sigma})\|_2^2$ in (8.13) kann hier Abhilfe schaffen (siehe (8.19) zur Definition von $p(S, t; \bar{\sigma})$). Je nach Wahl des Regularisierungsparameters λ wird zusätzlich die erste Ableitung der lokalen Volatilitätsfunktion mehr oder weniger minimiert.

(6) Oft beobachtet man am Markt eine Spanne $[C_{j,\min}, C_{j,\max}]$ zwischen Angebots- und Nachfragepreis anstatt eines Marktpreises $C(K_j, T_j)$. Hier gibt es zwei Möglichkeiten. Zum einen kann man mit einem mittleren Preis arbeiten, d.h. $C(K_j, T_j)$ als $\frac{1}{2}(C_{j,\min} + C_{j,\max})$ definieren, und Aufgabe (8.13) lösen. Die Vorgehensweise beim Ausgleichsspline [174] (vgl. auch Abschnitt 8.2.4) dagegen legt eine andere Vorgehensweise nahe: Man ersetzt $F_j(\bar{\sigma})$ in (8.13) durch

$$\widetilde{F}_j(\bar{\sigma}) := \frac{C_j(K_j, T_j; p(\cdot, \cdot; \bar{\sigma})) - \frac{1}{2}(C_{j,\min} + C_{j,\max})}{\frac{1}{2}\sqrt{N}(C_{j,\max} - C_{j,\min})}.$$

Diese Definition ist folgendermaßen motiviert. Die Werte $C_j(K_j, T_j; p(\cdot, \cdot; \bar{\sigma}))$ sollten im Intervall $[C_{j,\min}, C_{j,\max}]$ liegen:

$$\left| C_j(K_j, T_j; p(\cdot, \cdot; \bar{\sigma})) - \frac{1}{2}(C_{j,\min} + C_{j,\max}) \right| \leq \frac{1}{2}(C_{j,\max} - C_{j,\min}).$$

Wir fordern dies nur im Mittel:

$$\sum_{j=1}^{N} \left(C_j(K_j, T_j; p(\cdot, \cdot; \bar{\sigma})) - \frac{1}{2}(C_{j,\min} + C_{j,\max}) \right)^2 \leq \frac{N}{4}(C_{j,\max} - C_{j,\min})^2.$$

Diese Forderung ist äquivalent zu $\|\widetilde{F}(\bar{\sigma})\|_2^2 \leq 1$, wobei $\widetilde{F} = (\widetilde{F}_1, \ldots, \widetilde{F}_N)^\top$. Diese Ungleichung formulieren wir mit einer sogenannten Schlupfvariablen $z \in \mathbb{R}$ als $\|\widetilde{F}(\bar{\sigma})\|_2^2 + z^2 - 1 = 0$, ähnlich wie beim Simplexalgorithmus (siehe Abschnitt 7.4 zu einer verwandten Strategie mit Straftermen). Schließlich lösen wir das Minimierungsproblem

$$\sigma_{\text{opt}} = \underset{\bar{\sigma} \in \mathbb{R}^m}{\arg\min} \left(|p(\cdot, \cdot; \bar{\sigma})|_{H^2(\Omega)}^2 + \lambda(\|\widetilde{F}(\bar{\sigma})\|_2^2 + z^2 - 1) \right) \tag{8.14}$$

mit einem Lagrange-Parameter λ.   □

8.1.3 Duplikationsstrategie und Marktpreis des Volatilitätsrisikos

Wir betrachten einen ersten, auf der Duplikationsstrategie aufbauenden Ansatz zur Optionspreisbestimmung über die Lösung eines End-Randwertproblems parabolischer Differentialgleichungen. Nun ist „Volatilität" als unbhängige Größe kein handelbares, geschweige denn ein gehandeltes Wertpapier. Damit wir aber auch das Volatilitätsrisiko in unserer Duplikationsstrategie eliminieren können, erweitern wir das Portfolio Y, bestehend aus $c_1(t)$ Anteilen einer Option $V(S, \sigma, t)$ und $c_2(t)$ Anteilen eines Basiswerts S, um ein zusätzliches Wertpapier, etwa um eine weitere Option $\widetilde{V}(S, \sigma, t)$ auf denselben Basiswert, aber mit unterschiedlicher Laufzeit:
$$Y = c_1(t)\widetilde{V}(S, \sigma, t) + c_2(t)S - V(S, \sigma, t).$$

Wir setzen wie in Abschnitt 4.2 voraus, dass dieses Portfolio risikolos und selbstfinanzierend ist. Dann erhalten wir die folgende stochastische Differentialgleichung
$$dY = c_1(t)d\widetilde{V}(S, \sigma, t) + c_2(t)dS - dV(S, \sigma, t),$$

aus der sich mit der mehrdimensionalen Itô-Formel (4.65), angewandt auf dV und $d\widetilde{V}$, die Beziehung

$$\begin{aligned}
dY = {}& c_1(t)\left(\widetilde{V}_t + \frac{1}{2}\sigma^2 S^2 \widetilde{V}_{SS} + \rho\sigma q S \widetilde{V}_{S\sigma} + \frac{1}{2}q^2 \widetilde{V}_{\sigma\sigma}\right) dt \\
& - \left(V_t + \frac{1}{2}\sigma^2 S^2 V_{SS} + \rho\sigma q S V_{S\sigma} + \frac{1}{2}q^2 V_{\sigma\sigma}\right) dt \\
& + \left(c_1(t)\widetilde{V}_S - V_S + c_2(t)\right) dS + (c_1(t)\widetilde{V}_\sigma - V_\sigma)d\sigma
\end{aligned}$$

ergibt. Wir erinnern, dass $q = q(S, \sigma, t)$ in (8.23) definiert ist. Die Annahme eines Portfolios ohne zufällige Schwankungen führt auf die Wahl
$$c_1(t) = V_\sigma/\widetilde{V}_\sigma, \quad c_2(t) = V_S - c_1(t)\widetilde{V}_S.$$

Da das Portfolio risikolos ist, d.h.

$$dY = rY dt = r(c_1(t)\widetilde{V} + c_2(t)S - V)dt,$$

ergibt Gleichsetzen der beiden Ausdrücke für dY:

$$\frac{\widetilde{V}_t + \frac{1}{2}\sigma^2 S^2 \widetilde{V}_{SS} + \rho\sigma q S \widetilde{V}_{S\sigma} + \frac{1}{2}q^2 \widetilde{V}_{\sigma\sigma} + rS\widetilde{V}_S - r\widetilde{V}}{\widetilde{V}_\sigma}$$

$$= \frac{V_t + \frac{1}{2}\sigma^2 S^2 V_{SS} + \rho\sigma q S V_{S\sigma} + \frac{1}{2}q^2 V_{\sigma\sigma} + rS V_S - rV}{V_\sigma}.$$

Die linke Seite hängt nur von $\widetilde{V}$, aber nicht von V ab; analog hängt die rechte Seite nur von V, jedoch nicht von $\widetilde{V}$ ab. Daher müssen beide Seiten konstant in V und $\widetilde{V}$ sein. Wir nennen die Konstante γ (beachte, dass γ im Allgemeinen von S, σ und t abhängt) und erhalten

$$V_t + \frac{1}{2}\sigma^2 S^2 V_{SS} + \rho\sigma q S V_{S\sigma} + \frac{1}{2}q^2 V_{\sigma\sigma} + rS V_S - rV = \gamma V_\sigma. \tag{8.15}$$

Somit liefert die Duplikationsstrategie für den fairen Optionspreis V ein parabolisches End-Randwertproblem, bestehend aus der Differentialgleichung (8.15), dem Endwert

$$V(S, \sigma, T) = (S - K)^+, \quad S > 0, \ \sigma > 0, \tag{8.16}$$

und den Randbedingungen

$$V(0, \sigma, t) = 0, \quad \sigma > 0, \tag{8.17}$$

$$\lim_{S\to\infty} (V(S, \sigma, t) - S) = 0, \quad \sigma > 0, \tag{8.18}$$

$$\left(V_t + \tfrac{1}{2}q^2 V_{\sigma\sigma} + rS V_S - rV - \gamma V_\sigma\right)\big|_{\sigma=0} = 0, \quad S > 0, \tag{8.19}$$

$$\lim_{\sigma\to\infty} (V(S, \sigma, t) - S) = 0, \quad S > 0. \tag{8.20}$$

Die Begründung der Wahl der Randbedingungen überlassen wir den Leserinnen und Lesern als Übungsaufgabe.

Das System (8.15)-(8.20) ist jedoch nicht geschlossen; die Funktion $\gamma = \gamma(S, \sigma, t)$ ist noch zu bestimmen. Hierzu hilft uns die Interpretation von $\lambda := (p+\gamma)/q$ als *Marktpreis des Volatilitätsrisikos*. Betrachte hierzu das (selbstfinanzierende) Portfolio aus einer Option und $c(t)$ Anteilen verkaufter Basiswerte:

$$Z_t = V - c(t)S.$$

Wählen wir wie in Abschnitt 4.2 $c(t) = V_S$, so folgt aus (8.15) und (8.23)

$$
\begin{aligned}
dZ &= dV - V_S dS \\
&= \left(V_t + \frac{1}{2}\sigma^2 S^2 V_{SS} + \rho\sigma q S V_{S\sigma} + \frac{1}{2}q^2 V_{qq}\right) dt + V_\sigma d\sigma \\
&= ((\gamma + p)V_\sigma - rS V_S + rV)\, dt + q V_\sigma dW^{(2)} \\
&= q(\lambda V_\sigma dt + V_\sigma dW^{(2)}) + r(V - S V_S)dt,
\end{aligned}
$$

also

$$dZ - rZdt = qV_\sigma(\lambda dt + dW^{(2)}).$$

Die rechte Seite stellt die über den risikolosen Zinssatz r liegende Verzinsung dieses Portfolios dar. Was heißt das? Für jede Einheit von Volatilitätsrisiko erhalten wir zusätzlich zur risikolosen Verzinsung noch λ Einheiten zusätzlichen Erlös für die Übernahme des Volatilitätsrisikos. Daher ist es naheliegend, λ als Vielfaches von σ zu wählen. Die entsprechende Proportionalitätskonstante kann dabei im Prinzip aus einem volatilitätsabhängigen Wertpapier bestimmt werden.

Bemerkung 8.3 (1) Die Größe $-\gamma = p - \lambda q$ stellt die *risikolose Driftrate der Volatilität* dar, die (anstatt p) in unserem Zwei-Faktoren-Modell (8.22)-(8.23) zu verwenden ist.

(2) Ist $V(\sigma, t)$ der Preis einer Option, die nur von der Volatilität σ und der Zeit t abhängt, so können wir die Differentialgleichung (8.15) formulieren als

$$V_t + \frac{1}{2}q^2 V_{\sigma\sigma} + (p - \lambda q)V_\sigma - rV = 0, \qquad (8.21)$$

wobei p und q in (8.23) definiert sind. Dieses Resultat gilt auch, wenn σ nicht die Volatilität, sondern etwa eine Zinsrate bedeutet (siehe Abschnitt 8.2). $\qquad\square$

8.1.4 Stochastische Volatilität und Positivität

Die am Markt zu beobachtende Nicht-Konstanz der Volatilität kann auch dadurch in der Modellbildung berücksichtigt werden, dass für die Volatilität eine stochastische Differentialgleichung und damit ein Zwei-Faktoren-Modell für die Dynamik des Aktienkurses zugrundegelegt wird:

$$dS = \mu S dt + \sigma S dW^{(1)}, \qquad (8.22)$$

$$d\sigma = p(S, \sigma, t)dt + q(S, \sigma, t)dW^{(2)}, \qquad (8.23)$$

mit Korrelation $dW^{(1)}dW^{(2)} = \rho dt$ (siehe (4.64)). Die Kalibrierung des Modells beruht hauptsächlich auf einer geeigneten Wahl der Ansatzfunktionen p und q. Für die Wahl

$$p = \frac{\kappa(\theta - \sigma^2) - \nu^2/4}{2\sigma}, \quad q = \frac{\nu}{2}$$

etwa ergibt sich mit Hilfe des Lemmas 4.6 von Itô das schon aus den Abschnitten 4.5.5 und 5.5 bekannte Heston-Modell (mit dem risikolosen Zinssatz r statt der Driftrate μ des Aktienkurses):

$$dS = rS dt + \sigma S dW^{(1)}, \qquad (8.24)$$

$$d\sigma^2 = \kappa(\theta - \sigma^2)dt + \nu\sigma dW^{(2)}. \qquad (8.25)$$

Man kann zeigen (vgl. [118]), dass der stochastische Prozess σ_t^2 genau dann analytisch positiv ist, d.h. $P(\{\sigma_t^2 > 0 \,\forall\, t > 0\}) = 1$, falls die Modellparameter die Abschätzung

$$2\kappa\theta > \nu^2$$

erfüllen – andernfalls ist die Wahrscheinlichkeit nicht null, dass zu einem Zeitpunkt $t > 0$ der Prozess σ_t^2 den Wert null erreicht.

Wie in Kapitel 5 beschrieben, können wir den fairen Preis für eine Option auf einen Basiswert, dessen Dynamik durch (8.22)-(8.23) bzw. (8.24)-(8.25) beschrieben wird, mit der Monte-Carlo-Simulation bestimmen. Hierzu sind wir auf numerische Integrationsverfahren für stochastische Differentialgleichungen angewiesen, die jedoch im Allgemeinen die Positivität (bzw. die Nicht-Negativität) eines stochastischen Prozesses nicht erhalten. So liefert z.B. das Euler-Maruyama-Verfahren die numerischen Diskretisierungen

$$\sigma_{i+1}^2 = \sigma_i^2 + \kappa(\theta - \sigma_i^2)\triangle t + \nu\sqrt{\sigma_i^2}\triangle W_i^{(2)}$$

an den Zeitpunkten $t_{i+1} = t_0 + (i+1)\triangle t$, die für

$$\triangle W_i^2 < -\frac{\sigma_i^2 + \kappa(\theta - \sigma_i^2)\triangle t}{\nu\sqrt{\sigma_i^2}}$$

trotz $\sigma_i^2 > 0$ eine negative Approximation σ_{i+1}^2 liefern! Einfache Auswege aus diesem Dilemma sind etwa das Spiegeln der Lösung an der Achse $\sigma^2 = 0$, was auf die Iterationsvorschrift

$$\sigma_{i+1}^2 = \left|\sigma_i^2 + \kappa(\theta - \sigma_i^2)\triangle t + \nu\sqrt{\sigma_i^2}\triangle W_i^2\right|$$

führt, oder die Ablehnung aller Realisierungen des Wiener-Prozesses $\triangle W_i^{(2)}$, die auf einen negativen Wert σ_{i+1}^2 führen. Diese Methoden liefern zwar einen positiven Prozess; es ist jedoch zweifelhaft, ob derartige Prozesse zulässige Realisierungen eines Pfades von (8.25) darstellen oder überhaupt ein konvergentes numerisches Verfahren liefern.

Was wir benötigen, sind positivitätserhaltende numerische Integrationsverfahren:

Definition 8.4 (Schurz [197]) *Sei X_t ein positiver stochastischer Prozess, d.h. $P(\{X_t > 0 \,\forall\, t > 0\}) = 1$. Dann ist das numerische Integrationsverfahren mit den Approximationen X_n für X_{t_n} positivitätserhaltend genau dann, falls gilt:*

$$P(\{X_{n+1} > 0 \,|\, X_n > 0\}) = 1 \quad \text{für alle } n \in \mathbb{N}.$$

In diesem Sinne ist das Euler-Maruyama-Verfahren also nicht positivitätserhaltend für das Zwei-Faktorenmodell (8.25). Wie sieht es mit dem Milstein-Verfahren aus? Eine einfache Rechnung analog zum Euler-Maruyama-Verfahren zeigt, dass für

$$\triangle W_i^2 < \min\left\{ -\frac{\sigma_i^2 + \kappa(\theta - \sigma_i^2)\triangle t}{\nu\sqrt{\sigma_i^2}}, \sqrt{\triangle t} \right\}$$

trotz positivem Anfangswert σ_i^2 eine negative Approximation σ_{i+1}^2 erzeugt wird. Ein Schritt des Milstein-Verfahrens führt jedoch auf positive Approximationen, angewandt auf die (skalare) stochastische Differentialgleichung

$$dX_t = a(X_t)dt + b(X_t)dW_t, \tag{8.26}$$

falls der Diffusionsterm, der Anfangswert und die Schrittweite Ungleichungsbedingungen erfüllen:

Satz 8.5 *Das Milstein-Verfahren, angewandt auf (8.26), ist positivitätserhaltend, falls die folgenden Bedingungen erfüllt sind:*

$$b(x)b'(x) > 0, \tag{8.27}$$

$$x > \frac{b(x)}{2b'(x)}, \tag{8.28}$$

$$\triangle t_i < \frac{2}{b(x)b'(x) - 2a(x)} \cdot \left(x - \frac{b(x)}{2b'(x)} \right). \tag{8.29}$$

Die letzte Bedingung ist nur notwendig, falls der erste Term positiv ist.

Beweis. Mit $x = X_i$ definieren wir $g(z) := b(x)z + \frac{1}{2}b(x)b'(x)z^2$ und können einen Schritt des Milstein-Verfahrens schreiben als

$$X_{i+1} = x + \left(a(x) - \frac{1}{2}b(x)b'(x) \right) \triangle t_i + g(\triangle W_i).$$

Die Funktion $g(z)$ besitzt wegen (8.27) ein globales Minimum, das für $\bar{z} = -1/b'(x)$ angenommen wird: $g(\bar{z}) = -b(x)/(2b'(x))$. Damit können wir X_{i+1} abschätzen durch

$$X_{i+1} \geq x + \left(a(x) - \frac{1}{2}b(x)b'(x) \right) \triangle t_i - \frac{b(x)}{2b'(x)}.$$

Nun hilft eine Fallunterscheidung weiter. Für den Fall $b(x)b'(x) - 2a(x) \leq 0$ ergibt sich mit (8.28) sofort $X_{i+1} > 0$. Für den Fall $b(x)b'(x) - 2a(x) > 0$ erhalten wir

$$\begin{aligned}
X_{i+1} &= x + \left(-\frac{1}{2}\triangle t_i \right)(b(x)b'(x) - 2a(x)) - \frac{b(x)}{2b'(x)} \\
&> 2\left(x - \frac{b(x)}{2b'(x)} \right) \\
&> 0
\end{aligned}$$

aufgrund (8.28) bzw. (8.29). □

Das stochastische Volatilitätsmodell (8.25) erfüllt allerdings nicht die Voraussetzungen dieses Satzes: Mit $b(x) = \nu\sqrt{x}$ ergibt sich $b(x)/(2b'(x)) = x$, was im Widerspruch zu (8.28) steht. Gehen wir aber vom Milstein-Verfahren zur driftimpliziten Variante über, so haben wir auch für (8.25) ein positivitätserhaltendes numerisches Verfahren.

Definition 8.6 *Das numerische Verfahren, angewandt auf die (skalare) stochastische Differentialgleichung (8.26), heißt* drift-implizites Milstein-Verfahren, *falls sich die neue Approximation X_{i+1} für $X_{t_{i+1}}$ aus der alten Approximation X_i für X_{t_i} mit $\triangle t_i := t_{i+1} - t_i$ aus der Verfahrensvorschrift*

$$X_{i+1} = X_i + a(X_{i+1})\triangle t_i + b(X_i)\triangle W_i + \frac{1}{2}b'(X_i)b(X_i)\left((\triangle W_i)^2 - \triangle t_i\right)$$

ergibt.

Beachte, dass sich die drift-implizite Variante vom Standard-Verfahren nur in der impliziten Behandlung des Driftterms a unterscheidet. Es gilt nun der folgende Satz (vgl. [118]):

Satz 8.7 (Drift-implizites Milstein-Verfahren & Positivitätserhaltung)
Das drift-implizite Milstein-Verfahren (8.26), angewandt auf das stochastische Volatilitätsmodell (8.25), ist positivitätserhaltend für beliebige Schrittweiten $\triangle t_i$.

Beweis. Ein Integrationsschritt lautet

$$\sigma_{i+1}^2 = \sigma_i^2 + \kappa(\theta - \sigma_{i+1}^2)\triangle t_i + \nu\sqrt{\sigma_i^2}\triangle W_i + \frac{1}{4}\nu^2\left((\triangle W_i)^2 - \triangle t_i\right).$$

Nach σ_{i+1}^2 aufgelöst erhalten wir

$$\sigma_{i+1}^2 = \frac{\sigma_i^2 + \kappa\theta\triangle t_i + \nu\sqrt{\sigma_i^2}\triangle W_i + \frac{1}{4}\nu^2\left((\triangle W_i)^2 - \triangle t_i\right)}{1 + \kappa\triangle t_i} =: \frac{N(\sigma_i^2)}{D(\sigma_i^2)}.$$

Wir müssen nur noch zeigen, dass der Zähler $N(\sigma_i^2)$ stets positiv ist. Fassen wir alle Zufallsterme in einer Funktion g zusammen,

$$g(\triangle W_i) := \nu\sqrt{\sigma_i^2}\triangle W_i + \frac{1}{4}\nu^2(\triangle W_i)^2,$$

so ergibt sich mit

$$g'(\triangle W_i) = \nu\sqrt{\sigma_i^2} + \frac{1}{2}\nu^2\triangle W_i$$

sofort

$$\min_{\triangle W_i \in \mathbb{R}} g(\triangle W_i) = g\left(-\frac{2\sqrt{\sigma_i^2}}{\nu}\right) = -\sigma_i^2.$$

Damit können wir den Zähler wie folgt abschätzen:

$$
\begin{aligned}
N(\sigma_i^2) &= \sigma_i^2 + \left(\kappa\theta - \frac{1}{4}\nu^2\right)\triangle t_i + g(\triangle W_i) \\
&\geq \sigma_i^2 + \left(\kappa\theta - \frac{1}{4}\nu^2\right)\triangle t_i + \min_{\triangle W_i \in \mathbb{R}} g(\triangle W_i) \\
&= \sigma_i^2 + \left(\kappa\theta - \frac{1}{4}\nu^2\right)\triangle t_i - \sigma_i^2 \\
&= \left(\kappa\theta - \frac{1}{4}\nu^2\right)\triangle t_i > 0,
\end{aligned}
$$

wobei die letzte Ungleichung eine direkte Folge der analytischen Positivität des Prozesses σ_t^2 ist, also $\kappa\theta > \nu^2/2$. □

Bemerkung 8.8 (1) Ersetzen wir im stochastischen Volatilitätsmodell (8.25) den Diffusionsterm $\nu\sigma$ durch $\nu\sigma^{2p}$ mit $1/2 < p \leq 1$, so liefert dieses Modell analytisch positive Pfade [118]. Das drift-implizite Milstein-Verfahren ist jedoch nur dann positivitätserhaltend, wenn wir die konstante Schrittweitenbeschränkung $\triangle t_i > 1/\nu^2$ fordern (siehe Übungsaufgaben).

(2) Die Definition der analytischen Positivität bzw. eines positivitätserhaltenden numerischen Integrationsverfahren kann analog auf beliebige Grenzen $\bar{b} \in \mathbb{R}$ (anstatt null) – man spricht dann von "nach unten beschränkt" – sowie auf Systeme von stochastischen Differentialgleichungen mit beliebigem Drift und beliebiger Diffusion verallgemeinert werden. Für diesen Fall stehen mit den *Balanced Implicit* [197] und *Balanced Milstein Methods* [120] Verfahren zur Verfügung, die durch Einführung zusätzlicher Kontrollterme in die Verfahrensfunktion des Euler-Maruyama- bzw. Milstein-Verfahrens den Effekt der Brownschen Bewegung in die falsche Richtung ausbalancieren. Leider können hier in der Regel die Grenzen nur dann numerisch eingehalten werden, wenn entweder (i) die Anfangswerte im Sinne einer ε-*Beschränkung*, d.h. $P(\{X_{i+1} > \bar{b} \,|\, X_i > \bar{b} + \varepsilon\}) = 1$, weit genug von der Grenze wegliegen; (ii) die Größe der jeweiligen Schrittweiten beschränkt wird; oder (iii) zusätzliche Voraussetzungen an die Modellparameter vorliegen.

(3) Verschwindet der Driftterm in (8.26), etwa in LIBOR-Market-Modellen zur Beschreibung der Forward-Rates, so fällt das drift-implizite Milstein-Verfahren mit dem Milstein-Verfahren zusammen. In vielen praktisch relevanten Fällen führt dann das Milstein-Verfahren auf numerische Approximationen, welche die analytischen Schranken $\bar{b}$ einhalten, falls die Schrittweiten klein genug gewählt werden (siehe Übungsaufgaben).

(4) Eine Alternative zu stochastischen Volatilitätsmodellen auf der Basis von Mean-Reversion-Modellen, welche das Problem einer positivitätserhaltenden numerischen Integration umgeht, wird in [119] diskutiert: Ausgangspunkt ist ein Ornstein-Uhlenbeck-Prozess

$$dX_t = -\kappa X_t dt + \alpha\sqrt{2\kappa}dW_t$$

mit positiven Parametern κ und α. Man beachte, das hier bereits das Euler-Maruyama-Verfahren starke Konvergenzordnung 1 hat, da es mit dem Milstein-Verfahren wegen seines konstanten Diffusionsterms zusammenfällt. Diese stochastische Differentialgleichung hat noch den weiteren Vorteil, dass sie (bis auf die Integralauswertung) geschlossen lösbar ist:

$$X_t = e^{-\kappa t}\left(X_0 + \int_0^t e^{\kappa u}\alpha\sqrt{2\kappa}dW_u\right).$$

Positivität ist dann durch eine nichtlineare Transformation von X_t zu sichern, etwa durch die hyperbolische Transformation

$$\sigma_t = \sigma_0 \cdot (X_t + \sqrt{X_t^2 + 1})$$

mit $\sigma_0 > 0$. □

8.1.5 Effiziente numerische Simulation

Das stochastische Volatilitätsmodell (8.24)-(8.25) ist ein Spezialfall eines allgemeinen stochastischen Volatilitätsmodells der Art

$$dS = \mu S dt + V^p S dW, \qquad (8.30)$$
$$dV = a(V)dt + b(V)dZ \qquad (8.31)$$

mit $p = 1/2$, $a(V) = \kappa(\theta - V)$ und $b(V) = \nu\sqrt{V}$. Derartige Modelle erlauben es, implizite Volatilitätsflächen nachzubilden, die bei europäischen Optionspreisen am Markt zu beobachten sind. Mehr Informationen hierzu findet man in den Arbeiten von Heston [100], Scott-Chesney [45] und Schöbel-Zhu [189]. Mittels des Lemmas von Itô lässt sich dieses System in die Form

$$d\ln S = \left(\mu - \frac{1}{2}V^{2p}\right)dt + V^p dW, \qquad (8.32)$$
$$dV = a(V)dt + b(V)dZ \qquad (8.33)$$

transformieren, welche die Positivität des Basiswerts auch stets numerisch erhält (Übungsaufgabe).

Die numerische Simulation der Volatilitätsgleichung kann a priori, unabhängig von der Berechnung des Basiswertes, durch ein positivitätserhaltendes Integrationsverfahren erfolgen, etwa durch das im letzten Abschnitt besprochene drift-implizite Milstein-Verfahren. Für den Basiswert haben wir numerische Positivität für jedes beliebige Integrationsverfahren durch die transformierte Form (8.32) gesichert. Dafür stehen als Standardverfahren das Euler-Maruyama-Verfahren

$$\ln S_{t_{n+1}} = \underbrace{\ln S_{t_n} + \mu \triangle t_n - \frac{1}{2} V_{t_n}^{2p} \triangle t_n + V_{t_n}^p \triangle W_n}_{\text{appr.}_{\text{Euler}}}$$

sowie das Milstein-Verfahren

$$\ln S_{t_{n+1}} = \text{appr.}_{\text{Euler}} + b(V_{t_n}) p V_{t_n}^{p-1} (\rho' I_{21} + \rho I_{22})$$

mit

$$I_{21} = \int_{s=t_n}^{t_{n+1}} \int_{u=t}^{s} d\widetilde{Z}(u) d\widetilde{W}(s), \quad I_{22} = \frac{1}{2}(\Delta \widetilde{Z}^2 - \Delta t_n)$$

zur Verfügung. Hierbei haben wir die korrelierten Wiener-Prozesse dW und dZ mit $dWdZ = \rho dt$ und $\rho' := \sqrt{1 - \rho^2}$ mittels Cholesky-Zerlegung durch unkorrelierte Prozesse $d\widetilde{W}$ und $d\widetilde{Z}$ ersetzt (siehe Abschnitt 5.2). Das Euler-Verfahren hat den Nachteil einer geringen (starken) Konvergenzordung, das Milstein-Verfahren benötigt aufgrund der korrelierten Wiener-Prozesse zwischen Basiswert und dessen stochastischer Volatilität die Auswertung von Doppelintegralen. Dies kann etwa durch eine weitere numerische Integration mittels des Euler-Maruyama-Verfahrens erfolgen, erfordert jedoch die Berechnung vieler weiterer Zufallszahlen und kleiner Schrittweiten (siehe Abschnitt 5.3). Lévy-Area-Verfahren, welche die Berechnung der Doppelintegrale auf die semi-analytische Auswertung der sogenannten Lévy-Area zurückführen, kommen nur mit einer weiteren Zufallszahl aus, liefern aber nur bei kleinen Schrittweiten zufriedenstellende Ergebnisse [84]. Beide Ansätze sind für die Praxis zu teuer. Mit dem IJK-Verfahren steht eine Alternative zur Verfügung, die im Aufwand mit dem Euler-Maruyama-Verfahren vergleichbar ist, aber eine bessere Approximationsgüte aufweist. Die Konstruktion dieses Verfahrens in [119] wollen wir uns im Folgenden näher ansehen.

Durch Integration von (8.32) erhalten wir die folgende exakte Darstellung für S_t:

$$\ln S_t = \ln S_0 + \int_0^t \mu \, ds - \frac{1}{2} \int_0^t V_s^{2p} \, ds + \int_0^t V_s^p \, dW_s.$$

Die Idee der IJK-Verfahren ist es, die Drift- und Diffusionsterme

$$\int_{t_n}^{t_{n+1}} V_s^{2p} \, ds \quad \text{sowie} \quad \int_{t_n}^{t_{n+1}} V_s^p \, dW_s$$

möglichst gut zu approximieren, ohne weitere Zufallszahlen zu benötigen oder Doppelintegrale auswerten zu müssen. Betrachten wir zunächst den Driftterm. Eine einfache Alternative zum Euler-Ansatz

$$\int_{t_n}^{t_{n+1}} V_s^{2p} \, ds \approx V_{t_n}^{2p} \triangle t_n$$

mit $\triangle t_n := t_{n+1} - t_n$ ist eine Drift-Interpolation mittels der Trapezregel:

$$\int_{t_n}^{t_{n+1}} V_s^{2p} \, ds \approx \frac{1}{2} \left(V_{t_n}^{2p} + V_{t_{n+1}}^{2p} \right) \triangle t_n.$$

Zwar wird diese Wahl die globale Konvergenzordnung nicht erhöhen, jedoch den führenden Fehlerterm im Vergleich zum Euler-Maruyama-Verfahren verringern. Das können wir uns wie folgt klarmachen. Betrachten wir zunächst die analytische Lösung des Driftterms, in dem wir die Itô-Taylor-Entwicklung

$$
\begin{aligned}
V_s^m \quad = \quad & V_0^m + \int_0^s m V_u^{m-1} b(V_u) \, dZ_u \\
& + \int_0^s \left(m V_u^{m-1} a(V_u) + \frac{1}{2} m(m-1) V_u^{m-2} b^2(V_u) \right) du \quad (8.34)
\end{aligned}
$$

(mit $m = 2p$) in den Driftterm einsetzen:

$$
\begin{aligned}
\int_{t_n}^{t_{n+1}} V_s^{2p} \, ds \quad \approx \quad & V_{t_n}^{2p} \int_{t_n}^{t_{n+1}} ds + 2p V_{t_n}^{2p-1} b(V_{t_n}) \int_{t_n}^{t_{n+1}} \int_{t_n}^{s} dZ_u \, ds \quad (8.35) \\
& + \left(2p V_u^{2p-1} a(V_{t_n}) + p(2p-1) V_{t_n}^{2p-2} b^2(V_{t_n}) \right) \int_{t_n}^{t_{n+1}} \int_{t_n}^{s} du \, ds.
\end{aligned}
$$

Ebenso können wir die Drift-Interpolation entwickeln:

$$
\begin{aligned}
\frac{1}{2}(V_{t_n}^{2p} + V_{t_{n+1}}^{2p}) \triangle t_n \quad \approx \quad & \frac{1}{2} \triangle t_n \Big(2V_{t_n}^{2p} + (2p V_{t_n}^{2p-1} b(V_{t_n})) \triangle Z_n + \\
& + [2p V_{t_n}^{2p-1} a(V_{t_n}) + p(2p-1) V_{t_n}^{2p-2} b^2(V_{t_n})] \triangle t_n \Big).
\end{aligned}
$$

Damit können wir den Fehler der Drift-Interpolation schreiben als

$$
\begin{aligned}
e_{\text{DIE},t_n} \quad := \quad & \int_{t_n}^{t_{n+1}} V_s^{2p} \, ds - \frac{1}{2} \left(V_{t_n}^{2p} + V_{t_{n+1}}^{2p} \right) \triangle t_n \\
\approx \quad & 2p V_{t_n}^{2p-1} b(V_{t_n}) \int_{t_n}^{t_{n+1}} \left(\frac{1}{2} \triangle t_n - \int_{t_n}^{s} du \right) dZ_s.
\end{aligned}
$$

Wir sehen, dass die Drift-Interpolation wie das Euler-Verfahren den ersten Term in (8.35) exakt approximiert, aber daneben zusätzlich auch noch den dritten Term exakt abbildet. Lediglich der zweite Term führt auf einen Approximationsfehler. Betrachten wir den lokalen Quadratmittelfehler als Fehlermaß (lokal, da wir angenommen haben, von der exakten Lösung zu starten), so erhalten wir mit der Itô-Isometrie (siehe Übungsaufgaben) sofort

$$\mathrm{E}[\mathrm{e}^2_{\mathrm{DIE},t_n}] = \left(2pV_{t_n}^{2p-1}b(V_{t_n})\right)^2 \frac{1}{12}\triangle t_n^3.$$

Vergleichen wir das mit dem entsprechenden Fehler für das Euler-Maruyama-Verfahren

$$\mathrm{e}_{\mathrm{Euler},t_n} := \int_{t_n}^{t_{n+1}} V_s^{2p}\, ds - V_{t_n}^{2p}\triangle t_n \approx 2pV_{t_n}^{2p-1}b(V_{t_n}) \int_{t_n}^{t_{n+1}} \int_{t_n}^{s} dZ_u\, ds,$$

so erhalten wir als lokalen Quadratmittelfehler

$$\mathrm{E}[\mathrm{e}^2_{\mathrm{Euler},t_n}] = \left(2pV_{t_n}^{2p-1}b(V_{t_n})\right)^2 \frac{1}{3}\triangle t_n^3 \tag{8.36}$$

(Übungsaufgabe). Der führende Fehlerterm wird also um den Faktor 4 verringert.

Wenden wir uns nun dem Diffusionsterm zu. Ein analoger Ansatz wäre die Approximation

$$\int_{t_n}^{t_{n+1}} V_s^p\, dW_s \approx \frac{1}{2}(V_{t_n}^p + V_{t_{n+1}}^p)\triangle W_n.$$

Dieser Ansatz versagt jedoch, falls Basiswert und dessen Volatilität stark korreliert sind. Wie kann man das erklären? Transformieren wir hierzu per Cholesky-Zerlegung die korrelierten Wiener-Prozesse $dW\,dZ = \rho dt$ in unkorrelierte Wiener-Prozesse $d\widetilde{W}$ und $d\widetilde{Z}$:

$$dW = \rho' d\widetilde{W} + \rho d\widetilde{Z}, \qquad dZ = d\widetilde{Z}$$

mit $\rho' = \sqrt{1 - \rho^2}$. Damit können wir den Diffusionsterm umschreiben in

$$\int_{t_n}^{t_{n+1}} V_s^p dW_s = \rho' \int_{t_n}^{t_{n+1}} V_s^p d\widetilde{W}_s + \rho \int_{t_n}^{t_{n+1}} V_s^p\, d\widetilde{Z}_s.$$

Wir sehen nun, dass wir das zweite Integral auf der rechten Seite nicht per Drift-Interpolation approximieren können, da V_s^p selbst durch $\widetilde{Z}_s$ im stochastischen Differentialgleichungsmodell (8.33) bestimmt wird – wir würden plötzlich eine Auswertung im Sinne eines Strotonovich-Integrals (siehe Abschnitt 4.1) vornehmen. Ein Ausweg ist eine dekorrelierte Interpolation, welche das zweite Integral im Itô-Sinne auswertet:

$$\rho' \int_{t_n}^{t_{n+1}} V_s^p d\widetilde{W}_s + \rho \int_{t_n}^{t_{n+1}} V_s^p\, d\widetilde{Z}_s \approx \frac{1}{2}\rho'(V_{t_n}^p + V_{t_{n+1}}^p)\triangle \widetilde{W}_n + \rho V_{t_n}^p \triangle \widetilde{Z}_n. \tag{8.37}$$

Mithilfe der Itô-Formel (8.34) können wir wieder nach einiger Rechenarbeit den Approximationsfehler des Diffusionsterms durch die dekorrelierte Interpolation (8.37) abschätzen:

$$\int_{t_n}^{t_{n+1}} V_s^p dW_s - \left(\frac{1}{2}\rho'(V_{t_n}^p + V_{t_{n+1}}^p)\triangle \widetilde{W}_n + \rho V_{t_n}^p \triangle \widetilde{Z}_n\right)$$

$$= \rho'\left\{ pV_{t_n}^{p-1}b(V_{t_n}) \int_{t_n}^{t_{n+1}} \left((\widetilde{Z}_s - \widetilde{Z}_{t_n}) - \frac{1}{2}\triangle\widetilde{Z}_{t_n}\right) d\widetilde{W}_s \right.$$

$$\left. + \left(pV_{t_n}^{p-1}a(V_{t_n}) + \frac{1}{2}p(p-1)V_{t_n}^{p-2}b(V_{t_n})^2\right)\int_{t_n}^{t_{n+1}} \left((s - t_n) - \frac{1}{2}\triangle t_n\right) d\widetilde{W}_s\right\}$$

$$+ \rho\left\{ \left(pV_{t_n}^{p-1}a(V_{t_n}) + \frac{1}{2}p(p-1)V_{t_n}^{p-2}b(V_{t_n})^2\right)\int_{t_n}^{t_{n+1}}\int_{t_n}^{s} du\, d\widetilde{Z}_s \right.$$

$$\left. + pV_{t_n}^{p-1}b(V_{t_n})\frac{1}{2}\left(\triangle\widetilde{Z}_n^2 - \triangle t_n\right)\right\}.$$

Liegt keine Korrelation vor, so können wir alle Vorteile der Interpolation wie bei der Drift-Interpolation erhalten. Ist dagegen die Korrelation sehr hoch, so liegt annähernd der Euler-Maruyama-Ansatz vor. In diesem Fall können wir eine Verbesserung dadurch bewirken, dass wir den führenden Fehlerterm

$$pV_{t_n}^{p-1}b(V_{t_n})\frac{1}{2}\left(\triangle\widetilde{Z}_n^2 - \triangle t_n\right)$$

in der letzten Zeile mit in das Verfahren aufnehmen — das ist billig, da keinerlei neue Zufallszahlen hierfür ausgewertet werden müssen.

Fassen wir alles zusammen, so erhalten wir das IJK-Verfahren (benannt nach Jäckel und Kahl) als billige, aber effiziente Alternative zum Euler-Maruyama-Verfahren:

$$\ln S_{t_{n+1}} = \ln S_{t_n} + \mu\triangle t_n - \frac{1}{4}(V_{t_n}^{2p} + V_{t_{n+1}}^{2p})\triangle t_n + \rho V_{t_n}^p \triangle\widetilde{Z}_n$$

$$+ \frac{1}{2}\rho'(V_{t_n}^p + V_{t_{n+1}}^p)\triangle\widetilde{W}_n + \frac{1}{2}\rho pV_{t_n}^{p-1}b(V_{t_n})\cdot(\triangle\widetilde{Z}_n^2 - \triangle t_n)$$

$$= \ln S_{t_n} + \mu\triangle t_n - \frac{1}{4}(V_{t_n}^{2p} + V_{t_{n+1}}^{2p})\triangle t_n + \rho V_{t_n}^p \triangle Z_n$$

$$+ \frac{1}{2}(V_{t_n}^p + V_{t_{n+1}}^p)(\triangle W_n - \rho\triangle Z_n) + \frac{1}{2}\rho pV_{t_n}^{p-1}b(V_{t_n})\cdot(\triangle Z_n^2 - \triangle t_n),$$

formuliert bezüglich der unkorrelierten bzw. der ursprünglichen korrelierten Wiener-Prozesse.

Bemerkung 8.9 Wählen wir als nichtlinearen Volatilitätsterm im Basiswertmodell statt V^p eine beliebige nichtlineare Funktion $f(V)$, so lässt sich auch für diesen Fall das IJK-Verfahren analog herleiten. Es sind dann lediglich die Terme V^p durch $f(V)$ sowie pV^{p-1} durch $f'(V)$ zu ersetzen. Damit ist das IJK-Verfahren auch auf ein stochastisches Volatilitätsmodell anwendbar, das auf einer hyperbolischen Transformation des Ornstein-Uhlenbeck-Prozesses beruht.

Die Vorzüge des IJK-Verfahrens erkennen wir, wenn wir den fairen Preis einer Plain-Vanilla-Kaufoption unter Zugrundelegung eines stochastischen Volatilitätsmodells berechnen wollen. Die hierzu nötige MATLAB-Implementierung der numerischen Integration mittels einer Kombination aus drift-implizitem Milstein-Verfahren für die Volatilität und dem IJK-Verfahren für den Basiswert findet sich in Programm 8.1.

Wir berechnen damit die fairen Preise für einen großen Bereich von Ausübungspreisen $K = \{75, \ldots, 135\}$ sowie Laufzeiten $T = \{0.5, 1, 1.5, \ldots, 4\}$. Um vergleichbare Größenordnungen für alle Ausübungspreise und Laufzeiten zu erhalten, ist der Preis nicht geeignet, der sich für Optionen im Geld, am Geld und aus dem Geld ja stark unterscheidet. Ein besser skalierte Größe liefert hier die implizite Black-Scholes-Volatilität $\sigma_{\text{impl}} = \sigma_{\text{impl}}(C, S, K, r, T)$, die wir erhalten, wenn wir den berechneten Preis C bei gegebenem Basiswert S, Ausübungspreis K, Laufzeit T sowie risikolosem Zinssatz r in die Black-Scholes-Gleichung einsetzen und nach der Volatilität (numerisch) auflösen (siehe Abschnitt 4.4.2).

Abb. 8.1 zeigt die numerische Lösung per IJK-Verfahren (oben) und Euler-Verfahren (unten) mit Schrittweite $\Delta t = 0.5$. Wie aufgrund der negativen Korrelation zwischen Basiswert und Volatilität erwartet, erkennen wir in der IJK-Lösung eine absteigende *Volatility Skew*, sogar für die Laufzeit $T = 0.5$, die hier nur mit einem Schritt aufgelöst wird. Die IJK-Lösung stimmt qualitativ sehr gut mit der hochgenauen Approximation in Abb. 8.2 überein. Bereits ein Schritt reicht aus, um mit dem IJK-Verfahren die *Volatility Skew* aufzulösen. Das Euler-Verfahren dagegen liefert für $\Delta t = 0.5$ (sieht man von sehr geringen Ausübungspreisen ab) eher eine konstante Volatilität und damit eine qualitativ falsche Lösung.

8.1.6   Mehrdimensionale stochastische Volatilitätsmodelle

In diesem Abschnitt wollen wir die positivitätserhaltende numerische Integration sowie das IJK-Verfahren für das zweidimensionale stochastische Volatilitätsmodell auf das $2n$-dimensionale stochastische Volatilitätsmodell

$$dS_i = \mu_i S_i dt + V_i^p S_i dW_{S,i}, \tag{8.38}$$

$$dV_j = a_j(V_j) dt + b_j(V_j) dW_{V,j} \tag{8.39}$$

mit $i, j = 1, \ldots, n$, $1/2 \leq p \leq 1$ und korrelierten Brownschen Bewegungen $W_{S,i}, W_{V,j}$ verallgemeinern, das etwa für die Berechnung des fairen Preises von Basket-Optionen benötigt wird. Dabei haben wir angenommen, dass neben der Kopplung über die Wiener-Prozesse lediglich die i-te Volatilität über die nichtlineare Funktion $f_i(V_i) = V_i^p$ in die Berechnung des i-ten Basiswerts eingeht. Da darüber hinaus nur diagonales Rauschen vorliegt (siehe Abschnitt 5.3), können wir den $2n$-dimensionalen Fall auf den zweidimensionalen Fall aus Abschnitt 8.1.4 zurückführen. Wir müssen lediglich die korrelierten Wiener-Prozesse $W_{S,i}$ und

MATLAB-Programm 8.1 Das Programm `ijk.m` approximiert den Basiswert mittels einer Kombination aus drift-implizitem Milstein-Verfahren und IJK-Verfahren (alternativ: Euler-Maruyama-Verfahren), falls das stochastisches Volatilitätsmodell zugrunde gelegt wird. Als Korrelation wählen wir $\rho = -0.7$. Die Modellparameter des Hestonmodells sind $\kappa = 1$, $\theta = 0.625$, $\nu = 0.25$ und $\sigma_0 = \theta$.

```matlab
function Y = ijk(T,S0,r,flag)
% T: Laufzeit
% S0: Anfangswert des Basiswertes
% r: risikoloser Zinssatz
% flag = 1: IJK-Verfahren
% flag = 2: Euler-Maruyama-Verfahren

M = 10000;                     % Anzahl der Monte-Carlo-Simulationen
deltat = 2^(-8);               % Schrittweite
N = T/deltat;                  % Anzahl der Schritte
randn('state',3)               % Initialisierung
dV=sqrt(deltat)*randn(2,M,N);  % Simultane Berechnung aller Wiener Zuwächse
A = [1 -0.7; -0.7 1];          % Korrelationsmatrix
L = chol(A,'lower');           % Cholesky-Zerlegung

% Stochastische Volatilität per Heston-Modell
kappa = 1; theta = 0.25*0.25; nu = 0.25; sigma20 = theta;
X(:,1) = sigma20*ones(M,1);
for i = 2:N+1
    dWt(:,:,i-1) = L*dV(:,:,i-1);
    dZ = dWt(1,:,i-1);
    X(:,i) = (X(:,i-1)+kappa*theta*deltat+nu*sqrt(X(:,i-1)).*dZ'+ ...
            nu^2*(dZ.^2-deltat)')/(1+kappa*deltat);
end
Sigma = sqrt(X);               % Berechnung der Volatilitäten

% Berechnung der log. Basiswerte mittels IJK-Verfahren
Y = log(S0(1))*ones(1,M);
rho = A(1,2)                   % Korrelation
for i = 2:N+1
    dZ = dWt(1,:,i-1);
    dW = dWt(2,:,i-1);
    if (flag==1)
        fac1 = (r-(Sigma(:,i-1).^2+Sigma(:,i).^2)/4)*deltat;
        fac2 = rho*Sigma(:,i-1).*dZ';
        fac3 = (Sigma(:,i-1)+Sigma(:,i)).*(dW-rho*dZ)'/2;
        fac4 = rho*nu^2.*(dZ'.^2-deltat)/2;
        Y = Y+(fac1+fac2+fac3+fac4)';
    else
        Y = Y+(r-(Sigma(:,i-1).^2/2))'*deltat+Sigma(:,i-1)'.*dW;
    end
end
```

$W_{V,j}$ für $1 \leq i, j \leq n$ berechnen. Allerdings sind wir hier mit einem Problem konfrontiert: Nicht alle Korrelationen liegen vor bzw. können einfach aus Marktdaten geschätzt werden.

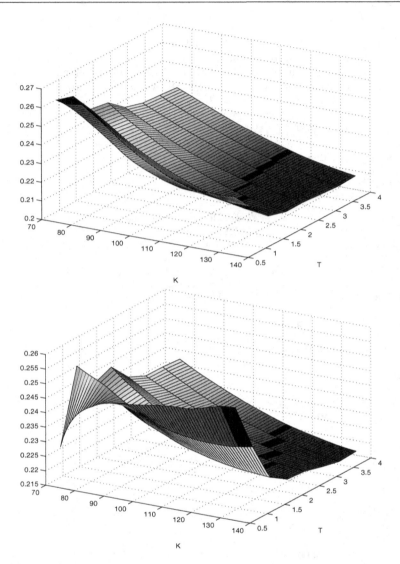

Abbildung 8.1 Implizite Volatilitätsfläche für eine Europäische Call-Option unter Zugrundelegung eines stochastischen Volatilitätsmodells: IJK-Verfahren (oben) und Euler-Maruyama-Verfahren (unten) mit Schrittweite $\triangle t = 0.5$.

Wir können annehmen, dass die Korrelationen zwischen den Wiener-Prozessen $W_{S,i}$ and $W_{V,i}$ bekannt sind:

$$dW_{S,i}dW_{V,i} = \eta_i dt,$$

oder in kompakter Notation

$$W_{S,i} \cdot W_{V,i} \stackrel{\circ}{=} \eta_i.$$

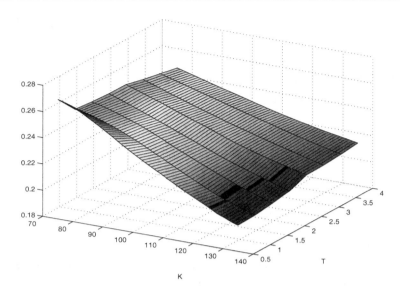

Abbildung 8.2 Implizite Volatilitätsfläche für eine Europäische Call-Option unter Zugrundelegung eines stochastischen Volatilitätsmodells: IJK-Verfahren mit Schrittweite $\triangle t = 2^{-8}$.

Darüber hinaus können wir annehmen, dass uns alle Korrelationen zwischen den Basiswerten bekannt sind:

$$W_{S,i} \cdot W_{S,j} \stackrel{\circ}{=} \rho_{ij}.$$

Fassen wir unser Wissen bezüglich der Korrelationen zusammen, so ergibt sich die folgende Struktur der Korrelationsmatrix

$$A = (a_{ij})_{1 \leq i,j \leq 2n} = \begin{pmatrix} \rho_{1,1} & \cdots & \rho_{1,n} & \eta_1 & & ? \\ \vdots & & \vdots & & \ddots & \\ \rho_{n,1} & \cdots & \rho_{n,n} & ? & & \eta_n \\ \eta_1 & & ? & 1 & & ? \\ & \ddots & & & \ddots & \\ ? & & \eta_n & ? & & 1 \end{pmatrix}, \qquad (8.40)$$

wobei die noch nicht definierten Korrelationen (da schwer aus Marktdaten zu schätzen) mit einem Fragezeichen „?" markiert sind. Diese unbekannten Korrelationen sind nun so zu vervollständigen, dass wir (i) eine symmetrische, positiv definite Matrix erhalten, deren Einträge (ii) auch noch der Bedingung $|a_{ij}| < 1$ genügen müssen (für $i \neq j$).

Wie können wir die vorliegende Information zu einer vollständigen Korrelationsmatrix vervollständigen? Im Prinzip kann das Problem der Vervollständigung einer Matrix A, die nur auf einer gegebenen Menge von Positionen definiert ist,

zu einer symmetrischen, positiv definiten Matrix mit graphentheoretischen Hilfs-
mittel gelöst werden, siehe etwa [92]. Leider sind diese Ansätze nicht anwendbar,
da wir auch noch die zusätzliche Eigenschaft $|a_{ij}| < 1$ (für $i \neq j$) benötigen.
Eine Übersicht zur Problematik der Matrixvervollständigung findet man in den
Büchern von Laurent [138] und Johnson [116].

Wir diskutieren hier einen einfach zu implementierenden Ansatz aus [117],
den wir am einfachsten Beispiel $n = 2$ für den Fall zweier Basiswerte motivieren
wollen. Die Korrelationsmatrix mit den uns bekannten Informationen lautet

$$A = \begin{pmatrix} 1 & \rho_{12} & \eta_1 & ? \\ \rho_{21} & 1 & ? & \eta_2 \\ \eta_1 & ? & 1 & ? \\ ? & \eta_2 & ? & 1 \end{pmatrix}. \tag{8.41}$$

Was noch fehlt, sind die Kreuzkorrelationen $S_1 \sim V_2$ und $S_2 \sim V_1$ sowie die Korrelationen zwischen den verschiedenen Volatilitäten. Das können wir uns leicht
an dem korrespondierenden Graph der Matrix in Abb. 8.3 klarmachen.

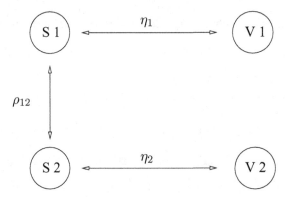

Abbildung 8.3 Graph zur Matrix (8.41) mit den Knoten S_1, S_2, V_1 und V_2. Die Kanten
enthalten die entsprechenden Einträge für die Nicht-Diagonal-Elemente (in den Diagonalen gilt ja stets $a_{ii} = 1$).

Eine pragmatische Definition der Korrelation zwischen V_1 und S_2 ist durch
das Produkt der Korrelationen zwischen $V_1 \sim S_1$ und $S_1 \sim S_2$ gegeben:

$$a_{32} \overset{\circ}{=} W_{V,1} \cdot W_{S,2} \overset{\circ}{=} (W_{V,1} \cdot W_{S,1})(W_{S,1} \cdot W_{S,2}) \overset{\circ}{=} \eta_1 \cdot \rho_{12}.$$

Analog können wir die Korrelation zwischen den Volatilitäten als das Produkt
zwischen $V_1 \sim S_1$, $S_1 \sim S_2$ und $S_2 \sim V_2$ definieren:

$$a_{43} \overset{\circ}{=} W_{V,1} \cdot W_{V,2} \overset{\circ}{=} (W_{V,1} \cdot W_{S,1})(W_{S,1} \cdot W_{S,2})(W_{S,2} \cdot W_{V,2}) \overset{\circ}{=} \eta_1 \cdot \rho_{12} \cdot \eta_2.$$

Im entsprechenden Graphen müssen wir lediglich die Kantenwerte im Pfad von V_1
nach V_2 multiplizieren. In unserem zweidimensionalen Beispiel ist dies eindeutig,
in mehreren Dimensionen müssten wir den kürzesten Pfad wählen. Die Matrix
lautet nun

$$A = \begin{pmatrix} 1 & \rho_{12} & \eta_1 & \eta_2 \cdot \rho_{12} \\ \rho_{21} & 1 & \eta_1 \cdot \rho_{12} & \eta_2 \\ \eta_1 & \eta_1 \cdot \rho_{21} & 1 & \eta_1 \cdot \rho_{12} \cdot \eta_2 \\ \eta_2 \cdot \rho_{21} & \eta_2 & \eta_1 \cdot \rho_{21} \cdot \eta_2 & 1 \end{pmatrix}. \qquad (8.42)$$

Abb. 8.4 zeigt den entsprechenden Graphen zur Matrix (8.42).

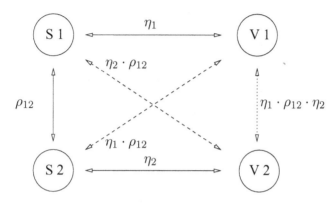

Abbildung 8.4 Graph zur Matrix (8.42).

Per Definition erhalten wir eine symmetrische Matrix. Darüber hinaus sind alle Einträge außerhalb der Diagonale betragsmäßig durch eins beschränkt. Wir müssen nur noch nachweisen, dass unsere Wahl auch auf eine positiv definite Matrix führt. Um dies zu zeigen, benutzen wir die folgende Charakterisierung einer positiv definiten Matrix: Eine Matrix $A \in \mathbb{R}^{n \times n}$ ist positiv definit, falls bei der Gauß-Elimination nur positive diagonale Pivotelemente gewählt werden können. Also müssen wir im k-ten Schritt der Gauß-Elimination das Diagonalelement a_{kk} als Pivotelement p_k wählen. Es werden nur die Elemente a_{ij} mit $i, j \geq k$ verändert. Sei $A^{(k)} = (a_{ij}^{(k)})_{i,j=1,\dots,n}$ die Matrix, die sich nach dem k-ten Eliminationsschritt aus der Matrix A durch

$$a_{ij}^{(k+1)} = a_{ij}^{(k)} - \frac{a_{ik}^{(k)} a_{kj}^{(k)}}{a_{kk}^{(k)}}, \qquad i, j > k, \qquad (8.43)$$

ergibt. Als erstes Pivotelement können wir $p_1 = a_{11}^{(1)} = 1 > 0$ wählen und erhalten

$$A^{(2)} = \begin{pmatrix} 1 & \rho_{12} & \eta_1 & \eta_2 \cdot \rho_{12} \\ 0 & 1 - \rho_{12}^2 & 0 & \eta_2(1 - \rho_{12}^2) \\ 0 & 0 & 1 - \eta_1^2 & 0 \\ 0 & \eta_2(1 - \rho_{12}^2) & 0 & 1 - (\eta_2\rho_{12})^2 \end{pmatrix}.$$

In den weiteren Eliminationsschritten werden die erste Zeile und erste Spalte nicht mehr verändert und wir haben nur noch den aktiven Teil der Matrix ($2 \leq i, j \leq 4$)

zu betrachten. Wir stellen fest, dass die dritte Zeile und Spalte im aktiven Teil nur das Diagonalelement $a_{33}^{(2)} \neq 0$ enthält. Damit hat dieser Knoten keine Verbindung mehr zu anderen Kanten des entsprechenden Graphen, d.h., im nächsten Eliminationsschritt bleiben diese Zeile und Spalte unverändert. Außerdem kann $a_{33}^{(2)} = 1 - \eta_1^2 > 0$ als positives Pivotelement im dritten Eliminationsschritt gewählt werden. Mit $p_2 = a_{22}^{(2)} = 1 - \rho_{12}^2 > 0$ erhalten wir nach dem zweiten Eliminationsschritt

$$
A^{(3)} = \begin{pmatrix}
1 & \rho_{12} & \eta_1 & \eta_2 \cdot \rho_{12} \\
0 & 1 - \rho_{12}^2 & 0 & \eta_2(1 - \rho_{12}^2) \\
0 & 0 & 1 - \eta_1^2 & 0 \\
0 & 0 & 0 & 1 - (\eta_2\rho_{12})^2 - \frac{\eta_2^2(1-\rho_{12}^2)^2}{1-\rho_{12}^2}
\end{pmatrix}
$$

$$
= \begin{pmatrix}
1 & \rho_{12} & \eta_1 & \eta_2 \cdot \rho_{12} \\
0 & 1 - \rho_{12}^2 & 0 & \eta_2(1 - \rho_{12}^2) \\
0 & 0 & 1 - \eta_1^2 & 0 \\
0 & 0 & 0 & 1 - \eta_2^2
\end{pmatrix}.
$$

Der aktive Teil ist die untere 2×2-Teilmatrix mit Einträgen $a_{ij}^{(2)}$ $(i, j > 2)$. In den letzten beiden Eliminationsschritten können wir die Elemente $a_{33}^{(3)} = 1 - \eta_1^2 > 0$ und $a_{44}^{(4)} = 1 - \eta_2^2 > 0$ als Pivotelemente p_3 und p_4 wählen – die Ausgangsmatrix A ist damit positiv definit.

Bemerkung 8.10 Diese Vorgehensweise ist auch auf den mehrdimensionalen Fall übertragbar. Falls die Korrelationen zwischen den Basiswerten

$$
W_{S,i} \cdot W_{S,j} \overset{\circ}{=} \rho_{ij}
$$

eine symmetrische, positiv definite Matrix $B = (\rho_{ij})$ definieren, dann führt die folgende Wahl für die unbekannten Kreuzkorrelationen zwischen dem Basiswert S_j und entsprechender Volatilität V_j als Produkt der Korrelationen zwischen $V_i \sim S_i$ and $S_i \sim S_j$,

$$
a_{i+n,j} \overset{\circ}{=} W_{V,i} \cdot W_{S,j} \overset{\circ}{=} (W_{V,i} \cdot W_{S,i})(W_{S,i} \cdot W_{S,j}) \overset{\circ}{=} \eta_i \cdot \rho_{ij},
$$

zusammen mit der entsprechenden Definition für die Korrelationen zwischen den Volatilitäten

$$
a_{i+n,j+n} \overset{\circ}{=} W_{V,i} \cdot W_{V,j} \overset{\circ}{=} (W_{V,i} \cdot W_{S,i})(W_{S,i} \cdot W_{S,j})(W_{S,j} \cdot W_{V,j}) \overset{\circ}{=} \eta_i \cdot \rho_{ij} \cdot \eta_j
$$

zu einer Matrix $A = (a_{ij})_{1 \leq i,j, \leq 2n}$ mit

$$
A = \begin{pmatrix}
\rho_{11} & \cdots & \rho_{1,n} & \eta_1 & \cdots & \eta_n \cdot \rho_{1,n} \\
\vdots & \ddots & \vdots & \vdots & \ddots & \vdots \\
\rho_{n,1} & \cdots & \rho_{n,n} & \eta_1 \cdot \rho_{n,1} & \cdots & \eta_n \\
\eta_1 & \cdots & \eta_1 \cdot \rho_{n,1} & 1 & \cdots & \eta_1 \cdot \rho_{1,n} \cdot \eta_n \\
\vdots & \ddots & \vdots & \vdots & \ddots & \vdots \\
\eta_n \cdot \rho_{1,n} & \cdots & \eta_n & \eta_1 \cdot \rho_{n,1} \cdot \eta_n & \cdots & 1
\end{pmatrix},
$$

die symmetrisch und positiv definit ist und nur Einträge außerhalb der Diagonale enthält, welche betragsmäßig durch eins beschränkt sind. Darüber hinaus kann man nachweisen, dass diese Wahl diejenige Vervollständigung auswählt, welche die Determinante maximiert [117].   □

Beispiel 8.11 Betrachten wir als Beispiel den Fall von vier Basiswerten. Zur Verfügung stehen als Information die Korrelationsmatrix der vier Basiswerte

$$B = \begin{pmatrix} 1 & 0.2 & 0 & 0.5 \\ 0.2 & 1 & 0.4 & 0 \\ 0 & 0.4 & 1 & 0.6 \\ 0.5 & 0 & 0.6 & 1 \end{pmatrix}$$

sowie die Kreuzkorrelationen zwischen Basiswert und entsprechender Volatilität

$$v = \begin{pmatrix} -0.7 \\ -0.8 \\ -0.9 \\ -0.8 \end{pmatrix}.$$

Diese hochgradig negative Korrelation entspricht einer absteigenden impliziten Volatilitätsfläche, wie sie für Europäische Plain-Vanilla-Optionen typisch ist. Der oben diskutierte Ansatz zur Vervollständigung dieser Informationen zur Gesamt-Korrelationsmatrix führt auf

$$A = \begin{pmatrix} 1 & 0.2 & 0 & 0.5 & -0.7 & -0.16 & 0 & -0.4 \\ 0.2 & 1 & 0.4 & 0 & -0.14 & -0.8 & -0.36 & 0 \\ 0 & 0.4 & 1 & 0.6 & 0 & -0.32 & -0.9 & -0.48 \\ 0.5 & 0 & 0.6 & 1 & -0.35 & 0 & -0.54 & -0.8 \\ -0.7 & -0.14 & 0 & -0.35 & 1 & 0.112 & 0 & 0.28 \\ -0.16 & -0.8 & -0.32 & 0 & 0.112 & 1 & 0.288 & 0 \\ 0 & -0.36 & -0.9 & -0.54 & 0 & 0.288 & 1 & 0.432 \\ -0.4 & 0 & -0.48 & -0.8 & 0.28 & 0 & 0.432 & 1 \end{pmatrix}.$$

Die fehlenden Korrelationen in A können in MATLAB wie folgt generiert werden:

- Kreuzkorrelationen zwischen Basiswerten S_j und Volatilitäten V_i ($i \neq j$):

```
for i=1:4
    for j = [1:i-1 i+1:4]
        A(i+4,j) = A(i,i+4)*A(i,j);
        A(j,i+4) = A(i+4,j);
    end
end
```

- Korrelationen zwischen den Volatilitäten:

```
for i=1:4
    for j = i+1:4
        A(i+4,j+4) = A(i,i+4)*A(i,j)*A(j,j+4);
        A(j+4,i+4) = A(i+4,j+4);
    end
end
```

Entsprechende Simulationsergebnisse für eine Basket-Kaufoption mit Auszahlungsfunktion

$$C = \left(\frac{1}{4} \sum_{i=1}^{4} S_i(T) - K \right)^+ \tag{8.44}$$

und verschiedene Ausübungspreise K und Laufzeiten T finden sich in [117].

8.2 Zinsderivate

Zinsderivate sind Derivate auf Basiswerte, die von der Zinsentwicklung abhängen. Die einfachsten Beispiele hierfür sind europäische Optionen auf Null-Coupon-Anleihen (d.h. Bonds) oder Wandelanleihen. Europäische Bond-Optionen räumen dem Käufer das Recht ein, einen Bond mit Laufzeit T_1 zu einem bestimmten Zeitpunkt $T_2 < T_1$ für einen festen Preis K zu kaufen oder zu verkaufen. Eine *Wandelanleihe* mit Laufzeit T verleiht dem Käufer (oder auch der Verkäuferin) das Recht, zu einem beliebigen Zeitpunkt $t \leq T$ die Wandelanleihe gegen eine feste Anzahl von Basiswerten (z.B. Aktien, Aktienkörbe oder Indizes) zu tauschen. Verläuft die Kursentwicklung negativ, verzichtet der Anleihenbesitzer auf sein Wandelrecht und erhält den festen Zins der Anleihe.

Immer häufiger werden in den letzten Jahren Zinsderivate dazu genutzt, Schuldner gegen Zinserhöhungen oder Gläubiger gegen Zinssenkungen abzusichern. Dabei kann jedes Risiko individuell durch Konstruktion einer entsprechenden Option abgesichert werden. Wir betrachten hierzu das folgende Beispiel.

Beispiel 8.12 Zur Finanzierung eines Hauskaufs soll ein Festdarlehen in Höhe von $N = 500\,000$ Euro mit einer Laufzeit von $T = 30$ Jahren aufgenommen werden, d.h., es erfolgt keine laufende Tilgung, sondern eine komplette Rückzahlung des Darlehens zum Laufzeitende. Da der Hauskäufer langfristig mit sinkenden Zinsen rechnet, möchte er ein variables Darlehen aufnehmen. Er vereinbart daher mit seiner finanzierenden Bank einen Zinssatz, der 1.5% über dem jeweiligen EURIBOR-Satz $z(t)$ für Ein-Monatsgelder liegt, aber mindestens 4.5% betragen soll. (Der EURIBOR bzw. *Euro Interbank Offer Rate* gibt die Zinsraten an, die Banken untereinander für Kredite bezahlen.) Für das Darlehen sind insgesamt 360 *nachschüssige* (d.h. am Monatsletzten zu überweisende) monatliche Zinszahlungen zu den Zeitpunkten $T_i = 1, 2, \ldots, 360$ Monate in Höhe des vereinbarten

Zinssatzes $\min(4.5\%, 1.5\% + z(T_{i-1}))$ (mit der Konvention $T_0 := 0$) zu leisten. Für den Fall, dass seine Einschätzung der zukünftigen Zinsentwicklung nicht aufgehen sollte, will sich der Käufer gegen allzu hohe Zinserhöhungen absichern. Er ist nun an den beiden folgenden Absicherungen interessiert:

- der maximale Zinssatz K_i für die Zahlung im i-ten Monat soll 7 % betragen oder

- der maximale Zinssatz K_i soll durch den *rollierenden Durchschnitt* der bisherigen EURIBOR-Zinssätze $z(T_i)$ begrenzt sein, d.h. durch

$$K_i = \min\left(4.5\%, 1.5\% + \min\left\{z(T_{i-1}), \frac{1}{i}\sum_{j=1}^{i} z(T_{j-1})\right\}\right). \qquad (8.45)$$

Wie hoch ist der faire Preis für eine derartige Absicherung heute? $\square$

Um diese Aufgabe mathematisch exakt fassen zu können, müssen wir einige Zinsbegriffe wiederholen bzw. einführen:

- Der *risikolose Zinssatz* $r(t)$ kann definiert werden als der Zinssatz für ein Bankguthaben mit infinitesimal kurzer Laufzeit:

$$dB(t) = r(t)dt, \ B(0) = 1, \quad \text{also} \quad B(t) = \exp\left(\int_0^t r(\tau)d\tau\right).$$

Bisher haben wir stets angenommen, dass der risikolose Zinssatz r rein deterministisch ist, d.h., r ist konstant oder als rein zeitabhängige Funktion $r = r(t)$ gegeben. Es ist jedoch wesentlich realistischer, r als stochastische Größe zu modellieren (siehe Abschnitt 4.5.5). Diese Eigenschaft kann bei den langen, viele Jahre umfassenden Laufzeiten von Zinsderivaten nicht vernachlässigt werden.

- Der faire Preis $P(t,T)$ einer *Null-Koupon-Anleihe* (Bond) zum Zeitpunkt t mit Laufzeitende T ist in Abhängigkeit von r gegeben durch

$$P(t,T) = \begin{cases} \exp\left(-r(T-t)\right) & : \ r \text{ konstant} \\[2mm] \exp\left(-\int_t^T r(\tau)d\tau\right) & : \ r \text{ deterministisch} \\[2mm] E\left(\exp\left(-\int_t^T r_\tau d\tau\right)\right) & : \ r \text{ stochastisch.} \end{cases}$$

- Die *Spotrate* $L(t,T)$ bezeichnet den konstanten Zinssatz, der für die Anlage von $P(t,T)$ Geldeinheiten zum Zeitpunkt t eine Rückzahlung von einer Geldeinheit zum Zeitpunkt T liefert. Im Fall diskreter Verzinsung ergibt dies

$$(1 + (T - t)L(t, T))P(t, T) = 1,$$

oder nach $L(t, T)$ aufgelöst:

$$L(t, T) = \frac{1 - P(t, T)}{(T - t)P(t, T)}. \tag{8.46}$$

Ein Beispiel für eine derartige Spotrate stellt der EURIBOR-Zinssatz für Ein-Monatsgelder dar, der über (8.46) mit den Bond-Preisen zu den Zeitpunkten $(t, T) = (t, t + 30/360)$ verknüpft ist. Im Fall kontinuierlicher Verzinsung ist die Spotrate $\ell(t, T)$ über $P(t, T) = \exp(-\ell(t, T)(T - t))$ oder

$$\ell(t, T) = -\frac{\ln P(t, T)}{T - t}$$

definiert.

- Der *Forward-Zinssatz* $F(t; T, T^*)$ kann als derjenige Zinsatz definiert werden, mit dem eine Bond-Anlage am Laufzeitende T um die Dauer $T^* - T > 0$ verlängert werden muss, um die Rückzahlung zu erhalten, die sich mit der Anlage eines Bondes mit Laufzeitende T^* zum Zeitpunkt $t < T$ ergeben hätte; $F(t; T, T^*)$ ist also (im Fall diskreter Verzinsung) implizit definiert durch

$$(1 + (T^* - T)F(t; T, T^*))\frac{1}{P(t, T)} = \frac{1}{P(t, T^*)},$$

oder aufgelöst nach $F(t; T, T^*)$:

$$F(t; T, T^*) = \frac{1}{T^* - T}\left(\frac{P(t, T)}{P(t, T^*)} - 1\right).$$

Im Fall kontinuierlicher Verzinsung erhalten wir für $\varepsilon > 0$

$$\frac{e^{\varepsilon F(t; T, T + \varepsilon)}}{P(t, T)} = \frac{1}{P(t, T + \varepsilon)}.$$

Der Forward-Zinssatz ist dann der Grenzwert

$$\begin{aligned}
f(t, T) &= \lim_{\varepsilon \to 0} F(t; T, T + \varepsilon) = -\lim_{\varepsilon \to 0} \frac{1}{\varepsilon}(\ln P(t, T + \varepsilon) - \ln P(t, T)) \\
&= -\frac{\partial}{\partial T} \ln P(t, T).
\end{aligned}$$

- Unter der *Zinsstrukturkurve* (englisch: *yield curve*) zur Zeit t verstehen wir die Abbildung $T \mapsto L(t, T)$ bzw. $T \mapsto \ell(t, T)$. Allerdings ist dieser Begriff in der Literatur nicht eindeutig definiert. Die Zinsstrukturkurve ist eindeutig durch die Bond-Preise bestimmt, so dass zu ihrer Berechnung die Kenntnis von $P(t, T)$ für alle Laufzeiten T genügt.

8.2.1 Formulierung des Modellproblems und Lösungsansatz

Mit den obigen Begriffen können wir die Aufgabe aus Beispiel 8.12 mathematisch exakt formulieren. Abgezinst zum heutigen Zeitpunkt $t = t_0$ ist der Wert der zukünftig zu leistenden Zinszahlungen gegeben durch

$$N\tau \sum_{j=1}^{360} D(t, T_i) L(T_{i-1}, T_i), \tag{8.47}$$

mit der Höhe N des Festdarlehens, dem konstanten Abstand $\tau = 30/360$ von einem Monat zwischen den Zahlungen, dem Diskontierungsfaktor

$$D(t, T_i) = \exp\left(-\int_t^{T_i} r(\tau) d\tau\right)$$

sowie dem EURIBOR-Zinssatz $L(T_{i-1}, T_i)$ zum Zeitpunkt T_{i-1} für Ein-Monatsgelder. Um den maximalen Zinssatz zum Zeitpunkt T_i auf K_i zu begrenzen, benötigen wir 360 Optionen mit der Auszahlungsfunktion

$$(L(T_{i-1}, T_i) - K_i)^+$$

zum Zeitpunkt T_i (sogenannte *Caplets*). Diese Caplets lassen sich zu einer Option zusammenfassen, deren (auf den Zeitpunkt t diskontierte) Auszahlungsfunktion gegeben ist durch

$$N\tau \sum_{j=1}^{360} D(t, T_i) \left(L(T_{i-1}, T_i) - K_i\right)^+ \tag{8.48}$$

für

$$K_i = \begin{cases} 7\% & \text{oder} \\ \min\left(4.5\%, 1.5\% + \min\left\{z(T_{i-1}), \frac{1}{i}\sum_{j=1}^i z(T_{j-1})\right\}\right). \end{cases}$$

Wir wollen nun den fairen Preis $V(t, r, N, \tau, \mathcal{K})$ dieser Option zum Zeitpunkt t für den risikolosen Zinssatz r, Darlehenshöhe N, konstanter Laufzeit τ der Spotraten zu den Zeitpunkten $\mathcal{K} := (T_0, T_1, \ldots, T_{360})$ berechnen:

$$\begin{aligned} V(t, r, N, \tau, \mathcal{K}) &= \mathrm{E}\left(N\tau \sum_{j=1}^{360} D(t, T_i)\left(L(T_{i-1}, T_i) - K_i\right)^+\right) \\ &= N\tau \sum_{j=1}^{360} \mathrm{E}\left(D(t, T_i)\left(L(T_{i-1}, T_i) - K_i\right)^+\right). \end{aligned} \tag{8.49}$$

Bemerkung 8.13 (1) Wäre r deterministisch, so auch die Bond-Preise und die Spotraten $L(T_{i-1}, T_i)$ und damit auch die diskontierte Auszahlungsfunktion. Eine Absicherung mit einer Option würde dann keinen Sinn machen.

(2) Für den Fall, dass K_i konstant ist, also nicht von den vergangenen Zinssätzen $z(T_j)$ abhängt, wird der faire Preis des Caplets

$$\mathrm{E}\left(D(t,T_i)(L(T_{i-1},T_i) - K_i)^+\right)$$

in der Marktpraxis in der Regel mit der Black-Formel gepreist: Bezeichnet $V(S,t; K_i, T, \sigma)$ den Preis einer europäischen Call-Option mit Ausübungspreis K_i, Laufzeit T und Volatilität σ für einen Basiswert S zum Zeitpunkt t, so gilt

$$\mathrm{E}\left(D(t,T_i)(L(T_{i-1},T_i) - K_i)^+\right) = P(t,T_i)V(F(t;T_{i-1},T_i),t; K_i, T_{i-1}, \sigma_i),$$

wobei im sogenannten LIBOR-Market-Modell der Forward-Zinssatz $F_i := F(t; T_{i-1}, T_i)$ durch eine driftlose stochastische Differentialgleichung der Form $dF_i = \sigma_i F_i dW$ mit Anfangswert $F_i(t) = (P(0,T_{i-1})/P(0,T_i) - 1)/(T_i - T_{i-1})$ definiert ist. Dabei sind die Bond-Preise $P(t,T)$ zum (heutigen) Zeitpunkt $t = t_0$ durch Marktdaten $P^M(t_0, T)$ gegeben [35, 107]. $\qquad\square$

Im Falle allgemeiner, etwa pfadabhängiger Absicherungsstrategien K_i ist keine geschlossene Formel mehr verfügbar. Hier sind wir auf Monte-Carlo-Simulationen (siehe Kapitel 5) angewiesen, die auf den folgenden Bausteinen aufbauen:

(1) Definition eines stochastischen Prozesses

$$dr_t = u(r_t,t)dt + w(r_t,t)dW_t, \quad r_0 = \lim_{\tau \searrow t_0} L(t_0,\tau), \qquad (8.50)$$

für den risikolosen Zinssatz r_t mit geeigneten Modellfunktionen u und w;

(2) falls möglich, analytische Berechnung des Bond-Preises $P(r,t,T) := P(t,T)$ in Abhängigkeit von r oder, falls nicht möglich, unter der Voraussetzung eines arbitrage-freien Marktes als Lösung eines parabolischen End-Randwertproblems;

(3) Berechnung von $L_i := L(T_{i-1}, T_i)$ und K_i in Abhängigkeit der Bond-Preise gemäß (8.46) und (8.45).

Der Erwartungswert $\mathrm{E}(D(t,T_i)\left(L(T_{i-1},T_i) - K_i\right)^+)$ zur Bestimmung des fairen Preises $V(t,r,N,\tau,\mathcal{K})$ (siehe (8.49)) kann dann durch die Berechnung von M Pfaden des Zinssatzes mittels

$$\mathrm{E}\left(D(t,T_i)(L(T_{i-1},T_i) - K_i)^+\right) \approx \frac{1}{M}\sum_{j=1}^{M} D_i^{(j)}(L_i^{(j)} - K_i^{(j)})^+$$

approximiert werden. Die Abzinsungsfaktoren $D(t,T_i)$ können dabei für alle M Pfade simultan mit dem stochastischen Prozess für r mitberechnet werden (siehe Abschnitt 8.2.5). Im Folgenden wollen wir eine Möglichkeit aufzeigen, wie die Punkte (1) und (2) realisiert werden können.

8.2.2 Bond-Preis unter Cox-Ingersoll-Ross-Dynamik

Für die Dynamik des risikolosen Zinssatzes r legen wir eine Dynamik der Form (8.50) zugrunde. Unter der Annahme eines arbitrage-freien Marktes können wir wie in Abschnitt 8.1 (siehe Bemerkung 8.3) mittels Duplikationsstrategie die partielle Differentialgleichung

$$P_t + \frac{1}{2}w^2 P_{rr} + (u - \lambda w)P_r - rP = 0 \qquad (8.51)$$

für den Wert eines Bondes $P(r, t; T)$ mit Laufzeit T und Zinssatz r zum Zeitpunkt t herleiten. Die Auszahlungsfunktion sei durch

$$P(r, T; T) = 1, \quad r \geq 0, \qquad (8.52)$$

gegeben (der Nominalwert des Bonds sei also auf 1 normiert). Die Funktion $\lambda(r, t)$ beschreibt hier wie in Abschnitt 8.1 den Marktpreis für das Zinsänderungsrisiko. Die Wahl

$$w(r, t) = \sigma\sqrt{r}, \qquad u(r, t) = \kappa(\theta - r) + \lambda(r, t)w(r, t) \qquad (8.53)$$

etwa führt auf das risikoangepasste Cox-Ingersoll-Ross-Modell (siehe Abschnitt 4.5.5 für ein ähnliches Modell). Diese Wahl ist durch zwei Eigenschaften gekennzeichnet:

- Der Term $u - \lambda w$ in (8.51) hängt nicht vom Marktpreis des Zinsänderungsrisikos ab.

- Falls die Modellkoeffizienten die Ungleichung $\kappa\theta > \sigma^2/2$ erfüllen, liefert das Cox-Ingersoll-Ross-Modell stets positive Zinssätze (siehe Abschnitt 40.8.2 in [224]).

- Der Bond-Preis $P(r, t; T)$ ist als analytische Funktion gegeben, d.h., das System (8.51)-(8.52) (mit noch zu bestimmenden Randwerten) besitzt eine analytische Lösung.

Um den letzten Punkt zu verifizieren, setzen wir die Lösung in separierter Form

$$P(r, t; T) = e^{A(t;T) - rB(t;T)}$$

mit zu bestimmenden Funktionen $A(t; T)$ und $B(t; T)$ an. Eingesetzt in (8.51) liefert dieser Ansatz

$$A_t - rB_t + \frac{1}{2}w^2 B^2 - (u - \lambda w)B - r = 0,$$

oder wegen $w^2 = \sigma^2 r$ und $u - \lambda w = \kappa(\theta - r)$:

$$(A_t - \kappa\theta B) - r\left(B_t - \frac{1}{2}\sigma^2 B^2 - \kappa B + 1\right) = 0.$$

Da diese Gleichung für alle $r \geq 0$ gelten soll, ergeben sich zwei unabhängige gewöhnliche Differentialgleichungen für A und B:

$$A_t = \kappa\theta B, \quad B_t = \frac{1}{2}\sigma^2 B^2 + \kappa B - 1.$$

Diese Gleichungen sind analytisch lösbar; unter Beachtung des Endwertes (8.52) und damit $A(T;T) = B(T;T) = 0$ ergibt sich [35]:

$$A(t;T) = 2\frac{\kappa\theta}{\sigma^2}\ln\left(\frac{2he^{(\kappa+h)(T-t)/2}}{2h + (\kappa+h)(e^{(T-t)h}-1)}\right), \tag{8.54}$$

$$B(t;T) = \frac{2\left(e^{(T-t)h}-1\right)}{2h + (\kappa+h)(e^{(T-t)h}-1)}, \tag{8.55}$$

wobei $h = \sqrt{\kappa^2 + 2\sigma^2}$. Als natürliche Randbedingungen für das parabolische System (8.51) ergeben sich mit diesem Ansatz:

$$\lim_{r\to\infty} P(r,t;T) = 0, \quad (P_t + \kappa\theta P_r)|_{r=0} = 0, \quad t \leq T.$$

Bemerkung 8.14 Grundlegend für die obigen Betrachtungen ist die Verwendung des risikolosen Zinssatzes als Basisvariable. Ein anderer, in der Praxis weit verbreiteter Ansatz zur Bewertung von Zinsderivaten beruht auf der numerischen Simulation von Forward-Zinssätzen, die den gesamten abzudeckenden Zeitraum umspannen (sogenannte LIBOR-Marktmodelle, wobei LIBOR für *London Interbank Offer Rate* steht). Das Problem dabei ist, dass für einen längeren Zeitraum sehr viele Forward-Zinssätze betrachtet werden müssen, die alle miteinander gekoppelt sind. Man hat es daher mit sehr großen Systemen von stochastischen Differentialgleichungen zu tun, mit mehrdimensionalen Wiener-Prozessen und Volatilitäten, die an Marktdaten kalibriert werden müssen. Dieser Ansatz wird sehr ausführlich (insbesondere auch unter Berücksichtigung von Kalibrierungsaspekten) in der Monografie [35] diskutiert. □

8.2.3 Kalibrierung des Modells an Marktdaten

Eine wesentliche Aufgabe der Kalibrierung eines Modells für die Zinsdynamik besteht in der Forderung, dass die Bond-Preise $P(r,t;T)$ zum Zeitpunkt $t = t_0$ stets mit den am Markt beobachteten Preisen $P^M(t_0, T)$ für alle Laufzeiten T übereinstimmen:

$$P(r, t_0; T) = P^M(t_0, T). \tag{8.56}$$

Durch eine Verallgemeinerung des Cox-Ingersoll-Ross-Modells können wir die Forderung (8.56) erfüllen: Wir ersetzen die Dynamik (8.50) mit der Wahl (8.53) des Cox-Ingersoll-Ross-Modells durch den stochastischen Prozess

$$
\begin{aligned}
dx_t &= (\kappa(\theta - x_t))dt + \sigma\sqrt{x_t}dW_t, \quad x_{t_0} = \bar{x}, \\
r_t &= x_t - \phi(t)
\end{aligned}
\tag{8.57}
$$

mit der Inhomogenität

$$
\phi(t) = \frac{\partial P^M(t_0, t)}{\partial t} + \left(\frac{\kappa\theta(e^{th} - 1)}{2h + (\kappa + h)(e^{th} - 1)} + \frac{4h^2 e^{th}\bar{x}}{(2h + (\kappa + h)(e^{th} - 1))^2} \right).
\tag{8.58}
$$

Man kann zeigen, dass für diesen Zinsprozess der Bond-Preis gegeben ist durch

$$
P(r, t; T) = \bar{A}(t; T)e^{-rB(t;T)}
$$

mit

$$
\bar{A}(t; T) = \frac{P^M(t_0, T)e^{A(t_0;t) - B(t_0;t)\bar{x}}}{P^M(t_0, t)e^{A(t_0;T) - B(t_0;T)\bar{x}}} e^{A(t;T) - B(t;T)\phi(t)}
$$

und den in den Gleichungen (8.54) und (8.55) definierten Funktionen $A(t; T)$ und $B(t; T)$. Dieses erweiterte Cox-Ingersoll-Ross-Modell erfüllt die Eigenschaft (8.56) (siehe Übungsaufgaben).

Hier ergibt sich das folgende Problem: Wir werden nur für diskrete Werte τ_j von Laufzeiten Marktdaten P_j^M für Bond-Preise $P^M(0, \tau_j)$ zur Verfügung haben. Wie können wir hieraus in sinnvoller Weise eine kontinuierliche Funktion $P^M(0, t)$ für alle Laufzeiten $t < T_{\max}$ konstruieren? Als maximale Laufzeit wählen wir $T_{\max} = T_{360}$ (siehe Beispiel 8.12); an größeren Laufzeiten sind wir nicht interessiert, um $V(t, r, N, \tau, \mathcal{K})$ zu bestimmen. Die Aufgabe, eine kontinuierliche Funktion $P^M(0, t)$ zum Zeitpunkt $t_0 := 0$ aus den verfügbaren Marktdaten P_j^M zu konstruieren, muss dabei die folgenden Eigenschaften der Marktdaten berücksichtigen:

- Die diskreten Laufzeiten τ_j werden bei $t = 0$ dichter liegen, jedoch für größere Laufzeiten nur vereinzelt verfügbar sein.

- Mit wachsender Laufzeit werden die Marktdaten immer unzuverlässiger und sind mit einem „Messfehler" δ_j behaftet.

Eine Interpolation der Marktdaten ist daher nicht sinnvoll. Vielmehr wollen wir die Daten durch eine approximierende Funktion $s(t)$ so interpolieren, dass

- s genügend glatt (etwa C^2) ist und eine minimale Krümmung aufweist und

- $s(\tau_j)$ die Marktdaten P_j^M im Rahmen der Messfehler δ_j approximiert.

Das geeignete Werkzeug hierfür wird durch den *Ausgleichsspline* nach Reinsch [174, 175] geliefert, mit dem wir uns im nächsten Abschnitt näher befassen wollen.

8.2.4 Ausgleichsspline

Die Aufgabe, die Bond-Preise P^M aus $n+1$ fehlerbehafteten Marktdaten P_i^M zu bestimmen, können wir wie folgt formulieren: Wir suchen zu gegebenen Datenpunkten $(x_i, y_i) = (\tau_i, P_i^M)$, $i = 0, 1, \ldots, n$, die Lösung des Minimierungsproblems

$$\min_{f \in C^2(x_0, x_n)} \int_{x_0}^{x_n} (f''(x))^2 \, dx \tag{8.59}$$

unter der Nebenbedingung

$$\sum_{i=1}^{n} \left(\frac{f(x_i) - y_i}{w_i} \right)^2 \leq S \tag{8.60}$$

mit einem Glättungsparameter S und Wichtungsparametern w_i. Wählen wir für die Wichtungsparameter eine Schätzung der Standardabweichung der Ordinate y_i, so sollte S nach [174] die Ungleichung

$$n + 1 - \sqrt{2(n+1)} \leq S \leq n + 1 + \sqrt{2(n+1)}$$

erfüllen. Im Folgenden berechnen wir die Lösung $s(x)$ des Ausgleichproblems (8.59)-(8.60) und nennen $s(t)$ den *Ausgleichsspline*. Wir leiten zuerst den Ausgleichspline aus einer variationellen Formulierung von (8.59)-(8.60) her, diskutieren die effiziente Berechnung der Splinekoeffizienten und zeigen anschließend, dass der so konstruierte Ausgleichsspline die Minimierungsaufgabe löst, d.h. unter allen Funktionen $f \in C^2(x_0, x_n)$ das Funktional $\int_{x_0}^{x_n} (f''(x))^2 \, dx$ unter der Nebenbedingung (8.60) wirklich minimiert.

Variationelle Formulierung des Ausgleichproblems. Mit Hilfe der Variationsrechnung können wir die Ungleichungsnebenbedingung (8.60) mit Hilfe einer Schlupfvariablen z (wie in Abschnitt 8.1.2) in Gleichungsform bringen, indem wir

$$\sum_{i=1}^{n} \left(\frac{f(x_i) - y_i}{w_i} \right)^2 + z^2 - S = 0$$

fordern und anschließend die linke Seite der Gleichung mit einem Lagrange-Parameter p an das Funktional in (8.59) ankoppeln. Regularität der Lösung vorausgesetzt (die wir später zeigen werden), können wir das unendlich-dimensionale Ausgleichsproblem (8.59)-(8.60) auf eine einparametrige Minimierungsaufgabe zurückführen, indem wir die gesuchte Lösung s in der Form

$$f(x) = s(x) + \varepsilon h(x)$$

mit $0 \leq \varepsilon \ll 1$ und beliebigen Funktionen $h \in C^2(x_0, x_n)$ leicht variieren. Zu minimieren ist also das Funktional

$$
\begin{aligned}
J(\varepsilon, p, z) \quad := \quad & \int_{x_0}^{x_n} (f''(x))^2 dx + p \cdot \left(\sum_{i=1}^{n} \left(\frac{f(x_i) - y_i}{w_i} \right)^2 + z^2 - S \right) \\
= \quad & \int_{x_0}^{x_n} (s''(x) + \varepsilon h''(x))^2 dx \\
& + p \cdot \left(\sum_{i=1}^{n} \left(\frac{s(x_i) + \varepsilon h(x_i) - y_i}{w_i} \right)^2 + z^2 - S \right).
\end{aligned}
$$

Notwendige Bedingungen für ein Minimum sind:

$$
\left. \frac{\partial J}{\partial \varepsilon} \right|_{\varepsilon=0} = 0, \quad \left. \frac{\partial J}{\partial p} \right|_{\varepsilon=0} = 0, \quad \left. \frac{\partial J}{\partial z} \right|_{\varepsilon=0} = 0. \tag{8.61}
$$

Aus der ersten Bedingung in (8.61) erhalten wir

$$
\int_{x_0}^{x_n} s''(x) h''(x) dx + p \sum_{i=0}^{n} \frac{s(x_i) - y_i}{w_i^2} h(x_i) = 0. \tag{8.62}
$$

Wir setzen voraus, dass s zweimal stetig differenzierbar und stückweise viermal stetig differenzierbar ist. Dies können wir später durch den Nachweis der Bestapproximationseigenschaft des dadurch definierten Ausgleichssplines rechtfertigen. Insbesondere ist die Einschränkung von s auf alle offenen Intervalle (x_i, x_{i+1}), $i = 0, 1, \ldots, n-1$, eine Funktion in $C^4(x_i, x_{i+1})$. Mit zweimaliger partieller Integration und (8.62) folgt

$$
\begin{aligned}
\int_{x_0}^{x_n} s^{(4)}(x) h(x) dx \quad = \quad & \sum_{i=0}^{n-1} \left[s'''(x) h(x) \right]_{x_i}^{x_{i+1}} - \left[s''(x) h'(x) \right]_{x_0}^{x_n} \\
& - p \sum_{i=0}^{n} \frac{s(x_i) - y_i}{w_i^2} h(x_i) \tag{8.63}
\end{aligned}
$$

für alle Funktionen $h \in C^2(x_0, x_n)$. Wählen wir eine Funktion h mit der Eigenschaft $h(x_i) = 0$, $i = 0, 1, \ldots, n$, und $h'(x_0) = h'(x_n) = 0$, so erhalten wir

$$
\int_{x_0}^{x_n} s^{(4)}(x) h(x) dx = 0,
$$

und daher für alle $i = 0, 1, \ldots, n-1$ und alle Funktionen $h \in C^2(x_0, x_n)$ mit $h(x) \neq 0$ für $x \in (x_i, x_{i+1})$ und $h(x) = 0$ sonst:

$$
\int_{x_i}^{x_{i+1}} s^{(4)}(x) h(x) dx = 0.
$$

Aus dem Lemma von Dubois-Reymond (siehe Übungsaufgaben) ergibt sich

$$s^{(4)} = 0 \quad \text{in } (x_i, x_{i+1}).$$

Die Funktion s ist also in jedem Teilintervall stückweise kubisch:

$$s(x) = a_i + b_i(x - x_i) + c_i(x - x_i)^2 + d_i(x - x_i)^3, \quad x \in (x_i, x_{i+1}) \qquad (8.64)$$

und $i = 0, 1, \ldots, n - 1$. Die $4n$ Koeffizienten a_i, b_i, c_i und d_i der kubischen Polynome sind durch die folgenden Bedingungen definiert:

- Die stückweise definierten kubischen Polynome s und deren ersten beiden Ableitungen stimmen an den Stützstellen überein (da $s \in C^2(x_0, x_n)$). Diese Forderung liefert die $3(n - 1)$ Bedingungen

$$s(x_i^+) = s(x_i^-), \quad s'(x_i^+) = s'(x_i^-), \quad s''(x_i^+) = s''(x_i^-), \qquad (8.65)$$

für $i = 1, \ldots, n - 1$, wobei $s^{(k)}(x_i^\pm)$ den rechts- bzw. linksseitigen Grenzwert

$$s^{(k)}(x_i^\pm) := \lim_{h \searrow 0} s^{(k)}(x_i \pm h)$$

bezeichne.

- Wählen wir h mit $h(x_i) = 0$, $i = 0, 1, \ldots, n$, und $h'(x_0) = 0$, $h'(x_n) \neq 0$ bzw. $h'(x_0) \neq 0$, $h'(x_n) = 0$ in (8.63), so erhalten wir die beiden Bedingungen

$$s''(x_0) = s''(x_n) = 0. \qquad (8.66)$$

Man sagt, dass s *natürliche Randbedingungen* erfüllt.

- Aus (8.63) und den natürlichen Randbedingungen (8.66) ergibt sich

$$\begin{aligned}
0 = \ & h(x_0)s'''(x_0^+) - \sum_{i=1}^{n-1} h(x_i)\left(s'''(x_i^-) - s'''(x_i^+)\right) - h(x_n)s'''(x_n^-) \\
& + p \sum_{i=0}^{n} \frac{s(x_i) - y_i}{w_i^2} h(x_i).
\end{aligned}$$

Wählen wir geeignete Funktionen h (etwa mit $h(x_j) = h(x_i)$, wenn $j = i$, und $h(x_j) = 0$, wenn $j \neq i$), so ergeben sich die folgenden $n + 1$ *Sprungbedingungen*:

$$s'''(x_i^-) - s'''(x_i^+) = p\frac{s(x_i) - y_i}{w_i^2} \quad \text{für } i = 0, 1, \ldots, n, \qquad (8.67)$$

mit der Konvention $s'''(x_0^-) = s'''(x_n^+) = 0$.

Die $3(n - 1) + 2 + (n + 1) = 4n$ Bedingungen (8.65)-(8.67) legen die $4n$ Polynomkoeffizienten (in Abhängigkeit von p) fest, die wir im Folgenden berechnen wollen.

Explizite Berechnung der Splinekoeffizienten. Mit den Schrittweiten $h_i = x_{i+1} - x_i$ und

$$
\begin{aligned}
s(x) &= a_i + b_i(x - x_i) + c_i(x - x_i)^2 + d_i(x - x_i)^3, \\
s'(x) &= b_i + 2c_i(x - x_i) + 3d_i(x - x_i)^2, \\
s''(x) &= 2c_i + 6d_i(x - x_i), \\
s'''(x) &= 6d_i
\end{aligned}
$$

für $x \in (x_i, x_{i+1})$, $i = 0, 1, \ldots, n - 1$, erhalten wir aus

- der dritten Bedingung in (8.65) und aus (8.66):

$$
2c_i + 6d_i h_i = 2c_{i+1} \quad \Rightarrow \quad d_i = \frac{c_{i+1} - c_i}{3h_i}
$$

für alle $i = 0, 1, \ldots, n - 1$ mit der Konvention $c_0 := c_n = 0$;

- der ersten Bedingung in (8.65):

$$
a_i + b_i h_i + c_i h_i^2 + d_i h_i^3 = a_{i+1} \quad \Rightarrow \quad b_i = \frac{a_{i+1} - a_i}{h_i} - c_i h_i - d_i h_i^2
$$

für alle $i = 0, 1, \ldots, n - 1$;

- der zweiten Bedingung in (8.65):

$$
b_i + 2c_i h_i + 3d_i h_i^2 = b_{i+1},
$$

und mit Einsetzen der Gleichungen für b_i und d_i:

$$
\begin{aligned}
&\frac{h_{i-1}}{3} c_{i-1} + \frac{3}{2}(h_{i-1} + h_i)c_i + \frac{h_i}{3} c_{i+1} \\
&\qquad = \frac{1}{h_{i-1}} a_{i-1} - \left(\frac{1}{h_{i-1}} + \frac{1}{h_i} \right) a_i + \frac{1}{h_{i+1}} a_{i+1}
\end{aligned}
$$

für alle $i = 1, \ldots, n - 1$.

Mit den Vektoren $c := (c_1, \ldots, c_{n-1})^\top$ und $a := (a_0, \ldots, a_n)^\top$ können wir die letzte Gleichung kompakt schreiben als

$$
Tc = Q^\top a, \tag{8.68}
$$

wobei die Matrizen $T \in \mathbb{R}^{(n-1) \times (n-1)}$ und $Q \in \mathbb{R}^{(n+1) \times (n-1)}$ definiert sind durch

$$
T := \begin{pmatrix} t_{11} & t_{12} & & 0 \\ t_{21} & \ddots & \ddots & \\ & \ddots & \ddots & t_{n-2,n-1} \\ 0 & & t_{n-1,n-2} & t_{n-1,n-1} \end{pmatrix}, \quad Q := \begin{pmatrix} q_{11} & & & 0 \\ q_{21} & \ddots & & \\ q_{31} & \ddots & q_{n-1,n-1} & \\ & \ddots & & q_{n,n-1} \\ 0 & & & q_{n+1,n-1} \end{pmatrix}
$$

mit

$$t_{ii} = 2(h_{i-1} + h_i)/3, \quad t_{i+1,i} = t_{i,i+1} = h_i/3,$$
$$q_{ii} = 1/h_{i-1}, \quad q_{i+1,i} = -1/h_{i-1} - 1/h_i, \quad q_{i+2,i} = 1/h_{i+1}, \quad i = 1, \ldots, n-1.$$

Die symmetrische, positiv definite Tridiagonalmatrix T koppelt also die zweiten Ableitungen $s''(x_i) = 2c_i$ des Ausgleichssplines im Wesentlichen mit den zweiten Differenzenquotienten von a.

Die Sprungbedingung (8.67) schließlich führt auf

$$6(d_{i-1} - d_i) = p\frac{a_i - y_i}{w_i^2}, \qquad i = 1, 2, \ldots, n-1.$$

Schreiben wir $p/2$ für p und verwenden wir $d_i = (c_{i+1} - c_i)/3h_i$, folgt daraus mit der Diagonalmatrix D, bestehend aus den positiven Wichtungsparametern $w_0, w_1, \ldots, w_n$, und dem Vektor $y := (y_0, y_1, \ldots, y_n)^\top$ der Messdaten der Zusammenhang

$$Qc = pD^{-2}(y - a) \tag{8.69}$$

zwischen c, a und p. Die Berechnung von a und c in (8.68) und (8.69) kann wegen

$$Q^\top(D^2 Qc) = Q^\top(p(y-a)) = pQ^\top y - pQ^\top a = pQ^\top y - pTc$$

entkoppelt werden:

$$(Q^\top D^2 Q + pT)c = pQ^\top y, \quad a = y - \frac{1}{p}D^2 Qc. \tag{8.70}$$

Dabei ist für alle $p \geq 0$ die Matrix $Q^\top D^2 Q + pT$ symmetrisch und positiv definit (Übungsaufgabe). Es bleibt noch der Lagrange-Parameter p zu bestimmen.

Berechnung des Lagrange-Parameters. Die notwendige Bedingung $\partial J/\partial p = 0$ an der Stelle $\varepsilon = 0$ (siehe (8.61)) führt auf

$$\sum_{i=0}^{n} \left(\frac{s(x_i) - y_i}{w_i}\right)^2 + z^2 - S = 0.$$

Mit

$$\sum_{i=0}^{n} \left(\frac{s(x_i) - y_i}{w_i}\right)^2 = \left\| D^{-1}(a - y) \right\|_2^2$$

und $D^{-1}(a - y) = DQ(Q^\top D^2 Q + pT)^{-1}Q^\top y$ folgt hieraus die nichtlineare Gleichung

$$F(p)^2 = S - z^2 \quad \text{mit } F(p) := \| DQ(Q^\top D^2 Q + pT)^{-1}Q^\top y\|_2. \tag{8.71}$$

Die Abhängigkeit von z kann über die notwendige Bedingung $\partial J/\partial z = 0$ an $\varepsilon = 0$ eliminiert werden. Diese führt auf $pz = 0$, so dass zwei Fälle zu unterscheiden sind:

- $p = 0$: Dieser Fall ergibt wegen (8.70) sofort $c = d = 0$, d.h., der Ausgleichsspline degeneriert zur Ausgleichsgeraden mit

$$a = y - D^2 Q (Q^\top D^2 Q)^{-1} Q^\top y,$$

und $b_i = (a_{i+1} - a_i)/h_i$.

- $z = 0$: Dieser Fall liefert p als Lösung des nichtlinearen Gleichungssystems $F(p) - \sqrt{S} = 0$. Da die Funktion F^2 konvex ist, ist das Newton-Verfahren für $F(p)^2 - S = 0$ global konvergent: Wählen wir etwa $p^{(0)} = 0$ als Startwert (Ausgleichsgerade), so lautet der j-te Schritt des Newton-Verfahrens für $F(p) - \sqrt{S} = 0$

$$p^{(j+1)} = p^{(j)} - \frac{F(p^{(j)})^2 - F(p^{(j)})\sqrt{S}}{F(p^{(j)})F'(p^{(j)})}. \tag{8.72}$$

Offen ist noch die effiziente Berechnung von $F(p^{(j)})F'(p^{(j)})$. Hierbei ist das folgende Lemma hilfreich.

Lemma 8.15 *Mit* $u = p^{-1}c = (Q^\top D^2 Q + pT)^{-1} Q^\top y$ *gilt*

$$F(p)F'(p) = pu^\top T(Q^\top D^2 Q + pT)^{-1} Tu - u^\top Tu.$$

Beweis. Übungsaufgabe.

Die Berechnung der rechten Seite von (8.72) erfolgt nun in den folgenden Schritten:

(1) Bestimme R aus der Cholesky-Zerlegung von $Q^\top D^2 Q + pT = R^\top R$.

(2) Löse $R^\top Ru = Q^\top y$ durch Vorwärts- und Rückwärtssubstitution: $R^\top r = Q^\top y$, $Ru = r$.

(3) Berechne $F := DQu$, $\bar{F} := F^\top F$, $f := Tu$ und $\bar{f} := u^\top f$.

(4) Löse $R^\top v = f$ und berechne $g := v^\top v$.

Damit lautet der Newton-Schritt (8.72)

$$p^{(j+1)} = p^{(j)} - \frac{\bar{F} - \sqrt{S\bar{F}}}{p^{(j)}g - \bar{f}}.$$

Eine Matrix-Invertierung ist also nicht nötig!

Eine MATLAB-Implementierung dieses Ansatzes zur Berechnung der Spline-Koeffizienten ist im Programm 8.2 gegeben. Dabei liefert der Befehl R = chol(A) die Matrix R der Cholesky-Zerlegung einer symmetrischen und positiv definiten Matrix $A = R^\top R$. Die Eingabeparameter des MATLAB-Programms sind wie folgt:

n : Anzahl der Datenpunkte,

x : Vektor der Abszissen (als geordnet vorausgesetzt),

y : Spaltenvektor der Ordinaten,

w : Vektor der Wichtungsparameter,

S : Glättungsparameter.

MATLAB-Programm 8.2 Programm `splinekoeff.m` zur Berechnung der Spline-Koeffizienten des Ausgleichssplines.

```
function [a,b,c,d] = splinekoeff(n,x,y,w,S)

% Erzeugen der Matrizen D, T und Q
h = x(2:n) - x(1:n-1);
D = diag(w);
to = (1/3)*h(2:n-2);
td = (2/3)*(h(1:n-2)+h(2:n-1));
tu = (1/3)*h(2:n-2);
T = diag(to,1) + diag(td) + diag(tu,-1);
Q = zeros(n,n-2);
for i = 1:n-2
    Q(i,i) = 1/h(i);
    Q(i+1,i) = -1/h(i)-1/h(i+1);
    Q(i+2,i) = 1/h(i+1);
end

% Schleife des Newton-Verfahrens
p = 0;
F2 = S + 1.0;
while (F2 > S)
    R = chol(Q'*D*D*Q + p*T);
    r = (R')\(Q'*y);        % Bestimmung von u = (Q'DDQ + pT)^(-1)*Q'y mit
    u = R\r;                % Ausnutzen der Dreiecksform von R
    F = D*Q*u; F2 = F'*F;   % Bestimmung von F und F^2
    if (F2 > S)
        fbar = u'*T*u;
        v = R'\(T*u); g = v'*v;
        p = p - (F2-sqrt(S*F2))/(p*g-fbar);   % Newton-Schritt
    end
end

% Bestimmung der Koeffizienten
a = y - D*F;
c = p*u; c = [0;c;0];
for i = 1:n-1
    d(i) = (c(i+1)-c(i))/(3*h(i));
    b(i) = (a(i+1)-a(i))/h(i) - c(i)*h(i) - d(i)*h(i)*h(i);
end
b = b'; d = d';
```

Als Beispiel für die Anwendung des Ausgleichssplines haben wir aus den Marktdaten aus Tabelle 8.1 die Bond-Preise $P^M(0,T)$ mit dem Ausgleichsspline rekonstruiert. Als Argumente für die Funktion `splinekoeff.m` haben wir $n = 25$, den Vektor x aus den Laufzeiten T (in Jahren), den Vektor y aus den entsprechenden Bond-Preisen $P(t_0, T)$, den Vektor $w = 0.002 \cdot T$ und den Glättungsparameter $S = 1$ gewählt. Bei der Wahl der Wichtungsparameter haben wir angenommen, dass die Genauigkeit der Bond-Daten mit wachsender Laufzeit abnimmt. Das Ergebnis ist in Abbildung 8.5 zu sehen.

T	$P(t_0, T)$	T	$P(t_0, T)$	T	$P(t_0, T)$
1	0.999941948	271	0.984294857	2521	0.770539675
31	0.998158569	301	0.982517309	2881	0.732706070
61	0.996373799	331	0.980732186	3241	0.695974578
91	0.994610143	361	0.978926171	3601	0.660685465
121	0.992864420	721	0.952551170	5401	0.502139422
151	0.991134026	1081	0.919978083	7201	0.378854797
181	0.989416227	1441	0.884125025	10801	0.221387787
211	0.987702552	1801	0.847015148		
241	0.986000272	2161	0.808962996		

Tabelle 8.1 Marktdaten für Bond-Preise zum 25.09.2003 mit Laufzeiten zwischen einem Tag und 30 Jahren. Die Laufzeit T ist hier in Tagen angegeben mit der Konvention, dass jeweils 360 Tage ein Jahr ergeben. Die Daten wurden uns freundlicherweise von Dr. Thilo Rossberg, ABN AMRO London, zur Verfügung gestellt.

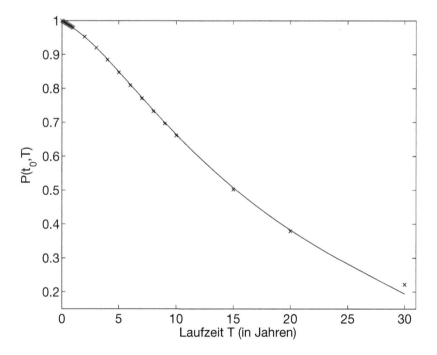

Abbildung 8.5 Approximation der Bond-Preise $P^M(t) = P(t_0, T)$ zum 25.09.2003, basierend auf den Marktdaten in Tabelle 8.1 (markiert mit „×"), mittels des Ausgleichssplines.

Bestapproximationseigenschaft des Ausgleichsspline. Zum Abschluss verifizieren wir, dass der oben berechnete Ausgleichsspline auch tatsächlich eine Lösung des Ausgleichsproblems (8.59)-(8.60) ist.

Satz 8.16 *Der Ausgleichsspline minimiert im Raum $C^2(x_0, x_n)$ das Funktional in (8.59) unter der Nebenbedingung (8.60), d.h., für alle $f \in C^2(x_0, x_n)$ mit*

$$\sum_{i=0}^{n} \left(\frac{f(x_i) - y_i}{w_i^2} \right)^2 \leq S \qquad (8.73)$$

gilt:

$$\int_{x_0}^{x_n} f''(x)^2 dx \geq \int_{x_0}^{x_n} s''(x)^2 dx.$$

Beweis. Wir erhalten

$$\int_{x_0}^{x_n} f''(x)^2 dx = \int_{x_0}^{x_n} \left((f''(x) - s''(x))^2 + 2(f''(x) - s''(x))s''(x) + s''(x)^2 \right) dx$$

$$\geq 2 \int_{x_0}^{x_n} (f(x)'' - s''(x))s''(x)dx + \int_{x_0}^{x_n} s''(x)^2 dx.$$

Der Satz ist bewiesen, wenn wir zeigen, dass das erste Integral auf der rechten Seite nichtnegativ ist. Dies zeigen wir im folgenden Lemma.

Lemma 8.17 *Für alle $f \in C^2(x_0, x_n)$, die (8.73) erfüllen, gilt:*

$$\int_{x_0}^{x_n} (f''(x) - s''(x))s''(x)dx \geq 0.$$

Beweis. Mit zweifacher partieller Integration folgt

$$\int_{x_0}^{x_n} (f''(x) - s''(x))s''(x)dx = \sum_{i=0}^{n-1} \int_{x_i}^{x_{i+1}} (f''(x) - s''(x))s''(x)dx$$

$$= \sum_{i=0}^{n-1} \left\{ [(f' - s')s'']_{x_i}^{x_{i+1}} - [(f - s)s''']_{x_i}^{x_{i+1}} + \int_{x_i}^{x_{i+1}} (f(x) - s(x))s^{(4)}(x)dx \right\}.$$

Da die Funktion s stückweise kubisch ist und die natürlichen Randbedingungen (8.66) gelten, fallen der erste und letzte Term in der Summe weg. Mit der Konvention $s'''(x_0^-) = s'''(x_n^+) = 0$ folgt dann aus der Sprungbedingung (8.67)

$$\int_{x_0}^{x_n} (f''(x) - s''(x))s''(x)dx$$

$$= -\sum_{i=0}^{n}(f(x_i) - s(x_i))(s'''(x_i^-) - s'''(x_i^+))$$

$$= -\sum_{i=0}^{n}(f(x_i) - s(x_i))p\,\frac{s(x_i) - y_i}{w_i^2}$$

$$= -p\sum_{i=0}^{n}\left(\frac{(f(x_i) - y_i)(s(x_i) - y)}{w_i^2} - \frac{(s(x_i) - y_i)^2}{w_i^2}\right)$$

$$= p\cdot\left(S - \sum_{i=0}^{n}\frac{(f(x_i) - y_i)(s(x_i) - y)}{w_i^2}\right),$$

wobei die letzte Gleichung aus der Identität $F^2(p) = S$ (für $z = 0$; siehe (8.71)) folgt. Zum Beweis des Lemmas ist nur noch die Abschätzung

$$\sum_{i=0}^{n}\frac{(f(x_i) - y_i)(s(x_i) - y)}{w_i^2} \leq S$$

zu zeigen. Mit $\alpha := D^{-1}(f-y)$ und $\beta := D^{-1}(s-y)$ ist dies äquivalent zur Aussage $\alpha^\top\beta \leq S$. Da f die Nebenbedingung (8.60) erfüllt, gilt $\|\alpha\|_2^2 \leq S$, $\|\beta\|_2^2 \leq S$, also mit der Youngschen Ungleichung

$$|\alpha^\top\beta| \leq \|\alpha\|_2\|\beta\|_2 \leq S^2$$

und damit die Behauptung.   □

Bemerkung 8.18 Eine Inspektion des Beweises von Lemma 8.17 zeigt, dass dieses auch für eine größere Klasse von Funktionen gültig ist, nämlich Funktionen $f \in C^1(x_0, x_n)$, deren zweite (verallgemeinerte) Ableitung quadrat-integrierbar ist, d.h. für Funktionen $f \in H^2(x_0, x_n)$. Zur Definition des Sobolev-Raumes $H^2(x_0, x_n)$ siehe Bemerkung 7.2.   □

8.2.5 Zur numerischen Lösung des Modellproblems

Damit haben wir alle Zutaten zusammengetragen, um das in Beispiel 8.12 formulierte Modellproblem numerisch zu lösen. Die Vorgehensweise wollen wir abschließend kurz zusammenfassen.

In einem ersten Schritt berechnen wir aus $n + 1$ aktuellen Marktdaten P_1^M, ..., P_{n+1}^M für Null-Koupon-Anleihen mit unterschiedlichen Laufzeiten mittels des Ausgleichssplines eine kontinuierliche Funktion $P^M(t_0, T)$; diese liefert, bezogen auf den aktuellen Zeitpunkt t_0, Bond-Preise für beliebige Laufzeitenden T zwischen t_0 und T_{360}. Damit ist das erweiterte Cox-Ingersoll-Ross-Modell (8.51) an den Marktdaten kalibriert und die Inhomogenität $\phi(t)$ aus (8.58) eindeutig definiert.

In einem zweiten Schritt berechnen wir N Pfade der stochastischen Differentialgleichung (8.57), zusammen mit der Differentialgleichung $dD = -rD dt$, zur Bestimmung der Abzinsungsfaktoren $D(t) = D(t_0, t)$. Die Anfangswerte sind durch $x_{t_0} = r_{t_0} - \phi(t_0)$ und $D(t_0) = 1$ gegeben. Als Integrationsverfahren bietet sich das Euler-Maruyama- oder Milstein-Verfahren an (siehe Abschnitt 5.3). Die numerischen Approximationen $r^{(k)}$ und $D^{(k)}$ für den k-ten Pfad ($k = 1, \ldots, M$) an den Zeitpunkten $t = T_i$, $i = 1, \ldots, 360$, seien durch $r_i^{(k)}$ und $D_i^{(k)}$ bezeichnet; zur Vereinfachung gehen wir davon aus, dass wir die Zeitpunkte T_i als Integrationszeitpunkte gewählt haben. Mit diesen Daten berechnen wir für jeden der Pfade den maximalen Zinsatz $K_i^{(k)}$ gemäß (8.45) sowie die Bondpreise $P_i^{(k)} := P(r^{(k)}, T_{i-1}; T_i)$ und hieraus die Spotraten

$$L_i^{(k)} := \frac{1 - P_i^{(k)}}{(T_i - T_{i-1}) - P_i^{(k)}}$$

über (8.46).

Die (diskontierte) Auszahlungsfunktion für den k-ten Pfad lautet damit (siehe (8.48))

$$V^{(k)} := N\tau \sum_{j=1}^{360} D_i^{(k)}(L_i^{(k)} - K_i^{(k)})^+,$$

und der faire Preis für die Absicherung des Zinsänderungsrisikos (als Erwartungswert der diskontierten Auszahlungsfunktion) kann mit

$$\widehat{V} := \frac{1}{N} \sum_{i=1}^{N} V^{(k)}$$

geschätzt werden.

8.3 Wetterderivate

Eine Vielzahl von Wirtschaftszweigen wird von Wetterereignissen beeinflusst:

- Die Eiskrem- und Getränkeindustrie hat Umsatzeinbußen in einem relativ kühlen Sommer.

- Hoteliers in den Bergen verzeichnen in der Wintersaison Verdienstausfälle, wenn nur wenig Schnee fällt.

- Sommer mit extremen Wetterlagen (zu heiß oder zu kalt, zu trocken oder zu nass) führen zu Ernteausfällen in der Landwirtschaft.

Laut einer Umfrage der *Chicago Mercantile Exchange* und der *Storm Exchange* bezeichnen gut 20% der befragten US-amerikanischen Unternehmen ihren Umsatz als stark wetterabhängig. Mit Hilfe von Wetterderivaten können wetterbedingte Risiken begrenzt werden. In diesem Abschnitt zeigen wir, mit welchen Modellen Wettervariablen modelliert und Wetterderivate bewertet werden können. Da Wetter und Energieverbrauch en zusammenhängen, gehen wir auch auf die Bewertung von Energiederivaten ein.

Das Absichern von Wetterrisiken mit Hilfe von Finanzderivaten ist erst in jüngster Zeit möglich. Das erste öffentlich bekannt gemachte Wetterderivat wurde im September 1997 in den USA zwischen zwei Energieversorgern gehandelt. Ziel des Derivates war es, durch Temperaturschwankungen ausgelöste Veränderungen in den Stromabsatzmengen der beiden Energieversorger während des Winters 1997/1998 monetär auszugleichen. In Europa wurde das erste Wetterderivat im Herbst 1998 ebenfalls zwischen zwei Energieversorgern gehandelt. Die erste Transaktion mit Beteiligung eines deutschen Marktteilnehmers erfolgte im März 2000. Im Juli 2001 hat die Finanzgesellschaft LIFFE Wetterderivate auf Temperaturindizes in Berlin, Paris und London auf den Markt gebracht. Standardisierte Future-Verträge auf Temperaturinizes werden seit Oktober 2003 auf der *Chicago Mercantile Exchange* (CME) gehandelt. Um die Jahrtausendwende waren die Wachstumsraten des Wetterderivatemarktes sehr hoch (siehe Tabelle 8.2). Seitdem scheinen sich Wetterderivate auf dem Markt gut etabliert zu haben. Beispielsweise betrug laut der *Weather Risk Management Association* (siehe www.wrma.org) das Handelsvolumen aller Wetterderivate von April 2005 bis März 2006 45.2 Mrd. US-Dollar und von April 2007 und März 2008 32 Mrd. US-Dollar.

Jahr	1998	1999	2000	2001	2002
Europa	2	30	172	765	1480
weltweit	695	1285	2759	3937	4517

Tabelle 8.2 Anzahl von Verträgen zu Wetterrisiken in Europa und weltweit (inklusive Europa) [90]. Ein Jahr bezieht sich auf den Zeitraum von April des Jahres bis März des Folgejahres.

8.3.1 Temperaturindizes

Es gibt viele Parameter, um das Wetter zu beschreiben, etwa Temperatur, Niederschlag (Regen- oder Schneehöhe), Sonnenstunden oder Windgeschwindigkeit. Hierbei ist die Wettervariable *Temperatur* am bedeutendsten, da sie einen großen Einfluss auf viele verschiedene Industriezweige hat, einfach zu messen ist und relativ viele Daten aus der Vergangenheit für zahlreiche Orte zur Verfügung stehen. Aus diesen Gründen beziehen sich die meisten gehandelten Wetterderivate auf die

Temperatur als Basisvariable. Genauer gesagt basieren diese Wetterderivate auf standardisierten Wetterindizes, nämlich *Gradtagindizes* oder dem *Durchschnittstemperaturindex.*

Definition 8.19 (1) *Die* tägliche Durchschnittstemperatur θ_i *am Tag* $i \in \mathbb{N}$ *ist definiert als das arithmetische Mittel aus dem Tagesminimum* $\theta_{i,\min}$ *und dem Tagesmaximum* $\theta_{i,\max}$:

$$\theta_i = \frac{1}{2}(\theta_{i,\min} + \theta_{i,\max}).$$

(2) *Die* Heizgradtage HDD_i (heating degree days) *und die* Kühlungsgradtage CDD_i (cooling degree days) *am Tag* i *sind definiert durch*

$$\mathrm{HDD}_i = (18°\mathrm{C} - \theta_i)^+, \quad \mathrm{CDD}_i = (\theta_i - 18°\mathrm{C})^+.$$

(3) *Der Wert eines* HDD-Index ω_H *bzw.* CDD-Index ω_C *im Zeitraum* $\{1, \ldots, n\}$ *ist gegeben durch*

$$\omega_H = \sum_{i=1}^{n} \mathrm{HDD}_i \quad bzw. \quad \omega_C = \sum_{i=1}^{n} \mathrm{CDD}_i.$$

(4) *Der* Durchschnittstemperaturindex ω_A (average temperature index) *im Zeitraum* $\{1, \ldots, n\}$ *ist definiert durch*

$$\omega_A = \frac{1}{n} \sum_{i=1}^{n} \theta_i.$$

Betrachte beispielsweise zwei Tage t_1 und t_2 mit den täglichen Durchschnittstemperaturen $\theta_1 = 15°\mathrm{C}$ und $\theta_2 = 22°\mathrm{C}$. Dann hat der Tag t_1 3 HDD und 0 CDD, und der Tag t_2 hat 0 HDD und 4 CDD. Aus den Heiz- und Kühlungsgradtagen lässt sich übrigens die Durchschnittstemperatur rekonstruieren, denn $\theta = \mathrm{CDD} - \mathrm{HDD} + 18°\mathrm{C}$.

In den USA wird anstelle der Grenztemperatur von 18°C der Wert 65°F (Grad Fahrenheit) verwendet. Klarerweise haben Heizgradtage eher eine Bedeutung während der Wintermonate (November bis März), und Kühlungsgradtage werden am ehesten in den Sommermonaten (April bis Oktober) eine Rolle spielen.

Die Popularität von Gradtagindizes liegt in der hohen Korrelation zum Stromverbrauch in den USA begründet. Liegt die Tagestemperatur über 65°F, so werden Klimaanlagen eingeschaltet. Fällt die Temperatur unter 65°F, so werden die Haushalte die Wohnungen heizen. Der Stromverbrauch ist also in beiden Fällen umso höher, je weiter die Tagestemperatur von 65°F entfernt ist. In Europa trifft diese Aussage weniger zu. Aus historischen Gründen wird aber auch in Europa mit Heiz- und Kühlungsgradtagen gearbeitet.

Wir veranschaulichen den Gebrauch von Wetterderivaten anhand des folgenden Beispiels.

Beispiel 8.20 Der Energieversorger A in Berlin hat festgestellt, dass sein Stromabsatz im Januar bei einem Temperaturanstieg von 1°C um 400 MWh (Megawattstunden) zurückgeht. Bei einem durchschnittlichen Preis von 20 Euro/MWh entspricht dies, über 31 Tage berechnet, grob gerechnet einem Umsatzverlust von $20 \times 400 \times 31 = 248\,000$ Euro. Das Unternehmen A möchte einen möglichen Umsatzverlust im Monat Januar mittels einer Put-Option begrenzen. Der durchschnittliche HDD-Index in Berlin beträgt im Januar etwa 550. Der Stromversorger kann einen Umsatzverlust bis zu einem HDD-Index von etwa 500 verkraften. Da der Index im Januar in den letzten 30 Jahren nie unter 400 HDD fiel (siehe Abbildung 8.6), genügt es, den Bereich von 400 bis 500 HDD durch eine Option abzusichern. Der Stromversorger A schließt mit der Bank B einen Vertrag über eine Put-Option mit den folgenden Spezifikationen ab:

Optionstyp:	europäische Put-Option
Basisvariable:	HDD
Laufzeit:	01.-31. Januar
Wetterstation:	Berlin (Dahlem)
Ausübungspreis:	500 HDD
Multiplikator:	8000 Euro/HDD
Limit:	100 HDD
Optionsprämie:	130 000 Euro

Der Multiplikator (*tick size*) von 8000 bedeutet, dass der Stromversorger A für jeden Heizgradtag 8000 Euro ausgezahlt bekommt, da dies gerade der Umsatzverlust ist ($8000 = 20 \times 400$). Das Limit von 100 HDD ergibt sich aus der Differenz $500 - 400$ HDD. Die Auszahlungsfunktion lautet also

$$\Lambda(\omega_H) = 8000 \cdot \min\{100, (500 - \omega_H)^+\}.$$

Beträgt der HDD-Index im Januar weniger als 500 HDD, so erhält der Energielieferant genau den Betrag ausgezahlt, der an Umsatzeinbußen anfällt. Bei einem HDD-Index größer als 500 HDD ist die Option zwar wertlos; andererseits steigt der Umsatz des Energieversorgers, da er infolge des relativ kalten Winters mehr Strom absetzen kann. In Abbildung 8.7 sind die Auszahlungsfunktion und die Profitfunktionen (Werte in Euro)

$$\text{Profit ohne Put}(\omega_H) = 8000 \cdot (\omega_H - 500),$$
$$\text{Profit mit Put}(\omega_H) = \Lambda(\omega_H) + 8000 \cdot (\omega_H - 500) - 130\,000$$

dargestellt.

Der Verlust von A ist in Höhe der Optionsprämie beschränkt (sofern der HDD-Index größer als 400 ist). Die Bank B zahlt im schlimmsten Fall den Betrag von 800 000 Euro aus, erhält aber dafür in jedem Fall die Optionsprämie von 130 000 Euro. □

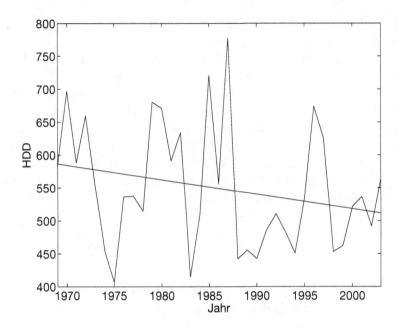

Abbildung 8.6 HDD-Indizes im Januar in Berlin (Dahlem) von 1969 bis 2003. Die einzelnen Werte sind durch Geradenstücke verbunden. Die durchgezogene Gerade stellt eine Ausgleichsgerade dar. Die Werte sind Beispiel 8.23 entnommen.

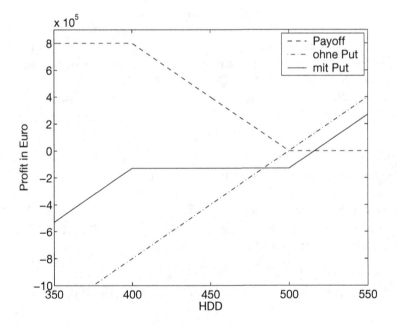

Abbildung 8.7 Auszahlungsfunktion, Profit ohne Absicherung und mit Absicherung durch die Put-Option.

Der Kauf der Wetteroption wirkt für den Stromlieferanten in dem obigen Beispiel wie eine Versicherung. Allerdings gibt es im Vergleich zu einem Versicherungsvertrag einige grundlegende Unterschiede: Zum einen geschieht bei einem Optionsgeschäft die Auszahlung automatisch, wenn bestimmte, vorher genau festgelegte Bedingungen zutreffen. Bei einer Wetterversicherung muss im allgemeinen ein Schaden nachgewiesen werden, den zu übernehmen die Versicherungsgesellschaft sich verpflichtet hat. Zum anderen beziehen sich Wetterversicherungen auf seltene, aber für den Versicherungsnehmer katastrophale Ereignisse (z.B. Erdbeben oder Wirbelstürme), während Wetterderivate eher für Abweichungen des Wetters vom Mittelwert konstruiert werden. Außerdem können mit Wetterderivaten gegenseitig Risiken abgesichert werden. Profitiert beispielsweise ein Unternehmen von einem warmen Sommer (z.B. Eiskremhersteller), während eine andere Firma eher in einem kühlen Sommer große Umsätze erzielt (z.B. Reisebüro für Fernreisen), so können beide Unternehmen die Risiken gegenseitig absichern.

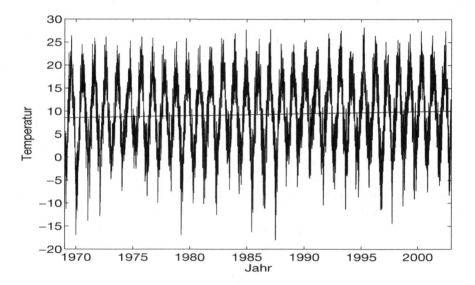

Abbildung 8.8 Temperaturen in Grad Celsius in Berlin (Dahlem) von 1969-2003, erzeugt mit dem MATLAB-Befehl `plot(days,temp)`, wobei `days` der Vektor der durchnummerierten Tage und `temp` der Vektor der täglichen Durchschnittstemperaturen ist. Die Gerade stellt den linearen Temperaturtrend dar.

8.3.2   Temperaturmodelle

Unser Ziel ist die Bewertung von Wetterderivaten bezogen auf einen Temperaturindex. Dafür benötigen wir ein Modell für die zeitliche Entwicklung der Temperatur, ähnlich wie wir ein Modell für die Entwicklung von Aktienkursen aufgestellt haben. Die Abbildung 8.8 mit den täglichen Durchschnittstemperaturen in Berlin

(Dahlem) von 1969 bis 2003 zeigt, dass dieses Modell grundsätzlich von dem von uns verwendeten Aktienkursmodell verschieden sein muss. Wir modellieren die Temperatur als stochastischen Prozess mit den folgenden Eigenschaften.

- Die Temperatur weist eine *saisonale Abhängigkeit* auf, die etwa durch

$$\theta_t = s(t) \quad \text{oder} \quad d\theta_t = s'(t)dt \quad \text{mit} \quad s(t) = s_0 + C\sin(\alpha t + \beta)$$

und mit gewissen Konstanten s_0, C, α, $\beta \in \mathbb{R}$ modelliert werden kann.

- Besonders in Ballungsgebieten beobachten Meteorologen einen Anstieg der Durchschnittstemperaturen. In Abbildung 8.8 ist der *langfristige Temperaturtrend* durch die dargestellte Regressionsgerade erkennbar. Diese Gerade ist in MATLAB mit dem Befehl

```
a = polyfit(days,temp,1)
```

berechnet worden, wobei `temp` der Vektor der täglichen Durchschnittstemperaturen in Berlin (Dahlem) und `days` der Vektor der durchnummerierten Tage ist. Das dritte Argument in `polyfit` gibt den Grad des Approximationspolynoms an. Allgemein berechnet `a = polyfit(x,y,n)` dasjenige Polynom n-ten Grades mit Koeffizienten `a(1),...,a(n)`, das die Paare `(x(i),y(i))` im Sinne der kleinsten Quadrate am besten annähert. In unserem Fall besteht das Ergebnis `a` aus den beiden Komponenten Steigung `a(1)` und Achsenabschnitt `a(2)`. Die Ausgleichsgerade wird mit `plot(days,a(1)*days+a(2))` gezeichnet. Die durch die Gerade berechnete Durchschnittstemperatur betrug im Jahre 1969 etwa 8.6°C; bis Mitte 2003 hat sie sich auf 10.2°C erhöht. Dies entspricht einem Temperaturanstieg von ca. 0.05°C pro Jahr, verursacht durch eine lokale Erwärmung (größere Bebauungsdichte in der Nähe der Wetterstation) bzw. durch den globalen Klimawandel. Vereinfachend können wir diesen Trend modellieren durch

$$d\theta_t = \gamma'(t)dt \quad \text{mit} \quad \gamma(t) = At + B$$

und Konstanten A, $B \in \mathbb{R}$.

- Offensichtlich besitzt die Temperatur eine *stochastische Komponente*. Abbildung 8.9 zeigt ein Histogramm der täglichen Temperaturänderungen für die Werte von Abbildung 8.8, erzeugt mit den MATLAB-Befehlen

```
x = [-20:0.5:30]; N = length(temp);
dt = temp([2:N]) - temp([1:N-1]);
hist(dt,x)
```

Die Kurve der Normalverteilung in Abbildung 8.9 haben wir mit Hilfe des Mittelwertes `mu` und der Standardabweichung `sigma` (ohne Berücksichtigung des saisonalen Trends) berechnet:

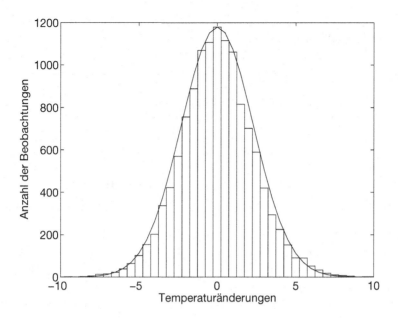

Abbildung 8.9 Histogramm der historischen täglichen Temperaturänderungen und theoretische Kurve der Normalverteilung.

```
mu = mean(dt); sigma = std(dt);
[n h] = hist(dt,x);
f = max(n)*exp(-(x-mu).^2/(2*sigma^2));
plot(x,f)
```

Die Abbildung 8.9 legt nahe, vereinfachend die Temperaturänderungen durch eine Normalverteilung zu modellieren. Sei dazu W_t ein Wiener-Prozess. Wir nehmen an:

$$d\theta_t = \sigma(t)dW_t.$$

Die Varianz $\sigma(t) > 0$ ist zeitabhängig, da die Temperaturschwankungen in den Wintermonaten häufig größer als in den Sommermonaten sind.

- Während Aktienkurse sich über einen längeren Zeitraum in nur eine Richtung entwickeln und das einmal erreichte Niveau auch halten können, besitzt die Temperatur die Tendenz, zu einem Mittelwert zurückzukehren. Mit anderen Worten: Je weiter sich die Temperatur von ihrem historischen Mittelwert entfernt hat, umso unwahrscheinlicher wird eine Änderung in dieselbe Richtung. Dieses Verhalten wird Tendenz zur *Rückkehr zum Mittelwert (mean reversion)* genannt und kann durch die folgende Gleichung modelliert werden:

$$d\theta_t = a(m(t) - \theta_t)dt,$$

wobei $a > 0$ die Rückkehrgeschwindigkeit und $m(t)$ der historische Mittelwert sind. Ist θ_t größer (kleiner) als der Mittelwert $m(t)$, so ist die Änderung $d\theta_t$ negativ (positiv). Am Ende von Abschnitt 4.5 haben wir ähnliche Modelle für stochastische Zinsraten und Volatilitäten vorgestellt.

Fassen wir die vier vorgestellten Komponenten der Temperatureinflüsse zusammen, erhalten wir die folgende stochastische Differentialgleichung für θ_t:

$$d\theta_t = m'(t)dt + a(m(t) - \theta_t)dt + \sigma(t)dW_t, \tag{8.74}$$

wobei

$$m(t) = At + B + C\sin(\alpha t + \beta) \tag{8.75}$$

den Mittelwert darstellt, zu dem die Temperatur zurückzukehren tendiert.

Bemerkung 8.21 Empirische Untersuchungen von Temperaturdaten haben ergeben, dass die Häufigkeit großer Temperaturdifferenzen größer ist, als durch eine Normalverteilung hervorgesagt werden kann. Die empirische Temperaturverteilung ist insbesondere nicht symmetrisch und weist *fat tails* auf. (Wir verstehen unter einer Verteilung mit einem *fat tail* grob gesagt solche Verteilungen, deren Dichte langsamer als exponentiell, z.B. polynomiell, fällt.) In der Literatur wurden daher Temperaturmodelle entwickelt, die nicht auf der Normalverteilung beruhen. Im Folgenden erwähnen wir einige der Modellansätze.

- Brody et al. [37] verwenden, ausgehend von Temperaturdaten aus England, anstelle des Wiener-Prozesses eine fraktionale Brownsche Bewegung. Benth et al. [22] stellen diese Modellierung jedoch zumindest für norwegische Temperaturwerte in Frage.

- Campbell und Diebold [42] schlagen Zeitreihen der Form

$$\theta_t = m(t) + p(t) + \sum_{j=1}^{n} \rho_{t-j}\theta_{t-j} + \varepsilon_t, \quad t \in \mathbb{N},$$

vor, wobei $m(t)$ den Temperaturmittelwert, $p(t) = \sum_{k=1}^{m} \beta_k t^k$ den Temperaturtrend und ε_t einen stochastischen Anteil bedeute.

- Benth et al. [22, 21] begegnen der Problematik, dass die Normalverteilung kein geeignetes Modell für die Temperaturverteilungen zu sein scheint, damit, dass sie anstelle des Wiener-Prozesses einen *Lévy-Prozess* L_t verwenden:

$$d\theta_t = m'(t)dt + a(m(t) - \theta_t)dt + \sigma(t)dL_t.$$

Ein Lévy-Prozess L_t über einem Wahrscheinlichkeitsraum $(\Omega, \mathcal{F}, \mathrm{P})$ ist definiert durch die drei Bedingungen (i) $L_0 = 0$; (ii) (L_t) hat unabhängige stationäre Zuwächse, d.h., für alle Partitionen $t_1 < \cdots < t_n$ ist $(L_{t_2} - T_{t_1}, \ldots, L_{t_n} - L_{t_{n-1}})$ unabhängig sowie für alle t_1, t_2, $h > 0$ besitzen $L_{t_1+h} - L_{t_1}$ und $L_{t_2+h} - L_{t_2}$ dieselben Verteilungen; und (iii) (L_t) ist stochastisch stetig, d.h., für alle t, $\varepsilon > 0$ gilt

$$\lim_{h \to 0} \mathrm{P}\big(|L_{t+h} - L_t| \geq \varepsilon\big) = 0.$$

Der Wiener-Prozess ist ein (spezieller) Lévy-Prozess. Lévy-Prozesse müssen – im Gegensatz zur Brownschen Bewegung – nicht stetig sein, ermöglichen also die Modellierung von Sprüngen. Für Eigenschaften von Lévy-Prozessen und deren Berechnung verweisen wir z.B. auf die Textbücher [160, 193]. Benth et al. haben so genannte verallgemeinerte hyperbolische Verteilungen verwendet, um L_t zu definieren, da diese eine explizite Dichte mit *fat tails* besitzen und genügend Flexibilität aufweisen, um die Parameter mittels empirischer Daten anzupassen.

Eine Übersicht über verschiedene Temperaturmodelle ist in [184] finden. □

Als Basiswert werden für Wetteroptionen Temperaturindizes wie der HDD-Index, der CDD-Index oder der Durchschnittstemperaturindex verwendet (siehe Definition 8.19). Wie sind diese Indizes stochastisch verteilt? Da der Durchschnittstemperaturindex eine Linearkombination normalverteilter Zufallsvariablen $\theta_i(t)$ $(i = 1, \ldots, n)$ ist, ist dieser Index ebenfalls normalverteilt:

$$\omega_A(t) \sim N(\mu_t, \sigma_t^2),$$

wobei $\mu_t = \sum_i \theta_i(t)/n$. HDD-Indizes werden üblicherweise nur auf das Winterhalbjahr angewandt. In Deutschland überschreitet die Temperatur in diesen Monaten die Grenze von 18°C im Allgemeinen nicht, so dass die folgende Approximation zulässig ist:

$$\mathrm{HDD}_i = (18°\mathrm{C} - \theta_i)^+ = 18°\mathrm{C} - \theta_i.$$

Der HDD-Index ergibt sich dann durch Summation über i:

$$\omega_H = \sum_{i=1}^{n} \mathrm{HDD}_i = n(18°\mathrm{C} - \omega_A),$$

d.h., der HDD-Index kann als normalverteilt betrachtet werden. Eine analoge Betrachtung kann leider nicht für den CDD-Index durchgeführt werden, da die Temperatur in den Sommermonaten durchaus 18°C unterschreiten kann. Der CDD-Index kann daher *nicht* als normalverteilt angenommen werden.

8.3.3 Bewertungsmodelle

Die Black-Scholes-Analyse aus Abschnitt 4.2 kann leider nicht direkt zur Herleitung einer Formel zur Bewertung von Wetterderivaten verwendet werden. Für die Bewertung von Aktienoptionen haben wir nämlich ein Portfolio konstruiert, das gegen Kursänderungen des Basiswerts abgesichert werden kann, indem der

Anteil des Basiswerts im Portfolio kontinuierlich angepasst wird. Da die Temperatur keine handelbare Größe ist, ist dieser Ansatz nicht möglich. In der Finanzwelt wird der Black-Scholes-Ansatz zuweilen dennoch zur Bewertung von Wetterderivaten verwendet (siehe etwa [157, 219]). Wir stellen daher diesen Ansatz trotz der genannten Bedenken vor und verweisen auf Bemerkung 8.22 für alternative Ideen.

Nehmen wir an, dass ein modifizierter Black-Scholes-Ansatz möglich ist, ist der faire Preis einer Option zur Zeit $t = 0$ durch die Formel

$$V(\omega_t, 0) = e^{-rT} \mathrm{E}(V(\omega_T, T))$$

gegeben (siehe Bemerkung 4.13). Hierbei ist ω_t ein Temperaturindex, der als $N(\mu, \sigma^2)$-verteilt vorausgesetzt wird. Der Erwartungswert ist nun *nicht* bezüglich der Dichtefunktion der Lognormalverteilung zu definieren, sondern bezüglich der Normalverteilung:

$$\mathrm{E}(V(\omega_T, T)) = \int_{\mathbb{R}} V(\omega, T) f(\omega) d\omega$$

mit

$$f(\omega) = \frac{1}{\sqrt{2\pi\sigma^2}} \exp\left(-\frac{(\omega - \mu)^2}{2\sigma^2}\right).$$

Für Plain-vanilla-Optionen kann der Erwartungswert explizit berechnet werden. Betrachte zuerst eine europäische Call-Option mit Auszahlungsfunktion $C(\omega, T) = (\omega - K)^+$. Dann ergibt die Substitution $z = (\omega - \mu)/\sigma$:

$$
\begin{aligned}
C(\omega, 0) &= \frac{e^{-rT}}{\sqrt{2\pi\sigma^2}} \int_K^\infty (\omega - K) \exp\left(-\frac{(\omega - \mu)^2}{2\sigma^2}\right) d\omega \\
&= \frac{e^{-rT}}{\sqrt{2\pi}} \int_{(K-\mu)/\sigma}^\infty \sigma z e^{-z^2/2} dz + \frac{e^{-rT}}{\sqrt{2\pi}} \int_{(K-\mu)/\sigma}^\infty (\mu - K) e^{-z^2/2} dz \\
&= -\frac{\sigma e^{-rT}}{\sqrt{2\pi}} \left[e^{-z^2/2}\right]_{(K-\mu)/\sigma}^\infty + e^{-rT}(\mu - K)\left[\Phi(z)\right]_{(K-\mu)/\sigma}^\infty \\
&= e^{-rT} \left[\sigma\phi\left(\frac{K - \mu}{\sigma}\right) + (\mu - K) - (\mu - K)\Phi\left(-\frac{\mu - K}{\sigma}\right)\right] \\
&= e^{-rT} \left[\sigma\phi\left(\frac{K - \mu}{\sigma}\right) + (\mu - K)\Phi\left(\frac{\mu - K}{\sigma}\right)\right],
\end{aligned}
\tag{8.76}
$$

wobei Φ die Verteilungsfunktion der Standardnormalverteilung ist (siehe (4.23)) und $\phi(z) = e^{-z^2/2}/\sqrt{2\pi}$ die entsprechende Dichtefunktion. Im letzten Schritt haben wir die Relation $\Phi(x) + \Phi(-x) = 1$ für $x \in \mathbb{R}$ verwendet. Eine analoge Rechnung ergibt für eine europäische Put-Option mit Auszahlungsfunktion $P(\omega, T) = (K - \omega)^+$:

$$P(\omega, 0) = e^{-rT} \left[\sigma\phi\left(\frac{K - \mu}{\sigma}\right) + (K - \mu)\Phi\left(\frac{K - \mu}{\sigma}\right)\right]. \tag{8.77}$$

Interessanterweise gilt eine modifizierte Put-Call-Parität auch für Wetter-optionen. Die Differenz der beiden Formeln (8.76) und (8.77) ergibt

$$C - P = e^{-rT}(\mu - K)\left(\Phi\left(\frac{\mu - K}{\sigma}\right) + \Phi\left(-\frac{\mu - K}{\sigma}\right)\right)$$
$$= e^{-rT}(\mu - K).$$

Bis auf den Term $e^{-rT}\mu$ entspricht dies der Put-Call-Parität aus Proposition 2.4 für Aktienoptionen zur Zeit $t = 0$.

Die Bewertungsformeln (8.76) und (8.77) gelten nur, falls der Temperaturin-dex ω normalverteilt ist. Wir haben bereits argumentiert, dass der CDD-Index nicht als normalverteilt angesehen werden kann. Um Wetteroptionen auf diesen Index oder komplexe Derivate berechnen zu können, sind wir auf Monte-Carlo-Simulationen angewiesen. Eine einfache Diskretisierung der stochastischen Dif-ferentialgleichung (8.74) für θ_t ist durch das Euler-Maruyama-Schema aus Ab-schnitt 5.1 gegeben:

$$Y_{i+1} = Y_i + m'(t_i)\triangle t + a(m(t_i) - Y_i)\triangle t + \sigma(t_i)Z\sqrt{\triangle t}, \quad i \geq 1, \qquad (8.78)$$

wobei Z eine standardnormalverteilte Zufallsvariable ist, $\triangle t = t_{i+1} - t_i$, und $m(t)$ ist definiert in (8.75). Die Variablen Y_i sind Approximationen von $\theta_i = \theta(t_i)$.

Bemerkung 8.22   Wetterderivate können streng genommen nicht mit dem Black-Scholes-Modell bewertet werden, da die Temperatur keine handelbare Grö-ße ist. Wir stellen im Folgenden einige alternative Ansätze zur Bewertung von Wetteroptionen vor.

(1) Eine Bewertung von Wetterderivaten ist im Rahmen *unvollständiger Märkte* unter bestimmten Bedingungen möglich. Wir nennen hierbei einen Markt *unvollständig*, wenn nicht alle Zufallsvariablen durch handelbare Größen be-schrieben werden können. Es ist insbesondere nicht möglich, den Preis eines speziellen Derivats eindeutig zu bestimmen. Allerdings kann der Preis V einer bestimmten Option eindeutig berechnet werden, wenn die Prämie ei-nes Vergleichsderivats gegeben ist. Unter der Annahme eines arbitragefreien Marktes kann man zeigen, dass der Preis V die partielle Differentialgleichung

$$V_t + \frac{1}{2}\sigma^2 V_{\omega\omega} + (\widetilde{\mu} - \lambda\widetilde{\sigma})V_\omega - rV = 0$$

löst, wobei ω ein Temperaturindex, $\widetilde{\mu}$ und $\widetilde{\sigma}$ gegebene Drift- bzw. Volati-litätsfunktionen sind, und λ den sogenannten Marktpreis des Risikos (*market price of risk*) bezeichnet (siehe Bemerkung 8.3). Das Problem ist nun freilich, den Marktpreis des Risikos zu bestimmen. Für Details verweisen wir auf Kapitel 10 in [24].

(2) Ein anderer Ansatz ist die Bewertung aufgrund von Szenarioanalysen auf der Basis historischer Wetterdaten (*burn analysis*). Dabei wird untersucht, welche Zahlungsverpflichtungen sich in der Vergangenheit ergeben hätten, wenn das entsprechende Wetterderivat im entsprechenden Jahr gekauft oder verkauft worden wäre. Daraus lässt sich ein Erwartungswert zukünftiger Auszahlungen kalkulieren, der als Grundlage für die Preisgestaltung verwendet werden kann [43, 90]. Die *burn analysis* wird durch den Ansatz der Indexmodellierung (*index modeling*) erweitert, indem die Verteilung des Wetterindex geschätzt wird (siehe z.B. [184]).

(3) Temperaturabhängige Wetterderivate sind im Rahmen von Gleichgewichtsmodellen bewertet worden. Unter bestimmten Annahmen an den Finanzmarkt und deren Teilnehmern werden Gleichgewichtsbedingungen hergeleitet, die eine Aussage über Optionspreise zulassen [44, 185]. □

Wir haben zwei Methoden zur Bewertung von Wetteroptionen zur Verfügung: die Bewertungsformeln (8.76) und (8.77) und die Monte-Carlo-Approximation (8.78). Für beide Verfahren benötigen wir Parameter, die wir aus den historischen Daten bestimmen müssen, nämlich für

- die analytischen Formeln: μ und σ;

- das Monte-Carlo-Schema: $m(t) = At + B + C\sin(\alpha t + \beta)$, a und $\sigma(t)$.

In den Arbeiten [4] und [219] ist die Schätzung der Parameter ausführlich beschrieben. Wir illustrieren einige Aspekte der *Parameterschätzung* in den folgenden beiden Beispielen.

Beispiel 8.23 Wir greifen das Beispiel 8.20 des Stromversorgers in Berlin auf. Es seien die HDD-Indizes ω_H im Januar der Jahre 1969 bis 2003 bekannt (siehe Tabelle 8.3 und Abbildung 8.6).

Jahr	1969	1970	1971	1972	1973	1974	1975	1976	1977
ω_H	585.4	696.9	588.2	659.8	551.4	453.1	406.4	536.4	537.4
Jahr	1978	1979	1980	1981	1982	1983	1984	1985	1986
ω_H	514.7	680.4	671.2	591.2	634.0	414.4	509.5	720.9	556.2
Jahr	1987	1988	1989	1990	1991	1992	1993	1994	1995
ω_H	777.5	442.3	455.6	442.6	485.7	510.6	482.7	451.0	535.9
Jahr	1996	1997	1998	1999	2000	2001	2002	2003	
ω_H	674.0	625.4	453.1	462.2	521.7	536.5	491.9	563.2	

Tabelle 8.3 HDD-Indizes im Januar in Berlin (Dahlem) von 1969 bis 2003.

Den Erwartungswert und die Standardabweichung schätzen wir aus den Formeln

$$\mu = \frac{1}{n}\sum_{i=1}^{n}\omega_H(i), \quad \sigma = \left(\frac{1}{n-1}\sum_{i=1}^{n}(\omega_H(i)-\mu)^2\right)^{1/2}, \quad n = 35.$$

Wir erhalten $\mu = 549.1$ und $\sigma = 94.6$. Der Stromversorger A kauft eine Put-Option P mit Ausübungspreis $K = 500$ und Limit 100. Dieses Derivat können wir als Differenz von zwei Put-Optionen mit unterschiedlichen Ausübungspreisen nachbilden. Die Put-Option ist $P = P_1 - P_2$, wobei

$$P_1(\omega, T) = 8000 \cdot (500 - \omega)^+ \quad \text{und} \quad P_2(\omega, T) = 8000 \cdot (400 - \omega)^+.$$

Aus der Bewertungsformel (8.77) erhalten wir bei einem angenommenen risiko-losen Zinssatz von $r = 0.03$ und $T = 1$ Monat

$$P(\omega, 0) = 8000 \cdot (18.11 - 2.32) = 126\,320.$$

Die Bank B addiert noch einen Risikozuschlag von etwa 4000 Euro hinzu und bietet dem Stromlieferanten die Option zu 130 000 Euro an.

Tatsächlich ist die Option zu niedrig gepreist worden. Warum? Die Schätzer für den Erwartungswert und die Varianz berücksichtigen nicht die globale Erwärmung und damit die Tendenz, dass der zukünftige HDD-Index deutlich niedriger als der historische Mittelwert ist. In Abbildung 8.6 ist die Regressionsgerade $y \mapsto a_1 y + a_2$ (y bezeichnet das Jahr) für die $n = 35$ HDD-Indizes des Monats Januar von 1969 bis 2003 eingezeichnet, wobei $a_1 = -2.201$ und $a_2 = 4921$. Die Steigung der Geraden ist negativ, d.h., es muss im Mittel weniger geheizt werden. Ein besserer Schätzer ist der erwartete Mittelwert für das Jahr, in dem die Option erworben werden soll. Für das Jahr 2004 erhalten wir die Schätzung

$$\bar{\mu} = a_1 \cdot 2004 + a_2 \approx 510.$$

Die Varianz schätzen wir entsprechend aus

$$\bar{\sigma} = \left(\frac{1}{n-1}\sum_{i=1}^{n}(\omega_H(i)-\bar{\mu})^2\right)^{1/2}.$$

Wir erhalten $\bar{\sigma} = 102.6$. Mit diesen Werten folgt aus der Bewertungsformel (8.77):

$$P(\omega, 0) = 8000 \cdot (36.04 - 7.42) = 228\,960.$$

Die Option ist also deutlich teurer als bei der ersten Berechnung, da die Bank wegen der globalen Erwärmung voraussichtlich mehr als erwartet an den Ener-gielieferanten auszahlen muss. □

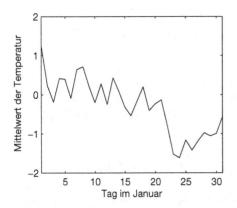 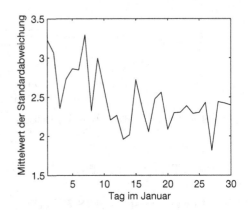

Abbildung 8.10 Mittelwerte der Durchschnittstemperaturen (links) und der Standardabweichungen (rechts) an den Januartagen in Berlin (Dahlem).

8.3.4 Implementierung in MATLAB

Wir berechnen die Prämie der Put-Option aus dem vorigen Beispiel mit Hilfe von Monte-Carlo-Simulationen. Legen wir das Temperaturmodell (8.74) zugrunde, müssen wir die Parameter der Funktion $m(t)$ bestimmen. Da die Laufzeit der Put-Option nur den Januar umfasst, verwenden wir ein modifiziertes Modell, da etwa die saisonale Temperaturabhängigkeit in einem so kurzen Zeitraum eine untergeordnete Rolle spielen wird. Genauer gesagt definieren wir $m(t)$ nicht gemäß (8.75), sondern definieren die Werte $m(t_i)$ als die Mittelwerte der Temperaturen am Tag t_i, bezogen auf die Jahre 1969 bis 2003 (siehe Abbildung 8.10 links):

$$m(t_i) = \frac{1}{n} \sum_{j=1}^{n} \theta_j(t_i) \quad \text{mit } n = 35,$$

wobei $\theta_j(t_i)$ die Durchschnittstemperatur am Tag t_i im Jahr $1968 + j$ sei. Eine andere Möglichkeit ist die Verwendung einer geglätteten Kurve, die die Punkte $m(t_1), \ldots, m(t_n)$ approximiert. Die diskrete Temperatur entwickle sich gemäß der Approximation (siehe (8.78))

$$Y_{i+1} = Y_i + (m(t_{i+1}) - m(t_i)) + a(m(t_i) - Y_i) + \sigma Z, \tag{8.79}$$

wobei Y_i eine Approximation von $\theta_j(t_i)$ und Z eine standardnormalverteilte Zufallsvariable seien. Da wir mit täglichen Temperaturdaten arbeiten, haben wir $\triangle t = 1$ gewählt. Es bleiben die Parameter a und σ zu berechnen.

Wir berechnen für jeden Januartag die Standardabweichung $\sigma(t_i)$ der Änderungen der Tagestemperaturen (siehe Abbildung 8.10 rechts):

$$\sigma(t_i) = \text{Standardabweichung von } \theta_j(t_{i+1}) - \theta_j(t_i), \ j = 1, \ldots, n.$$

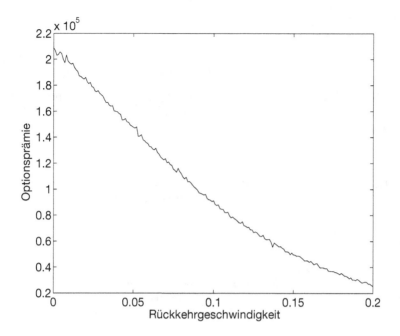

Abbildung 8.11 Prämien für die in Beispiel 8.20 diskutierte Put-Option in Abhängigkeit der Rückkehrgeschwindigkeit a.

Allerdings verwenden wir der Einfachheit halber nur den Mittelwert aller $\sigma(t_i)$, der sich zu $\sigma = 2.64$ berechnet.

Die Rückkehrgeschwindigkeit a kann wie in [4] mit der Methode der Martingalschätzungsfunktion berechnet werden. Wir führen anstelle dessen die Monte-Carlo-Simulationen für verschiedene Werte von a durch, um den Einfluss auf das Ergebnis zu untersuchen.

In Abbildung 8.11 sind die Optionsprämien für verschiedene Werte von a dargestellt. Für jeden Wert von a haben wir 100 000 Monte-Carlo-Simulationen durchgeführt. Berücksichtigen wir den Einfluss der Rückkehr zum Mittelwert nicht, kostet die Put-Option etwa 208 800 Euro. Die Optionsprämie verringert sich für $a = 0.2$ auf nur noch 25 400. Dies ist verständlich, da für „große" Werte von a die Wahrscheinlichkeit hoch ist, dass sich die Tagestemperaturen im Januar nur um den Mittelwert (etwa der Gefrierpunkt) bewegen. Dies ergibt dann einen HDD-Index von ungefähr $31 \cdot 18 = 558$, und die Put-Option ist aus dem Geld. Bei $a = 0.054$ beträgt die Optionsprämie 141 000; das ist in etwa der Preis, der mit der expliziten Bewertungsformel in Beispiel 8.23 berechnet wurde.

Die Abbildung 8.11 wurde mit der Monte-Carlo-Methode wie in Abschnitt 5.1 erstellt (siehe MATLAB-Programm 8.3): Sind `y(i,k)` Realisierungen der Temperatur $\theta(t_i)$ zur Zeit t_i der Monte-Carlo-Simulation Nr. k, so wird der HDD-Index `omega(k)` aus

```
omega = sum(max(0,18-y))
```

berechnet. Die Auszahlungsfunktion `payoff(k)` für die k-te Monte-Carlo-Simulation lautet nach Beispiel 8.23

```
payoff = 8000*(max(0,K-omega) - max(0,L-omega)),
```

wobei `K = 500` und `L = 400`. Die Prämie der Put-Option ist dann gegeben durch

```
P = exp(-r/12)*sum(payoff)/M,
```

wobei `r` der risikolose Zinssatz sei.

MATLAB-Programm 8.3 Das Programm `weather.m` berechnet die Optionsprämie einer Wetteroption. Die Mittelwerte `m(i)` der Temperaturen und die Standardabweichung `sigma` sind als gegeben vorausgesetzt.

```
% Initialisierung
randn('state',3)
K = 500; L = 400; r = 0.03;
M = 100000;              % Anzahl der Monte-Carlo-Simulationen
n = 31;                  % Anzahl der Tage im Januar
na = 101;                % Anzahl der Werte des Parameters a
y = zeros(n,M);
y(1,:) = randn(1,M);     % Anfangswerte

% Monte-Carlo-Simulationen
for j = 1:na
    a = 0.002*(j-1);
    dW = randn(n,M);
    for i = 1:n-1
        y(i+1,:) = y(i,:) + m(i+1) - m(i) + a*(m(i)-y(i,:)) ...
            + sigma*dW(i,:);
    end
    omega = sum(max(0,18-y));
    payoff = 8000*(max(0,K-omega) - max(0,L-omega));
    P(j) = exp(-r/12)*sum(payoff)/M;
end

plot([0:0.002:na*0.002],P)
```

Bemerkung 8.24 Wetterderivate (und damit im Zusammenhang stehende Energiederivate) sind sehr junge Derivattypen, und die Theorie der Bewertung dieser Derivate ist nicht abgeschlossen. Wir geben im Folgenden einige Hinweise auf weiterführende Literatur.

- Die Frage, ob und wie die Black-Scholes-Theorie auf Wetteroptionen angewendet werden kann, wurde in der Literatur kontrovers diskutiert, siehe z.B. [61, 157].

- Brody et al. erhalten den Wert einer Wetteroption als die Lösung einer partiellen Differentialgleichung, ausgehend von einem Ornstein-Uhlenbeck-Prozess [37].

- Ausführliche Einführungen in die Theorie der Wetterderivate sind in [62, 185, 219] zu finden. Die Arbeit [219] ist kostenfrei unter `www.weatherderivatives.de` erhältlich.

- Weitere Informationen und Publikationen sind beispielsweise auf den folgenden Internetseiten zu finden:

  - Bob Dischel, `www.wxpx.com`,

  - Climetrix, `www.climetrix.com`,

  - *Weather Risk Management*, `www.wrm.de`,

  - *Weather Risk Management Association*, `www.wrma.org`. □

8.3.5 Energiemärkte und Energiederivate

In jüngster Zeit sind im Zuge der Liberalisierung der Energiemärkte *Energiederivate* entwickelt worden. Da Energie im Allgemeinen nur schwer (oder nur zu hohen Kosten) gespeichert werden kann, ist die Modellierung von z.B. Elektrizität-Futures verschieden von der Beschreibung von Futures auf Rohstoffen. Wegen der Saisonabhängigkeit bestehen gewisse Ähnlichkeiten zwischen Energie und Wetter, da Klimaanlagen und Heizungen einen Energieträger (z.B. Strom oder Gas) benötigen. Energieproduzenten werden also ein Interesse haben, Wetterrisiken zu kontrollieren. Dennoch ist der Elektrizitätsmarkt jung und relativ klein. In Deutschland kann beispielsweise erst seit dem Jahr 2000 Elektrizität gehandelt werden. Im Jahre 2007 waren auf der *European Energy Exchange* in Leipzig nur etwa 150 Handelspartner beteiligt (siehe `www.eex.de`).

Tagespreise für Elektrizität (Spotpreise) haben im Allgemeinen andere Charakteristika als Aktienkurse. Die Preise können in nachfragestarken Zeiten plötzlich sehr stark ansteigen und nach kurzer Zeit schnell wieder auf das Durchschnittsniveau abfallen (*peaks* oder *extreme spikes*). Mathematische Modelle müssen also in der Lage sein, dieses Verhalten abzubilden. Außerdem ist typischerweise die Volatilität von Elektrizitätspreisen wesentlich größer als die von Aktienkursen. Wie bei Wetterderivaten ist der Energiemarkt unvollständig in Sinne der Finanztheorie.

Nach Benth et al. [23] kann der Energiemarkt in drei Segmente aufgeteilt werden: dem Markt für die physikalische Lieferung von Energie, dem Markt für Future-Verträge auf den Spotpreis mit physikalischer Lieferung oder Barausgleich und dem Optionsmarkt mit Futures als Basiswert. Um den Preis einer Energieoption berechnen zu können, sind also drei Aufgaben zu lösen: die Modellierung des Spotpreises, die Bewertung von Futures sowie die Bewertung der Optionen.

Ähnlich wie bei den Temperaturmodellen können die Spotpreise mittels eines Ornstein-Uhlenbeck-Prozesses modelliert werden. Das Modell sollte z.B. einen Trend zum Mittelwert (*mean reversion*) besitzen, saisonabhängig sein und starke

Preisänderungen auf einer kleinen Zeitskala realisieren können. In [21] wurde ein Ornstein-Uhlenbeck-Modell mit Lévy-Prozessen für den Spotpreis S_t vorgeschlagen:

$$S_t = m(t) + \sum_{i=1}^{n} Y_i(t),$$

wobei $m(t)$ die Saisonabhängigkeit modelliert und $Y_i(t)$ der stochastischen Differentialgleichung

$$dY_i(t) = -\lambda_i Y_i(t)dt + \sigma_i(t)dL_i(t)$$

mit monoton wachsenden Sprung-Lévy-Prozessen $L_i(t)$ genügt (siehe Bemerkung 8.21). Starke Preisschwankungen (Peaks) werden auch in [129] analysiert. Die Monotonie von $L_i(t)$ garantiert die Positivität der Preise S_t. Ein Vorteil dieses Modells ist, dass für die entsprechenden Futures analytische Preisformeln hergeleitet werden können.

Ein Future-Vertrag auf einen handelbaren Basiswert mit Kurs S_t, der zur Zeit T geliefert werden soll, besitzt den Preis $F(t,T) = e^{-r(T-t)}S_t$, wenn der Finanzmarkt vollständig ist, wobei $r > 0$ die konstante risikolose Zinsrate sei. Diese Formel folgt aus einem Hedging-Argument nach dem Verkauf eines Futures und dem Kauf des Basiswerts, finanziert durch einen Bond zum risikolosen Zinssatz r (siehe Abschnitt 6.3 in [225]). Allgemeiner gilt

$$F(t,\tau) = E_Q(S_\tau|\mathcal{F}_t), \tag{8.80}$$

wobei Q das risikoneutrale Maß und $\mathcal{F}_t$ eine so genannte *Filtration* darstellt, d.h. eine Familie von σ-Algebren mit der Eigenschaft $\mathcal{F}_s \subset \mathcal{F}_t$ für alle $s \leq t$, die den Informationsgehalt des Marktes bis zur Zeit t beschreibt. Der Future-Preis $F(t,\tau)$ ist der bedingte Erwartungswert von S_τ unter Berücksichtigung der Information $\mathcal{F}_t$ bis zur Zeit $t \leq \tau$. Der Erwartungswert $E_Q(S_\tau|\mathcal{F}_t)$ ist eine Zufallsvariable, die (bis auf Meßbarkeitseigenschaften) fast sicher eindeutig definiert ist durch die Beziehung

$$\int_A S_\tau dP = \int_A E(S_\tau|\mathcal{F}_t)dP \quad \text{für alle } A \in \mathcal{F}_t.$$

Da wir die Modellierung von Energiederivaten nur skizzieren, verweisen wir für Erklärungen und genauere Definitionen von Filtrationen und bedingten Erwartungswerten auf die Literatur, z.B. [20, 126].

Betrachte nun einen Elektrizität-Future mit Barausgleich während des Zeitraums $[t_1, t_2]$. Im Rahmen dieses Vertrags wird Elektrizität mit einer Rate $S_t/(t_2 - t_1)$ während des Zeitraums $[t_1, t_2]$ geliefert, also insgesamt die Menge

$$\widetilde{S} = \frac{1}{t_2 - t_1} \int_{t_1}^{t_2} S_\tau d\tau.$$

In Analogie zu (8.80) können wir vermuten, dass der Future-Preis $F(t; t_1, t_2)$ gegeben ist durch

$$F(t; t_1, t_2) = \mathrm{E}_Q(\widetilde{S}|\mathcal{F}_t), \quad t \le t_1.$$

Dies ist in der Tat der Fall, siehe [23]. Es ist möglich, diesen Erwartungswert für spezielle Maße Q explizit auszurechnen, siehe [21].

Europäische Optionen auf Elektrizität-Futures können beispielsweise auf der skandinavischen Strombörse Nordpool (*Nordic Electricity Exchange*) gehandelt werden. Ähnlich wie der diskontierte Erwartungswert (4.13) für europäische Optionen auf Aktien (siehe auch Abschnitt 8.1 in [135]) können wir den Preis einer Put-Option zur Zeit $t \le T \le t_1$ auf einen Elektrizität-Future mit Lieferzeitraum $[t_1, t_2]$ bestimmen aus der Formel

$$P(t; T; t_1, t_2) = e^{-r(T-t)} \mathrm{E}_Q \big((K - F(t; t_1, t_2))^+ | \mathcal{F}_t\big).$$

In [21] ist gezeigt worden, dass die rechte Seite als eine Konvolution zwischen der Payoff-Funktion und einer anderen Funktion geschrieben werden kann. Die Konvolution kann mittels der schnellen Fourier-Transformation numerisch effizient berechnet werden.

Wir bemerken, dass Schmidt [187] anstelle von Lévy-Prozessen eine so genannte *shot-noise*-Modellierung verwendet hat. Hierbei wird der Spotpreis $S_t = U_t + V_t$ als die Summe eines Ornstein-Uhlenberg-Prozesses U_t und einer *shot-noise*-Komponente V_t geschrieben, die die Summe von Funktionen vom Typ $h(t - t_i, \gamma_i, Y_i)$ sind, wobei γ_i die Peaks und Y_i die Sprunghöhen modellieren und

$$h(t, \gamma, Y) = Y \cdot \begin{cases} \exp(a(t - \gamma)) & : 0 \le t < \gamma \\ \exp(-b(t - \gamma)) & : t \ge \gamma \end{cases}$$

eine Funktion ist. Auch dieser Ansatz erlaubt die Bestimmung expliziter Preisformeln für Elektrizität-Futures.

8.4 Collateralized Debt Obligations

Collateralized Debt Obligations (CDOs) sind Kreditderivate und werden zur Verbriefung von Kreditrisiken verwendet. Sie sind außerdem ein wichtiges Refinanzierungsmittel für Banken auf dem Kapitalmarkt. Während der Finanzkrise ab 2007 sind CDOs in die Kritik geraten, da die mit ihnen verknüpften Risiken etwa bei zweitklassigen Subprime-Krediten nicht adäquat abgeschätzt und teilweise sehr hohe Verluste realisiert wurden.

CDOs bestehen aus einem Portfolio aus Wertpapieren, die durch Vermögensgegenstände (z.B. Anleihen oder Kredite) besichert sind. Sie werden in Ausfallklassen oder *Tranchen* mit unterschiedlicher Rangigkeit unterteilt. Verluste im Portfolio (z.B. durch Ausfall eines Kredittitels) werden zuerst von der *Equity Tranche* realisiert, dann von der *Mezzanine Tranche* und schließlich von der *Senior Tranche* oder *Super Senior Tranche*. Die Equity Tranche trägt also das höchste

Ausfallrisiko und bietet als Ausgleich für das Risiko die höchsten Prämien (auch Coupons genannt) für die Investoren, die die Kreditrisiken übernehmen. Für die Investoren (Sicherungsgeber) sind attraktive Renditeaussichten möglich, und die Emittenten (Sicherungsnehmer) können sich gegen negative Entwicklungen des Marktes absichern. Ein Vorteil der Aufteilung des Verlustrisikos in verschiedene Ausfallklassen ist, dass sehr unterschiedliche Risikoprofile abgebildet werden können. CDOs ermöglichen Kreditgebern (Banken), das Kreditrisiko an Investoren weiterzugeben; sie bieten damit auch bilanztechnische Vorteile. Ziel dieses Abschnitts ist die Bewertung von CDOs und die Berechnung des Ausfallrisikos. Um das Risikopotential von CDOs zu verstehen, betrachten wir zunächst ein einfaches Beispiel (siehe [148]).

Beispiel 8.25 Wir nehmen an, daß eine Investorin für 1 Mio. Nominalwert das Kreditrisiko einer iTraxx Europe Equity Tranche übernimmt. Der iTraxx Europe ist ein standardisierter Kreditindex, der aus den 125 liquidesten Einzeltiteln im europäischen Anleihenmarkt besteht. Genauer gesagt muss die Investorin Kreditausfälle von bis zu 3% des Portfoliowerts tragen. Da das Kreditderivat 125 Einzelnamen enthält, bedeutet jeder Kreditausfall einen Verlust von 0.8% des Portfoliowerts (bei einem Totalausfall). Die Investorin muss also die ersten vier Kreditausfälle übernommen. Sind die Kreditausfälle größer als 3% bzw. fallen mehr als vier Titel aus, so müssen die Verluste von der nächsten Tranche, der Junior Mezzanine Tranche, getragen werden, und zwar bis zu 6% des Portfoliowerts. Wir nennen den Prozentsatz des Portfoliowerts, ab dem die Investorin an dem auftretenden Verlust beteiligt wird, den *Attachment Point* a und den Prozentsatz, bis zu dem die Investorin an Verlusten beteiligt ist, den *Detachment Point* d. Bei der Equity Tranche gilt $a = 0\%$ und $d = 3\%$, bei der Junior Mezzaninne Tranche ist $a = 3\%$ und $d = 6\%$.

Für die Übernahme des Ausfallrisikos erhält die Investorin eine jährliche Prämie (Coupon) von $c = 5\%$ bezogen auf den Nominalwert. Fällt kein Kredit aus, wird also eine Prämie von 50 000 ausgezahlt. Wieviel wird gezahlt, wenn ein Kredit ausfällt? Jeder Ausfall bedeutet einen Verlust von 0.8% des Portfoliowerts, was einem Verlust von $27\% \approx 0.8\%/3\%$ des Nominalwerts von 1 Mio. entspricht, also von etwa 270 000. Diese Summe wird an den Kreditgeber, der die CDO-Tranche verkauft hat, gezahlt. Der neue Nominalwert lautet ca. 730 000, und die Investorin erhält die jährliche Prämie von 5% bezogen auf den geringeren Nominalwert, also etwa 36 800. Fallen vier Kredite aus, so entspricht dies einem Verlust von $4 \cdot 0.8\% = 3.2\%$. Die Investorin verliert die gesamte Summe von 1 Mio., da sie einen Kreditschutz von bis zu 3% des Portfoliowerts übernommen hat. Die restlichen 0.2% Verlust müssen von den Investoren der Junior Mezzanine Tranche getragen werden.

Der Ausfall eines einzigen Kredittitels hat zu einem Verlust geführt, der etwa 34mal (27% dividiert durch 0.8%) so groß ist wie die direkte Investition. Dieses Beispiel zeigt, dass CDOs mit einem hohen Hebeleffekt versehen sind und dass die korrekte Bewertung dieses Derivats sehr wichtig ist. □

Im Folgenden bestimmen wir die faire Prämie einer CDO-Tranche, modellieren die Ausfallzeiten der Kredite, führen Monte-Carlo-Simulationen mit MATLAB durch und diskutieren eine Vereinfachung, das Ein-Faktormodell von Vasicek. Für weiterführende Darstellungen von CDOs verweisen wir auf die Textbücher [27, 155, 163, 196].

8.4.1 Faire Prämie einer CDO-Tranche

Wir wollen die faire Prämie einer CDO-Tranche bestimmen (siehe [8]). Sei ein Portfolio mit n Wertpapieren (z.B. Krediten) gegeben. Der Nominalwert eines Wertpapiers sei N_i. Der gesamte Wert der Tranche lautet dann $N = \sum_{i=1}^{n} N_i$. Im Falle eines Ausfalls eines Wertpapiers oder Kredits wird im Allgemeinen nicht der gesamte Nominalwert verloren gehen, da etwa im Falle von Hypotheken die Immobilie verkauft werden kann. Wir nehmen an, dass der Ausfall durch die (deterministische) prozentuale Erlösquote oder *Recovery Rate* R_i gedämpft wird. Der mögliche Verlust eines Titels, auch *Loss-given-default* genannt, lautet $L_i = N_i(1 - R_i)$. Ist τ_i die (stochastische) Ausfallzeit des Kreditnehmers i, dann ist der gesamte Portfolioverlust gegeben durch

$$L_t = \sum_{i=1}^{n} L_i \mathbb{I}_{\{\tau_i < t\}}, \tag{8.81}$$

wobei $\mathbb{I}_{\{\tau_i < t\}}$ ein Sprungprozess ist, der zur Ausfallzeit von null auf eins springt.

Seien a bzw. d die Attachment bzw. Detachment Points der CDO-Tranche (siehe Beispiel 8.25). Falls $a = 0$, liegt eine Equity Tranche vor; im Falle $d = 1$ handelt es sich um eine (Super) Senior Tranche. Der *Default Leg* DL bezeichnet die Summe der (diskontierten) Ausfallzahlungen, die innerhalb der Tranche $[a, d]$ anfallen. In regelmäßigen Abständen werde eine prozentuale Prämie (Coupon) c an die Sicherungsgeberin gezahlt, und zwar bezogen auf den Portfoliowert, der nach Abzug der Ausfälle verbleibt. Der *Premium Leg* PL sei die Summe aller erwarteten Prämienzahlungen (Coupons). Im Folgenden wollen wir die Werte für DL und PL mathematisch formulieren.

Der kumulative Verlust $L_{[a,d]}(t)$ einer Tranche bis zur Zeit t ist eine stückweise lineare Funktion in L_t; sie ist null, wenn der Verlust kleiner als aN ist (der Attachment Point also noch nicht berührt ist), wächst dann linear in L_t und erreicht mit dem Detachment Point das Maximum $(d - a)N$:

$$L_{[a,d]}(t) = (L_t - aN)^+ - (L_t - dN)^+ \tag{8.82}$$

$$= \begin{cases} 0 & : L_t \leq aN \\ L_t - aN & : aN \leq L_t \leq dN \\ (d - a)N & : L_t \geq dN, \end{cases}$$

wobei wir $z^+ = \max\{0, z\}$ für $z \in \mathbb{R}$ gesetzt haben. Der kumulative Verlust ist wie L_t ein Sprungprozess. Die Sprünge in $L_{[a,d]}(t)$ entsprechen einem zu zahlenden Verlust, sofern er innerhalb der Laufzeit $[0, T]$ der CDO-Tranche auftritt. Im Intervall $[t, t + \triangle t]$ wird also der Betrag $L_{[a,d]}(t + \triangle t) - L_{[a,d]}(t)$ ausgezahlt. Im Grenzwert infinitesimaler Zeitintervalle entspricht dies dem Betrag $dL_{[a,d]}(t)$. Der Coupon wird nur auf den verbleibenden Portfoliowert $N_{[a,d]}(t) = (d - a)N - L_{[a,d]}(t)$ gezahlt. Zur Zeit $t = 0$ ist $N_{[a,d]}(0) = (d - a)N$. Im Falle von Ausfällen nimmt $N_{[a,d]}(t)$ ab und erreicht möglicherweise null.

Wir nehmen an, dass die Coupons zu den Zeitpunkten t_i, $i = 0, \ldots, m$, gezahlt werden, wobei $t_m = T$. Da die Ausfälle τ_i nicht notwendigerweise mit diesen Zeiten übereinstimmen müssen, basieren die Couponzahlungen auf dem durchschnittlichen Wert der Tranche im Zeitintervall $[t_{i-1}, t_i]$. Der Einfachheit halber approximieren wir den Portfoliowert in diesem Intervall durch das arithmetische Mittel der Werte zu den Zeiten t_{i-1} und t_i. Dann lautet der Coupon zur Zeit t_i

$$c_i = c \cdot (t_i - t_{i-1}) \cdot \frac{1}{2}\big(N_{[a,d]}(t_i) + N_{[a,d]}(t_{i-1})\big).$$

Da der Prämienzinssatz c auf ein Jahr bezogen ist, müssen wir den Faktor $t_i - t_{i-1}$ berücksichtigen.

Mit den obigen Notationen können wir den Default Leg DL und den Premium Leg PL bestimmen. Der Default Leg ist, wie erwähnt, der erwartete Wert der diskontierten Ausfallzahlungen:

$$\mathrm{DL} = \mathrm{E}\left(\int_0^T D(0, t)dL_{[a,d]}(t)\right),$$

wobei $D(0, t)$ der Diskontfaktor sei. Im Falle einer konstanten Zinsrate $r > 0$ gilt beispielsweise $D(0, t) = e^{-rt}$. Das Integral können wir approximieren durch

$$\mathrm{DL} \approx \sum_{i=1}^m D\big(0, \tfrac{1}{2}(t_i + t_{i-1})\big)\big(\mathrm{E}(L_{[a,d]}(t_i)) - \mathrm{E}(L_{[a,d]}(t_{i-1}))\big). \qquad (8.83)$$

Der Premium Leg ist der gegenwärtige Wert aller erwarteten Prämien:

$$\mathrm{PL} = \mathrm{E}\left(\sum_{i=1}^m D(0, t_i)c_i\right)$$

$$= \frac{c}{2}\mathrm{E}\left(\sum_{i=1}^m (t_i - t_{i-1})D(0, t_i)\big(N_{[a,d]}(t_i) + N_{[a,d]}(t_{i-1})\big)\right). \qquad (8.84)$$

Der faire Preis der CDO-Tranche ist definiert als derjenige Wert c, für den der Premium Leg und Default Leg übereinstimmen. Dies ergibt

$$c = \frac{\mathrm{E}\big(\int_0^T D(0, t)dL_{[a,d]}(t)\big)}{\mathrm{E}\big(\sum_{i=1}^m (t_i - t_{i-1})D(0, t_i)(N_{[a,d]}(t_i) + N_{[a,d]}(t_{i-1}))/2\big)}. \qquad (8.85)$$

Man bezeichnet diesen Wert auch als *Break-even Spread*.

Wie hängt der Wert der CDO-Tranche von den Korrelationen der einzelnen Kredittitel ab? Betrachten wir zunächst eine Senior Tranche und nehmen wir an, dass die Kredite an Unternehmen geliehen wurden. Bevor eine Senior Tranche zum Tragen kommt, muss zuvor eine große Anzahl von Titeln ausgefallen sein. Im Allgemeinen wird dies der Fall sein, wenn die hinter den Titeln stehenden Unternehmen miteinander stark korreliert sind, weil sie etwa zu derselben Branche gehören und in einer Wirtschaftsflaute gemeinsam in Zahlungsschwierigkeiten geraten. Wir erwarten also, dass eine hohe Korrelation zu einem relativ großen Wert des Default Legs und damit zu einem hohen Break-even Spread der Senior Tranche führt. Bei einer hohen Korrelation der Kredittitel kommen die Ausfälle gebündelt vor, aber dafür eher selten. Es ist also sehr gut möglich, dass es innerhalb der CDO-Laufzeit zu keinen Ausfällen kommt, also keine Verluste in der Equity Tranche realisiert werden. Dies impliziert einen kleinen Wert des Default Legs und damit einen geringen Break-even Spread der Equity Tranche. Mezzanine Tranches liegen zwischen der Equity Tranche und Senior Tranche und haben typischerweise nur eine schwache Abhängigkeit von der Korrelationsstruktur des CDO-Portfolios. Die Abhängigkeit von den Korrelationen quantifizieren wir in Abschnitt 8.4.3.

Wir haben allerdings noch nicht alle Komponenten zusammengetragen, um den Break-even Spread konkret zu berechnen, da wir eine Wahl für die Verteilungsfunktion der Portfolioverluste treffen müssen. Eine einfache Wahl stellen wir im folgenden Abschnitt vor.

8.4.2 Modellierung der Ausfallzeiten

Im vorigen Abschnitt haben wir gesehen, dass wir den Break-even Spread einer CDO-Tranche über die Formel (8.85) berechnen können. Hierfür müssen wir ein Modell für die stochastischen Ausfallzeiten τ_i bereitstellen. Die Verteilungsfunktion $F_i(t) = \mathrm{P}(\tau_i \leq t)$ gibt an, mit welcher Wahrscheinlichkeit der Kredittitel i innerhalb des Zeitraums $[0, t]$ ausfällt ($i = 1, \ldots, n$). Wir benötigen allerdings die korrelierte Wahrscheinlichkeitsverteilung aller Ausfallzeiten

$$F(t_1, \ldots, t_n) = \mathrm{P}(\tau_1 \leq t_1, \ldots, \tau_n \leq t_n). \tag{8.86}$$

Grundsätzlich könnten wir die Gesamtverteilung durch die linearen Korrelationskoeffizienten

$$\mathrm{Corr}(\tau_i, \tau_j) = \frac{\mathrm{Cov}(\tau_i, \tau_j)}{\sqrt{\mathrm{Var}(\tau_i)\mathrm{Var}(\tau_j)}}$$

und die Randverteilungen bestimmen, wobei $\mathrm{Cov}(\tau_i, \tau_j) = \mathrm{E}((\tau_i - \mathrm{E}(\tau_i))(\tau_j - \mathrm{E}(\tau_j)))$ die Kovarianz ist; siehe Abschnitt 3.2. Wir verstehen unter den *Randverteilungen* (oder Randverteilungsfunktionen) einer Verteilungsfunktion

$$F(t_1, \ldots, t_n) = \mathrm{P}(\tau_1 \leq t_1, \ldots, \tau_n \leq t_n)$$

die Verteilungen $F_i(t_i) = \mathrm{P}(\tau_1 \leq \infty, \ldots, \tau_i \leq t_i, \ldots, \tau_n \leq \infty)$. Das Gesamtmodell wird durch die Korrelationskoeffizienten und Randverteilungen jedoch nicht eindeutig festgelegt. Insbesondere können unterschiedliche strukturelle Risiken mit gleicher Randverteilung dieselbe Korrelation aufweisen. Ein alternativer Ansatz ist durch die sogenannten Copulas möglich. Dieser Ansatz, angewendet auf CDOs, wurde zuerst von David Li in [147] vorgeschlagen.

Als Motivation betrachten wir eine Zufallsvariable X mit streng monotoner, stetiger Verteilungsfunktion F. Dann ist die Zufallsvariable $F(X)$ gleichverteilt, denn $\mathrm{P}(F(X) \leq x) = \mathrm{P}(X \leq F^{-1}(x)) = F(F^{-1}(x)) = x$ für $x \in [0,1]$. Es genügt also, gleichverteilte Zufallsvariablen zu betrachten. Seien daher U_i auf $[0,1]$ gleichverteilte Zufallsvariablen und definiere die Funktion

$$C(u_1, \ldots, u_n) = \mathrm{P}(U_1 \leq u_1, \ldots, U_n \leq u_n).$$

Dann gilt:

$$C(1, \ldots, 1, u_i, 1, \ldots, 1) = \mathrm{P}(U_i \leq u_i) = u_i, \quad i = 1, \ldots, n. \tag{8.87}$$

Wir definieren eine Copula gerade über diese Eigenschaft.

Definition 8.26 *Eine n-dimensionale* Copula *ist eine Verteilungsfunktion* $C :$ $[0,1]^n \rightarrow [0,1]$, *deren eindimensionale Randverteilungen* $C(1, \ldots, 1, u_i, 1, \ldots, 1)$ *auf* $[0,1]$ *gleichverteilt sind, d.h., es gilt* (8.87).

Da Verteilungsfunktionen monoton wachsend sind, ist $C(u_1, \ldots, u_n)$ monoton wachsend in jeder Komponente u_i. Ein Beispiel für eine Copula ist die *Unabhängigkeitscopula*

$$C_I(u_1, \ldots, u_n) = \prod_{i=1}^{n} u_i,$$

die wir z.B. erhalten, wenn $(U_1, \ldots, U_n)$ unabhängig ist, denn in diesem Fall gilt

$$C_I(u_1, \ldots, u_n) = \mathrm{P}(U_1 \leq u_1, \ldots, U_n \leq u_n) = \prod_{i=1}^{n} \mathrm{P}(U_i \leq u_i) = \prod_{i=1}^{n} u_i.$$

Ein anderes Beispiel ist die *Gauß-Copula*

$$C_G(u_1, \ldots, u_n) = \Phi_R(\Phi^{-1}(u_1), \ldots, \Phi^{-1}(u_n)), \tag{8.88}$$

wobei Φ die Verteilungsfunktion der Standardnormalverteilung (siehe Beispiel 3.9) und Φ_R die multivariate Verteilungsfunktion von n standardnormalverteilten Zufallsvariablen mit der Korrelationsmatrix $R = (\rho_{ij})$ ist (siehe Definition 4.24).

Die Trennung der Randverteilungen und deren Abhängigkeiten ist mit dem folgenden Satz möglich.

Satz 8.27 (Sklar [206]) *Sei* $\overline{\mathbb{R}} = [-\infty, \infty]$. *Sei ferner* $F : \overline{\mathbb{R}}^n \to [0, 1]$ *eine n-dimensionale Verteilungsfunktion mit Randverteilungen* $F_1, \ldots, F_n : \overline{\mathbb{R}} \to [0, 1]$. *Dann existiert eine n-dimensionale Copula* C, *so dass für alle* $(x_1, \ldots, x_n) \in \overline{\mathbb{R}}$ *gilt*

$$F(x_1, \ldots, x_n) = C(F_1(x_1), \ldots, F_n(x_n)).$$

Die Copula ist eindeutig bestimmt, wenn alle Randverteilungen stetig sind. Umgekehrt wird für jede Copula C *und Randverteilungen* $F_1, \ldots, F_n : \overline{\mathbb{R}} \to [0, 1]$ *eine multivariate Verteilungsfunktion gegeben, deren Randverteilungsfunktionen* $F_1, \ldots, F_n$ *sind.*

Sind also durch die Randverteilungen die zugrunde liegenden Risikofaktoren festgelegt, so genügt es, eine Copula auszuwählen, um eine multivariate Verteilungsfunktion

$$F(x_1, \ldots, x_n) = C(F_1(x_1), \ldots, F_n(x_n))$$

zu erhalten, die konsistent mit den Randverteilungen ist.

Wir kommen nun zur Gesamtverteilung (8.86) zurück. Sie ist definiert, wenn wir eine Copula und die Randverteilungen wählen. Wir nehmen an, dass die Ausfallzeit durch die *Exponentialverteilung* gegeben ist: $\mathrm{P}(\tau_i \leq t_i) = \exp(-\lambda t_i)$, wobei $\lambda > 0$ die Ausfallintensität sei. Die Exponentialverteilung wird häufig als ein Modell für das Eintreten seltener Ereignisse verwendet. Ihre Verteilungsfunktion lautet

$$F(t) = 1 - e^{-\lambda t} \quad \text{für } t \geq 0.$$

Die Wahrscheinlichkeit, dass ein Kredit bis zur Zeit t_i ausfällt, ist dann gegeben durch

$$\mathrm{P}(\tau_i \leq t_i) = F(t_i) = 1 - e^{-\lambda t_i}.$$

Als Copula wählen wir die Gauß-Copula (8.88). Dann ist die Gesamtverteilung beschrieben durch

$$\begin{aligned}
\mathrm{P}(\tau_1 \leq t_1, \ldots, \tau_n \leq t_n) &= C_G(F_1(t_1), \ldots, F_n(t_n)) \\
&= \Phi_R\big(\Phi^{-1}(F_1(t_1)), \ldots, \Phi^{-1}(F_n(t_n))\big), \quad (8.89)
\end{aligned}$$

und alle Größen auf der rechten Seite sind definiert.

Die Gesamtverteilung wird durch den folgenden Algorithmus realisiert:

- Bestimme eine $N(0, \Sigma)$-verteilte Zufallsvariable $X = (X_1, \ldots, X_n)$.

- Definiere die Zufallsvariable $U = (U_1, \ldots, U_n) = (\Phi(X_1), \ldots, \Phi(X_n))$.

- Bestimme die Ausfallzeiten $\tau_i = F_i^{-1}(U_i)$.

Der erste Schritt des Algorithmus kann folgendermaßen implementiert werden. Sei $\Sigma = LL^\top$ eine Cholesky-Zerlegung der Kovarianzmatrix Σ, und sei $Z = (Z_1, \ldots, Z_n)^\top$ ein Vektor aus unabhängigen standardnormalverteilten Zufallsvariablen, etwa erzeugt mit dem MATLAB-Befehl `randn`. Nach Abschnitt 5.2.3 ist dann der Vektor $X = LZ$ $N(0, \Sigma)$-verteilt. Wir weisen nun nach, dass durch den zweiten und dritten Schritt des obigen Algorithmus' die Eigenschaft (8.89) erfüllt wird:

$$
\begin{aligned}
\mathrm{P}(\tau_1 \leq t_1, \ldots, \tau_n \leq t_n) &= \mathrm{P}\big(F_1^{-1}(U_1) \leq t_1, \ldots, F_n^{-1}(U_n) \leq t_n\big) \\
&= \mathrm{P}\big(F_1^{-1}(\Phi(X_1)) \leq t_1, \ldots, F_n^{-1}(\Phi(X_n)) \leq t_n\big) \\
&= \mathrm{P}\big(X_1 \leq \Phi^{-1}(F_1(t_1)), \ldots, X_n \leq \Phi^{-1}(F_n(t_n))\big) \\
&= \Phi_R\big(\Phi^{-1}(F_1(t_1)), \ldots, \Phi^{-1}(F_n(t_n))\big).
\end{aligned}
$$

Die Verteilungsfunktion der Exponentialverteilung kann analytisch invertiert werden, und wir erhalten im dritten Schritt

$$
\tau_i = F_i^{-1}(U_i) = -\frac{1}{\lambda}\ln(1 - U_i). \tag{8.90}
$$

Für die Gesamtverteilung der Ausfallzeiten benötigen wir folgende Parameter: die Korrelation $R = (\rho_{ij})$ der Normalverteilung (wobei $\rho_{ij} = \Sigma_{ij}/\sqrt{\Sigma_{ii}\Sigma_{jj}}$) und die Ausfallintensität λ in der Exponentialverteilung.

Bemerkung 8.28 Das Gauß-Copula-Modell für CDOs ist im Zuge der Finanzkrise ab 2007 in die Kritik geraten. Es wird sogar angenommen, dass der inkorrekte Gebrauch der Copula-Formel (8.89) zum Ausbruch der Finanzkrise beigetragen hat [214]. Im Folgenden diskutieren wir einige Kritikpunkte. Zum Beispiel haben wir die Recovery Rates als Modellkonstanten definiert; tatsächlich ist es jedoch sehr schwierig, die Erlösquoten zu schätzen. Ein Ausweg ist die Verwendung stochastischer Recovery Rates, siehe z.B. [10, 114]. Berechnet man die Korrelationskoeffizienten einer Tranche ausgehend von den Marktpreisen, so stellt man ähnlich wie bei der Volatilität des Black-Scholes-Modells für europäische Optionen fest, dass die so ermittelten impliziten Korrelationen für die verschiedenen Tranchen nicht konstant sind, wie das Modell voraussetzt. Dieser Effekt wird als *Korrelationssmile* bezeichnet. Um den Smile der impliziten Korrelationen zu berücksichtigen, wurde das Konzept der *Basiskorrelationen* entwickelt (siehe [155]), das andere Modellinkonsistenzen aufweist, jedoch eine größere Modellierungsflexibilität ermöglicht. Der Smile wird in [121] dadurch erklärt, dass die Gauß-Copula keine sogenannte Tail-Abhängigkeit aufweist. Diese Problematik kann durch die Verwendung anderer Copulas, z.B. Student-t-, Double-t-, Clayton- und Marshall-Olkin-Copulas, vermieden werden (siehe [41] für einen Vergleich der Copulas). Ein weiteres Problem bei der Gauß-Copula-Modellierung ist die Stationarität des Modells, also das Ignorieren einer realistischen Dynamik der Break-even Spreads über die Laufzeit der CDO-Tranche. Die Zeitstruktur kann berücksichtigt werden, indem die Anzahl der Modellparameter erhöht und das Modell geeignet kalibriert wird [155]. Schließlich können in realen Märkten *Ansteckungseffekte* (engl. contagion effects) auftreten. Darunter wird die Tatsache verstanden, dass sich die Werte der Spreads solventer Unternehmen plötzlich ändern können, wenn andere Unternehmen Konkurs anmelden. Dies ist beispielsweise im Zuge der Insolvenz von Lehman Brothers im Herbst 2008 geschehen. Ein möglicher Ausweg ist die Modellierung der Ausfallzeiten als eine Funktion des Ausfallprozesses $\mathbb{I}_{\{\tau_i \leq t\}}$, siehe z.B. [82]. □

8.4.3 Monte-Carlo-Simulationen mit MATLAB

Wir wollen nun die Bewertung einer CDO-Tranche mit dem Modell für die Ausfallzeiten aus dem vorigen Abschnitt und mit Monte-Carlo-Simulationen in MATLAB implementieren. Wir betrachten eine CDO-Tranche mit n Kredittiteln. Jeder Kredit habe den Nominalwert Ni, so dass der Gesamtnominalwert $N = \sum_{i=1}$ Ni beträgt. Die Recovery Rate RR sei für alle Kredite gleich; typischerweise wird ein Wert von 40% verwendet. Die Ausfallzeit eines Kredits sei exponentialverteilt mit der Ausfallintensität $\lambda > 0$. Die Kredittitel seien korreliert mit demselben Korrelationskoeffizienten $\rho > 0$; die Korrelation ist dann gegeben durch die Matrix $R = (\rho_{ij})$ mit $\rho_{ij} = \rho$, falls $i \neq j$, und $\rho_{ii} = 1$ für alle $i = 1, \ldots, n$. Die Laufzeit der CDO-Tranche sei T, und es wird zu jedem Zeitpunkt ti $= t_i = i\triangle t$, $i = 1, \ldots, m$, ein Coupon c, bezogen auf den gegenwärtigen Portfoliowert, gezahlt. Die risikolose Zinsrate r sei als konstant vorausgesetzt. Die Monte-Carlo-Simulation gliedert sich in die folgenden Schritte.

1. Schritt: *Berechnung der Ausfallzeiten.* Die Matrix R kann in MATLAB effizient mittels

```
R = rho*ones(n) + (1-rho)*eye(n)
```

definiert werden. Hierbei erzeugt `ones(n)` eine n-dimensionale Matrix, deren Elemente alle gleich eins sind, und `eye(n)` erzeugt eine n-dimensionale Einheitsmatrix. Gemäß Abschnitt 5.2.3 ist dann X = `chol(R)'*randn(n,1)` ein Vektor aus n standardnormalverteilten Zufallszahlen, wobei `chol(R)` die Cholesky-Zerlegung der Matrix R berechnet. Für die Monte-Carlo-Simulationen initialisieren wir zuerst den Zufallszahlengenerator `mt19937ar` (siehe Abschnitt 5.2.1 für die Erzeugung gleichverteilter Zufallszahlen mit MATLAB) mittels

```
s = RandStream('mt19937ar'); reset(s)
```

und ziehen wir gleich M normalverteilte Zufallsvektoren:

```
X = chol(R)'*randn(s,n,M)
```

Damit ist sichergestellt, dass jede Simulation dieselben Ergebnisse liefert. Die Verteilungsfunktion der $N(\text{mu}, \text{Sigma})$-Verteilung wird in MATLAB mit

```
normcdf(X,mu,Sigma)
```

aufgerufen. Die Formel $U_i = \Phi(X_i)$ aus dem vorigen Abschnitt formulieren wir dann als `U = normcdf(X,0,1)`. Wegen (8.90) berechnen sich die Ausfallzeiten aus `tau = -log(1-U)/lambda` oder, wenn wir die Definition von `U` einsetzen, aus

```
tau = -log(1-normcdf(X,0,1))/lambda
```

2. Schritt: *Berechnung des Default Leg und Premium Leg.* Für die i-te Monte-Carlo-Simulation betrachten wir die entsprechenden Ausfallzeiten

```
taui = tau(:,i)
```

Liegen diese vor den Prämienterminen, so hat ein Ausfall stattgefunden, und wir markieren diesen Ausfall mit dem Wert eins; anderenfalls sei der Wert null:

```
T1 = repmat(taui,1,length(ti)) < Tn
```

Der Befehl `B = repmat(A,m,n)` erzeugt eine Matrix `B`, indem die Matrix `A` ($m \times n$)-mal repliziert wird. Hat `A` p Zeilen und q Spalten, so ist `B` eine ($pm \times qn$)-Matrix. Die Matrix `Tn` besteht aus n Zeilen des Zeilenvektors $(t_1, \ldots, t_m)$, erzeugt mit dem Befehl `Tn = repmat(ti,n,1)`.

Der Portfolioverlust zur Zeit t_i ist dann gegeben durch

```
L = sum(Ni*(1-RR)*T1);
```

wobei `sum` über die Zeilen der Matrix `T1`, die die Kredittitel repräsentieren, summiert. Der kumulative Verlust der Tranche $L_{[a,d]}(t)$ lautet nach (8.82)

```
Lad = max(L-a*N,0) - max(L-d*N,0)
```

und der Default Leg berechnet sich wegen (8.83) gemäß

```
DL = sum(disc.*(Lad(2:end) - Lad(1:end-1)))
```

wobei `disc` den Vektor aus den Diskontfaktoren $D(0,t_i)$ bezeichnet, also `disc = exp(-r*ti(2:end))`. Das Wort `end` repräsentiert hier den letzten Index des entsprechenden Vektors, es gilt also `end = length(ti)`. Für die Berechnung des Premium Leg definieren wir den verbleibenden Portfoliowert $N_{[a,d]}(t_i)$ durch `Nad = (d-a)*N - Lad`. Dann ist wegen (8.84)

```
PL = sum(c*tstep*disc.*(Nad(1:end-1) + Nad(2:end))/2);
```

wobei `tstep` der Vektor der Differenzen $t_i - t_{i-1}$ sei.

3. Schritt: *Monte-Carlo-Simulationen.* Wir wiederholen Schritt 2 für alle $i = 1, \ldots, M$ und erhalten durch Mittelwertbildung aller Werte für `DL`$_i$ und `PL`$_i$ approximative Werte für den Default Leg und den Premium Leg. Der Fehler der Simulationen kann durch die Standardabweichung

$$s_{DL} = \frac{1}{M} \left(\sum_{i=1}^{M} \mathrm{DL}_i^2 - \frac{1}{M} \left(\sum_{i=1}^{M} \mathrm{DL}_i \right)^2 \right)^{1/2}$$

und ähnlich für den Premium Leg abgeschätzt werden.

Eine Implementierung dieses Algorithmus' ist im MATLAB-Programm 8.4 gegeben (siehe auch das Programm von Kasera, http://cs.nyu.edu/~sk1759). Als Ergebnis erhalten wir:

```
Premium Leg: 0.602286, Standardabweichung: 0.000809
Default Leg: 1.784726, Standardabweichung: 0.004520
Break-even spread: 0.148163
```

Aus Sicht des Sicherungsgebers (Investors) ist der Wert der CDO-Tranche also negativ: PL − DL = −1.1824, d.h., es haben relativ viele Ausfälle stattgefunden. Verringern wir die Ausfallintensität auf $\lambda = 0.002$, so ist PL = 0.786137 und DL = 0.553162, und der Wert der CDO-Tranche ist aus Sicht des Sicherungsgebers positiv.

Die berechneten Break-even Spreads für verschiedene Recovery Rates und Korrelationskoeffizienten ρ sind in Abbildung 8.12 illustriert, und zwar für die Equity Tranche (0...3%), Mezzanine Tranche (3...12%), Senior Tranche (12... 22%) und Super Senior Tranche (22...100%). Die Abbildungen haben wir mit den Befehlen

```
x = 0:0.2:0.8;
surf(x,x,S)
view(150,45), colormap([0.7 0.7 0.7])
box on, grid off
```

erzeugt, wobei die Matrix S die Break-even Spreads einer Tranche enthält. Eine schattierte Oberfläche mit Höhe Z wird allgemein mit surf(X,Y,Z) gezeichnet, wobei X und Y die x- und y-Koordinaten darstellen. Der Befehl view(a,h) definiert den Blickwinkel der Grafik mit dem Richtungswinkel a in der (x, y)-Ebene und dem Höhenwinkel h zwischen der (x, y)-Ebene und der z-Achse. Mit colormap([x,y,z]) wird die Farbe der Oberfläche definiert. Die Wahl colormap ([x x x]) erzeugt ein Grau mit der Intensität 1-x $\in [0, 1]$. Schließlich wird mit box on eine Umrandung gezeichnet, und grid off unterdrückt die Zeichnung von Gitterlinien.

Bei einer wachsenden Korrelation der Kredittitel nimmt bei der Equity Tranche der Break-even Spread ab, da bei zunehmender Korrelation die Wahrscheinlichkeit, dass es zu keinen Ausfällen kommt, zunimmt (siehe Abschnitt 8.4.1). Umgekehrt führt eine zunehmende Korrelation zu einem höheren Break-even Spread in der Super Senior Tranche. Insbesondere ist die Zunahme des Spreads in dieser Tranche größer als in den anderen Tranchen. In der Mezzanine Tranche ist der

MATLAB-Programm 8.4 Das Programm `cdo.m` berechnet den Default Leg und Premium Leg einer CDO-Tranche mittels Monte-Carlo-Simulationen.

```
n = 125;              % Anzahl der Kredittitel
RR = 0.4;             % Recovery Rate
lambda = 0.01;        % Ausfallintensität
rho = 0.3;            % Korrelationskoeffizient
Ni = 1;               % Nominalwert eines Kredits
N = n*Ni;             % Gesamtnominalwert
a = 0.00;             % Attachment Point
d = 0.03;             % Detachment Point
c = 0.05;             % Coupon (Prämienzinssatz)
r = 0.03;             % risikolose Zinsrate
M = 100000;           % Anzahl der Monte-Carlo-Simulationen
T = 5;                % Laufzeit der CDO-Tranche
tstep = 1;            % Frequenz der Prämienzahlungen (in Jahren)
PLsum = 0;            % Summe aller Premium Legs
DLsum = 0;            % Summe aller Default Legs
PLsum2 = 0;           % Summe aller quadrierten Premium Legs
DLsum2 = 0;           % Summe aller quadrierten Default Legs

loss = Ni*(1-RR);                       % Verlustanteil
ti = 0:tstep:T;                         % Vektor der Prämientermine
Tn = repmat(ti,n,1);                    % replizierte Prämientermine
disc = exp(-r*ti(2:end));               % Diskontfaktor
s = RandStream('mt19937ar');
reset(s);                               % Initialisierung des ZZ-Generators
R = rho*ones(n) + (1-rho)*eye(n);       % Korrelationsmatrix
X = chol(R)'*randn(s,n,M);              % X ist normalverteilt
tau = -log(1-normcdf(X,0,1))/lambda;    % exp-verteilte Ausfallzeiten

for i = 1:M
    taui = tau(:,i);                    % Ausfallzeiten für Pfad Nr. i
    T1 = repmat(taui,1,length(ti)) < Tn; % Markierte Ausfallzeiten
    L = sum(loss*T1);                   % Portfolioverlust
    Lad = max(L-a*N,0) - max(L-d*N,0);  % kumulativer Portfolioverlust
    DL = sum(disc.*(Lad(2:end) - Lad(1:end-1))); % Default Leg
    DLsum = DLsum + DL;
    DLsum2 = DLsum2 + DL^2;
    Nad = (d-a)*N - Lad;                % verbleibender Portfoliowert
    PL = sum(c*tstep*disc.*(Nad(1:end-1)+ Nad(2:end))/2); % Premium Leg
    PLsum = PLsum + PL;
    PLsum2 = PLsum2 + (PL^2);
end

fprintf('Premium Leg: %f, Standardabweichung: %f\n', ...
PLsum/M, sqrt(PLsum2-PLsum^2/M)/M);
fprintf('Default Leg: %f, Standardabweichung: %f\n', ...
DLsum/M, sqrt(DLsum2-DLsum^2/M)/M);
fprintf('Break-even spread: %f\n', c*DLsum/PLsum);
```

Spread-Zuwachs nicht sehr ausgeprägt, da dieser nur schwach von der Korrelation abhängt. Bei einer zunehmenden Recovery Rate belasten Kreditausfälle das

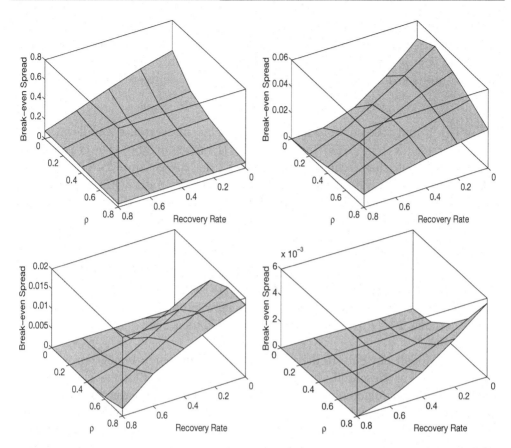

Abbildung 8.12 Break-even Spreads in Abhängigkeit der Recovery Rate und des Korrelationskoeffizienten ρ für die Equity Tranche (oben links), Mezzanine Tranche (oben rechts), Senior Tranche (unten links) und Super Senior Tranche (unten rechts).

Portfolio weniger, so dass der Break-even Spread kleiner wird. Dies trifft auf alle Tranchen zu. Allerdings zu dieser Effekt stärker ausgeprägt bei geringen Korrelationen in der Equity Tranche und bei hohen Korrelationen in den Senior und Super Senior Tranchen, da hohe Korrelationen in diesen Tranchen zu umfangreicheren Verlusten führen.

8.4.4 Das Ein-Faktormodell von Vasicek

Die Monte-Carlo-Simulationen des vorigen Abschnitts sind rechentechnisch relativ aufwändig, da sehr viele Simulationen und Cholesky-Zerlegungen durchgeführt werden müssen. Ein alternativer und einfacherer Zugang liefert das Ein-Faktormodell von Vasicek [223], das wir in diesem Abschnitt vorstellen.

Der Ausgangspunkt der Gauß-Copula in Abschnitt 8.4.2 war die Konstruktion der $N(0, \Sigma)$-verteilten Zufallsvektoren $X = (X_1, \ldots, X_n)^\top$ mit der Eigenschaft $\mathrm{Corr}(X_i, X_j) = \rho_{ij}$, wobei $\rho_{ij} = \Sigma_{ij}/\sqrt{\Sigma_{ii}\Sigma_{jj}}$. Wir führen einen systematischen Faktor Y und spezifische Faktoren $\varepsilon_1, \ldots, \varepsilon_n$ ein und definieren

$$X_i = \sqrt{\rho_i}Y + \sqrt{1 - \rho_i}\varepsilon_i, \quad i = 1, \ldots, n. \tag{8.91}$$

Die Größen Y und ε_i seien unabhängige standardnormalverteilte Zufallsvariablen. Es gilt $\mathrm{Corr}(X_i, X_j) = \sqrt{\rho_i\rho_j}$ für alle $i \neq j$ (Übungsaufgabe). Die Variable X_i wird durch den stochastischen Marktfaktor Y, der die gesamte Branche modelliert, und durch den idiosynkratischen Faktor ε_i, der die unternehmenspezifischen Aspekte beschreibt, beeinflusst. In Abschnitt 8.4.2 haben wir die Ausfallzeit über die Beziehung $\tau_i = F_i^{-1}(U_i)$ mit $U_i = \Phi(X_i)$ beschrieben. Wegen

$$\mathrm{P}(\tau_i \leq t) = \mathrm{P}(F_i^{-1}(U_i) \leq t) = \mathrm{P}\big(X_i \leq \Phi^{-1}(F_i(t))\big) \tag{8.92}$$

ist die Wahrscheinlichkeit, dass der Kredittitel i ausfällt, gleich der Wahrscheinlichkeit, dass der Wert X_i kleiner als $\Phi^{-1}(F_i(t))$ ist. Dies erlaubt es, die Variable X_i als den Wert eines Unternehmens zu interpretieren. Fällt der Wert unter die Ausfallschranke $\Phi^{-1}(F_i(t))$, so wird das Unternehmen insolvent und der Kredittitel fällt aus.

Dieses Modell hat eine Reihe von Vorteilen. Zum einen benötigen wir nur n Konstanten ρ_i zur Beschreibung der Korrelationen anstatt $n(n-1)/2$ Korrelationen ρ_{ij} bei einer allgemeinen Kovarianzmatrix. Ferner müssen wir nur skalare normalverteilte Zufallszahlen anstatt korrelierte normalverteilte Zufallsvektoren bereitstellen (und damit keine Cholesky-Zerlegungen mehr durchführen). Schließlich brauchen wir für die Bewertung einer CDO-Tranche nicht die korrelierte Verlustverteilung, sondern es genügen die Randverteilungen. Um dies einzusehen, erinnern wir an den (approximativen) Wert des Default Legs (8.83):

$$\mathrm{DL} = \sum_{i=1}^{m} D\big(0, \tfrac{1}{2}(t_i + t_{i-1})\big)\big(\mathrm{E}(L_{[a,d]}(t_i)) - \mathrm{E}(L_{[a,d]}(t_{i-1}))\big).$$

Wegen (8.82) folgt für den Erwartungswert von $L_{[a,d]}(t_i)$

$$\mathrm{E}(L_{[a,d]}(t_i)) = \mathrm{E}((L_{t_i} - aN)^+) - \mathrm{E}((L_{t_i} - dN)^+).$$

Es genügt also, den Erwartungswert von $(L_t - z)^+$ für $z > 0$ zu bestimmen. Eine ähnliche Aussage gilt für den Premium Leg, denn (siehe (8.84))

$$\mathrm{PL} = \frac{c}{2} \sum_{i=1}^{m} (t_i - t_{i-1})D(0, t_i)\big(\mathrm{E}(N_{[a,d]}(t_i)) + \mathrm{E}(N_{[a,d]}(t_{i-1}))\big)$$

und

$$\mathrm{E}(N_{[a,d]}(t_i)) = (d - a)N - \mathrm{E}((L_{[a,d]}(t_i)).$$

Das folgende Lemma gibt an, wie die Erwartungswerte von $(L_{t_i} - aN)^+$ und $(L_{t_i} - dN)^+$ berechnet werden können (siehe Lemma 4.6 in [155]).

Lemma 8.29 *Sei $F_t(x) = \mathrm{P}(L_t \leq x)$ die Verteilungsfunktion des Portfolioverlusts L_t mit Dichte $f_t = F'_t$. Dann gilt*

$$\mathrm{E}((L_{t_i} - aN)^+) = (1-a)N - \int_{Na}^{N} \mathrm{P}(L_t \leq x)dx,$$

$$\mathrm{E}((L_{t_i} - dN)^+) = \int_{0}^{dN} \mathrm{P}(L_t \leq x)dx.$$

Beweis. Mit der Definition des Erwartungswerts (siehe Satz 3.8) und partieller Integration erhalten wir

$$\mathrm{E}((L_{t_i} - aN)^+) = \int_{0}^{N} (x-aN)^+ f_t(x)dx = \int_{aN}^{N} x f_t(x)dx - aN \int_{aN}^{N} f_t(x)dx$$

$$= \left[x F_t(x)\right]_{aN}^{N} - \int_{aN}^{N} F_t(x)dx - aN \left[F_t(x)\right]_{aN}^{N}$$

$$= N - aN - \int_{aN}^{N} F_t(x)dx.$$

Die zweite Aussage folgt nach einer ähnlichen Rechnung (Übungsaufgabe). □

Wir betrachten nun zwei Vereinfachungen: Das Portfolio sei homogen und umfasse sehr viele Kredittitel. Dies erlaubt die Herleitung einfacher Verlustverteilungen. In einem homogenen Portfolio haben alle n Kredittitel dieselbe Ausfallwahrscheinlichkeit $F(t) = \mathrm{P}(\tau_i \leq t)$ und identische Verluste $\ell = L_i$ für $i = 1, \ldots, n$. Ferner gelte im obigen Ein-Faktormodell $\rho = \rho_i$ für $i = 1, \ldots, n$. Die auf $Y = y$ bedingte Ausfallwahrscheinlichkeit $p(y; t) = \mathrm{P}(\tau_i \leq t | Y = y)$ lautet wegen (8.92)

$$p(y; t) = \mathrm{P}\left(X_i \leq \Phi^{-1}(F(t)) \big| Y = y\right)$$

$$= \mathrm{P}\left(\sqrt{\rho}Y + \sqrt{1-\rho}\varepsilon_i \leq \Phi^{-1}(F(t)) \big| Y = y\right)$$

$$= \mathrm{P}\left(\varepsilon_i \leq \frac{\Phi^{-1}(F(t)) - \sqrt{\rho}y}{\sqrt{1-\rho}}\right) = \Phi\left(\frac{\Phi^{-1}(F(t)) - \sqrt{\rho}y}{\sqrt{1-\rho}}\right). \qquad (8.93)$$

Insbesondere sind die auf $Y = y$ bedingten Ausfälle für alle Unternehmen unabhängig und haben dieselbe bedingte Ausfallwahrscheinlichkeit. Gleichartige und unabhängige Versuche, die jeweils nur zwei mögliche Ergebnisse haben (Ausfall oder kein Ausfall), werden durch die Binomialverteilung beschrieben. Die bedingte Anzahl B der Ausfälle lautet also

$$\mathrm{P}(B = k | Y = y) = \binom{n}{k} p(y; t)^k (1 - p(y; t))^{n-k}.$$

Fallen k Kredittitel aus, so beträgt der kumulative Verlust L_t gerade $k\ell$, denn der Loss-given-default ist nach Voraussetzung für jedes Unternehmen gleich ℓ. Die obige bedingte Wahrscheinlichkeit ist daher gleich

$$P(L_t = k\ell | Y = y) = \binom{n}{k} p(y;t)^k (1 - p(y;t))^{n-k}. \tag{8.94}$$

Die unbedingte Verlustverteilung erhalten wir durch Integration über alle y:

$$P(L_t = k\ell) = \int_{\mathbb{R}} P(L_t = k\ell | Y = y)\phi(y)dy$$

$$= \frac{1}{\sqrt{2\pi}} \int_{\mathbb{R}} \binom{n}{k} p(s;t)^k (1 - p(s;t))^{n-k} e^{-s^2/2} ds,$$

wobei $\phi(s) = e^{-s^2/2}/\sqrt{2\pi}$ die Dichte der Standardnormalverteilung ist. Die Verteilungsfunktion des kumulativen Verlustes ist folglich gegeben durch

$$P(L_t/\ell \leq j) = \frac{1}{\sqrt{2\pi}} \sum_{k=0}^{j} \int_{\mathbb{R}} \binom{n}{k} p(y;t)^k (1 - p(y;t))^{n-k} e^{-s^2/2} ds.$$

Die Bestimmung der Verlustverteilung erfordert lediglich die numerische Integration eines eindimensionalen Integrals.

Im Spezialfall verschwindender Korrelation $\rho = 0$ folgt aus (8.93), dass $p(s;t) = F(t)$, also

$$P(L_t = k\ell) = \binom{n}{k} F(t)^k (1 - F(t))^{n-k}.$$

Die Verlustverteilung ist in diesem Fall durch die Binomialverteilung gegeben. Die Verteilungen für $\rho > 0$ weichen von dieser symmetrischen Verteilung ab, je größer ρ ist.

Wir verwenden nun die zweite Vereinfachung vieler Kredittitel, d.h. n ist sehr viel größer als eins bzw. im Grenzwert $n \to \infty$. Wir zeigen:

Satz 8.30 *Seien $F(t)$ die Ausfallwahrscheinlichkeit, ρ die Korrelation und ℓ der Loss-given-default. Sei ferner $\widetilde{L}_t$ der formale Grenzwert $\lim_{n\to\infty} L_t/n$, dessen Existenz vorausgesetzt wird. Dann besitzt $\widetilde{L}_t$ die Verteilungsfunktion*

$$P(\widetilde{L}_t \leq \ell q) = \Phi\left(\frac{\sqrt{1-\rho}\,\Phi^{-1}(q) - \Phi^{-1}(F(t))}{\sqrt{\rho}}\right),$$

wobei Φ die Verteilungsfunktion der Standardnormalverteilung bezeichne.

Beweis. Wir gehen vor wie in [8]. Für einen mathematisch präziseren Beweis verweisen wir auf Abschnitt 3.5.3 in [155]. Dort wird insbesondere gezeigt, dass der kumulative Verlust unter bestimmten Voraussetzungen im quadratischen Mittel und in Wahrscheinlichkeit gegen $\widetilde{L}_t$ konvergiert.

Die bedingte Wahrscheinlichkeit $P(L_t/\ell = k|Y = y)$ ist wegen (8.94) durch die Binomialverteilung gegeben. Gemäß den Eigenschaften der Binomialverteilung hat L_t/ℓ den Erwartungswert $np(y;t)$ und die Varianz $np(y;t)(1-p(y;t))$. Es folgt $E(L_t|Y = y) = \ell E(L_t/\ell|Y = y) = n\ell p(y;t)$ und $\text{Var}(L_t|Y = y) = \ell^2 \text{Var}(L_t/\ell|Y = y) = n\ell^2 p(y;t)(1-p(y;t))$. Um den formalen Grenzwert $n \to \infty$ durchführen zu können, skalieren wir den kumulativen Verlust durch $L_t^{(n)} = L_t/n$. Wir erhalten

$$E(L_t^{(n)}|Y = y) = n^{-1}E(L_t|Y = y) = \ell p(y;t),$$

$$\text{Var}(L_t^{(n)}|Y = y) = n^{-2}\text{Var}(L_t|Y = y) = n^{-1}\ell^2 p(y;t)(1-p(y;t)).$$

Der bedingte Erwartungswert von $L_t^{(n)}$ ist unabhängig von n und im Grenzwert $n \to \infty$ verschwindet die bedingte Varianz. Dies bedeutet, dass im Grenzwert $L_t^{(n)}$ eine deterministische Größe und gleich ihrem Erwartungswert ist. Bezeichnen wir diesen Grenzwert mit $\tilde{L}_t$, so ergibt sich $\tilde{L}_t = \ell p(y;t)$. Daher ist

$$P(\tilde{L}_t \leq \ell q) = P(\tilde{L}_t/\ell \leq q) = P(p(y;t) \leq q) \quad \text{für alle } 0 \leq q \leq 1.$$

Nun ist $p(Y;t) \leq q$ wegen (8.93) äquivalent zu

$$\frac{\Phi^{-1}(F(t)) - \sqrt{\rho}Y}{\sqrt{1-\rho}} \leq \Phi^{-1}(q)$$

oder zu

$$Y \geq G(q) := \frac{\Phi^{-1}(F(t)) - \sqrt{1-\rho}\Phi^{-1}(q)}{\sqrt{\rho}},$$

so dass wir

$$P(\tilde{L}_t \leq \ell q) = P(Y \geq G(q)) = 1 - \Phi(G(q)) = \Phi(-G(q))$$

erhalten, da Y standardnormalverteilt ist. Dies beweist die Behauptung. $\qquad\square$

Der obige Satz liefert also eine explizite Verlustverteilung im Falle homogener, großer Portfolios.

Bemerkung 8.31 Das Ein-Faktormodell von Vasicek und die obige Version für homogene, große Portfolios sind in den letzten Jahren in der Literatur erweitert worden. Wir erwähnen einige Verallgemeinerungen:

(1) Ein Modell für homogene, aber endliche Portfolios (also $n < \infty$) wurde von Hull und White vorgestellt [110].

(2) Die Zufallsvariablen Y und ε_i im Vasicek-Modell (8.91) müssen nicht notwendigerweise standardnormalverteilt sein. Student-t-Verteilungen werden von Hull und White [110] sowie Andersen et al. [11] verwendet, während Schönbucher [192] archimedische Copulas betrachtet.

(3) Ein-Faktormodelle, die auf Varianz-Gamma- oder Lévy-Prozessen basieren, werden in [5, 162] untersucht.

(4) In realen Märkten sind die Portfolios im Allgemeinen nicht homogen. In heterogenen Portfolios hängen die Korrelation ρ und die bedingte Ausfallwahrscheinlichkeit $p(y; t)$ vom Kredittitel ab. Ein rekursiver Algorithmus zur Berechnung der Ausfallwahrscheinlichkeiten wurde in [11] entwickelt. Eine andere Methode, die auf der schnellen Fourier-Transformation basiert, wurde in [70] vorgestellt.

(5) Es ist in realen Märkten zu erwarten, dass sich die Ausfallkorrelationen zeitlich ändern, dass also die Zufallsvariablen Y und ε_i von der Zeit abhängen. Burtschell et al. [41] haben das Vasicek-Modell erweitert, indem sie den Prozess $X_{i,t} = \sqrt{\rho_i} Y_t + \sqrt{1 - \rho_i} \varepsilon_{i,t}$ mit zeitabhängigen Faktoren Y_t und $\varepsilon_{i,t}$ betrachten.

(6) Es ist fraglich, ob ein Faktor alle Korrelationen adäquat beschreibt. In der Literatur sind daher Multi-Faktormodelle entwickelt worden, um dieser Problematik zu begegnen. In derartigen Modellen werden die Zufallsgrößen X_i in (8.91) durch

$$X_{i,t} = \sqrt{\rho_1} Y_{1,t} + \cdots + \sqrt{\rho_k} Y_{k,t} + \sqrt{1 - \rho_1 - \cdots - \rho_k} \varepsilon_{i,t}$$

definiert, siehe z.B. [110, 191].

Für andere Erweiterungen verweisen wir auf [70, 76].   □

8.5   Quantos und stochastische Korrelation

Im Zuge globalisierter Märkte hängt die Wertentwicklung eines Portfolios, gemessen in der Heimatwährung, nicht nur von der Wertentwicklung der einzelnen Basiswerte ab, die in einer Fremdwährung gepreist sein können, sondern auch von der Entwicklung des entsprechenden Wechselkurses. Die Absicherung des Portfolios muss also beide Risiken absichern. Betrachten wir hierzu das folgende Beispiel.

Beispiel 8.32 Ein Investor besitzt 1000 Aktien eines amerikanischen Unternehmens mit einem momentanen Kurswert von 140 US-Dollar (USD) oder umgerechnet 100 Euro bei einem Wechselkurs von 1.40 USD/Euro. Er möchte in sechs Monaten ein Haus kaufen. Da er an eine positive Entwicklung des US-Aktienmarktes glaubt, möchte er die Anteile jetzt nicht verkaufen. Er hat jedoch den heutigen Wert seiner Anteile in Höhe von 100 000 Euro fest in sein Budget für den Hauskauf eingeplant. Wie kann er sich gegen das Risiko absichern, dass seine US-Aktien in einem Jahr weniger als 100 000 Euro wert sind? Der Kauf entsprechender Put-Optionen mit Laufzeit von einem Jahr und einem Ausübungspreis von 140 USD würde ihm nicht weiterhelfen. Er muss das Haus schließlich in Euro und nicht in Dollar bezahlen. Was er benötigt, ist eine Option auf die US-Aktien mit einem Ausübungspreis von 140 USD, deren Auszahlung in Euro zum garantierten Wechselkurs von 1.40 USD erfolgt. Eine derartige Option nennt man *Quanto*, als Abkürzung für „quantity adjusting option".

8.5.1 Fairer Preis für Quantos bei konstanter Korrelation

Ein Quanto ist also eine Option auf einen Basiswert in einer Fremdwährung mit Auszahlung in der Heimatwährung zu einem vorab festgesetzten Wechselkurs. Bezeichnet man den Preis des Basiswertes (in der Fremdwährung) mit S_t und den Wechselkurs zwischen Fremd- und Heimatwährung mit E_t, so ergibt sich die Auszahlungsfunktion für eine Quanto-Kaufoption zu $C_T = E_0(S_T - K)^+$ und entsprechend für eine Verkaufsoption zu $C_T = E_0(K - S_T)^+$. Der Optionswert hängt also von der korrelierten Entwicklung des Basiswertes und des Wechselkurses ab. Ein einfaches Zwei-Faktorenmodell auf Basis geometrischer Brownscher Bewegungen ist gegeben durch

$$
\begin{aligned}
dS_t &= \mu^S S_t dt + \sigma^S S_t dW_t^S, \\
dE_t &= \mu^E E_t dt + \sigma^E E_t dW_t^E,
\end{aligned}
$$

wobei die Korrelation der beiden Wiener Prozesse W_t^S und W_t^E durch den Parameter $\rho \in [-1, 1]$ beschrieben sei: $dW_t^S \cdot dW_t^E = \rho dt$. Wir erinnern uns, dass diese symbolische Schreibweise den Sachverhalt

$$
\mathrm{E}(W_t^S W_t^E) = \rho t \tag{8.95}
$$

ausdrückt. Zwei derartig korrelierte Brownsche Bewegungen wiederum können wir leicht durch zwei unkorrelierte Brownsche Bewegungen V_t und W_t^S via

$$
W_t^E := \rho W_t^S + \sqrt{(1 - \rho^2)} V_t \tag{8.96}
$$

erzeugen (siehe Übungsaufgaben).

Durch Arbitragepreistechnik wird es uns im Folgenden gelingen, den Parameter μ^S eindeutig durch die risikolosen Zinssätze r^h und r^f im Heimat- und Fremdwährungsmarkt festzulegen: Nehmen wir an, wir haben eine Einheit der Heimatwährung zur Verfügung. Wir können diese sofort in die Fremdwährung tauschen, dann in einen risikolosen Fremdwährungsbond tauschen und nach Laufzeitende den Erlös wieder in die Heimatwährung umtauschen. Alternativ können wir das Geld auch sofort in einem risikolosen Bond in der Heimatwährung anlegen. Um keine Arbitragemöglichkeit zuzulassen, müssen beide Werte gleich sein:

$$\mathrm{E}\left(\frac{1}{E_0}\exp\left(r^f T\right)E_T\right) = \mathrm{E}(\exp\left(r^h T\right)),\tag{8.97}$$

woraus sofort wegen $\mathrm{E}(E_T) = E_0\exp\left(\mu^E T\right)$

$$\mu^E = r^h - r^f\tag{8.98}$$

folgt. Eine analoge Überlegung führt auf

$$\frac{1}{E_0}\frac{1}{S_0}\mathrm{E}(S_T E_T) = \exp\left(r^h T\right).\tag{8.99}$$

Mit anderen Worten: Tauschen wir eine Einheit der Heimatwährung in die Fremdwährung und investieren den Betrag sofort in den Basiswert, so erwarten wir dieselbe Auszahlung wie ein risikoloses Investment in einem Heimatwährungsbond.
Um diese Gleichung auszunutzen, müssen wir $\mathrm{E}(S_T E_T)$ berechnen:

$$S_T E_T = S_0 E_0\exp\left(\left(\left(\mu^S + \mu^E\right) - \frac{1}{2}((\sigma^S)^2 + (\sigma^E)^2)\right)T + (\sigma^S W_T^S + \sigma^E W_T^E)\right)$$

und damit (siehe Übungsaufgaben)

$$\mathrm{E}(S_T E_T) = S_0 E_0\exp\left((\mu^S + \mu^E + \rho\sigma^S\sigma^E)T\right).$$

Daraus ergibt sich

$$\mu^S + \mu^E + \rho\sigma^S\sigma^E = r^h$$

und mit (8.98)

$$\mu^S = r^h - (r^h - r^f + \rho\sigma^S\sigma^E).\tag{8.100}$$

Da wir den zweiten Teil als kontinuierliche Dividendenzahlung interpretieren
können, ergibt sich der risikolose Preis für eine Quanto-Kaufoption aus der mo-
difizierten Black-Scholes-Formel (4.50) unter Berücksichtigung kontinuierlicher
Dividendenzahlungen:

$$C_{\mathrm{Quanto}}(S_0, K, r^h, \omega, \sigma^S, T) = E_0\left(S_0\exp\left(-\omega T\right)\Phi(d_1) - K\exp\left(-r^h T\right)\Phi(d_2)\right),\tag{8.101}$$

wobei

$$d_1 = \frac{\log\left(\frac{S_0}{K}\right) + ((r^h - \omega) + (\sigma^S)^2/2)/T}{\sigma^S\sqrt{T}},\quad d_2 = d_1 - \sigma^S\sqrt{T}$$

und

$$\omega = r^h - r^f + \rho\sigma^S\sigma^E.$$

Der entsprechende Preis für die Verkaufsoption ergibt sich aus der Put-Call-
Parität.

8.5.2 Stochastische Korrelation

Sehen wir uns den Markt etwas genauer an, dann sehen wir, dass die Annahme einer konstanten Korrelation eine sehr starke Vereinfachung der Wirklichkeit ist:

- Die Korrelation ist nicht konstant, sondern zeitabhängig, wie ein kurzer Blick auf die historische Korrelation zwischen Dow Jones und dem Euro/US-Dollar-Wechselkurs für das Jahr 2009 in Abbildung 8.13 zeigt.

- Die Korrelation ist nicht einmal deterministisch – ansonsten würde die Existenz von Derivaten auf Korrelationsindizes wie etwa Correlation Swaps am Markt keinen Sinn machen.

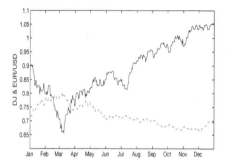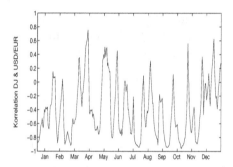

Abbildung 8.13 Dow Jones (—), um den Faktor 10 000 nach unten skaliert, und USD/Euro-Wechselkurs (- -) im Jahr 2009 (links) sowie (rollierende) Korrelation zwischen Dow Jones und USD/Euro-Wechselkurs über jeweils 2 Wochen (rechts).

Welche Effekte aber hat ein stochastisches Korrelationsmodell auf den fairen Preis von Quantos? Um diese Frage zu beantworten, benötigen wir zunächst ein stochastisches Modell für ρ_t und eine Verallgemeinerung des Konzeptes zweier korrelierter Brownscher Bewegungen Z_t und W_t auf den Fall einer stochastischen Korrelation. Van Emmerich [221] schlägt hierzu den folgenden Weg vor: Wir definieren zunächst die stochastische Korrelation als allgemeinen Itô-Prozess (den wir später genauer spezifizieren werden)

$$d\rho_t = a(t, \rho_t)dt + b(t, \rho_t)dK_t, \qquad \rho_0 \in [-1, 1], \qquad (8.102)$$

mit Brownscher Bewegung K_t und geeigneten Funktionen a und b.

Die Korrelation zwischen zwei Brownschen Bewegungen W_t und Z_t (die beide von K_t unabhängig sein sollen) können wir wie folgt auf diesen Fall einer stochastischen Korrelation (8.102) übertragen: Mit einer weiteren Brownschen Bewegung V_t (unabhängig von K_t und W_t) verallgemeinern wir die Definition (8.96) auf

$$Z_t := \int_0^t \rho_s dW_s + \int_0^t \sqrt{1-\rho_s^2}\, dV_s, \qquad Z_0 = 0,$$

und erhalten damit eine weitere Brownsche Bewegung Z_t mit der Eigenschaft

$$E(Z_t W_t) = E\left(\int_0^t \rho_s ds\right),$$

die im Falle einer konstanten Korrelation mit (8.95) äquivalent ist. Van Emmerich [221] schlägt nun als stochastischen Prozess für ρ_t den folgenden Mean-Reverting-Prozess vor, der um den Mittelwert Θ schwankt:

$$d\rho_t = \kappa(\Theta - \rho_t)dt + \alpha\sqrt{1-\rho_t^2}\, dK_t, \qquad \rho_0 \in (-1,1), \tag{8.103}$$

mit Konstanten $\alpha, \kappa > 0$ und $\Theta \in (-1,1)$. Wählt man $\kappa > \max\left(\frac{\alpha^2}{1-\Theta^2}, \frac{\alpha^2}{1+\Theta^2}\right)$, so bleibt für $\rho_0 \in (-1,1)$ der Prozess ρ_t fast sicher im Intervall $(-1,1)$ – die Grenzen -1 und $+1$ werden nicht erreicht. Die Parameter α, κ und Θ stehen für die Kalibrierung an die jeweiligen Marktdaten zur Verfügung.

8.5.3   Fairer Preis für Quantos bei stochastischer Korrelation

Wie ändert sich der faire Preis für einen Quanto, wenn wir statt konstanter die stochastische Korrelation gemäß (8.103) annehmen? Gehen wir die beiden Arbitragepreistechnik-Argumente noch einmal durch, so sehen wir, dass (8.97) unverändert auf die Beziehung (8.98) führt. Das zweite Argument (8.99) beinhaltet jedoch das Produkt aus Basiswert und Wechselkurs und damit deren Korrelation. Anstatt (8.100) müssen wir nun

$$\mu^S = r^h - \omega, \quad \omega := r^h - r^f + \sigma^S \sigma^E \frac{1}{T}\int_0^T \rho_t dt \tag{8.104}$$

setzen. Das sieht man wie folgt: Um $E(S_T E_T)$ zu berechnen, benötigen wir zunächst

$$\begin{aligned} d(S_t E_t) &= S_t dE_t + E_t dS_t + dS_t dE_t \\ &= S_t E_t((\mu^S + \mu^E + \sigma_t \sigma^S \sigma^E)dt + \sigma^S dW_t^S + \sigma^E dW_t^E), \end{aligned}$$

woraus wir mithilfe der Itô-Formel $d(\ln(x_t)) = dx_t/x_t - (dx_t)^2/(2x_t^2)$, angewendet auf $x_t = S_t E_t$,

$$\ln(S_T E_T) - \ln(S_0 E_0) = \mu^S + \mu^E - \frac{1}{2}((\sigma^S)^2 + (\sigma^E)^2)T + \sigma^S W_T + \sigma^E W_T^E$$

erhalten. Aus

$$E\left(e^{\sigma^S W_T + \sigma^E W_T^E}\right) = e^{((\sigma^S)^2 + (\sigma^E)^2)T/2} \cdot E\left(e^{\sigma^S \sigma^E \int_0^T \rho_t dt}\right)$$

(siehe Übungsaufgaben) erhält man mit (8.104) eine Parameterwahl, die mit (8.99) konsistent ist.

8.5.4 Bedingte Monte-Carlo-Simulation mit MATLAB

Der faire Preis einer Quanto-Kaufoption lässt sich nun mittels bedingter Monte-Carlo-Simulation berechnen: Hierzu berechnen wir M Pfade des stochastischen Korrelationsmodells (8.103) und setzen diesen Wert in (8.104) ein. Damit erhalten wir für jeden Pfad mittels (8.101) einen Preis, den wir über alle Pfade mitteln, um den fairen Preis zu erhalten.

1. Schritt: *Simulation von M Pfaden der stochastischen Korrelation.* Für gegebene Daten α, κ, Θ und Anfangswert $\rho_0 \in (-1, 1)$ sind für M verschiedene Brownsche Bewegungen K^j die stochastischen Korrelationen ρ_t^j sowie das Integral

$$I_T^j := \frac{1}{T} \int_0^T \rho_t^j dt$$

zu berechnen ($j = 1, \ldots, M$). Da das Euler-Maruyama-Verfahren die analytischen Grenzen nicht einhalten wird (siehe Abschnitt 8.1.4), verwenden wir das Milstein-Verfahren. Das Integral werten wir über simultane Integration der Differentialgleichung

$$dI_t = \frac{\rho_t}{T} dt, \qquad I_0 = 0,$$

bis zum Zeitpunkt $t = T$ aus – eine Alternative wären numerische Quadraturverfahren. Mit konstanter Schrittweite $h = T/N$, $N \in \mathbb{N}$, lautet das Milstein-Verfahren zur Erzeugung der Pfadapproximationen $\rho_{i,j}$ und $I_{i,j}$ von ρ_{ih}^j und I_{ih}^j ($i = 0, 1, \ldots, N - 1$):

$$\rho_{i+1,j} = \kappa(\Theta - \rho_{i,j})h + \alpha\sqrt{1 - \rho_{i,j}^2}\triangle K_{i,j} - \frac{\alpha^2}{2}\rho_{i,j}(\triangle K_{i,j}^2 - h), \quad (8.105)$$

$$I_{i+1,j} = I_{i,j} + \frac{h}{T}\rho_{i,j}, \qquad (8.106)$$

wobei $\triangle K_{i,j} := K_{(i+1)h,j} - K_{ih,j}$. Das ergibt M Approximationen $I_{N,j}$ ($j = 1, \ldots, M$).

2. Schritt: *Berechnung von M Black-Scholes-Preisen C_j als bedingte Erwartungswerte.* Für diese M Pfade können wir

$$\omega_j := \left(r^h - r^f + \sigma^S \sigma^E I_{N,j}\right)$$

und damit den Black-Scholes Preis $C_j := C_{\text{Quanto}}(S_0, K, r^h, \omega_j, \sigma^S, T)$ gemäß (8.101) als bedingten Erwartungswert für den Fall berechnen, dass die Dynamik ρ_t^j eingetreten ist.

3. Schritt: *Berechnung des fairen Preises C.* Der Mittelwert

$$C := \frac{1}{M} \sum_{j=1}^{M} C_j$$

über alle bedingten Erwartungswerte C_j liefert nun die Approximation für den fairen Preis der Quanto-Kaufoption unter Zugrundelegung einer stochastischen Korrelation (8.103).

Eine MATLAB-Implementierung dieses Verfahrens ist in Programm 8.5 gegeben. Um zur Berechnung des Black-Scholes-Preises mit kontinuierlicher Dividendenzahlung den Befehl `blsprice` (siehe Kapitel 9) verwenden zu können, müssen wir den Fall negativer Dividenden ausschließen. In diesem Fall erfolgt eine Auswertung mittels `blsprice` durch entsprechende Erhöhung des Heimatzinssatzes.

MATLAB-Programm 8.5 Das Programm `stochquanto.m` berechnet den fairen Preis einer Quanto-Kaufoption, wenn wir die stochastische Korrelation (8.103) zugrundelegen.

```
function price = stochquanto(S0,E0,rho0,K,T,rh,rf,sigmaS,sigmaE, ...
                            alpha,kappa,theta,M,N)
% S0: Basiswert heute
% E0: Wechselkurs heute
% K: Ausübungspreis
% T: Laufzeit
% rh: risikoloser Zinssatz für Heimatwährung
% rf: risikoloser Zinssatz für Fremdwährung
% sigmaS: Volatilität im Basiswertmodell
% sigmaE: Volatilität im Wechselkursmodell
% alpha, kappa, Theta: Parameter im stochastischen Korrelationsmodell
% M: Anzahl der Pfade
% N: Anzahl der Zeitschritte

s = randn('state');                % Initialisierung Zufallszahlengenerator
W = sqrt(dt)*randn(N,M);           % Simultane Berechnung der Wiener-Zuwächse
rho = rho0*ones(M,1);
I = zeros(M,1);                    % Initialisierung der Modellgleichungen
dt = T/N;                          % Schrittweite

% Milsteinverfahren
for i = 1:N
    I = I+rho/N;
    rho = rho+kappa*(theta-rho)*dt+alpha*sqrt(max(0,1-rho.^2)).*W(i,:)'...
        - alpha^2*rho.*(W(i,:)'.*W(i,:)'-dt)/2;
end

w = rh-rf+sigmaS*sigmaE*I;         % Simultane Berechnung des Zinsabschlags

% Berechnung des fairen Preises
c1 = w<=0;
c2 = w>0;
if (sum(c2)==0)
    price = E0*(sum(exp(-w(c1)*T).*blsprice(S0,K,rh-w(c1),T,sigmaS,0)))/M;
elseif (sum(c1)==0)
    price = E0*(sum(blsprice(S0,K,rh,T,sigmaS,w(c2))))/M;
else
    price = E0*(sum(blsprice(S0,K,rh,T,sigmaS,w(c2))) ...
        + sum(exp(-w(c1)*T).*blsprice(S0,K,rh-w(c1),T,sigmaS,0)))/M;
end
```

In Abbildung 8.14 sind die Preise einer Quanto-Kaufoption für verschiedene Laufzeiten angegeben, wobei wir die stochastische Korrelation (8.103) zugrunde-gelegt haben. Da wir den Startwert ρ_0 und Mittelwert Θ gleich gewählt haben, ist der Erwartungswert von ρ_t zeitlich konstant und fällt mit Θ zusammen. Zum Vergleich sind die Preise für eine Quanto-Kaufoption mit konstanter Korrelation $\rho = \Theta$ gemäß (8.101) angegeben. Wir sehen, dass durch die Verwendung einer konstanten Korrelation das Korrelationsrisiko vernachlässigt wird, und man erhält zu niedrige Preise. Je länger die Laufzeit, desto größer ist der Unterschied und damit das unterschätzte Korrelationsrisiko.

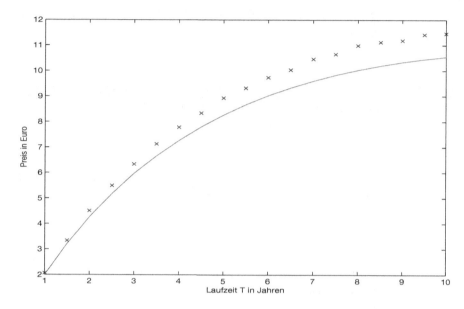

Abbildung 8.14 Vergleich der Preise für eine Quanto-Kaufoption mit konstanter (—) und stochastischer (×) Volatilität. Als Parameter wurden gewählt: $S_0 = 100$, $E_0 = 1$, $\rho_0 = \Theta = 0.4$, $K = 120$, $r^h = 0.05$, $r^f = 0.03$, $\sigma^S = 0.2$, $\sigma^E = 0.4$, $\alpha = 1$, $\kappa = 1.06$.

Übungsaufgaben

1. Leiten Sie die Darstellung (8.6) für die lokale Volatilität aus der Formel (8.5) her.

2. Begründen Sie die Wahl der Randbedingungen (8.17)-(8.20).

3. Zeigen Sie: Das drift-implizite Milstein-Verfahren, angewandt auf (8.25) mit dem Diffusionsterm $\nu\sigma^{2p}$, ist nur dann positivitätserhaltend, wenn die konstante Schrittweitenbeschränkung $\triangle t_i > 1/\nu^2$ erfüllt ist.

4. Erweiterte LIBOR-Market-Modelle führen auf Zwei-Faktoren-Modelle für die Forwardraten und die Volatilität. Die Forwardraten werden durch die stochastische Differentialgleichung

$$dF_t = \sigma(t)\sqrt{V_t}\varphi(F_t)dW_t, \quad F_0 > 0,$$

mit positiver analytischer Volatilität $\sigma : \mathbb{R}^+ \to \mathbb{R}^+$ und einer Modellfunktion

$$\varphi(x) = \begin{cases} x + m & \text{(displaced diffusion [181])} \\ x^\alpha & \text{(constant elasticity of variance [49])}, \end{cases}$$

wobei $m \in \mathbb{R}$ und $\alpha > 0$, modelliert. Die Volatilität V_t wird durch den Mean-Reversion-Prozess

$$dV_t = \kappa(\theta - V_t)dt + \nu V_t^p d\widetilde{W}_t, \quad V_0 > 0,$$

mit Modellparametern $\kappa, \theta, \nu \in \mathbb{R}^+$ und $1/2 < p \le 1$ beschrieben. Die beiden Wiener-Prozesse W_t und $\widetilde{W}_t$ können als unabhängig angenommen werden.

Es lässt sich zeigen, dass für die analytischen Lösungen des Zwei-Faktoren-Modells gilt:

(a) $F_0 > \bar{b} \Longrightarrow \mathrm{P}(\{V_t > \bar{b} \, \forall \, t > 0\}) = 1$ mit $\bar{b} = -m$ (displaced diffusion) und $\bar{b} = 0$ (constant elasticity of variance);

(b) $V_0 > 0 \Longrightarrow \mathrm{P}(\{V_t > 0 \, \forall \, t > 0\}) = 1$.

Zeigen Sie:

(i) Das drift-implizite Milstein-Verfahren, angewandt auf den Mean-Reversion-Prozess zur Bestimmung der Volatilität, ist nur dann positivitätserhaltend, wenn die konstante Schrittweitenbeschränkung $\triangle t < 1/\nu^2$ eingehalten wird.

(ii) Das Milstein-Verfahren für die Forward-Rates (Fall: displaced diffusion) führt auf nach unten beschränkte numerische Approximationen $F_i > -m$ an $F(t_i)$, falls die Schrittweite die Ungleichung

$$\triangle t_i < \frac{1}{\sigma(t_i)^2 V(t_i)}$$

einhält.

(iii) Das Milstein-Verfahren für die Forward-Rates (Fall: constant elasticity of variance) ist nicht positivitätserhaltend für $\alpha \le 1/2$; es führt auf positive Approximationen $F_i > 0$ an $F(t_i)$ im Fall $\alpha > 1/2$, falls die Schrittenbegrenzung

$$\triangle t_i < \frac{2\alpha - 1}{\alpha^2 \sigma(t_i)^2 V(t_i) F_i^{2\alpha - 2}}$$

erfüllt ist.

5. Warum erhalten alle numerischen Integrationsverfahren die Positivität des Basiswertes, wenn sie auf die transformierte stochastische Differentialgleichung (8.32) angewendet werden?

6. Zeigen Sie die Itô-Isometrie

$$\mathrm{E}\left[\left(\int_0^T g(t)dW_t\right)^2\right] = \int_0^T g^2(t)dt.$$

7. Beweisen Sie den Euler-Maruyama-Fehler (8.36).

8. Zeigen Sie, dass das erweiterte Cox-Ingersoll-Ross-Modell (8.57) die Kalibrierungseigenschaft (8.56) für die Marktdaten erfüllt.

9. Beweisen Sie das Lemma von Dubois-Reymond: Für eine stetige Funktion $F : \Omega \to \mathbb{R}$ folgt aus $\int_\omega F dx = 0$ für alle offenen Mengen $\omega \subset \Omega$, dass F auf Ω identisch verschwindet: $F = 0$ in Ω.

10. Zeigen Sie, dass die Matrix $Q^\top D^2 Q + pT$ aus Gleichung (8.70) symmetrisch und positiv definit ist.

11. Beweisen Sie Lemma 8.15.

12. Bewerten Sie die in Beispiel 8.20 vorgestellte Put-Option, wenn sich die Wetterstation in München bzw. Frankfurt (Main) befindet, mit Hilfe von Monte-Carlo-Simulationen in MATLAB. Die Durchschnittstemperaturen in München und Frankfurt erhalten Sie kostenlos bei Xelsius der Deutschen Börse. Vergleichen Sie Ihre Ergebnisse mit der Put-Option für Berlin.

13. Zeigen Sie, dass der kumulierte Verlust $L_{[a,d]}(t)$ einer CDO-Tranche als eine Linearkombination der kumulierten Verluste der Equity Tranchen $[0,a]$ und $[0,d]$ interpretiert werden kann, d.h., bestimmen Sie die Konstanten c_1 und c_2, so dass

$$L_{[a,d]}(t) = c_1 L_{[0,a]}(t) + c_2 L_{[0,d]}(t).$$

14. Sei $F_t(x) = \mathrm{P}(L_t \leq x)$ die Verteilungsfunktion des Portfolioverlusts L_t mit Dichte $f_t = F_t'$. Zeigen Sie:

$$\mathrm{E}((L_{t_1} - dN)^+) = \int_0^{dN} \mathrm{P}(L_t \leq x)dx.$$

15. Seien Y, ε_i standardnormalverteilte und unabhängige Zufallsvariablen, $\rho \in [0,1]$ und definiere

$$X_i = \sqrt{\rho}Y + \sqrt{1 - \rho}\varepsilon_i, \quad i = 1\ldots,n.$$

Zeigen Sie: $\mathrm{E}(X_i X_j) = \rho$ für alle $i \neq j$.

16. Es seien V_t und W_t zwei unkorrelierte Brownsche Bewegungen. Zeigen Sie: Mittels

$$Z_t := \rho W_t + \sqrt{1 - \rho^2}\, V_t$$

wird für $\rho \in [-1, 1]$ eine weitere Brownsche Bewegung definiert mit der Eigenschaft $E(W_t Z_t) = \rho t$.

17. Ein europäischer Call auf den Wechselkurs E_t zwischen Euro und US-Dollar erlaubt es, zum Zeitpunkt T einen Dollar für einen Preis von K Euro zu kaufen. Ist der Wechselkurs günstiger, so verfällt die Option, da es günstiger ist, den Dollar direkt zu kaufen. Damit ist der Wert der Option zum Zeitpunkt T gegeben durch

$$C(T) = (E_T - K)^+.$$

Zeigen Sie: Gehen wir davon aus, dass der Wechselkurs E_t von Euro nach US-Dollar durch eine geometrische Brownsche Bewegung

$$dE_t = \eta E_t dt + \sigma E_t dW_t$$

beschrieben werden kann, so ist der risikoneutrale Preis einer Call-Option auf den Wechselkurs E_t gegeben als

$$C_0(E_0, K, r, \sigma, T) = E_0 \exp\left(-r^{\text{USD}}T\right)\Phi(d_1) - K\exp\left(-r^{\text{EUR}}T\right)\Phi(d_2)$$

mit

$$d_1 = \frac{\log(E_0/K) + ((r^{\text{EUR}} - r^{\text{USD}}) + \sigma^2/2)/T}{\sigma\sqrt{T}}, \quad d_2 = d_1 - \sigma\sqrt{T}.$$

Hinweis: Verwenden Sie ein Arbitrage-Argument, um zu zeigen, dass gilt:

$$\eta = r^{\text{EUR}} - r^{\text{USD}}.$$

18. Die Aktienkursdynamik S_t bezüglich einer n-dimensionalen Brownschen Bewegung W_t mit Drift μ, Volatilitätsvektor σ und Korrelationsmatrix Σ ist gegeben durch

$$S_t = S_0 \exp\left(\left(\mu - \frac{1}{2}\sigma^\top\Sigma\sigma\right)t + \sigma^\top W_t\right).$$

Zeigen Sie: Für den Erwartungswert gilt

$$E(S_t) = S_0 \exp\left(\mu t\right).$$

19. Zeigen Sie:

$$E\left(e^{\sigma^S W_T + \sigma^E W_T^E}\right) = e^{((\sigma^S)^2 + (\sigma^E)^2)T/2} \cdot E\left(e^{\sigma^S \sigma^E \int_0^T \rho_t dt}\right)$$

für Brownsche Bewegungen W_t^S, W_t^E mit stochastischer Korrelation ρ_t und Parametern $\sigma^S, \sigma^E \in \mathbb{R}$.

9 Eine kleine Einführung in MATLAB

In Abschnitt 9.1 stellen wir knapp die Informationen zusammen, die es Leserinnen und Leser ohne MATLAB-Kenntnisse ermöglichen sollen, die in diesem Buch entwickelten MATLAB-Programme nachzuvollziehen. Alle weiteren, über die Kurzeinführung hinausgehenden MATLAB-Befehle werden im Text jeweils an der Stelle eingeführt und erläutert, an der sie benötigt werden. In Abschnitt 9.2 stellen wir drei MATLAB-Toolboxen (d.h. Sammlungen von Prozeduren) vor, die für Finanzanwendungen sehr hilfreich sind.

9.1 Grundlagen

MATLAB (für *Matrix Lab*oratory) ist ein Softwarepaket für numerische Berechnungen und Visualisierungen, das seit Ende der siebziger Jahre von C. Moler entwickelt wird. Seinen Ursprung hat es in den Lineare-Algebra-Paketen LINPACK und EISPACK. Im Gegensatz zu den mathematischen Softwarepaketen MAPLE und MATHEMATICA können mit kommerziellen MATLAB-Versionen keine symbolischen Berechnungen durchgeführt werden.

Auf der Homepage www.mathworks.com von The MathWorks, des Herstellers von MATLAB und darauf aufbauender Softwarepakete, findet man viele nützliche Informationen zu MATLAB, etwa über neue Versionen (die aktuelle trägt die Nummer 7.9), und einen Zugang zu sogenannten „Webinars", d.h. netzbasierten Seminaren, die in die Funktionalität von MATLAB und den Toolboxen einführen.

Start und Befehlseingabe

Durch Eingabe des Befehls `matlab` unter Unix, Linux, Windows o.ä. wird das Programm MATLAB gestartet. Es erscheint der sogenannte MATLAB-Prompt „>>" als Eingabeaufforderung im Kommandofenster. Mit der Eingabe von `quit` oder `exit` wird das Programm beendet. Im Interpreter-Modus werden Eingaben direkt ausgewertet oder ausgeführt (Ausnahme: M-Files, auf die wir später zu sprechen kommen):

```
<command> <CR>                  Auswertung des Befehls command,
result = <expression> <CR>      Zuweisung mit Anzeige des Ergebnisses,
result = <expression>; <CR>     Zuweisung ohne Anzeige des Ergebnisses.
```

Das Zeichen „<CR>" (für *C*arriage *R*eturn) bezeichnet den Zeilenumbruch (Return-Taste). Fehlt die explizite Zuweisung des Ergebnisses, so wird das Ergebnis der Variablen ans (für *ans*wer) zugewiesen. Es ist zu beachten, dass in MATLAB die Groß- und Kleinschreibung von Variablen- und Funktionsnamen unterschieden wird.

Zum Kennenlernen von MATLAB sind die folgenden Befehle nützlich:

> demo oder expo   zeigen viele Beispiele,
>
> help <command>   liefert Informationen zum Befehl command.

Zahldarstellung in MATLAB

Zahlen werden ausschließlich als doppelt genaue reelle (bzw. komplexe) Zahlen gemäß dem *IEEE Standard Binary Floating Point Arithmetic* dargestellt: 8 Byte (64 Bit) stehen zur Verfügung, und zwar 1 Bit für das Vorzeichen, 11 Bit für den Exponenten und 52 Bit für die Mantisse (normalisiert), zum Beispiel 3.14159e5 für die Zahl $3.14159 \cdot 10^5$. Die kleinste bzw. größte darstellbare Zahl ergibt sich daher zu realmin $\approx 2.2 \cdot 10^{-308}$ bzw. realmax $\approx 1.8 \cdot 10^{308}$.

Die Genauigkeit einer Rechnung mit reellen Zahlen wird durch die vordefinierte Zahl eps $= 2^{-52} \approx 2.2 \cdot 10^{-16}$ charakterisiert; eps ist der Abstand von der Zahl Eins zur nächstgrößeren darstellbaren Zahl. Damit ergibt sich als Faustregel eine Genauigkeit von 16 Dezimalstellen. Exponentenunterlauf bzw. -überlauf erfolgt etwa ab 10^{-308} bzw. 10^{308}.

Eine Division durch 0 führt auf das Ergebnis Inf (für *inf*inity), und eine Division von 0 durch 0 auf NaN (für *N*ot *a* *N*umber).

Matrizen

Matrizen stellen die zentrale Datenstruktur in MATLAB mit den Sonderfällen Skalar und (Zeilen- bzw. Spalten-) Vektor dar. Die Dimensionen werden automatisch überwacht; eine Variablendeklaration ist nicht notwendig.

Eingabe und Erzeugung von Matrizen. Skalare werden durch direkte Zuweisung definiert. Die Anweisungen

```
x = -2e4;
z = 10 + 4i;
```

weisen x als Skalar den Wert $-2 \cdot 10^4$ und z die komplexe Zahl $10 + 4i$ zu. Die Anweisungen

```
x = [1, 2, 3];
y = [1; 2; 3];
z = 1:0.1:2;
```

erzeugen zuerst den Zeilenvektor x mit den Einträgen 1, 2, 3. Dessen Spalten-vektor y kann auch einfacher durch die Zuweisung y = x' mit dem Transponie-rungsoperator „'" erzeugt werden. Die letzte Anweisung liefert den Zeilenvektor $z = (1, 1.1, 1.2, \ldots, 1.9, 2)$. Ist eine Anweisung sehr lang, so kann mit drei Punkten „$\ldots$" gekennzeichnet werden, dass die folgende Zeile die vorangehende fortsetzt:

```
z = [1, 1.1, 1.2, 1.3, 1.4, 1.5, 1.6, 1.7, ...
     1.8, 1.9, 2]
```

Matrizen können direkt eingegeben werden:

$$A = [1\ 2;\ 3\ 4] \quad \text{erzeugt} \quad A = \begin{pmatrix} 1 & 2 \\ 3 & 4 \end{pmatrix},$$

wobei die Elemente durch ein Leerzeichen oder ein Komma separiert werden. Ein Zeilenumbruch wird durch ein Semikolon erzeugt. Matrizen können auch durch Blöcke zusammengesetzt werden:

$$B = [A, [5; 6]] \quad \text{erzeugt} \quad B = \begin{pmatrix} 1 & 2 & 5 \\ 3 & 4 & 6 \end{pmatrix}.$$

Die Indizierung von Elementen von Matrizen und Vektoren beginnt stets bei 1 (nicht bei null). Beispielsweise bezeichnet A(2,1) das Element a_{21} der Matrix $A = (a_{ij})$, und x(5) das fünfte Element des Vektors x.

Mit dem Indexoperator „:" können auf einfache Weise Untermatrizen gebil-det werden: A(:,1) erzeugt die erste Spalte, A(2,:) hingegen die zweite Zeile von A. Die Teilmatrix

$$\begin{pmatrix} a_{21} & a_{22} \\ a_{31} & a_{32} \end{pmatrix}$$

wird mittels A(2:3,1:2) generiert.

Einige spezielle Matrizen sind bereits vordefiniert:

zeros(n,m)	Nullmatrix der Dimension $n \times m$,
ones(n,m)	$(n \times m)$-Matrix, bestehend aus Einsen,
eye(n)	Einheitsmatrix der Dimension $n \times n$.

Operationen. Die Operatoren „+", „-", „*" und „^" haben die üblichen Bedeutungen. Damit sind für die Matrizen A und B und den Skalar s definiert:

$$s*A, \quad A*B, \quad A+B, \quad A\hat{\ }2 \quad \text{und} \quad s+A = (s + a_{ij})_{i,j}.$$

Für die Division gibt es zwei Zeichen: „/" und „\". Der Befehl x = b/A löst das lineare Gleichungssystem $x \cdot A = b$, x = A\b hingegen $A \cdot x = b$. Unter- bzw. überbestimmte Systeme sind zugelassen (und werden mit der Methode der kleinsten Quadrate gelöst), solange die Dimensionen von x, b und A zueinander passen.

Um elementweise Operationen zu kennzeichnen, wird ein Punkt vor dem Operator gesetzt. Zum Beispiel ergeben `A.*B` $= (a_{ij} \cdot b_{ij})$, `A.^B` $= (a_{ij}^{b_{ij}})$, und analog für „`./`" und „`.\`". Relationen werden durch die Operationen „`<`" (kleiner-als), „`<=`" (kleiner-gleich), „`>`" (größer-als), „`>=`" (größer-gleich) und „`==`" (Gleichheit; nicht zu verwechseln mit der Zuweisung „`=`") definiert. Die Anweisungen

```
x = [1, 2, 3]; x <= 1
```

liefern beispielsweise als Antwort den booleschen Vektor `ans = [1, 0, 0]`. Als logische Operatoren stehen „`&`" (und), „`|`" (oder), „`~`" (Negation) und „`xor`" (entweder-oder) zur Verfügung.

Die Dimension einer Matrix wird mit `size(A)` bestimmt. Zum Beispiel ergibt `size([1 2 3 4])` als Antwort `[1 4]` (eine Zeile, vier Spalten). Die Länge eines Vektors `x` erhält man mit `length(x)`.

Funktionen. In MATLAB sind die üblichen mathematischen Funktionen wie `sin`, `exp`, `sqrt` (Quadratwurzel) etc. vordefiniert. Als Argumente sind auch Matrizen zugelassen, d.h., `sin(A)` $= (\sin(a_{ij}))$ ergibt eine Matrix, bestehend aus den Werten $\sin(a_{ij})$. Weitere Befehle sind:

`max(x)`	Maximum über alle Vektorelemente `x(i)`,
`sum(x)`	Summe über alle Vektorelemente `x(i)`,
`mean(x)`	Mittelwert des Vektors `x`,
`abs(x)`	Vektor der Absolutwerte von `x`.

Auch hier sind als Argumente Matrizen zugelassen. Die entsprechenden Operationen werden dann für jede Spalte durchgeführt.

Zusätzlich kann man eigene Funktionen in sogenannten M-Files definieren (siehe unten).

Standardalgorithmen der Linearen Algebra

Als Erbe von LINPACK und EISPACK enthält MATLAB eine Fülle von Standardalgorithmen der Linearen Algebra. Wir erwähnen nur drei Beispiele: die LR-Zerlegung, die QR-Zerlegung und die Cholesky-Faktorisierung. Durch die Befehle

```
[L,U] = lu(A);
y = L\b; x = U\y;
```

wird zuerst eine LR-Zerlegung der Matrix A mit Spaltenpivotsuche durchgeführt: $L \cdot U = P \cdot A$, wobei P eine Permutationsmatrix ist und `L` $= P^{-1}L$. Anschließend wird durch Vorwärts- und Rückwärtssubstitution das Gleichungssystem $Ax = b$ gelöst. Die Permutationsmatrix kann man durch `[L,U,P] = lu(A)` mitberechnen; in diesem Fall gilt `L*U = P*A`. Der Befehl `x = A\b` liefert für reguläre Matrizen A das gleiche Ergebnis. Ist A nicht regulär, so wird eine Lösung im Sinne der kleinsten Quadrate mit dem QR-Verfahren berechnet.

Die QR-Zerlegung einer Matrix $A = Q \cdot R$ ohne Pivotsuche und Lösung des Gleichungssystems $Ax = b$ wird mit den Anweisungen

```
[Q,R] = qr(A);
y = Q\b; x = R\y;
```

durchgeführt.

Ist die Matrix A symmetrisch und positiv definit, so kann sie mit dem Cholesky-Verfahren zerlegt werden. Der Befehl `chol(A)` erzeugt eine obere Dreiecksmatrix `C` mit der Eigenschaft `C'*C = A`. Das lineare Gleichungssystem $Ax = b$ wird dann gelöst mit den Kommandos

```
C = chol(A);
y = C'\b; x = C\y;
```

M-Files

Ein M-File ist eine Datei mit der Endung „.m", die aus einer Folge von MATLAB-Anweisungen besteht (das nennt man eine Skriptdatei) oder die neue, eigene Funktionen definieren (eine sogenannte Funktionsdatei). M-Files müssen in einem Verzeichnis stehen, das in der Variablen `MATLABPATH` aufgeführt ist. Voreingestellt sind das aktuelle und das MATLAB-Verzeichnis. Wir erläutern im Folgenden beide Dateitypen.

Nehmen wir an, wir haben eine Skriptdatei `solveqr.m` erzeugt, die die folgenden beiden Zeilen enthält:

```
[Q,R] = qr(A)
y = Q\b; x = R\y;
```

Nach dem Aufruf von `solveqr` wird die Datei `solveqr.m` zeilenweise vom MATLAB-Interpreter ausgewertet. Sofern die Variablen `A` und `b` bereits definiert sind, wird das lineare Gleichungssystem $Ax = b$ gelöst. Hierbei sind alle Variablen global, es erfolgt keine Parameterübergabe.

Das M-File `sinquad.m`, definiert durch die Zeilen

```
function y = sinquad(x)
% berechnet sin^2
y = sin(x).*sin(x);
```

liefert ein Beispiel für eine Funktion, die die Werte $\sin^2(x)$ komponentenweise berechnet und der Variablen `y` zuweist. Als Parameter wird die Matrix `x` übergeben. Der Dateiname und der Name der Funktion, die in dieser Datei definiert wird, müssen stets übereinstimmen. Mit dem Zeichen „%" können Zeilen in einem M-File auskommentiert werden. Der Aufruf von `sinquad([0 pi/2 pi])` beispielsweise liefert als Antwort `[0 1 0]`.

M-Files sind die einzige Möglichkeit, Funktionen oder Prozeduren mit Variablen einzuführen.

Bedingte Verzweigungen und Schleifen

Eine `if`-Abfrage führt zu einer bedingten Verzweigung im Programmablauf in Abhängigkeit eines Testresultats. Die Vorzeichenfunktion `sign.m` etwa kann mittels einer `if`-Abfrage definiert werden durch

```
function y = sign(x)
if x < 0
      y = -1;
elseif x == 0
      y = 0;
else
      y = 1;
end
```

Zur Durchführung von Schleifen stehen die beiden Befehle `for` und `while` zur Verfügung. Während man bei einer `for`-Schleife weiss, wie häufig sie durchlaufen werden soll, koppelt man dies bei einer `while`-Schleife an eine Bedingung. Als Beispiel betrachten wir die Berechnung der Fibonacci-Folge. Die `for`-Schleife

```
x(1) = 1; x(2) = 1;
for i = 3:100
      x(i) = x(i-1) + x(i-2);
end
```

liefert die ersten hundert Folgenglieder, während die `while`-Schleife

```
x(1) = 1; x(2) = 1; i = 2;
while max(x) < 100
      i = i + 1;
      x(i) = x(i-1) + x(i-2);
end
```

alle Folgenglieder (`x(1)`,...,`x(i-1)`) kleiner als 100 erzeugt.

Grafik in MATLAB

Das zentrale Kommando für zweidimensionale Grafiken in MATLAB lautet `plot`; mit

```
plot(x,y)
```

werden die durch Geradenstücke verbundenen Punktpaare (`x(i)`,`y(i)`) gezeichnet. Optionale Argumente sind zugelassen; so zeichnet beispielsweise

```
plot(x1,y1,'o',x2,y2,'--g')
```

die (nicht miteinander verbundenen) Punktpaare (x1(i),y1(i)) mit der Markierung „o" und zusätzlich die Punktpaare (x2(i),y2(i)), die mit gestrichelten (’--’), grünen (’g’) Geradenstücken verbunden sind.

Für dreidimensionale Grafiken muss zuerst mit der Anweisung meshgrid ein Gitter generiert werden:

```
[X,Y] = meshgrid(-2:0.2:2, -2:0.2:2)
```

erzeugt ein Gitter im Bereich $[-2,2] \times [-2,2]$ mit Gitterweite 0.2. Die Anweisung

```
Z = X.*exp(-X.^2-Y.^2)
```

wertet die Funktion $x\exp(-x^2-y^2)$ auf diesem Gitter aus. Mit

```
mesh(X,Y,Z)    oder   surf(X,Y,Z)
```

wird das Ergebnis als dreidimensionale Grafik dargestellt. Die aktuelle Grafik kann schließlich mit print grafik.ps in der PostScript-Datei grafik.ps abgespeichert werden.

Daten einlesen und speichern

Zum Einlesen und Speichern stehen die Befehle load und save zur Verfügung. Die Anweisungen

```
load results.dat
x = results(1,:);
y = results(2,:);
plot(x,y)
```

beispielsweise lesen die Datei results.dat ein und speichern die erste Zeile der Daten im Zeilenvektor x, und die zweite Zeile im Zeilenvektor y ab. Anschließend wird der Vektor y gegen den Vektor x geplottet. Umgekehrt werden mit

```
save file.dat x y
```

die Vektoren x und y in der Datei file.dat gesichert. Allerdings werden die Variableninhalte binär und nicht als Text gespeichert. Um eine lesbare Form zu erhalten, ist der Zusatz -ascii zu verwenden, also

```
save file.dat x y -ascii
```

Weitere Befehle

Die Ausgabe lässt sich mit den Befehlen `disp` und `fprintf` steuern. Die Zeichenkette `'text'` wird mit `disp('text')` ausgegeben. Sollen Text und Variablen ausgegeben werden, empfiehlt sich die Anweisung `fprintf`. So liefern die Zeilen

```
x = pi; y = 1;
fprintf('x = %f, y = %d\n', x, y)
```

die Antwort `x = 3.141593, y = 1`. Das Zeichen „%f" ist ein Platzhalter für eine Zahl in Festpunktdarstellung, „%d" ist ein Platzhalter für eine Dezimalzahl, und „\n" erzeugt einen Zeilenumbruch.

Außerdem erweisen sich die folgenden Kommandos als hilfreich:

`who` bzw. `whos`	zeigt alle Variablen an (in Kurz- bzw. Langform),
`clear`	löscht alle Variablen,
`clf`	löscht das Grafikfenster,
`tic; <command>; toc`	definiert die Stoppuhr für eine Zeitmessung.

9.2 Toolboxen

In diesem Abschnitt erläutern wir drei Toolboxen, die mit den Finanzanwendungen in diesem Buch im Zusammenhang stehen: die *Statistics Toolbox*, die *Financial Toolbox* und die *Financial Derivatives Toolbox*.

Statistics Toolbox

Die *Statistics Toolbox* bietet unter anderem Funktionen zur Analyse von Wahrscheinlichkeitsverteilungen, zur Beschreibung von Daten, zur Analyse linearer und nichtlinearer Modelle (z.B. Varianzanalyse, Parameterschätzung), zum Testen von Hypothesen und zum Darstellen der Ergebnisse. Es werden mehrere Dutzend verschiedene Wahrscheinlichkeitsverteilungen angeboten, und zwar für jede Verteilung

- die Wahrscheinlichkeitsdichte (englisch: *probability density function*; üblicherweise als *pdf* abgekürzt),

- die Verteilungsfunktion (englisch: *cumulative distribution function*; üblicherweise als *cdf* abgekürzt),

- die Inverse der Verteilungsfunktion,

- ein Pseudo-Zufallszahlengenerator für die entsprechende Verteilung und

- mehrere statistische Befehle.

Wir erläutern nur die Befehle, die im Zusammenhang mit den Wahrscheinlichkeitsverteilungen stehen, und verweisen für weitere Funktionen der Toolbox auf die MATLAB-Dokumentation. Die Befehle für die Verteilungen setzen sich zusammen aus einer Abkürzung für den Namen der Verteilung und einem der folgenden Zusätze: `pdf` für die Wahrscheinlichkeitsdichte, `cdf` für die Verteilungsfunktion, `inv` für deren Inverse, `rnd` für den Zufallszahlengenerator sowie `stat` für die Bestimmung des Mittelwertes und der Varianz. Die Abkürzungen der in diesem Buch diskutierten Verteilungen lauten: `bino` für die Binomialverteilung, `norm` für die Normalverteilung, `logn` für die Lognormalverteilung, `exp` für die Exponentialverteilung und `copula` für verschiedene Copulas.

Als Beipiel betrachten wir die Normalverteilung. Die Befehle

```
x = [-2:0.1:2], mu = 0; sigma = 1;
y = normpdf(x,mu,sigma)
```

liefern einen Vektor mit 41 Elementen, definiert durch

$$y(\mathtt{i}) = \frac{1}{\sqrt{2\pi\sigma^2}} \exp(-(\mathtt{x}(\mathtt{i}) - \mu)/2\sigma^2),$$

wobei $\mu = \mathtt{mu}$ und $\sigma = \mathtt{sigma}$. Klarerweise erhalten wir aus

```
y = normcdf(2,mu,sigma);
x = norminv(y,mu,sigma)
```

wieder den Wert x = 2. Anstelle von `normcdf(x,mu,sigma)` können wir auch `cdf('norm',x,mu,sigma)` schreiben und den Befehl `cdf` auf die anderen Verteilungen anwenden. Die Verteilungsfunktion ist übrigens in MATLAB wie in Abschnitt 4.3 mit Hilfe der Fehlerfunktion definiert; die letzte Zeile des Programms `normcdf.m` lautet in der Tat

```
p = 0.5 * erfc(-(x-mu)./(sqrt(2)*sigma));
```

wobei `erfc` die komplementäre Fehlerfunktion ist, definiert durch `erfc(x) = 1 - erf(x)`. Der Befehl `normrnd(mu,sigma,m,n)` liefert eine $(m \times n)$-Matrix aus $N(\mu, \sigma)$-verteilten Pseudo-Zufallszahlen. Die Zufallszahlengeneratoren der in der Toolbox definierten Verteilungen basieren übrigens allesamt auf den Generatoren `rand` und `randn`. Der Mittelwert und die Varianz werden mittels

```
[m,v] = normstat(mu,sigma)
```

berechnet. In diesem Fall erhalten wir natürlich m = mu und v = `sigma^2`. Für die Binomialverteilung ergeben sich gemäß Beispiel 3.9

```
n = 100; p = 0.5;
[m,v] = binostat(n,p)
```

die Werte m = 50 und v = 25, denn m = np und v = np(1-p).

Financial Toolbox

Die *Financial Toolbox* bietet verschiedene Funktionen für den Umgang mit Finanzdaten und die Bewertung von Finanzprodukten, und zwar unter anderem

- Umwandlung von Kalenderdaten und Währungsformaten,

- Chartanalyse,

- Zeitreihenanalyse,

- Bewertung von festverzinslichen Wertpapieren (englisch: *fixed-income securities*),

- Bewertung von europäischen und amerikanischen Plain-vanilla-Optionen und

- Portfoliooptimierung.

Wir erklären nur die MATLAB-Funktionen, die zu den Algorithmen der vorigen Kapitel in einem Zusammenhang stehen. Für Informationen über die anderen Funktionen dieser Toolbox verweisen wir wieder auf die MATLAB-Dokumentation.

Der Wert europäischer Optionen wird mit dem Befehl `blsprice` bestimmt. Hierbei liefert

```
[C,P] = blsprice(S,K,r,T-t,sigma,d)
```

die Preise einer europäischen Call-Option `C` und einer Put-Option `P` mit Basiswert `S`, Ausübungspreis `K`, risikoloser Zinsrate `r`, Restlaufzeit `T-t` in Jahren, Volatilität `sigma` und Dividendenrate `d`. Das letzte Argument ist optional; wird es nicht angegeben, wird `d = 0` gesetzt. Beispielsweise erhalten wir mit

```
[C,P] = blsprice(80,100,0.1,1,0.4)
```

die Werte `C = 8.8965` und `P = 19.3803`. Diese Preise werden mit den Black-Scholes-Formeln wie in Abschnitt 4.2 berechnet. Die Toolbox benutzt den Befehl `normcdf` aus der *Statistics Toolbox* (siehe oben). Daher muss diese Toolbox ebenfalls installiert sein.

Die dynamischen Kennzahlen werden mittels `blsdelta`, `blsgamma`, `blsvega`, `blstheta` und `blsrho` berechnet. Die Syntax der Argumente ist wie für `blsprice`. Beispielsweise ergeben die Befehle

```
[thetaC,thetaP] = blstheta(1:200,100,0.1,0.2,0.4);
plot(1:200,thetaC)
```

die dick gezeichnete Linie im vierten Plot der Abbildung 4.4.

Ferner kann die implizite Volatilität einer europäischen Call-Option mittels

```
blsimpv(S,K,r,T-t,C,limit,d,tol,type)
```

bestimmt werden. Die letzten vier Argumente sind optional: `limit` stellt die obere Schranke der implizierten Volatilität dar, `d` ist die Dividendenrate, `tol` die Toleranz und `type` der Optionstyp (`call` oder `put`). Werden die letzten Argumente nicht angegeben, wird `limit = 10` (entspricht einer jährlichen Volatilität von 1000%), `d = 0`, `tol = 1e-6` und `type = {'call'}` gesetzt. Der Befehl verwendet das MATLAB-Programm `fzero`, mit dem Nullstellen von Funktionen bestimmt werden. Der Algorithmus ist eine Kombination von Bisektions- und Sekantenverfahren mit sogenannten inversen quadratischen Interpolationstechniken, basierend auf [79].

Amerikanische Optionen werden in der *Financial Toolbox* mit der Binomialmethode berechnet. Der Befehl

```
[S,V] = binprice(S0,K,r,T-t,dt,sigma,type,d)
```

erzeugt zwei Binomialbäume, nämlich den Baum der Basiswerte S und den Baum der Optionswerte V (siehe Abschnitt 3.1). Das Argument S0 ist der anfängliche Kurs des Basiswerts, `dt` ist der Wert für das Inkrement Δt und `type` spezifiziert den Optionstyp; `type = 1` bedeutet Call und `type = 0` Put. Das Argument `d` der Dividendenrate ist optional. Es ist auch möglich, Dividendenzahlungen zu diskreten Zeitpunkten zuzulassen; siehe die MATLAB-Dokumentation. Als Beispiel berechnen wir den Wert einer amerikanischen Put-Option. Der Befehl

```
[S,P] = binprice(5,6,0.04,1,0.2,0.3,0)
```

liefert die Werte

```
S =
      5.0000    5.7179    6.5389    7.4777    8.5514    9.7792
           0    4.3722    5.0000    5.7179    6.5389    7.4777
           0         0    3.8233    4.3722    5.0000    5.7179
           0         0         0    3.3433    3.8233    4.3722
           0         0         0         0    2.9235    3.3433
           0         0         0         0         0    2.5564
P =
      1.1596    0.7034    0.3190    0.0704         0         0
           0    1.6278    1.0935    0.5690    0.1409         0
           0         0    2.1767    1.6278    1.0000    0.2821
           0         0         0    2.6567    2.1767    1.6278
           0         0         0         0    3.0765    2.6567
           0         0         0         0         0    3.4436
```

Der Preis der Put-Option zur Zeit $t = 0$ lautet also `P(1,1) = 1.1596`.

Das Programm `binprice` benutzt eine – im Vergleich zu der in Abschnitt 3.4 vorgestellten Binomialmethode – leicht abgewandelte Version. Die Parameter u, d und p werden (im Fall ohne Dividendenzahlungen) durch

$$u = e^{\sigma\sqrt{\Delta t}}, \quad d = 1/u, \quad p = \frac{e^{r\Delta t} - d}{u - d} \qquad (9.1)$$

definiert. Der Zusammenhang zwischen dieser Parameterwahl und der in Abschnitt 3.4 getroffenen ist in Bemerkung 3.16 (2) erläutert.

Financial Derivatives Toolbox

Die *Financial Derivatives Toolbox* erweitert die *Financial Toolbox*. Sie erlaubt die Bewertung von Zinsderivaten und Optionen, basierend auf Binomial- und Trinomialmodellen und enthält Funktionen zum Hedging von Portfolios. Die Preise und Sensitivitäten (Gamma, Delta bzw. Vega) der Finanzinstrumente können mit den folgenden Zinsmodellen bestimmt werden:

- *Interest rate term structure:* Mit diesem Modell können Portfolios anhand von gegebenen Zinsstrukturkurven für Null-Coupon-Bonds bewertet und analysiert werden. Das Portfolio darf Finanzinstrumente wie Bonds und Swaps enthalten.

- *Heath-Jarrow-Morton-Modell:* Das Modell erlaubt die Bewertung von Portfolios aus sogenannten nicht-rekombinierenden Bäumen für gegebene anfängliche Zinsraten und Volatilitäten [99, 113]. In einem nicht-rekombinierenden Baum wächst die Zahl der Knotenpunkte exponentiell an (siehe Abbildung 9.1 links).

- *Black-Derman-Toy-Modell:* In diesem Modell werden Portfolios mit rekombinierenden Bäumen bewertet (siehe Abbildung 9.1 rechts). Für gegebene anfängliche Strukturkurven der Zinsraten und Volatilitäten stellt der Baum die zeitliche Entwicklung der Zinsraten dar [25].

- *Hull-White-Modell:* Auch in diesem Modell werden Portfolios mit rekombinierenden Bäumen bewertet, allerdings sind für jeden Knoten drei anstatt zwei Alternativen möglich. Es handelt sich also um ein Trinomialmodell.

- *Black-Karasinski-Modell:* Dieses Modell ist eine lognormale Version des Hull-White-Modells, d.h., es wird die Evolution von $\log r_i$ anstatt r_i zum Zeitschritt i betrachtet.

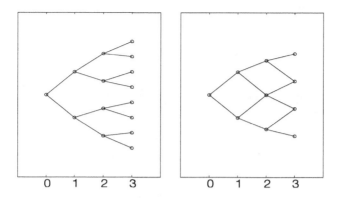

Abbildung 9.1 Ein nicht-rekombinierender Heath-Jarrow-Morton-Baum (links) und ein rekombinierender Black-Derman-Toy-Baum (rechts). Die Bäume sind mit den Befehlen `treeviewer(HJMTree)` bzw. `treeviewer(BDTTree)` gezeichnet. Der Heath-Jarrow-Morton-Baum `HJMTree` und der Black-Derman-Toy-Baum `BDTTree` sind in Matlab bereits vordefiniert und können mit `load deriv` in den Arbeitsspeicher geladen werden.

Für jedes der drei Modelle werden Matlab-Programme zur Konstruktion von Portfolios und zur Konstruktion und Manipulation der Bäume geliefert. Ferner enthält die Toolbox Modelle für die diskrete zeitliche Entwicklung von Aktienkursen: das Cox-Ross-Rubinstein-Binomialmodell, das Binomialmodell gleicher Wahrscheinlichkeiten (Equal Probability Model) und ein implizites Trinomialmodell. Basierend auf diesen Aktienkursmodellen können verschiedene Finanzderivate bewertet werden, nämlich europäische, amerikanische und asiatische Optionen sowie Barrier-, Compound-, Lookback- und Bermuda-Optionen.

Neben den diskreten Baummodellen zur Bewertung von Finanzprodukten enthält die Toolbox auch explizite Preisformeln, die die Modelle von Black und Scholes, von Black, von Roll, Geske und Whaley bzw. von Bjerksund und Stensland verwenden. Der Black-Scholes-Preis von europäischen Put- und Call-Optionen kann etwa mit `optstockbybls` berechnet werden. Im Vergleich zu dem Befehl `blsprice` aus der Financial Toolbox (siehe vorigen Abschnitt) sind auch diskrete Dividendenzahlungen in der Formel implementiert. Asiatische Optionen sowie Compound- und Lookback-Optionen werden mit den Befehlen `asianby<method>`, `compoundby<method>` bzw. `lookbackby<method>` bewertet, wobei `<method>` für das verwendete Baummodell steht: `eqp` (*Equal Probabilities Binomial Tree*), `itt` (*implied trinomial tree*) oder `crr` (Cox-Ross-Rubinstein-Binomialmodell). Diese Baummodelle werden in der Arbeit [109] von Hull und White erläutert. Der Befehl `asianbycrr` bedeutet also, dass eine asiatische Option mit dem Cox-Ross-Rubinstein-Modell berechnet wird.

Literaturverzeichnis

[1]   Y. Achdou und O. Pironneau: *Computational Methods for Option Pricing.* SIAM, Philadelphia, 2005.

[2]   R. Adams: *Sobolev spaces.* Academic Press, New York, 1975.

[3]   M. Adelmeyer und E. Warmuth: *Finanzmathematik für Einsteiger.* Vieweg, Wiesbaden, 2003.

[4]   P. Alaton, B. Djehiche und D. Stillberger: On modelling and pricing weather derivatives. *Appl. Math. Finance* 9 (2002), 1-20.

[5]   H. Albrecher, S. Ladoucette und W. Schoutens: A generic one-factor Lévy model for pricing synthetis CDOs. In: M. Fu, R. Jarrow, J.-Y. Yen und E. Elliott (Hrsg.), *Advances in Mathematical Finance*, S. 259-277. Birkhäuser, Basel, 2007.

[6]   W. Allegretto, G. Barone-Sadesi und R. Elliott: Numerical evaluation of the critical price and American options. *Europ. J. Finance* 1 (1995), 69-78.

[7]   K. Amin und A. Khanna: Convergence of American option values from discrete- to continuous-time financial models. *Math. Finance* 4 (1994), 289-304.

[8]   L. Anderson: *Interest Rate and Credit Modeling.* Vorlesungsskript. Courant Institute, New York, USA, 2006.

[9]   L. Anderson und R. Brotherton-Ratcliffe: The equity option volatility smile: an implicit finite-difference approach. *J. Comp. Finance* 1 (1998), 5-38.

[10]   L. Anderson und J. Sidenius: Extensions to the Gaussian copula: random recovery and random factor loadings. *J. Credit Risk* 1 (2004), 29-70.

[11]   L. Andersen, J. Sidenius und S. Baku: All your hedges in one basket. *Risk* (November 2003), 67-72.

[12]   L. Arnold: *Stochastische Differentialgleichungen.* Oldenbourg, München, 1973.

[13]   M. Avellaneda, C. Friedman, R. Holmes und D. Samperi: Calibrating volatility surfaces via relative entropy minimization. *Appl. Math. Finance* 4 (1997), 37-64.

[14]   L. Bachelier: Théorie de la spéculation. *Ann. Sci. Ecole Norm. Sup.* 17 (1900), 21-86.

[15]   G. Bakshi, C. Cao und Z. Chen: Empirical performance of alternative option pricing models. *J. Finance* 52 (1997), 2003-2049.

[16]   G. Barles, J. Burdeau, M. Romano und S. Samscen: Critical stock price near expiration. *Math. Finance* 5 (1995), 77-95.

[17]   G. Barles und H. Soner: Option pricing with transaction costs and a nonlinear Black-Scholes equation. *Finance Stoch.* 2 (1998), 369-397.

[18]   J. Barraquand und D. Martineau: Numerical valuation of high dimensional multivariate American securities. *J. Financ. Quant. Anal.* 30 (1995), 383-405.

[19] H. Bauer: *Maß- und Integrationstheorie*. De Gruyter, Berlin, 1990.

[20] H. Bauer: *Wahrscheinlichkeitstheorie*. De Gruyter, Berlin, 1991.

[21] F. Benth, J. Kallsen und T. Meyer-Brandis: A non-Gaussian Ornstein-Uhlenbeck process for electricity spot price modeling and derivatives pricing. *Appl. Math. Finance* 14 (2007), 153-169.

[22] F. Benth und J. Šaltyte-Benth: Stochastic modelling of temperature variations with a view towards weather derivatives. *Appl. Math. Finance* 12 (2005), 53-85.

[23] F. Benth, J. Šaltyte-Benth und S. Koekebakker. *Stochastic Modeling of Electricity and Related Markets*. World Scientific, Singapur, 2008.

[24] T. Björk: *Arbitrage Theory in Continuous Time*. Oxford University Press, Oxford, 1998.

[25] F. Black, E. Derman und W. Toy: A one-factor model of interest rates and its applications to treasury bond options. *Financ. Anal. J.* 46 (1990), 33-39.

[26] F. Black und M. Scholes: The pricing of options and corporate liabilities. *J. Polit. Econom.* 81 (1973), 637-659.

[27] C. Bluhm und L. Overbeck: *Structured credit portfolio analysis, baskets and CDOs*. Chapman and Hall, Boca Raton, Florida, USA, 2007.

[28] S. Boyarchenko und S. Levendorskij: *Non-Gaussian Merton-Black-Scholes Theory*. World Scientific, Singapur, 2002.

[29] P. Boyle, M. Broadie und P. Glasserman: Monte Carlo methods for security pricing. *J. Econ. Dyn. Control* 21 (1997), 1267-1321.

[30] P. Boyle und D. Thangaraj: Volatility estimation from observed option prices. *Decis. Econ. Finance* 23 (2000), 31-52.

[31] P. Brandimarte: *Numerical Methods in Finance*. John Wiley, New York, 2002.

[32] F. Brezzi, G. Hauke, L. Marini und G. Sangalli: Link-cutting bubbles for the stabilization of convection-diffusion-reaction problems. *Math. Models Meth. Appl. Sci.* 13 (2003), 445-461.

[33] F. Brezzi, L. Marini und P. Pietra: Two-dimensional exponential fitting and applications to drift-diffusion models. *SIAM J. Numer. Anal.* 26 (1989), 1342-1355.

[34] F. Brezzi und A. Russo: Choosing bubbles for advection-diffusion problems. *Math. Models Meth. Appl. Sci.* 4 (1994), 571-587.

[35] D. Brigo und F. Mercurio: *Interest Rate Models. Theory and Practice*. Springer, Berlin, 2001.

[36] M. Broadie und J. Detemple: American option evaluation: new bounds, approximations, and a comparison of existing methods. *Rev. Financ. Studies* 9 (1996), 1211-1250.

[37] D. Brody, J. Syroka und M. Zervos: Dynamical pricing of weather derivatives. *Quant. Finance* 2 (2002), 189-198.

[38] A. Brooks und T. Hughes: Streamline upwind/Petrov-Galerkin formulations for convection dominated flows with particular emphasis on the incompressible Navier-Stokes equations. *Comp. Meth. Appl. Mech. Engin.* 32 (1982), 199-259.

[39] K. Burrage und P. Burrage: High strong order explicit Runge-Kutta methods for stochastic ordinary differential equations. *Appl. Numer. Math.* 22 (1996), 81-101.

[40] K. Burrage und P. Burrage: Order conditions of stochastic Runge-Kutta methods by B series. *SIAM J. Numer. Anal.* 38 (2000), 1626-1646.

[41] X. Burtschell, J. Gregory, and J.-P. Laurent: A comparative analysis of CDO pricing models. Working Paper, 2009. http://laurent.jeanpaul.free.fr.

[42] S. Campbell und F. Diebold: Weather forecasting for weather derivatives. *J. Amer. Statist. Assoc.* 100 (2005), 6-16.

[43] M. Cao, A. Li und J. Wei: Weather derivatives: a new class of financial instruments. Preprint, University of Toronto, Kanada, 2003. http://ssrn.com/abstract=1016123.

[44] M. Cao und J. Wei: Equilibrium evaluation of weather derivatives. Preprint, University of Toronto, Kanada, 1999.

[45] M. Chesney und L. Scott: Pricing European currency options: A comparison of the modified Black-Scholes model and a random variance model. *J. Financial Quant. Anal.* 24 (1989), 267-284.

[46] N. Chriss: *Black-Scholes and Beyond: Option Pricing Models.* McGraw-Hill, New York, 1997.

[47] P. Ciarlet und J. L. Lions (Hrsg.): *Handbook of Numerical Analysis, Volume I. Finite Difference Methods (Part I).* North-Holland, Amsterdam, 1990.

[48] T. Coleman, Y. Li und A. Verma: Reconstructing the unknown local volatility function. *J. Comp. Finance* 2 (1999), 77-102.

[49] J. Cox: The constant elasticity of variance option pricing model. *J. Portfolio Management* 22 (1996), 16-17.

[50] J. Cox, J. Ingersoll und S. Ross: A theory of the term structure of interest rates. *Econometrica* 53 (1985), 385-467.

[51] J. Cox, S. Ross und M. Rubinstein: Option pricing: a simplified approach. *J. Financ. Econometrica* 7 (1979), 229-263.

[52] S. Crépey: Calibration of the local volatility in a trinomial tree using Tikhonov regularization. *Inverse Problems* 19 (2003), 91-127.

[53] C. Cryer: The solution of a quadratic programming problem using systematic over-relaxation. *SIAM J. Control* 9 (1971), 385-392.

[54] S. Cyganowski, L. Grüne und P. Kloeden: MAPLE for jump-diffusion stochastic differential equations in finance. In: S. Nielsen (Hrsg.), *Programming Languages and Systems in Computational Economics and Finance.* Kluwer Academic Publishers, Dordrecht (2002), 441-460.

[55] G. Dahlquist: A special stability problem for linear multistep methods. *BIT* 3 (1963), 27-43.

[56] C. de Boor: *A Practical Guide to Splines.* Springer, New York, 1978.

[57] P. Deuflhard und F. Bornemann: *Numerische Mathematik II. Integration gewöhnlicher Differentialgleichungen.* Zweite Auflage. De Gruyter, Berlin, 2002.

[58] P. Deuflhard und A. Hohmann: *Numerische Mathematik I. Eine algorithmisch orientierte Einführung.* Dritte Auflage. De Gruyter, Berlin, 2002.

[59] L. Devroye: *Non-Uniform Random Variate Generation.* Springer, New York, 1986.

[60] P. Diercks: *Curve and Surface Fitting with Splines.* Oxford Science Publications, Oxford, 1993.

[61] B. Dischel: Black-Scholes won't do. *Risk Magazine and Energy and Power Risk Management Report on Weather Risks*, Risk Publications, 1998.

[62] B. Dischel (Hrsg.): *Climate Risk and the Weather Market: Financial Risk Management with Weather Hedges.* Risk Books, London, 2002.

[63] B. Düring, M. Fournié und A. Jüngel: High order compact finite difference schemes for a nonlinear Black-Scholes equation. Erscheint in *Intern. J. Theor. Appl. Finance*, 2003.

[64] B. Düring und A. Jüngel: Existence and uniqueness of solutions to a quasilinear equation with quadratic gradients in financial markets. *Nonlin. Anal. TMA* 62 (2005), 519-544.

[65] D. Duffie: *Dynamic Asset Pricing Theory.* Princeton University Press, Princeton, 1996.

[66] B. Dupire: Pricing with a smile. *Risk Magazine* 7 (1994), 18-20.

[67] E. Eberlein und U. Keller: Hyperbolic distributions in finance. *Bernoulli* 1 (1995), 281-299.

[68] E. Eberlein und F. Özkan: The Lévy LIBOR model. *Finance Stoch.* 9 (2005), 327-348.

[69] E. Eberlein und K. Prause: The generalized hyperbolic model: financial derivatives and risk measures. In: H. Geman (Hrsg.) et al., *Mathematical Finance – Bachelier Congress 2000.* Springer, Berlin (2002), 245-267.

[70] A. Elizalde: Credit risk models IV: understanding and pricing CDOs. Working Paper, 2006. http://www.abelelizalde.com.

[71] R. Elliott und J. van der Hoek: Fractional Brownian motion and financial modelling. In: M. Kohlmann (Hrsg.) et al., *Mathematical Finance. Workshop of the Mathematical Finance Research Project.* Birkhäuser, Basel, 2001.

[72] G. Fasshauer, A. Khaliq und D. Voss: Using meshfree approximation for multi-asset american option problems. *Zhongguo gongcheng xuekan* 27 (2004), 563-571.

[73] H. Faure: Discrépences de suites associées à un système de numération (en dimension un). *Bull. Soc. Math. France* 109 (1981), 143-182.

[74] W. Feller: *An Introduction to Probability Theory and Its Applications*. John Wiley, New York, 1950.

[75] K. Finck von Finckenstein: *Einführung in die Numerische Mathematik*. Carl Hanser, München, 1977.

[76] C. Finger: Issues on the pricing of synthetis CDOs. *J. Credit Risk* 1 (2004), 113-124.

[77] R. Fletcher: *Practical Methods of Optimization*. John Wiley, Chichester, 2000.

[78] P. Forsyth und K. Vetzal: Implicit solution of uncertain volatility/transaction cost option pricing models with discretely observed barriers. *Appl. Numer. Math.* 36 (2001), 427-445.

[79] G. Forsythe, M. Malcolm und C. Moler: *Computer Methods for Mathematical Computations*. Prentice-Hall, Englewood Cliffs, New Jersey, 1977.

[80] R. Frank, J. Schneid und C. Überhuber: The concept of B-convergence. *SIAM J. Numer. Anal.* 18 (1981), 753-780.

[81] R. Frey: Perfect option hedging for a large trader. *Finance Stoch.* 2 (1998), 115-141.

[82] R. Frey und J. Backhaus: Dynamic hedging of synthetic CDO tranches with spread risk and default contagion. Erscheint in *J. Econ. Dynamics Control*, 2010.

[83] R. Frey und P. Patie: Risk management for derivatives in illiquid markets: A simulation study. In: K. Sandmann (Hrsg.) et al., *Advances in Finance and Stochastics*. Springer, Berlin (2002), 137-159.

[84] J. G. Gaines und T. J. Lyons: Random generation of stochastic area integrals. *SIAM J. Appl. Math.* 54 (1994), 1132-1146.

[85] J. Gentle: *Random Number Generation and Monte Carlo Methods*. Springer, New York, 1998.

[86] T. Gerstner und M. Griebel: Numerical integration using sparse grids. *Numer. Algor.* 18 (1998), 209-232.

[87] T. Gerstner, M. Griebel und S. Wahl: Option pricing using sparse grids. *Computing Econ. Finance* 449, Society Comput. Econ., 2005.

[88] R. Geske: Pricing of options with stochastic dividend yield. *J. Finance* 33 (1978), 617-625.

[89] J. Goodman und D. Ostrov: On the early exercise boundary of the American put option. *SIAM J. Appl. Math.* 62 (2002), 1823-1835.

[90] C. Gort: *Der Markt für Wetterderivate in Europa*. Lizentiatsarbeit, Universität Bern, Schweiz, 2003.

[91] A. Griewanck: *Evaluating Derivatives. Principles and Techniques of Algorithmic Differentiation*. SIAM, Philadelphia, 2000.

[92] R. Grone, C. R. Johnson, E. M. Sa und H. Wolkowicz: Positive definite completions of partial Hermitian matrices. *Linear Algebra Applic.* 58 (1984), 109-124.

[93] C. Großmann und H.-G. Roos: *Numerik partieller Differentialgleichungen*. Teubner, Stuttgart, 1994.

[94] E. Hairer und G. Wanner: *Solving Ordinary Differential Equations II. Stiff and Differential-Algebraic Equations*. Springer, Berlin, 1996.

[95] J. Halton: On the efficiency of certain quasi-random sequences of points in evaluating multi-dimensional integrals. *Numer. Math.* 2 (1960), 84-90; Berichtigung: 196.

[96] M. Hanke und E. Rösler: Computation of local volatilities from regularized Dupire equations. *Intern. J. Theor. Appl. Finance* 8 (2005), 207-221.

[97] M. Hanke-Bourgeois: *Grundlagen der Numerischen Mathematik und des Wissenschaftlichen Rechnens*. Teubner, Stuttgart, 2002.

[98] C. Hastings: *Approximations for Digital Computers*. Princeton University Press, Princeton, 1955.

[99] D. Heath, R. Jarrow und A. Morton: Bond pricing and the term structure of interest rates: a new methodology. *Econometrica* 60 (1992), 77-105.

[100] S. Heston: A closed-form solution for options with stochastic volatility with application to bond and currency options. *Rev. Financ. Studies* 6 (1993), 327-343.

[101] D. Higham: An algorithmic introduction to the numerical solution of stochastic differential equations. *SIAM Review* 43 (2001), 525-546.

[102] D. Higham: Nine ways to implement binomial methods for option valuation in MATLAB. *SIAM Review* 44 (2002), 525-546.

[103] D. Higham und P. Kloeden: MAPLE and MATLAB for stochastic differential equations in finance. In: S. Nielsen (Hrsg.), *Programming Languages and Systems in Computational Economics and Finance*. Kluwer Academic Publishers, Dordrecht, 2002.

[104] N. Higham: *Accuracy and Stability of Numerical Algorithms*. SIAM, Philadelphia, 1996.

[105] Y. Hu und B. Øksendal: Optimal portfolio in a fractional Black & Scholes market. In: S. Albeverio (Hrsg.) et al., *Mathematical Physics and Stochastic Analysis*. World Scientific, Singapur (2000), 267-279.

[106] T. Hughes, L. Franca und G. Hulbert: A new finite element formulation for computational fluid dynamics: VIII. The Galerkin/least-squares method for advective-diffusive equations. *Comp. Meth. Appl. Mech. Engin.* 73 (1989), 173-189.

[107] J. Hull: *Options, Futures, and Other Derivatives*. Fourth Edition. Prentice Hall, Upper Saddle River, 2000.

[108] J. Hull und A. White: The pricing of options on assets with stochastic volatilities. *J. Finance* 42 (1987), 281-300.

[109] J. Hull und A. White: Efficient procedures for valuing European and American path-dependent options. *J. Deriv.* 1 (1993), 21-31.

[110] J. Hull und A. White: Valuation of a CDO and an nth to default CDS without Monte Carlo simulation. *J. Deriv.* 12 (2004), 8-23.

[111] W. Hundsdorfer und J. Verwer: *Numerical Solution of Time-Dependent Advection-Diffusion-Reaction Equations*. Springer, Berlin, 2003.

[112] E. Isaacson und H. Keller: *Analysis of Numerical Methods*. John Wiley, New York, 1966.

[113] R. Jarrow: *Modelling Fixed Income Securities and Interest Rate Options*. McGraw-Hill, New York, 1996.

[114] R. Jarrow: Default parameter estimation using market prices. *Financial Analysts J.* 57 (2001), 75-92.

[115] L. Jiang: *Mathematical Theory of Financial Derivatives*. Tongji University, Shanghai, China, 2001.

[116] C. Johnson: Matrix completion problems: a survey. *Matrix Theory Applic.* 40 (1990), 171-198.

[117] C. Kahl und M. Günther: Complete the Correlation matrix. In: M. Breitner, G. Denk, P. Rentrop (Hrsg.): *From Nano to Space*. Springer, Berlin (2008), 229-244.

[118] C. Kahl, M. Günther und T. Roßberg: Structure preserving stochastic integration schemes in interest rate derivative modeling. *Appl. Numer. Math.* 58 (2008), 284-295.

[119] C. Kahl und P. Jäckel: Fast strong approximation Monte-Carlo schemes for stochastic volatility models. *J. Quant. Finance* 6 (2006), 513-536.

[120] C. Kahl und H. Schurz: Balanced Milstein methods for ordinary SDEs. *Monte Carlo Methods Appl.* 12 (2006) 143-170.

[121] A. Kalemanova, B. Schmid und R. Werner: The normal inverse Gaussian distribution for synthetic CDO pricing. *J. Derivatives* 14 (2007), 80-94.

[122] R. Kangro und R. Nicolaides: Far field boundary conditions for Black-Scholes equations. *SIAM J. Numer. Anal.* 38 (2000), 1357-1368.

[123] P. Kaps und P. Rentrop: Generalized Runge-Kutta methods of order four with stepsize control for stiff ordinary differential equations. *Numer. Math.* 38 (1981), 279-298.

[124] P. Kaps und G. Wanner: A study of Rosenbrock-type methods of high order. *Numer. Math.* 38 (1981), 279-298.

[125] I. Karatzas und S. Shreve: *Brownian Motion and Stochastic Calculus*. Springer, New York, 1991.

[126] A. Klenke: *Wahrscheinlichkeitstheorie*. Springer, Berlin, 2008.

[127] P. Kloeden und E. Platen: *Numerical Solution of SDE Through Computer Experiments*. Springer, Berlin, 1994.

[128] P. Kloeden und E. Platen: *Numerical Solution of Stochastic Differential Equations*. Springer, Berlin, 1999.

[129] C. Klüppelberg, T. Meyer-Brandis und A. Schmidt: Electricity spot price modelling with a view towards extreme spike risk. Preprint, Technische Universität München, 2008.

[130] P. Knabner und L. Angermann: *Numerical Methods for Elliptic and Parabolic Partial Differential Equations.* Springer, Berlin, 2003.

[131] D. Knuth: *The Art of Programming. Volume 2: Seminumerical Algorithms.* Dritte Auflage. Eddison-Wesley, Bonn, 1998.

[132] R. Korn und E. Korn: *Optionsbewertung und Portfolio-Optimierung.* Vieweg, Braunschweig, 1999.

[133] F. Kuo und I. Sloan: Lifting the curse of dimensionality. *Notices Amer. Math. Soc.* 52 (2005), 1320-1329.

[134] A. Kuske und J. Keller: Optimal exercise boundary for an American put option. *Appl. Math. Finance* 5 (1998), 107-116.

[135] Y. Kwok: *Mathematical Models of Financial Derivatives.* Springer, Singapur, 1998.

[136] R. Lagnado und S. Osher: Reconciling differences. *Risk* 10 (1997), 79-83.

[137] A. Lari-Lavassani, A. Sadeghi und H. Wong: Efficient high order Monte Carlo simulations in multi-asset option pricing. Preprint, University of Calgary, Kanada, 2000.

[138] M. Laurent: Matrix completion problems. *The Encyclopedia of Optimization* 3 (2001), 221-229.

[139] P. L'Ecuyer: Good parameters and implementations for combined multiple recursive random number generators. *Operat. Res.* 47 (1999), 159-164.

[140] P. L'Ecuyer, R. Simard, E. Chen und W. Kelton: An objected-oriented random-number package with many long streams and substreams. *Operat. Res.* 50 (2002), 1073-1075.

[141] D. Lehmer: Mathematical methods in large-scale computing units. In: *Proc. 2nd Symposium Large-Scale Digital Calculating Machines* (1951), 141-146.

[142] D. Leisen und M. Reimer: Binomial methods for option valuation – examining and improving convergence. *Appl. Math. Finance* 3 (1996), 319-346.

[143] J. Leitner: Continuous time CAPM, price for risk and utility maximization. In: M. Kohlmann (Hrsg.) et al., *Mathematical Finance. Workshop of the Mathematical Finance Research Project.* Birkhäuser, Basel, 2001.

[144] C. Lemieux: *Monte Carlo and Quasi-Monte Carlo Sampling.* Springer, Berlin, 2009.

[145] P. Lévy: *Processus stochastiques et mouvement brownian.* Gauthiers-Villars, Paris, 1965.

[146] A. Louis: *Inverse und schlecht gestellte Probleme.* Teubner, Stuttgart, 1989.

[147] D. Li: On default correlation: a Copula function approach. *J. Fixed Income* 9 (2000), 43-54.

[148] A. Luescher: *Synthetis CDO Pricing Using the Double Normal Inverse Gaussian Copula with Stochastic Factor Loadings.* Diplomarbeit, ETH Zürich, 2005.

[149] G. Maess: *Vorlesungen über numerische Mathematik I.* Birkhäuser, Basel, 1985.

[150] G. Marsaglia: Random numbers fall mainly in the planes. *Proc. Natl. Acad. Sci. USA* 61 (1968), 25-28.

[151] G. Marsaglia: Regularities in congruential random number generators. *Numer. Math.* 16 (1970), 8-10.

[152] G. Marsaglia: Random numbers for C: The END? *Usenet Posting* (1999), http://groups.google.com/group/sci.crypt/browse_thread/thread/ ca8682a4658a124d.

[153] G. Marsaglia und A. Zaman: A new class of random number generators. *Ann. Appl. Prob.* 3 (1991), 462-480.

[154] G. Marsaglia und W. Tsang: A fast, easily implemented method for sampling from decreasing or symmetric unimodal density functions. *SIAM J. Sci. Stat. Comp.* 5 (1984), 349-359.

[155] M. Martin, S. Reitz und C. Wehn: *Kreditderivative und Kreditrisikomodelle.* Vieweg, Wiesbaden, 2006.

[156] M. Matsumoto und T. Nishimura: Mersenne Twister: A 623-dimensionally equidistributed uniform pseudo-random number generator. *ACM Trans. Model. Computer Simul.* 8 (1998), 3-30.

[157] R. McIntyre: Black-Scholes will do. *Energy and Power Risk Management*, Risk Publications, 1999.

[158] R. Merton: Theory of rational option pricing. *Bell J. Econom. Manag. Sci.* 4 (1973), 141-183.

[159] R. Merton: Option pricing when underlying stock returns are discontinuous. *J. Financ. Econom.* 3 (1976), 125-144.

[160] A. Meucci: *Risk and Asset Allocation.* Springer, Berlin, 2005.

[161] A. Mitchell und D. Griffiths: Generalised Galerkin methods for second order equations with significant first derivative terms. In: *Proc. Biennal Conf. Numer. Anal.*, Lecture Notes Math. 630, Springer (1978), 90-104.

[162] T. Moosbrucker: Pricing CDOs with correlated Variance Gamma distributions. Working Paper, 2006. http://www.defaultrisk.com/pp_crdrv103.htm.

[163] C. Mounfield: *Modelling, valuation and risk management. Mathematics, Finance and Risk.* Cambridge University Press, Cambridge, 2009.

[164] I. Nelken (Hrsg.): *The Handbook of Exotic Options.* IRWIN Professional Publishing, Chicago, 1996.

[165] H. Niederreiter: *Random Number Generation and Quasi-Monte Carlo Methods.* SIAM, Philadelphia, 1992.

[166] B. Nielsen, O. Skavhaug und A. Tveito: Penalty and front-fixing methods for the numerical solution of American option problems. *J. Comp. Finance* 5 (2002), 69-97.

[167] B. Øksendal: *Stochastic Differential Equations.* Springer, Berlin, 1998.

[168] A. Parás und M. Avellaneda: Dynamic hedging portfolios for derivative securities in the presence of large transaction costs. *Appl. Math. Finance* 1 (1994), 165-193.

[169] E. Platen: An introduction to numerical methods for stochastic differential equations. *Acta Numerica* 8 (1999), 197-246.

[170] E. Platen und M. Schweizer: On feedback effects from hedging derivatives. *Math. Finance* 8 (1998), 67-84.

[171] R. Plato: *Numerische Mathematik kompakt.* Vieweg, Braunschweig, 2000.

[172] A. Prothero und A. Robinson: On the stability and accuracy of one-step methods for solving stiff systems of ordinary differential equations. *Math. Comp.* 28 (1974), 145-162.

[173] R. Pulch und C. van Emmerich: Polynomial chaos for simulating random volatilities. *Mathematics and Computers in Simulation* 80 (2009), 245-255.

[174] C. Reinsch: Smoothing by spline functions. *Numer. Math.* 10 (1967), 177-183.

[175] C. Reinsch: Smoothing by spline functions II. *Numer. Math.* 16 (1971), 451-454.

[176] D. Revuz und M. Yor: *Continuous Martingales and Brownian Motion.* Zweite Auflage. Springer, Berlin, 1994.

[177] B. Ripley: *Stochastic Simulation.* John Wiley, New York, 1987.

[178] C. Rogers und D. Williams: *Diffusion, Markov Processes, and Martingales.* John Wiley, New York, 1987.

[179] H.-G. Roos, M. Stynes und L. Tobiska: *Numerical Methods for Singular Perturbed Differential Equations: Convection-Diffusion and Flow Problems.* Springer, Berlin, 1996.

[180] S. Ross: *A First Course in Probability.* Fünfte Auflage. Prentice-Hall, Englewod Cliffs, New Jersey, 1997.

[181] M. Rubinstein: Displaced diffusion option pricing. *J. Finance* 38 (1983), 213-217.

[182] W. Rümelin: Numerical treatment of stochastic differential equations. *SIAM J. Numer. Anal.* 19 (1982), 604-613.

[183] K. Sandmann: *Einführung in die Stochastik der Finanzmärkte.* Springer, Berlin, 2001.

[184] F. Schiller, G. Seidler und M. Wimmer: Temperature models for pricing weather derivatives. Preprint, Universität Regensburg, 2009. http://epub.uni-r.de/11260

[185] A. Schirm: *Wetterderivate. Einsatzmöglichkeiten und Bewertung.* Seminararbeit, Universität Mannheim, 2001.

[186] R. Smith: Optimal and near-optimal advection-diffusion finite-difference schemes III. Black-Scholes equation. *Proc. Roy. Soc. London* A 456 (2000), 1019-1028.

[187] T. Schmidt: Modelling energy markets with extreme spikes. In: R. Grossinho, M. Guerra, A. Sarychev und A. Shiryaev (Hrsg.), *Mathematical Control Theory and Finance*, Springer, Berlin, 2008.

[188] N. Schmitz: *Vorlesungen über Wahrscheinlichkeitstheorie*. Teubner, Stuttgart, 1996.

[189] R. Schöbel und J. Zhu: Stochastic volatility with an Ornstein-Uhlenbeck process: An extension. *European Finance Review* 3 (1999), 23-46.

[190] P. Schönbucher: A market model for stochastic implied volatility. *Philos. Trans. Roy. Soc. Lond., Ser. A* 357 (1999), 2071-2092.

[191] P. Schönbucher: Factor models for portfolio credit risk. Working Paper, Fachbereich Statistik, Universität Bonn, 2000.

[192] P. Schönbucher: Taken to the limit: Simple and not-so-simple loan loss distributions. *Willmott* 2003 (2003), 63-72.

[193] P. Schönbucher: *Credit Derivatives Pricing Models: Models, Pricing and Implementation*. Wiley, Chichester, 2003.

[194] P. Schönbucher und P. Wilmott: The feedback effect of hedging in illiquid markets. *SIAM J. Appl. Math.* 61 (2000), 232-272.

[195] S. Scholz: Order barriers for the B-convergence of ROW methods. *Computing* 41 (1989), 219-235.

[196] W. Schoutens: *Lévy Processes in Finance*. John Wiley, New York, 2003.

[197] H. Schurz: Numerical regularization for SDEs: Construction of nonnegative solutions. *Dynam. Syst. Appl.* 5 (1996), 323-352.

[198] Z. Schuss: *Theory and Applications of Stochastic Differential Equations*. John Wiley, New York, 1980.

[199] H. Schwarz: *Numerische Mathematik*. Teubner, Stuttgart, 1986.

[200] R. Seydel: *Einführung in die numerische Berechnung von Finanzderivaten*. Springer, Berlin, 2000.

[201] R. Seydel: *Tools for Computational Finance*. Springer, Berlin, 2009.

[202] R. Seydel: Nonlinearities in Financial Engineering. *GAMM-Mitt.* 32/1 (2009), 121-132.

[203] L. Shampine und M. Reichelt: The MATLAB ODE Suite. *SIAM J. Sci. Comp.* 18 (1997), 1-22.

[204] J. Shu, Y. Wu und W. Zheng: A novel numerical approach of computing American option. *Intern. J. Found. Computer Sci.* 13 (2002), 685-693.

[205] K. Sircar und G. Papanicolaou: Stochastic volatility, smile & asymptotics. *Appl. Math. Finance* 6 (1999), 107-145.

[206] A. Sklar. Fonctions de répartition à n dimensions et leurs marges. *Publications de l'Institut de Statistique de l'Université de Paris 8* (1959), 229-231.

[207] I. Sloan und S. Joe: *Lattice Methods for Multiple Integration*. Oxford University Press, Oxford, 1994.

[208] I. Sobol: On the distribution of points in a cube and the approximate evaluation of integrals. *USSR Comp. Math. and Math. Phys.* 7 (1967), 86-112.

[209] T. Sottinen: Fractional Brownian motion, random walks and binary market models. *Finance Stoch.* 5 (2001), 343-355.

[210] T. Steihaug und A. Wolfbrand: An attempt to avoid exact Jacobian and nonlinear equations in the numerical simulation of stiff differential equations. *Math. Comp.* 33 (1979), 521-534.

[211] G. Steinebach: Order-reduction of ROW-methods for DAEs and method of lines applications. Preprint, TU Darmstadt, 1995.

[212] K. Strehmel und R. Weiner: *Numerik gewöhnlicher Differentialgleichungen*. Teubner, Stuttgart, 1995.

[213] R. Tausworthe: Random numbers generated by linear recurrence modulo two. *Math. Comp.* 19 (1965), 201-209.

[214] G. Szpiro: Eine falsch angewendete Formel und ihre Folgen. *Mitteilunngen DMV* 17 (2009), 44-45.

[215] D. Tavella und C. Randall: *Pricing Financial Instruments: The Finite-Difference Method*. John Wiley, New York, 2000.

[216] S. Tezuka: *Uniform Random Numbers: Theory and Practice*. Kluwer, Dordrecht, 1995.

[217] J. Thomas: *Numerical Partial Differential Equations: Finite Difference Methods*. Springer, New York, 1995.

[218] Y. Tian: A modified lattice approach to option pricing. *J. Financ. Markets* 13 (1993), 563-577.

[219] J. Tigler und T. Butte: *Weather Derivatives. A Quantitative Analysis*. Preprint, TU Darmstadt, 2001.

[220] J. Van der Corput: Verteilungsfunktionen I, II. *Proc. Akad. Wet. Amsterdam* 38 (1935), 813-821, 1058-1066.

[221] C. Van Emmerich: A Square Root Process for Modelling Correlation. Dissertation, Universität Wuppertal, 2007.

[222] O. Vasicek: An equilibrium characterization of the term structure. *J. Financ. Econom.* 5 (1977), 177-188.

[223] O. Vasicek: Probability of loss of an loan portfolio. Arbeitsbericht, KMV Corporation, 1987.

[224] P. Wilmott: *Paul Wilmott on Quantitative Finance*. John Wiley, Chichester, 2000.

[225] P. Wilmott, S. Howison und J. Dewynne: *The Mathematics of Financial Derivatives*. Cambridge University Press, Cambridge, 1996.

[226] L. Wu und Y.-K. Kwok: A front-fixing finite difference method for the valuation of American options. *J. Financ. Engin.* 6 (1997), 83-97.

[227] D. Yound und R. Gregory: *A Survey of Numerical Mathematics.* Addison-Wesley, Reading, 1973.

[228] P. Zhang: *Exotic Options.* World Scientific, Singapur, 1997.

Index

Mathematische Methoden der Risikoanalyse, praxisorientiert

Claudia Cottin | Sebastian Döhler

Risikoanalyse

Modellierung, Beurteilung und Management von Risiken mit Praxisbeispielen

2009. XVIII, 420 S. mit 123 Abb. (Studienbücher Wirtschaftsmathematik) Br. EUR 34,90

ISBN 978-3-8348-0594-2

Einführung - Modellierung von Risiken - Risikokennzahlen und deren Anwendung - Risikoentlastungsstrategien - Abhängigkeitsmodellierung - Auswahl und Überprüfung von Modellen - Simulationsmethoden

Dieses Buch bietet eine anwendungsorientierte Darstellung mathematischer Methoden der Risikomodellierung und -analyse. Ein besonderes Anliegen ist ein übergreifender Ansatz, in dem finanz- und versicherungsmathematische Aspekte gemeinsam behandelt werden, etwa hinsichtlich Simulationsmethoden, Risikokennzahlen und Risikoaggregation. So bildet das Buch eine fundierte Grundlage für quantitativ orientiertes Risikomanagement in verschiedensten Bereichen und weckt das Verständnis für Zusammenhänge, die in spartenspezifischer Literatur oft nicht angesprochen werden. Zahlreiche Beispiele stellen immer wieder den konkreten Bezug zur Praxis her.

VIEWEG+ TEUBNER

Abraham-Lincoln-Straße 46
65189 Wiesbaden
Fax 0611.7878-400
www.viewegteubner.de

Stand Januar 2010.
Änderungen vorbehalten.
Erhältlich im Buchhandel oder im Verlag.